Web前端一站式开发手册

HTML5 + CSS3 + JavaScript

白泽 编著

化学工业出版社

·北京·

本书以“理论知识”为铺垫，以“实际应用”为指向，从简单易学的角度出发，系统讲述了 Web 前端开发的相关知识，内容由浅入深，通俗易懂，知识点与案例结合紧密，所选案例新颖丰富，紧贴实战。

本书从 Web 基础知识讲起，循序渐进地融入了 HTML5、CSS3、JavaScript、绘图、地理定位、本地存储等实用技术，是一本真正的 Web 前端开发从学到用的自学教程。

本书配备了极为丰富的学习资源，不仅有教学视频、实例素材及源程序，还有 HTML 页面基本速查、CSS 常用属性速查、JavaScript 对象参考手册，jQuery 参考手册、网页配色基本知识速查等电子书。

本书适合作为 Web 前端开发、网页设计、网页制作、网站建设的入门级或者有一定基础读者的自学用书，也可用作高等院校或培训学校相关专业的教材及参考书。

图书在版编目（CIP）数据

Web 前端一站式开发手册：HTML5+CSS3+JavaScript/白泽编著. —北京：化学工业出版社，2020.6（2022.4重印）

ISBN 978-7-122-36244-5

Ⅰ.①W… Ⅱ.①白… Ⅲ.①网页制作工具-程序设计-手册②超文本标记语言-程序设计-手册③Java 语言-程序设计-手册 Ⅳ.①TP393.092.2-62②TP312.8-62

中国版本图书馆 CIP 数据核字（2020）第 030158 号

责任编辑：要利娜　　　　装帧设计：王晓宇

责任校对：杜杏然

出版发行：化学工业出版社(北京市东城区青年湖南街 13 号 邮政编码 100011)

印　　装：北京七彩京通数码快印有限公司

787mm×1092mm 1/16 印张 36¼ 字数 944 千字 2022 年 4 月北京第 1 版第 2 次印刷

购书咨询：010-64518888　　　　售后服务：010-64518899

网　　址：http://www.cip.com.cn

凡购买本书，如有缺损质量问题，本社销售中心负责调换。

定　　价：99.00 元

前言 Preface

1 为什么要学习前端

Web 前端作为近几年非常火的软件开发岗位，得到了许多人的青睐。Web 前端即网站前台部分，也叫前端开发，运行在 PC 端、移动端等浏览器上展现给用户浏览的网页。随着互联网技术的发展，HTML5、CSS3、前端框架的应用，跨平台响应式网页设计能够适应各种屏幕分辨率，完美的动效设计给用户带来极高的用户体验。

HTML、CSS、JavaScript 是前端开发中最基本也是最重要的三个技能。在页面布局时，HTML 将元素进行定义，CSS 对展示的元素进行定位，再通过 JavaScript 实现相应的效果和交互。虽然表面看起来很简单，但这里面需要掌握的东西绝对不少。在进行开发前，需要将这些概念弄清楚，这样在开发的过程中才会得心应手。

学习前端开发技术有很大的优势：

- Web 前端开发入门门槛很低，且市场的缺口很大，前景非常好。
- Web 前端需要更少的逻辑思维，对计算机和物联网的知识也比嵌入式系统少。所以，只要你想进入网络前端行业，有正确的学习态度和学习耐心，即使你是零基础，也可以学好。
- 在移动行业，Web 前端开发工程师是高薪的代名词，随着工作年限的增加，工资也相应增加。

2 为什么要选择本书

本书编写模式采用**基础知识 + 中小实例 + 实战案例 + 课后作业**，内容由浅入深，循序渐进，从入门中学习实战应用，从实战应用中激发学习兴趣。

（1）本书是 Web 前端零基础的启蒙之书

随着网络的不断发展和成熟，前端知识已经应用到我们的生活中，大到公司网页的制作，小到手机游戏，都要用到前端的相关知识。但随之而来也出现了很多问题：很多人不知道如何入门 HTML、如何学习 CSS 的选择器以及如何利用 JavaScript 制作网页特效，或者很多人只能局限于简单的模仿，特别是在实际应用上，与前端设计师的水平总是有些差距。鉴于此，我们编写此书，旨在通过本书的实例讲解以及专家指点，给读者带来一定的启发。

（2）全书覆盖 Web 前端开发的知识内容

本书以敏锐的视角、简练的语言，结合前端设计行业的特点，对 HTML、CSS 和 JavaScript 进行了全方位讲解。书中几乎囊括了目前前端设计的所有应用知识点，保证读者能够学以致用，更快地入门前端开发。

（3）理论实战紧密结合，彻底摆脱纸上谈兵

本书包含大量的案例，既有针对一个元素的小案例，也有综合总结性的大案例，所有的案例都经过了精心设计。读者在学习本书的时候可以通过案例更好、更快、更明了地理解知识并掌握应用，同时这些案例也可以在开发时候直接引用。

3 本书的读者对象

- 从事平面设计的工作人员
- 培训班中学习前端设计的学员
- 对前端设计有着浓厚兴趣的爱好者
- 零基础想转行到前端的人员
- 有想进入 IT 行业想法的人员
- 有空闲时间想掌握更多技能的办公室人员
- 高等院校相关专业的师生

4 学习本书的方法

想要学好前端，关键要看自己的态度，下面给出一些学习建议：

（1）学习前端要从概念入手

拿到本书后，会看到 HTML、CSS、JavaScript 的概念，只有学会这三种语言，在理解的基础上才能进行应用。要吃透这些语法、结构的应用例子，才能做到举一反三。

（2）多动手实践

起步阶段问题自然不少，要做到沉着镇定，不慌不乱，先自己思考问题出在何处，并动手去解决，可能有多种解决方法，但总有一种是更高效的。亲自动手进行程序设计是创造性思维应用的体现，也是培养逻辑思维的好方法。

（3）多与他人交流

每个人的思维方式不同、角度各异，所以解决方法也会不同，通过交流可不断吸收别人的长处，丰富前端实践，帮助自己提高水平。可以在身边找一个学习前端的人，水平高低不重要，重要的是能够志同道合地一起向前走。

（4）要不断学习并养成良好的习惯

前端入门不难，但日后不断学习很重要。在此期间要注意养成一些良好的编写习惯。良好的编程风格可以使程序结构清晰合理，且使程序代码便于维护。如代码的缩进编排、规则的一致性、代码的注释等。

总之，学习前端就是一个“理论→实践→再理论→再实践”的认知过程。在这条路子上行走，每个人都会遇到“瓶颈期”，会觉得自己之前学的都一无用处，遇到的问题根本无法解决，这时候就要回头看，回头来再学习一些基础理论。学过之后，很多以前遇到的问题都会迎刃而解，使人有豁然开朗之感。

本书用通俗的语言、合理的结构对 Web 前端的知识进行了细致的剖析。几乎每个章节都有大量二维码，**手机扫一扫，可以随时随地看视频**，体验感非常好。从配套到拓展，资源库一应俱全。全书上百个案例丰富详尽，跟着案例去学习，边学边做，从做中学，学习体验可以更深入、更高效。最后祝大家学有所成。

5 本书包含哪些内容

本书是一本介绍 HTML、CSS 和 JavaScript 开发技术的实用图书。全书可分为 4 个部分。

第 1 ~ 9 章主要是对 HTML 知识的讲解，从 HTML 基础知识讲起，全面介绍了 HTML 和 HTML5 的全部标签和内容，内容包括：表单、表格、列表、链接、HTML5 新增属性、canvas

绘图、定位、拖拽和存储等知识。

第 10 ~ 17 章主要是对 CSS 知识的讲解，详细介绍了 CSS 和 CSS3 的绝大部分常用选择器、属性，并为这些选择器、属性提供了示例，这部分内容涵盖了 CSS 定位、盒模型、动画、转换、变色和自适应等知识。

第 18 ~ 22 章主要是对 JavaScript 编程的相关内容进行了讲解，包括 JavaScript 基础语法、JavaScript 函数、JavaScript 对象、DOM 编程，这些内容覆盖了初学者的编程基础。

第 23 章是一个综合项目开发，综合运用了 HTML 5、CSS3 和 JavaScript 等知识制作了一个网站。通过对整个项目的学习，既可让读者巩固前面所掌握的各种知识，也可让读者将所学理论运用到实际开发中。

本书在编写过程中力求严谨细致，但由于时间与精力有限，疏漏之处在所难免。读者在学习过程中若遇到问题，可联系 QQ 1908754590 与笔者交流。

编著者

目录 Contents

第 13 章 盒子模型详解……301

第1章 Web 基础知识

内容导读

随着互联网的飞速发展，各个网络商城也是遍地开花，这就促使制作的网页也越来越多。当我们浏览这些网页时，看到的是丰富的文字、图片和影像，这些有很大一部分都是通过 HTML 语言实现的。本章主要介绍 HTML 的基础知识，带领大家领略 HTML 的发展和壮大。

学习目标

学习完本章后你会了解到 Web 的工作原理和 HTML 文件的基本标签等一系列的入门内容。

1.1 Web 前端开发

扫一扫，看视频

Web 前端开发是从网页制作演变而来的，伴随着互联网的演变进程，网站的前端也发生了翻天覆地的变化。网页不再只是承载单一的文字和图片，各种媒体形式让网页的内容更加生动，网页上软件化的交互形式为用户提供了更好的使用体验，这些都是基于前端技术实现的。无论是开发难度上，还是开发方式上，现在的网页制作都更接近传统的网站后台开发，所以现在不再叫网页制作，而是叫 Web 前端开发。

1.1.1 什么是前端开发

扫一扫，看视频

简单来说，前：代表与人直接展示的部分，包括界面与用户的交互等；端：代表输出终端，如 PC 浏览器、手机浏览器、App、应用程序等。合起来的意思也就是这些浏览器、App、应用程序的界面展现以及用户交互。

前端的主要职责：把网页界面更好地呈现给用户，与后端相比更加注重页面性能与用户体验。

前端工程师主要利用 HMTL 与 CSS 建构页面，用 JavaScript 完善交互以及用户体验。互动效果包括弹出层、页签切换、图片滚动、ajax 异步互动等。

1.1.2 前端开发要学哪些内容

扫一扫，看视频

① Web 三项组成：结构、表现、行为。

② 前端人员遵守的第一原则："结构与表现分离"。

③ 结构标准

- HTML：超文本标记语言；
- XML：可扩展标记语言；
- XHTML：可扩展超文本标记语言。

④ 表现标准（CSS）。

⑤ 行为标准（JavaScript）。

HTML：掌握 HTML 是网页的核心，Web 应用的基石。这种语言是目前 Web 领域应用最广泛的语言，我们只需要在 HTML 文档中插入对应的标签，即可实现 Web 页面的编写与排列。

CSS：程序员的画笔，实现网页外观的重要一点，可以将网页外观做得更加美观。可以为 HTML 标签自定义样式，通过设置 HTML 标签的样式来改变其外观，达到美化与 Web 页面排版的目的。

JavaScript：实现网页实时的、动态的、可交互式的表达能力。作为一种网页脚本语言，它可以在 HTML 中运行，设置并修改浏览器中的对象与变量。

学习 HTML 和 CSS 首先应该跟着书、资料基础系统地学一遍。作为前端开发人员，HTML+CSS 是基础中的基础。只有先把基础学扎实了，才能谈余下的。理论知识学透了，就要开始进行实战演练，做各种各样的布局练习来巩固自己所学的理论知识，将理论得到实现。

而学习 JavaScript，首先要对它有个基本的了解，梳理 JS 的知识结构，知道这门语言能做什么，不能做什么。记住大部分 JavaScript 的函数，知道如何实现，并多加练习，花大量的时间在浏览器控制台上写代码，测试 if-else 语句、数组、函数等。

学习过程中，需要写代码的能力，持续地练习下去，每次一点点的进步积累起来你会发现效果惊人，最重要的是持之以恒。不要妄想只通过看书就掌握前端，前端是做出来的，不是看出来的。

1.2 Web 工作原理

通常将那些凡是向 Web 服务器请求获取资源的软件称为 Web 客户端。Web 客户端的工作流程是：用户点击超链接或在浏览器中输入后，浏览器将该信息转换成标准的 HTTP 请求，发送给 Web 服务器；当 Web 服务器接收到 HTTP 请求后，根据请求内容查找所需信息资源，找到相应资源后，Web 服务器将该部分资源通过标准的 HTTP 响应发送回浏览器；最后浏览器接收到响应后将 HTML 文档显示出来。

1.2.1 因特网与万维网

因特网（Internet）是互联网的英文名字，汉译音为因特网，也有人把它称之为国际计算机互联网，是目前世界上影响最大的国际性计算机网络。万维网（WWW）是 World Wide Web 的缩写，中文称为“万维网”“环球网”，常简称为 Web，分为 Web 客户端和 Web 服务器程序，是一种网络服务，是因特网的一个产物。具体区别如下：

因特网是一个网络的网络（a network of network）。它以 TCP/IP 网络协议将各种不同类型、不同规模、位于不同地理位置的物理网络连接成一个整体。它也是一个国际性的通信网络集合体，融合了现代通信技术和现代计算机技术，集各个部门、领域的各种信息资源为一体，从而构成网上用户共享的信息资源网。它的出现是世界由工业化走向信息化的必然和象征。

因特网最早来源于 1969 年美国国防部高级研究计划局(Defense Advanced Research Project's Agency,DARPA)的前身 ARPA 建立的 ARPAnet。最初的 ARPAnet 主要用于军事研究。1972 年，ARPAnet 首次与公众见面，由此成为现代计算机网络诞生的标志。ARPAnet 在技术上的另一个重大贡献是 TCP/IP 协议簇的开发和使用。ARPAnet 奠定了因特网存在和发展的基础，较好地解决了不同计算机网络之间互联的一系列理论和技术问题。

万维网的历史很短，1989 年 CERN（欧洲粒子物理实验室）的研究人员为了研究的需要，希望能开发出一种共享资源的远程访问系统，这种系统能够提供统一的接口来访问各种不同类型的信息，包括文字、图像、音频、视频信息。1990 年各种人员完成了最早期的浏览器产品，1991 年开始在内部发行 WWW，这就是万维网的开始。目前，大多数知名公司都在因特网上建立了自己的万维网站。

1.2.2 Web 架构

Web 程序的架构基本上可以分成以下三类。

第一类　基于“WEB 页面/文件”，例如 CGI 和 PHP/ASP 程序。程序的文件分别存储在不同的目录里，与 URL 相对应。当 HTTP 请求提交至服务器时，URL 直接指向某个文件，然后由该文件来处理请求，并返回响应结果。

可以想象，我们在站点根目录的 news 目录下放置一个 readnews.php 文件。这种开发方式最自然，最易理解，也是 PHP 最常用的方式。要注意产生的 URL 对搜索引擎不友好，不过可以用服务器提供的 URL 重写方案来处理，例如 Apache 的 mod_rewrite。

第二类　基于“动作”（Action），这是 MVC 架构的 WEB 程序所采用的最常见的方式。目前主流的 WEB 框架像 Struts、Webwork（Java），Ruby on Rails（Ruby），Zend Framework（PHP）等都采用这种设计。URL 映射到控制器（Controller）和控制器中的动作（Action），由 action 来处理请求并输出响应结果。这种设计和上面的基于文件的方式一样，都是请求/响应驱动的方案，离不开 HTTP。

可以想象在实际代码中，会有一个控制器 newsController，其中有一个 readAction。不同框架可能默认实现方式稍有不同，有的是一个 Controller 一个文件，其中有多个 Action，有的是每个 Action 一个文件。当然这些都可以自己控制。这种方式的 URL 通常都很漂亮，对搜索引擎友好，因为很多框架都自带有 URL 重写功能，可以自由规定 URL 中 Controller、Action 及参数出现的位置。

另外，还有更直接的基于 URL 的设计方案，那就是 REST。通过人为规定 URL 的构成形式（比如 Action 限制成只有几种）来促进网站之间的互相访问，降低开发的复杂性，提高系统的可伸缩性。REST 对于 Web Services 来说是一个创新。

虽然本书讨论的是单个项目所采用的架构，而 REST 是为了解决网站之间的通信问题，但 REST 的出现，会对单个项目的架构造成影响（很显然在开发时就要构造规范的 URL）。将来混用 REST 和 MVC 应该也是一种趋势。RoR 提供很好的 REST 支持，Zend Framework 也提供了 Zend_Rest 来支持 REST，包括 Server（服务器）和 Client（客户端）。

第三类　基于“组件”（Component，**GUI 设计也常称控件**）、**事件驱动的架构**，最常见的是微软的.NET。基本思想是把程序分成很多组件，每个组件都可以触发事件，调用特定的事件处理器来处理（比如在一个 HTML 按钮上设置 onClick 事件链接到一个 PHP 函数）。这种设计远离 HTTP，HTTP 请求完全抽象，映射到一个事件。

事实上这种设计原本最常应用于传统桌面 GUI 程序的开发，例如 Delphi，Java Swing 等。所有表现层的组件，比如窗口或者 HTML 表单，都可以由 IDE 来提供，我们只需要在 IDE 里点击或拖动鼠标就能够自动添加一个组件，并且添加一个相应的事件处理器。

这种开发方式有几个优点：

- 复用性：代码高度可重用。
- 易于使用：通常只需要配置控件的属性，编写相关的事件处理函数。

1.2.3 协议

HTTP 的发展是万维网协会（World Wide Web Consortium，W3C）和互联网工程任务组（Internet Engineering Task Force，IETF）合作的结果，他们最终发布了一系列的 RFC。1996 年，RFC 1945 定义了 HTTP/1.0 版本。其中最著名的是 1999 年 6 月公布的 RFC 2616，定义了 HTTP 协议中现今广泛使用的一个版本——HTTP 1.1。

HTTP 是一个客户端终端（用户）和服务器端（网站）请求和应答的标准（TCP）。通过使用 Web 浏览器、网络爬虫或者其他工具，客户端发起一个 HTTP 请求到服务器上指定端口（默认端口为 80）。我们称这个客户端为用户代理程序（user agent）。应答的服务器上存储着一些资源，比如 HTML 文件和图像。我们称这个应答服务器为源服务器（origin server）。在用户代理和源服务器中间可能存在多个“中间层”，比如代理、网关或者隧道（tunnel）。

尽管 TCP/IP 协议是互联网上最流行的应用，HTTP 协议中，并没有规定必须使用它或它支持的层。事实上，HTTP 可以在任何互联网协议或其他网络上实现。HTTP 假定其下层协议提供可靠的传输。因此，任何能够提供这种保证的协议都可以被其使用，也就是说其在 TCP/IP 协议族使用 TCP 作为传输层。

HTTP 服务器则在指定端口监听客户端的请求。一旦收到请求，服务器会向客户端返回一个状态，比如“HTTP/1.1 200 OK”，以及返回的内容，如请求的文件、错误消息或者其他信息。

1.2.4 服务器

Web 服务器是可以向发出请求的浏览器提供文档的程序。服务器是一种被动程序：只有当 Internet 上运行其他计算机中的浏览器发出的请求时，服务器才会响应最常用的 Web 服务器是 Apache 和 Microsoft 的 Internet 信息服务器（Internet Information Services，IIS）。

Internet 上的服务器也称为 Web 服务器，是一台在 Internet 上具有独立 IP 地址的计算机，可以向 Internet 上的客户机提供 WWW、E-mail 和 FTP 等各种 Internet 服务。

Web 服务器是指驻留于因特网上某种类型计算机的程序。当 Web 浏览器（客户端）连到服务器上并请求文件时，服务器将处理该请求并将文件反馈到该浏览器上，附带的信息会告诉浏览器如何查看该文件（即文件类型）。服务器使用 HTTP（超文本传输协议）与客户机浏览器进行信息交流，这就是人们常把它们称为 HTTP 服务器的原因。

Web 服务器不仅能够存储信息，还能在用户通过 Web 浏览器提供的信息的基础上运行脚本和程序。

1.2.5 什么是网页

网页会根据用户的请求而动态改变和显示内容，无须改变网页代码，便会自动生成新的页面内容。不同的时间、不同的人（如普通用户和系统管理员）在同一时间访问同一网址会产生不同的页面效果。

通常在网上浏览的所有页面都是网页，一个网站由一页到多页不等的网页组成，一些大型网站可能包含数千万页。网页是网站中的一个页面，通常是 HTML 格式（文件扩展名是 HTML、ASP、ASPX、PHP、JSP 等）。网页通常使用图像文件来提供绘图。该网页将使用浏览器阅读。

网页使用标记语言通过一系列的设计、建模和执行过程在互联网上以电子格式传输信息，最终由用户以图形用户界面的形式查看。

网页是可以存储在任何连接到互联网的计算机上的文件。网页通常通过网址来识别和访问。用户在浏览器中输入网址后，网页文件通过复杂快速的程序传输到用户的计算机，然后网页内容被浏览器解释后显示出来。设计网页时，还会遇到一些技术术语，如域名、网址、网站、超链接、导航栏、表单和发行版等。根据网页的形式，可以分为动态网页和静态网页。

1.2.6 浏览器的工作原理

网络浏览器很可能是使用最广的软件。目前使用的主流浏览器有 Internet Explorer、Firefox、Safari、Chrome 和 Opera。

浏览器的主要功能：向服务器发出请求，在浏览器窗口中展示所选择的网络资源。这里所说的资源一般是指 HTML 文档，也可以是 PDF、图片或其他类型。资源的位置由用户使用

URI（统一资源标示符）指定。

浏览器解释并显示 HTML 文件的方式是在 HTML 和 CSS 规范中指定的。这些规范由网络标准化组织 W3C（万维网联盟）进行维护。 多年以来，各浏览器都没有完全遵从这些规范，同时还在开发自己独有的扩展程序，这带来了严重的不兼容性问题。如今，大多数的浏览器都或多或少地遵从规范。

浏览器的用户界面有很多彼此相同的元素，其中包括：

- 用来输入 URI 的地址栏；
- 前进和后退按钮；
- 书签设置选项；
- 用于刷新和停止加载当前文档的刷新和停止按钮；
- 用于返回主页的主页按钮。

奇怪的是，浏览器的用户界面并没有任何规范，这是多年来的最佳实践自然发展以及彼此之间相互模仿的结果。HTML5 也没有定义浏览器必须具有的用户界面元素，但列出了一些通用的元素，例如地址栏、状态栏和工具栏等。当然，各浏览器也可以有自己独特的功能，比如 Firefox 的下载管理器。

1.2.7 网页与网站的关系

通用网址是一种新兴的网络名称访问技术，通过建立通用网址与网站地址 URL 的对应关系，实现浏览器访问的一种便捷方式。只需要使用自己所熟悉的语言告诉浏览器你要去的通用网址即可。

通用网址可以由中文、字母（A ~ Z，a ~ z，大小写等价）、数字（0 ~ 9）或符号（-,!）组成，最多不超过 31 个字符(通用网址每一构成元素均按一个字符处理)。

注册一个通用网址，必须先要注册域名，如：abc.com.cn，然后将通用网址指向的基于域名的网站地址，如：www.abc.com.cn（或 abc.com.cn），提交给注册服务机构，这样通用网址就可以指向提供的网站地址。新一代互联网地址访问技术是国家授权域名注册管理机构提供支持的，可以直达网站首页或网站深层页面，轻松下载客户端，网站推广超值套餐等，使现实世界品牌在互联网上延伸。

网址一经注册即能获得全国门户网站、知名站点、知名搜索引擎的全面支持，访问者借助通用网址网站直达功能即可直接访问到注册用户的站点。

1.3 HTML 概念与 HTML5 的联系

HTML（Hyper Text Markup Language）是超文本编辑语言，HTML 不是编程语言，不同于 C 语言、Java 或 C#等编程语言，它是一种标记语言(markup language)，标记语言是由一套标记标签（markup tag），如<html></html>、<head></head>、<title></title>、<body></body>等组成。HTML 就使用这些标记标签来描述网页。

1.3.1 什么是 HTML

HTML 是标记语言，它是不能在浏览器中显示的，要经过浏览器的解释和编译，才能正确地反映 HTML 标记语言的内容。HTML 经过多年的不断完善，从单一的文本显示功能到多功能互动，成为一款非常成熟的标记语言。

HTML 不是编程语言，而是一款描述性的标记语言，用于描述超文本中的内容的显示方式。文字以什么颜色显示在网页上、文字的大小定义多大尺寸，这些都是利用 HTML 标记完成的。HTML 最基本的语法是：<标记符>内容<标记符>。标记符通常都是成对使用，有一个开头标记和一个结束标记。结束标记是在<标记符>的前面加“/”，即</标记符>。当浏览器收到 HTML 文件后，就会解释里面的标记符，最后把标记符所对应的内容显示在页面上。

例如 HTML 中，用<B></B>定义符定义文字粗体，当浏览器遇到<B></B>标签会把<B></B>标记中的所有文字以粗体样式显示出来。

1.3.2 HTML 到 XHTML

基本上只要明白了各种标记的用法便算学懂了 HTML，HTML 的格式非常简单，只是由文字及标记组合而成。使用任何文字编辑器都可以，只要能将文件另存成 ASCII 纯文字格式即可，当然，以专业的网页编辑软件为佳。

（1）相关历程

超文本标记语言(第 1 版)，在 1993 年 6 月由互联网工程工作小组(IETF)作为工作草案发布(并非标准)。

HTML 2.0，1995 年 11 月作为 RFC 1866 发布,在 RFC 2854 于 2000 年 6 月发布之后被宣布已经过时。

HTML 3.2，1996 年 1 月 14 日发布，W3C 推荐标准。

HTML 4.0，1997 年 12 月 18 日发布，W3C 推荐标准。

HTML 4.01，1999 年 12 月 24 日发布，W3C 推荐标准。

ISO/IEC 15445:2000(“ISO HTML”), 2000 年 5 月 15 日发布,基于严格的 HTML 4.01 语法,是国际标准化组织和国际电工委员会的标准。

XHTML 1.0, 发布于 2000 年 1 月 26 日，是 W3C 推荐标准,后来经过修订于 2002 年 8 月 1 日重新发布。

XHTML 1.1，于 2001 年 5 月 31 日发布。

HTML 没有 1.0 版本是因为当时有很多不同的版本。有些人认为蒂姆·伯纳斯・李的版本应该算初版,这个版本没有 IMG 元素。当时被称为 HTML+的后续版的开发工作于 1993 年开始,最初是被设计成为“HTML 的一个超集”。第一个正式规范为了和当时的各种 HTML 标准区分开来,使用了 2.0 作为其版本号。HTML+的发展继续下去,但是它从未成为标准。

HTML3.0 规范是由当时刚成立的 W3C 于 1995 年 3 月提出,提供了很多新的特性, 例如表格、文字绕排和复杂数学元素的显示。虽然它是被设计用来兼容 2.0 版本的,但是实现这个标准的工作在当时过于复杂,在草案于 1995 年 9 月过期时, 标准开发也因为缺乏浏览器支持而中止了。3.1 版从未被正式提出,而下一个被提出的版本是开发代号为 Wilbur 的 HTML 3.2,去掉了大部分 3.0 中的新特性,但是加入了很多特定浏览器,例如 Netscape 和 Mosaic 的元素和属性。HTML 对数学公式的支持最后成为另外一个标准 MathML。

HTML 4.0 同样也加入了很多特定浏览器的元素和属性，但是同时也开始“清理”这个标准，把一些元素和属性标记为过时的，建议不再使用它们。HTML 的未来和 CSS 结合会更好。

（2）主要特点

设计 HTML 语言的目的是为了能把存放在一台电脑中的文本或图形与另一台电脑中的

文本或图形方便地联系在一起，形成有机的整体，人们不用考虑具体信息是在当前电脑上还是在网络的其他电脑上。只需使用鼠标在某一文档中点取一个图标，Internet 就会马上转到与此图标相关的内容上去，而这些信息可能存放在网络的另一台电脑中。HTML 文本是由 HTML 命令组成的描述性文本，HTML 命令可以说明文字、图形、动画、声音、表格、链接等。HTML 的结构包括头部（Head）、主体（Body）两大部分，其中头部描述浏览器所需的信息，而主体则包含所要说明的具体内容。

另外，HTML 是网络的通用语言，一种简单、通用的全置标记语言。它允许网页制作人建立文本与图片相结合的复杂页面，这些页面可以被网上任何其他人浏览到，无论使用的是什么类型的电脑或浏览器。听起来是不是感觉神奇,其实现在你看到的就是这种语言写的页面。

也许你听说过许多可以编辑网页的软件，事实上，你不需要用任何专门的软件来建立 HTML 页面；你所需要的只是一个文字处理器（如 Word、记事本、写字板等）以及 HTML 的工作常识。

HTML 只不过是组合成一个文本文件的一系列标签。它们很像乐队的指挥，告诉乐手们哪里需要停顿，哪里需要激昂。

1.3.3 HTML5 的发展

HTML5 是标准通用标记语言下的一个应用超文本标记语言（HTML）的第五次重大修改。HTML5 是近 10 年来 Web 开发标准的最大的新成果。较以前的版本不同的是 HTML5 不仅仅用来表示 Web 内容，它的新功能会将 Web 带进一个新的成熟的平台。在 HTML5 上，视频、音频、图像、动画以及同计算机的交互都被标准化。

为了推动 Web 标准化运动的发展，一些公司联合起来，成立了一个叫做 Web Hypertext Application Technology Working Group（Web 超文本应用技术工作组，WHATWG）的组织。WHATWG 致力于 Web 表单和应用程序，而 W3C 专注于 XHTML2.0。在 2006 年，双方决定进行合作，来创建一个新版本的 HTML。

这个新版本的 HTML 就是我们今天所熟知的 HTML5。HTML5 是 HTML 的下一个主要修订版本，现在正处于发展阶段。目标是取代 1999 年所制定的 HTML4.01 和 XHTML1.0 标准，以期能在互联网应用高速发展的时候，使网络标准符合当代的网络需求。从广义上来说，HTML5 实际是指包括 HTML、CSS 和 JavaScript 在内的一套技术组合。它希望能够减少浏览器对于插件的丰富性网络应用服务(Rich Internet Application，RIA)，如 Adobe Flash、Microsoft03.Silverlight 与 Oracle JavaFX 的需求，并且提供更多能有效增强网络应用的标准集。

具体来说，HTML5 添加了很多的语法特征，其中<audio><video>和<canvas>元素，同时集成了 SVG 内容。这些元素是为了更容易地在网页中添加并处理多媒体和图片内容而添加的。其他新的元素包括<section> <article> <header>r<nav>和<footer>，是为了丰富文档的数据内容。新属性的添加也是为了同样的目的，同时 API 和 DOM 已经成为 HTML5 中的基础部分。HTML5 还定义了处理非法文档的具体细节，使得所有浏览器和客户端能都一致地处理语法的错误。

1.4 HTML 文件的基本标记

扫一扫，看视频

一个完整的 HTML 文档必须包含 3 个部分：<html>元素定义文档版本信息、

<head>定义各项声明的文档头部、<body>定义文档的主体部分。

1.4.1 开始标签<html>

<html> 与 </html> 标签限定了文档的开始点和结束点，在它们之间是文档的头部和主体。

语法描述：

```
<html>…</html>
<html>
<head>
  这里是文档的头部 …
</head>
<body>
  这里是文档的主体 …
</body>
</html>
```

1.4.2 头部标签<head>

<head> 标签用于定义文档的头部，它是所有头部元素的容器。<head> 中的元素可以引用脚本、指示浏览器在哪里找到样式表、提供元信息等。文档的头部描述了文档的各种属性和信息，包括文档的标题、在 Web 中的位置以及和其他文档的关系等。绝大多数文档头部包含的数据都不会真正作为内容显示给读者。

语法描述：

```
<head>…</head>
<html>
<head>
  文档的头部…
</head>
<body>
  文档的内容…
</body>
</html>
```

1.4.3 标题标签<title>

<title> 标签可定义文档的标题。浏览器会以特殊的方式来使用标题，并且通常把它放置在浏览器窗口的标题栏或状态栏上。当把文档加入用户的链接列表或者收藏夹或书签列表时，标题将成为该文档链接的默认名称。

语法描述：

```
<title>…</title>
<html>
<head>
  <title>XHTML Tag Reference</title>
</head>
```

```
<body>
  The content of the document…
</body>
</html>
```

<title> 定义文档的标题，它是 head 部分中唯一必需的元素。

1.4.4 主体标签<body>

<body> 标签定义文档的主体，包含文档的所有内容，比如文本、超链接、图像、表格和列表等。

语法描述：

```
<body>…</body>
<html>
<head>
  <title>文档的标题</title>
</head>
<body>
  文档的内容…
</body>
</html>
```

1.4.5 元信息标签<meta>

<meta> 标签可提供有关页面的元信息（meta-information），比如针对搜索引擎和更新频度的描述和关键词。<meta> 标签位于文档的头部，不包含任何内容。<meta> 标签的属性定义了与文档相关联的名称/值对。

<meta> 标签永远位于 head 元素内部。name 属性提供了名称/值对中的名称。

语法描述：

```
<meta name="description/keywords" content="页面的说明或关键字">
<!doctype html>
<html>
<head>
<meta name="description" content="页面说明">
<title>文档的标题</title>
</head>
<body>
…文档的内容…
</body>
</html>
```

1.4.6 <!DOCTYPE>标签

<!DOCTYPE> 声明必须是 HTML 文档的第一行，位于 <html> 标签之前。<!DOCTYPE> 声明不是 HTML 标签；它是指示 web 浏览器关于页面使用哪个 HTML 版本进行编写的指令。

```
<!DOCTYPE html>
<html>
<head>
<title>文档的标题</title>
</head>
<body>
...文档的内容...
</body>
</html>
```

<!DOCTYPE> 声明没有结束标签，且不限制大小写。

综合实战　制作我的第一个网页

学习了 HTML 的入门知识后，我们来练习制作一个简单的网页，运行效果如图 1-1 所示。

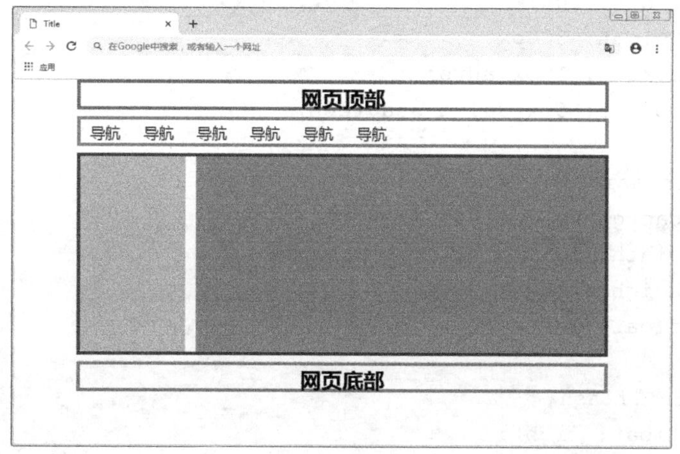

图 1-1

代码如下：

```
<!DOCTYPE html>
<html lang="en">
<head>
    <meta charset="UTF-8">
    <title>Title</title>
    <style>
        *{
            padding: 0px;
            margin: 0px;
        }
        header{
            width: 80%;
            height: 36px;
```

```
        margin: 0px auto;
        border: 5px solid cornflowerblue;
    }
    nav{
        width: 80%;
        margin: 10px auto;
        height: 36px;
        border: 5px solid lightcoral;
    }
    nav a{
        text-decoration: none;
        line-height: 40px;
        font-size: 23px;
        color: brown;
        padding: 0px 15px;
    }
    #main{
        width: 80%;
        height: 300px;
        margin: 10px auto;
        border: 5px solid seagreen;
    }
    #main aside{
        background-color: lightblue;
        width: 20%;
        height: 100%;
        float: left;
    }
    #main .flash{
        float: right;
        width: 78%;
        height: 100%;
        background-color: darkgrey;
    }
    footer{
        width: 80%;
        margin: 10px auto;
        height: 36px;
        border: 5px solid darkorange;
    }
</style>
</head>
<body>
<header>
    <h1 align="center">网页顶部</h1>
</header>
```

```
<nav>
    <a href="">导航</a>
    <a href="">导航</a>
    <a href="">导航</a>
    <a href="">导航</a>
    <a href="">导航</a>
    <a href="">导航</a>
</nav>
<div id="main">
<aside>
</aside>
<div class="flash">
</div>
</div>
<footer>
    <h1 align="center">网页底部</h1>
</footer>
</body>
</html>
```

课后作业　简单网页的制作方法

难度等级 ★

利用前面所学的知识，使用记事本手工编写一个 HTML 文件。需要注意的是，在记事本中保存文件的时候，需要将文件存为扩展名为.htm 或者.html，具体操作如图 1-2 所示。

最终保存和打开的效果如图 1-3 所示。

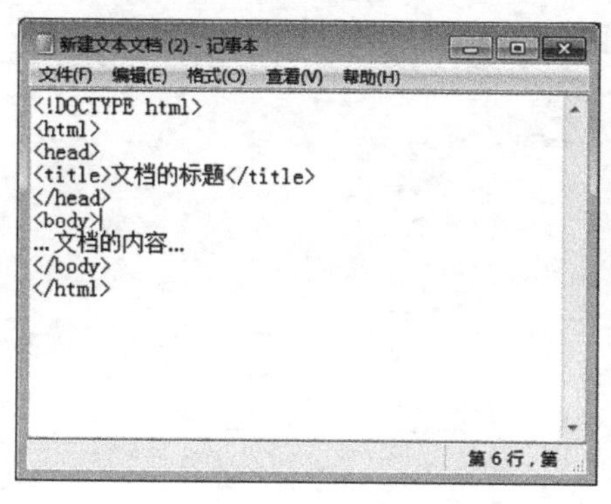

图 1-2

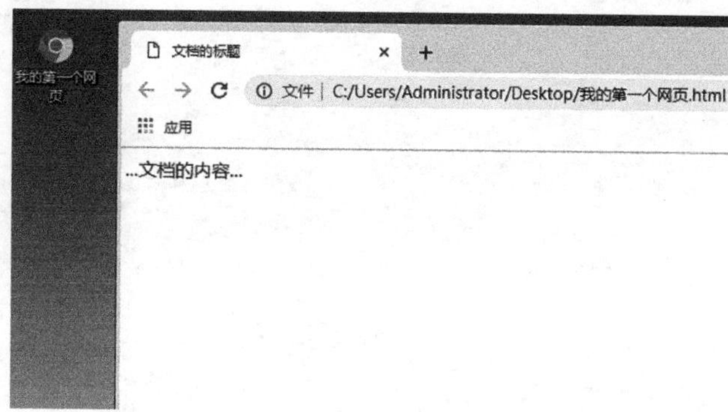

图 1-3

难度等级 ★★★

本章的最后为大家准备了一个有点难度的练习，制作一个网页的布局样式。如图 1-4 所示。

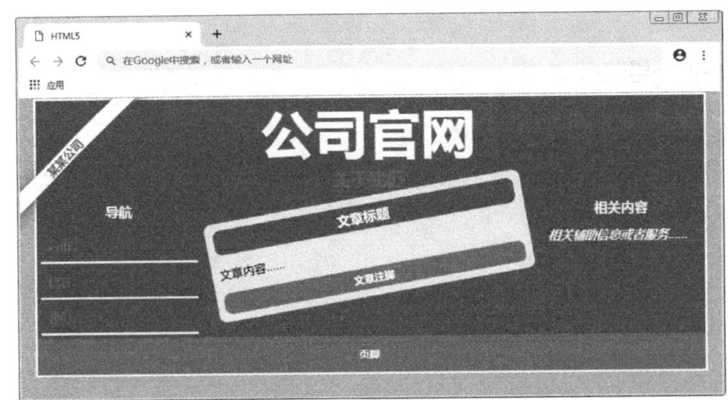
HTML5
在Google中搜索，或者输入一个网址
应用
公司官网
某某公司
导航
文章标题
相关内容
相关辅助信息或者服务......
文章内容......
文章注脚
页脚

图 1-4

扫一扫，看答案

第2章 填充网页内容

内容导读

HTML 标签可以设置文字、图形、动画、声音、表格和链接等。本章将介绍文字样式和图片在网页中的样式。文字可以设置段落、字体的样式等；图片也是网页设计中的重中之重，可以根据需求设置图片的大小和样式等。

学习完本章的知识，你可以独自完成在网页中编辑文字，设置字体样式和颜色，添加图片，给图片设置边框和大小等操作。

2.1 网页中文字和段落

如果想在网页中把文字有序地显示出来，这时就需要用到文字的属性标签了。网页中看到的文字出现很多中形式，比如倾斜、加粗、换行等，这些属性都可以自行设置，而且很简单。

2.1.1 标题文字

扫一扫，看视频

如今的网络很发达，当我们在网页中浏览新闻或者文字的时候都会出现一个标题，那么该怎么设置文章的标题呢？其实很简单，只需要学会<h>标签的用法。

语法描述：

```
<h1>…</h1>
```

课堂练习 制作大小不同的标题

下面通过一个实操案例来介绍<h>标签的具体应用方法，运行效果如图 2-1 所示。

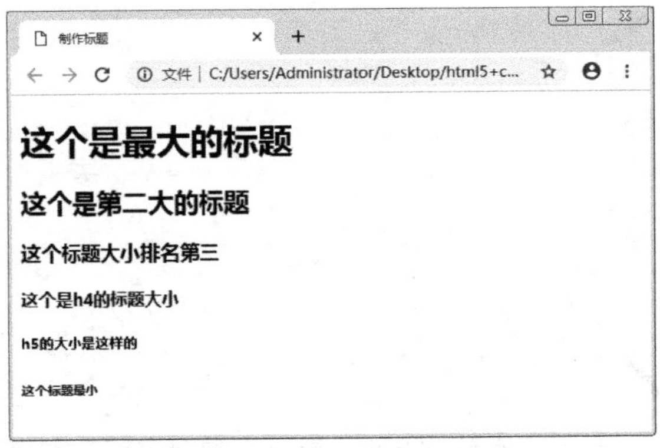

图 2-1

代码如下：

```
<!doctype html>
  <html>
  <head>
  <meta http-equiv="Content-Type" content="text/html; charset=utf-8" />
    <title> 制作标题</title>
    </head>
  <body>
  <h1>这个是最大的标题</h1>
  <h2>这个是第二大的标题</h2>
  <h3>这个标题大小排名第三</h3>
  <h4>这个是 h4 的标题大小</h4>
  <h5>h5 的大小是这样的</h5>
```

```
    <h6>这个标题最小</h6>
  </body>
  </html>
```

从上段代码可以看出，标题标签<h1> <h6> 标签可定义标题，<h1> 定义最大的标题，<h6> 定义最小的标题。

【知识点拨】

需要注意的是不要为了使文字加粗而使用 h 标签，文字需要加粗请使用 b 标签。

2.1.2 文字对齐

扫一扫，看视频

设置标题的时候会用到别的对齐方式，因为在制作网页的时候标题文字都是默认的对齐方式。想要其他的对齐方式就需要对其进行设置了，这里就需要用到 align 属性，其属性值如表 2-1 所示。

表 2-1 标题文字的对齐方式

属性值	含义
Left	左对齐（默认对其方式）
Center	居中对齐
Right	右对齐

语法描述：

```
align="对齐方式"
```

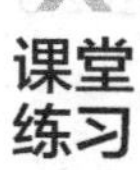

课堂练习

使用 align 设置对齐方式

网页中文字、图片等元素的对齐效果均可通过 align 属性进行设置，效果如图 2-2 所示。

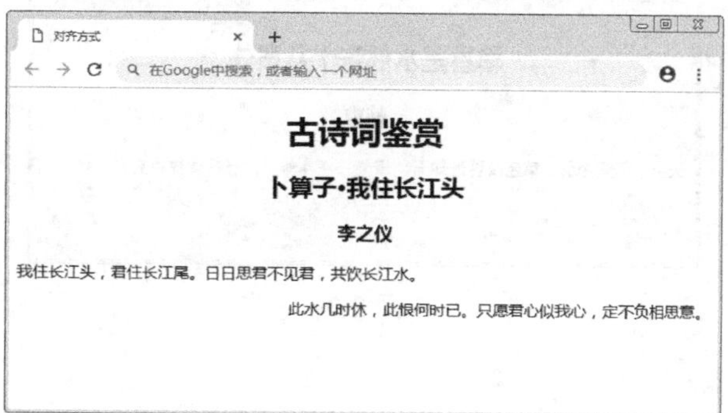

图 2-2

代码如下：

```
<!doctype html>
  <html>
  <head>
  <meta http-equiv="Content-Type" content="text/html; charset=utf-8" />
```

```
    <title>对齐方式</title>
    </head>
    <body>
      <h1 align="center">古诗词鉴赏</h1>
      <h2 align="center">卜算子 · 我住长江头</h2>
      <h3 align="center">李之仪</h3>
      <p align="left">我住长江头，君住长江尾。日日思君不见君，共饮长江水。</p>
      <p align="right">此水几时休，此恨何时已。只愿君心似我心，定不负相思意。</p>
  </body>
  </html>
```

上述图 2-2 中的文字“我住长江头……”是使用 align="left"制作的，“此水几时休……”是使用 align="right"制作的。

2.1.3 文字字体

扫一扫，看视频

在 HTML 语言中，可以通过 face 属性设置文字的不同字体效果，这些字体效果必须在浏览器安装相应字体后才能浏览，否则还是会被浏览器中的通用字体所替代。

语法描述：

```
<font face="字体">应用了该字体的文字</font>
```

课堂练习 字体的设置

灵活地运用字体可以让用户有更好的交互体验，使用 font face 可以设置字体，如图 2-3 所示。

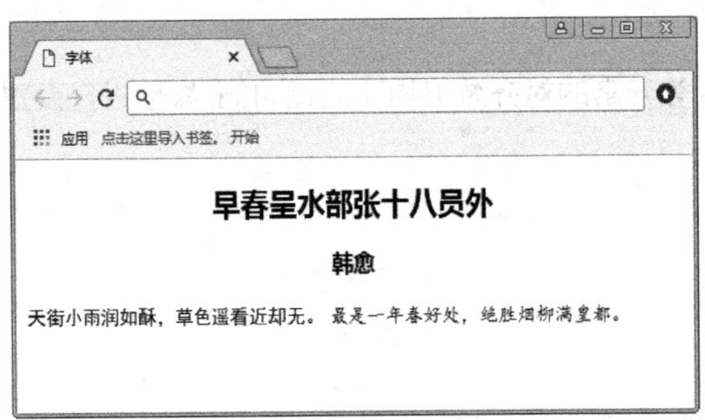

图 2-3

代码如下：

```
<!doctype html>
  <html>
  <head>
  <meta http-equiv="Content-Type" content="text/html; charset=utf-8" />
  <title> </title>
</head>
<body>
```

```
  <h2 align="center">早春呈水部张十八员外</h2>
  <h3 align="center">韩愈</h3>
  <font face="黑体">天街小雨润如酥，草色遥看近却无。</font>
  <font face="楷体">最是一年春好处，绝胜烟柳满皇都。</font>
</body>
</html>
```

从上段代码可以看出文字分别被设置了“黑体”和“楷体”两种字体。

【操作提示】

考虑到浏览器支持的因素，设置字体的时候尽可能设置一些常见字体，比如“微软雅黑”“宋体”等。

2.1.4 段落换行

扫一扫，看视频

在网页中，当出现很长一段文字的时候，为了浏览方便需要把此段很长的文字换行。这里就需要用到换行标签
。

语法描述：

```
<br>此处换行
```

课堂练习　给文字换行

网页的文字换行显示使用的是 br 标签，具体使用效果如图 2-4 所示。

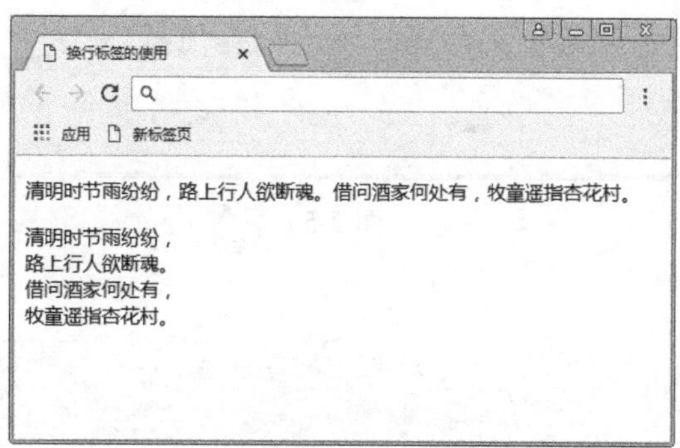

图 2-4

代码如下：

```
<!doctype html>
  <html>
  <head>
  <meta http-equiv="Content-Type" content="text/html; charset=utf-8" />
  <title>换行标签的使用</title>
  </head>
  <body>
  <p>清明时节雨纷纷，路上行人欲断魂。借问酒家何处有，牧童遥指杏花村。</p><p>清明时节雨纷纷，<br>路上行人欲断魂。<br>借问酒家何处有，<br>牧童遥指杏花村。</p>
```

```
</body>
</html>
```

代码的运行效果如图 2-4 所示。

从以上代码中可以看出文字设置了换行之后表现得更加有条理性了。如果想要从文字的后面换行，可以在想要换行的文字后面添加
标签。

扫一扫，看视频

2.1.5 字体颜色

在网页中，经常看到很多的文字颜色，这些文字颜色也为文本增加了表现力。下面就用 color 属性来设置文字的颜色。

语法描述：

```
<font color="颜色值"></font>
```

课堂练习 给文字设置色彩

文字的颜色设置使用到了 font color 属性，效果如图 2-5 所示。

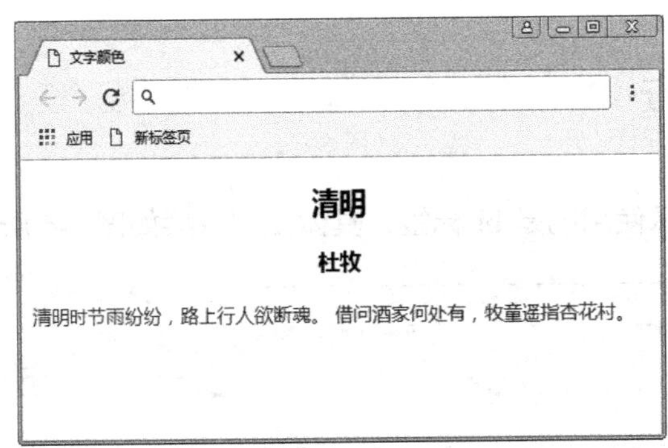

图 2-5

代码如下：

```
<!doctype html>
  <html>
  <head>
  <meta http-equiv="Content-Type" content="text/html; charset=utf-8" />
  <title> </title>
</head>
<body>
  <h2 align="center">清明</h2>
  <h3 align="center">杜牧</h3>
  <font color="red">清明时节雨纷纷，路上行人欲断魂。</font>
  <font color="green">借问酒家何处有，牧童遥指杏花村。</font>
</body>
</html>
```

从上段代码可以看出我们给一段文字分别设置了红色和绿色。

2.1.6 文字的上标和下标

扫一扫，看视频

如果在设计网页时候要用到数学公式，那么该怎么设置？怎么写这段代码呢？这里就需要用到 sup 和 sub 的标签了。

语法描述：

```
<sup></sup>上标标签
<sub></sub>下标标签
```

课堂练习

制作数学方程式

这两个标签 sup 和 sub 也只有在这个地方使用最合适了，效果如图 2-6 所示。

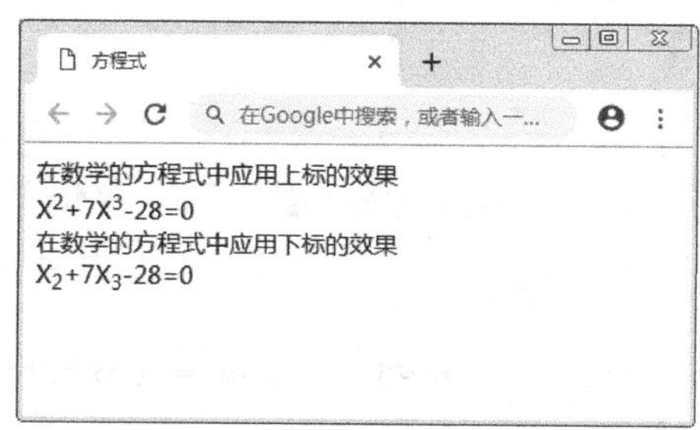

图 2-6

代码如下：

```
<!doctype html>
  <html>
  <head>
  <meta http-equiv="Content-Type" content="text/html; charset=utf-8" />
  <title> </title>
  </head>
  <body>
    在数学的方程式中应用上标的效果<br/>
    X<sup>2</sup>+7X<sup>3</sup>-28=0<br/>
    在数学的方程式中应用下标的效果<br/>
    X<sub>2</sub>+7X<sub>3</sub>-28=0
</body>
</html>
```

从以上代码可以看出上标和下标多出现在数学方程式中。

2.1.7 文字删除线

扫一扫，看视频

在网页中可以通过 strike 属性对文字添加删除线效果。删除线效果可以用来在网页文字中制作文字醒目效果或者价格过期效果。

语法描述：

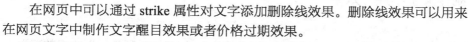

```
<strike>文字</strike>或者<s>文字</s>
```

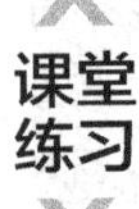

删除线的制作

删除线一般运用在文字的对比效果上，如图 2-7 所示。

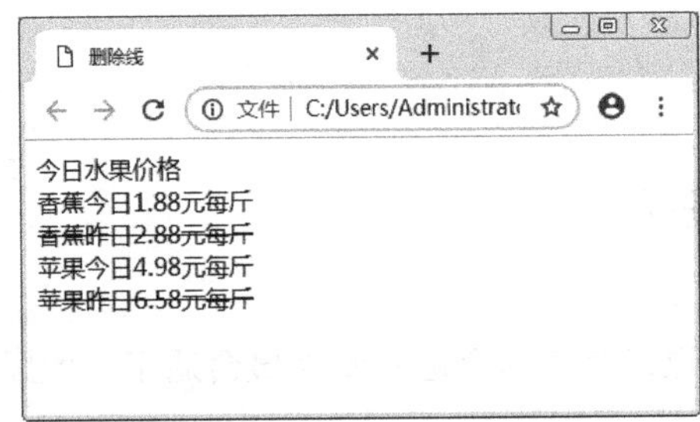

图 2-7

代码如下：

```
<!doctype html>
 <html>
 <head>
  <meta http-equiv="Content-Type" content="text/html; charset=utf-8" />
 <title> </title>
 </head>
 <body>
  今日水果价格<br/>
  香蕉今日 1.88 元每斤<br/>
  <s>香蕉昨日 2.88 元每斤</s><br/>
  苹果今日 4.98 元每斤<br/>
  <strike>苹果昨日 6.58 元每斤</strike>
 </body>
 </html>
```

从上段代码可以看出两种标签的效果相同。

2.1.8 文字不换行

扫一扫，看视频

在网页中如果某段文字过长，那么就会受到浏览器的限制自动换行，如果用户不想换行，就需要用到 nobr 的属性了。

语法描述：

```
<nobr>不需换行文字</nobr>
```

课堂练习

制作文字不换行效果

不换行的效果一般很少用，除非在特定的环境下使用，如图 2-8 所示，浏览器的下方出现了滑块，拖动滑块才可以看到完整的文字。

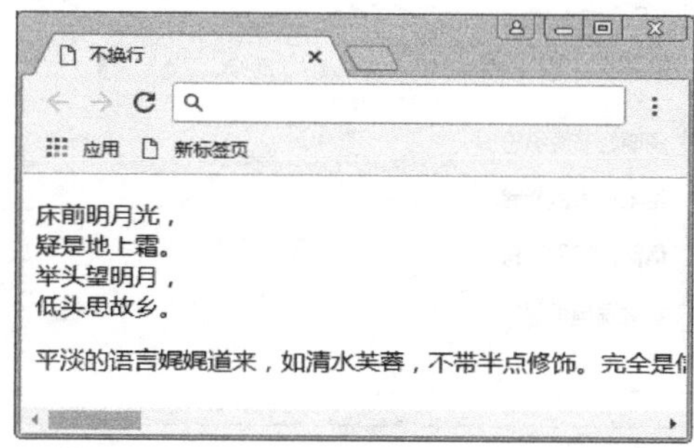

图 2-8

代码如下：

```
<!doctype html>
  <html>
  <head>
    <meta http-equiv="Content-Type" content="text/html; charset=utf-8" />
  <title> </title>
  </head>
  <body>
  <p>床前明月光，<br>疑是地上霜。<br>举头望明月，<br>低头思故乡。</p>
<p>
  <nobr>
平淡的语言娓娓道来，如清水芙蓉，不带半点修饰。完全是信手拈来，没有任何矫揉造作之痕。本诗从“疑”到“举头”，从“举头”到“低头”，形象地表现了诗人的心理活动过程，一幅鲜明的月夜思乡图生动地呈现在我们面前。客居他乡的游子，面对如霜的秋月怎能不想念故乡、不想念亲人呢？如此一个千人吟、万人唱的主题却在这首小诗中表现得淋漓尽致，以致千年以来脍炙人口，流传不衰！
</nobr>
</p>
  </body>
  </html>
```

不换行效果一般在特定的环境下使用，因为对交互效果不是很友好。

2.1.9 文字加粗

扫一扫，看视频

在一段文字段落中，如果某句话需要突出，可以为文字加粗。这时就会用到文字的加粗标签 b。

语法描述：

```
<b>需要加粗的文字</b>
```

课堂练习

让文字更加突出

文字的加粗效果会让文字显示得更加突出，这样方便突出重点，效果如图 2-9 所示。

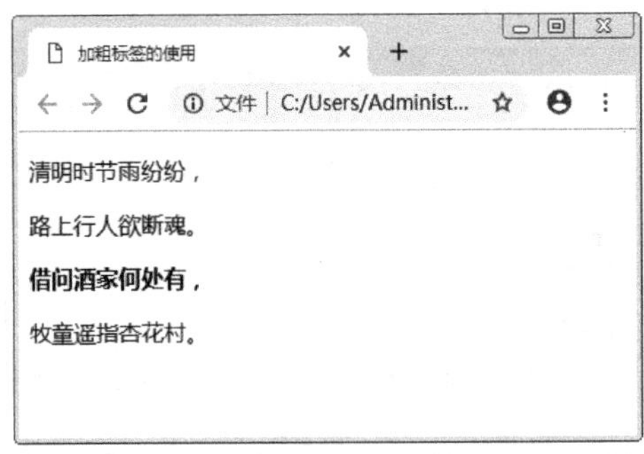

图 2-9

代码如下：

```
<!doctype html>
  <html>
  <head>
    <meta http-equiv="Content-Type" content="text/html; charset=utf-8" />
  <title>加粗标签的使用</title>
  </head>
  <body>
    <p>清明时节雨纷纷，</p>
    <p>路上行人欲断魂。</p>
    <p><b>借问酒家何处有，</b></p>
    <p>牧童遥指杏花村。</p>
</body>
</html>
```

2.2 网页中的图片样式

图像是网页中必不可少的元素，在设计网页使用图片会更能吸引用户的浏览欲望。美化网页最简单有效的方法就是添加图片，良好的图片运用能够成就优秀的设计。人都是视觉动物，在浏览网页时，对于图像有一种渴望，因此添加图片非常重要。而且，一定要是合适的、相关的图片。

2.2.1 图片的格式

网页中的图像格式通常有三种，即 GIF、JPEG 和 PNG。目前 GIF 和 JPEG 文件格式的支持情况最佳，多数浏览器都可以兼容。而 PNG 格式的图片具有较大的灵活性，而且文件比较小，几乎任何类型的网页都适合，如果浏览器的版本较老，建议使用 GIF 或 JPEG 格式的图片进行网页制作。

JPG 全名是 JPEG。JPEG 图片以 24 位颜色存储单个位图。JPEG 是与平台无关的格式，支持最高级别的压缩，不过，这种压缩是有损耗的。渐近式 JPEG 文件支持交错。

GIF 分为静态 GIF 和动画 GIF 两种，扩展名为.gif，是一种压缩位图格式，支持透明背景图像，适用于多种操作系统，“体型”很小，网上很多小动画都是 GIF 格式。其实 GIF 是将多幅图像保存为一个图像文件，从而形成动画，最常见的就是通过一帧帧的动画串联起来的搞笑 GIF 图，所以归根到底 GIF 仍然是图片文件格式。但 GIF 只能显示 256 色。和 JPG 格式一样，这是一种在网络上非常流行的图形文件格式。

PNG，图像文件存储格式，其设计目的是试图替代 GIF 和 TIFF 文件格式，同时增加一些 GIF 文件格式所不具备的特性。PNG 的名称来源于“可移植网络图形格式(Portable Network Graphic Format，PNG)”，也有一个非官方解释“PNG's Not GIF”，是一种位图文件(bitmap file)存储格式，读作“ping”。PNG 用来存储灰度图像时，灰度图像的深度可多到 16 位；存储彩色图像时，彩色图像的深度可多到 48 位；并且还可存储多到 16 位的 α 通道数据。PNG 使用从 LZ77 派生的无损数据压缩算法，一般应用于 Java 程序、网页或 S60 程序中，原因是它压缩比高，生成文件体积小。

2.2.2 给网页添加图片

扫一扫，看视频

在制作网页的时候，为了网页更加美观，更能吸引用户浏览，通常会插入一些图片进行美化。插入图片的标记只有一个 img 标签。

语法描述：

```
<img src="图片文件地址">
```

课堂练习

使用 img 标签

这个 img 是一个单标签，使用起来既方便也简单，效果如图 2-10 所示。

图 2-10

代码如下：

```
<!doctype html>
<html>
<head>
<meta http-equiv="Content-Type" content="text/html; charset=utf-8" />
<title> 图片</title>
<body>
<p>
```

```
向日葵和女孩。
</p>
<img src="321.png">
</body>
</html>
```

src 是设置图片的路径的，它可以是绝对路径也可以是相对路径。

2.2.3 设置图片的大小

如果不设定图片的大小，图片在网页中显示为其原始尺寸。有时原始尺寸会过大或者过小，这时就需要用到 width 和 height 属性来设置图片的大小。

语法描述：

```
<img src="图片的位置" width="图片的宽度" height="图片的高度">
```

课堂练习 图片的大小设置

使用 width 和 height 属性可以设置很多东西的大小，图片大多只会设置小一点，如图 2-11 所示。

图 2-11

代码如下：

```
<!doctype html>
  <html>
  <head>
    <meta http-equiv="Content-Type" content="text/html; charset=utf-8" />
  <title> 图片</title>
  <body>
    <p>
    向日葵和女孩。
    </p>
    <img src="321.png" width="200" height="90">
  </body>
  </html>
```

上段代码中我们把原图缩小显示了。

2.2.4 图片的边框显示

给图片添加边框是为了能让图片显示得更突出，用 border 属性就可以实现。border 不仅仅可以给图片添加边框，它的用途也很广，之后我们会在很多地方应用到它的属性。

语法描述：

```
<img src="图片位置" border="边框粗细">
```

课堂练习 给图片设置边框

为了让图片在网页中显示得更加美观，可以给图片添加边框。如图 2-12 所示。

图 2-12

代码如下。

```
<!doctype html>
<html>
<head>
<meta http-equiv="Content-Type" content="text/html; charset=utf-8" />
<title> 图片</title>
<body>
    <p>
    向日葵和女孩。
    </p>
    <img src="321.png" width="200" height="90" border="5">
</body>
</html>
```

从上段代码可以看出图片被添加了像素为 5 的边框效果。

2.2.5 水平间距

如果不使用
标签或者<p>标签进行换行显示，那么添加的图像会紧跟文字之后，图像和文字之间的水平距离可以通过 hspace 属性进行调整。

语法描述：

```
<img src="图片文件的位置" hspace="水平间距">
```

课堂练习

设置图片的间距效果

设置图片的间距效果如图 2-13 所示。

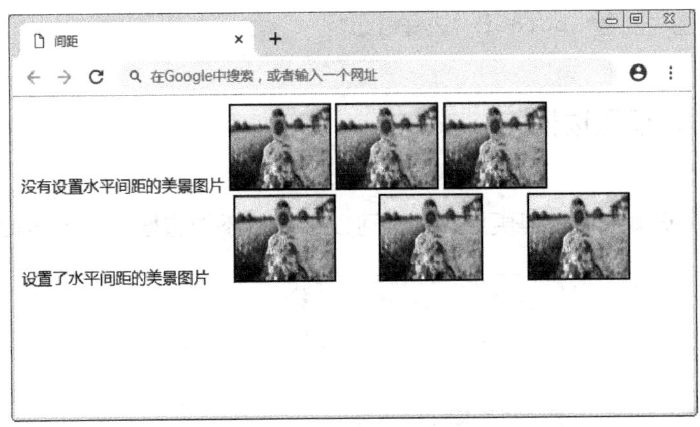

图 2-13

代码如下：

```
<!doctype html>
  <html>
  <head>
    <meta http-equiv="Content-Type" content="text/html; charset=utf-8" />
    <title>间距</title>
  </head>
  <body>
    没有设置水平间距的美景图片
    <img src="321.png" width="100" height="80" border="2">
    <img src="321.png" width="100" height="80" border="2">
    <img src="321.png" width="100" height="80" border="2"><br/>
    设置了水平间距的美景图片
    <img src="321.png" width="100" height="80" border="2" hspace="20">
    <img src="321.png" width="100" height="80" border="2" hspace="20">
    <img src="321.png" width="100" height="80" border="2" hspace="20">
  </body>
  </html>
```

上段代码 hspace="20"中可以看出图片的水平间距设置了 20 个像素。

※ **知识拓展** ※
图像和文字之间的垂直距离也是可以调整的，使用 vspace 参数就可实现。此属性能有效避免文字图像拥挤。

2.2.6 提示文字

扫一扫，看视频

设置文件的提示文字有两个作用：一是当浏览网页时，如果图像没有被下载，在图像的位置会看到提示的文字；二是浏览网页时，图片下载完成后，当鼠标指针放在图片上时会出现提示文字。

语法描述：

```
<img scr="图片位置" title="提示文字">
```

课堂练习

设置图片的提示文字

使用 title 设置替换文字的效果如图 2-14 所示。

图 2-14

代码如下：

```
<!doctype html>
  <html>
  <head>
    <meta http-equiv="Content-Type" content="text/html; charset=utf-8" />
  <title> 图片</title>
  <body>
    <p>
    初雪。
    </p>
    <img src="timg.png" border="5" height="100" width="180" title="向日葵">
  </body>
  </html>
```

设计网页图片的时候一般都会用到这个属性，因为方便程序员的后期工作。

2.2.7 文字替换图片

扫一扫，看视频

当图片路径或者下载出现问题的时候，图片没办法显示，这个时候可以通过 alt 属性在图片位置显示定义的替换文字。

语法描述：

```
<img scr="图片位置" alt="提示文字">
```

课堂练习　设置图片的替换文字

图片的替换文字和提示文字的区别在于图片是否正常显示，效果如图 2-15 所示。

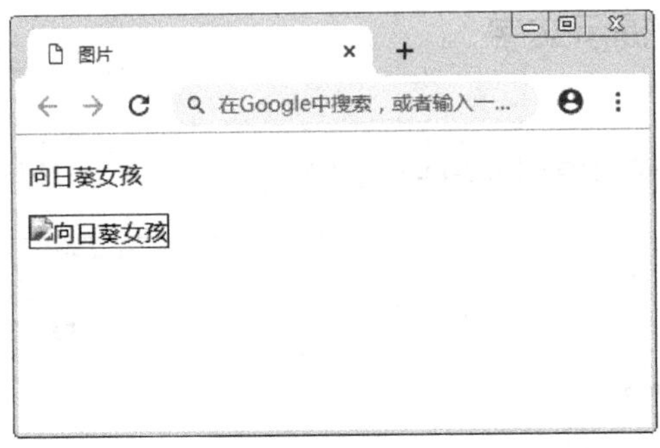

图 2-15

代码如下：

```
<!doctype html>
  <html>
  <head>
    <meta http-equiv="Content-Type" content="text/html; charset=utf-8" />
    <title> 图片</title>
  <body>
    <p>
    向日葵女孩
    </p>
    <img src="32.pg" border="1" height="100" width="180" alt="向日葵女孩">
  </body>
</html>
```

综合实战　定义图片热区

本章主要讲解了文字的样式和图片在网页中的几种格式，怎样插入图片和设置图片，为图片添加超链接。在上述这些知识中，需要了解的是图片的格式，想要熟练地在网页中运用图片就需要掌握如何设置图片的属性。如果想精通这些知识就需要不断地练习巩固，不断地加深了解才能运用自如。

下面为大家拓展一个知识点——图片的热区。一般在网页的 banner 部分会出现，比如点击同一张图片的不同区域跳转到不同的链接，图 2-16 所示的就是设置了图片热区的效果。

图 2-16

设置图片热区的代码如下所示。

```
<!DOCTYPE html >
<head>
<meta http-equiv="Content-Type" content="text/html; charset=GB2312" />
<title>自定义热区</title>
<style type="text/css">
body
  {text-align:center;}
/* 设置 link 为子对象定位基点(子对象将相对父容器定位) */
#link
  {position:relative;width:524px;margin:0 auto;}
/* 设置所有链接透明度 */
#link a
  {filter:alpha(opacity=50);-moz-opacity:0.5;opacity: 0.5;}
/* 把所有链接设置为绝对定位，设置内补丁，设置边框，设置显示模式，设置文本缩进，设置链接修饰，设置背景图片 */
#link a
  {position:absolute;padding:10px;border-width:2px;display:block;text-indent:-9999px;text-decoration:none;background:url("no.gif");}
'
/* 设置各链接区域位置与高宽 */
#link a.on1
  {width:24px;height:18px;left:0;top:0;}
#link a.on2
  {width:235px;height:110px;left:265px;top:0;}
#link a.on3
  {width:240px;height:600px;left:0;top:130px;}
#link a.on4
  {width:235px;height:600px;left:265px;top:130px;}
/* 设置所有链接鼠标经过状态 */
#link a:hover
  {border:dashed red 2px;display:block;color:#000;font-weight:bold;
```

```
background-color:#fff;}
    /* 设置各链接当鼠标经过时状态 */
    #link a.on1:hover
      {filter:alpha(opacity=100);-moz-opacity:1;opacity:1;background-color:
transparent;}
    #link a.on2:hover
      {text-indent:0;filter:alpha(opacity=100);-moz-opacity:1;opacity:1;}
    #link a.on3:hover
      {border-color:#000;}
    #link a.on4:hover
      {background-image:url([img]22.JPG[/img]);}
    </style>
    </head>
    <body>
    <div id="link">
       <a href="#" class="on1"> 玩号热区</a>
       <a href="#" class="on2"> 图号热区</a>
       <a href="#" class="on3"> 四锐号热区</a>
       <a href="#" class="on4"> 佛号热区</a>
    </div>
    <div id="pr">
        <img src="321.png" alt="用 CSS 自定义热区" />
    </div>
    </body>
    </html>
```

至此，图片的热区效果制作完成，想要融会贯通地掌握此部分的知识还需多加练习。

课后作业　设置字体和图片样式

难度等级 ★★

本章的课后作业为大家准备了文字的综合效果，如图 2-17 所示的文字包含了字体的加粗、倾斜、首行缩进、透明等很多样式。

扫一扫，看答案

图 2-17

至此，文字的样式设置就完成了。

难度等级 ★★★

我们再来做一个拓展练习，请根据图 2-18 所示制作出一样的效果。

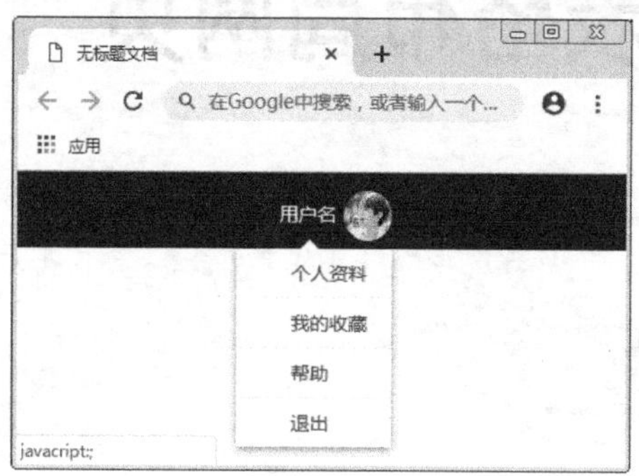

图 2-18

扫一扫，看答案

第3章 表格布局网页

内容导读

利用表格可以实现不同的布局方式，本章讲述了设置表格属性，选择表格以及编辑表格和单元格等内容。灵活、熟练地使用表格，会在制作网页时如虎添翼。首先需要了解表格在网页中的作用，表格在网页中基本组成单位是什么，只有了解了这些才能一步步地实现对单元格的设置、对表格边框的设置和对表格中的文字进行设置。下面我们一起来学习表格中最基本最常用的知识，相信通过本章的学习你一定会对表格有一个重新的认识。

学习完本章的知识后，我们就可以在网页中制作表格了，也可以利用表格的属性布局一张简单的网页效果。

3.1 创建表格

表格是用于排版网页内容的最佳手段，在 HTML 网页中，绝大多数页面都是使用表格进行排版的。在 HTML 的语法中，表格主要通过 3 个标记来构成，即表格标记、行标记、单元格标记。

表格的 3 个标记说明如表 3-1 所示。

表 3-1　表格的 3 个标记说明

标记	标记描述
<table></table>	表格标记
<tr></tr>	行标记
<td></td>	设置所使用的脚本语言，此属性已代替 language 属性

3.1.1 表格的基本构成

表格是网页排版中不可缺少的布局工具，表格运用的熟练度将直接体现在网页设计的美观上。

表格中各元素的含义介绍如下：

- 行和列：一张表格横向叫行，纵向叫列。
- 单元格：行列交叉的部分叫单元格。
- 边距：单元格中的内容和边框之间的距离叫边距。
- 间距：单元格和单元格之间的距离叫间距。
- 边框：整张表格的边缘叫边框。
- 表格的三要素：行、列、单元格。
- 表格的嵌套：指在一个表格的单元格中插入另一个表格，大小受单元格的大小限制。

3.1.2 表格的标题

扫一扫，看视频

表格中除了<td>和</td>可用来设置表格的单元格外，还可以通过 caption 来设置一种特殊的单元格——标题单元格。

语法描述：

```
<caption>表格的标题</caption>
```

课堂练习　制作表格的标题

给表格制作标题可以知道这个表格需要告诉用户的具体内容，效果如图 3-1 所示。

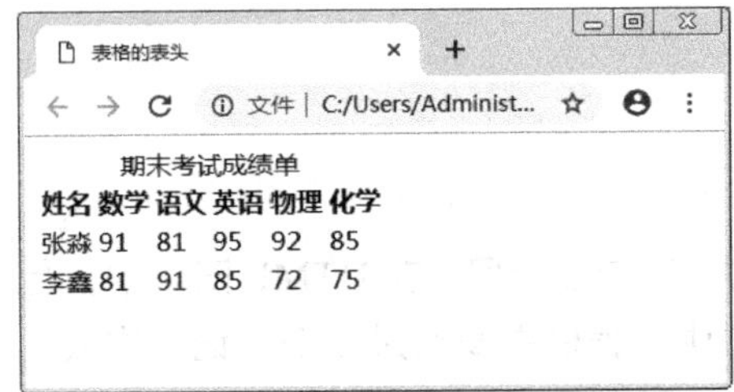

图 3-1

代码如下：

```
<!doctype html>
<html>
<head>
<meta http-equiv="Content-Type" content="text/html; charset=utf-8" />
<title>表格的表头</title>
<table>
<caption>期末考试成绩单</caption>
<tr>
    <th>姓名</th>
    <th>数学</th>
    <th>语文</th>
    <th>英语</th>
    <th>物理</th>
    <th>化学</th>
</tr>
<tr>
    <td>张淼</td>
    <td>91</td>
    <td>81</td>
    <td>95</td>
    <td>92</td>
    <td>85</td>
</tr>
<tr>
    <td>李鑫</td>
    <td>81</td>
    <td>91</td>
    <td>85</td>
    <td>72</td>
    <td>75</td>
</tr>
</table>
</body>
</html>
```

【知识点拨】

表格的标题一般位于整个表格的第一行，为表格标识一个标题行，如同在表格上方加一个没有边框的行。

3.1.3 表格的表头

扫一扫，看视频

在表格中还有一种特殊的单元格，称其为表头。表格的表头一般位于第一行，用来表示这一行的内容类别，用<th>和</th>标签来表示。

语法描述：

```
<table>
  <tr>
    <th>单元格内的内容</th>
    <th>单元格内的内容</th>
  </tr>
</table>
```

课堂练习 制作表格的表头

使用 th 制作表头会使字体自动加粗显示，效果如图 3-2 所示。

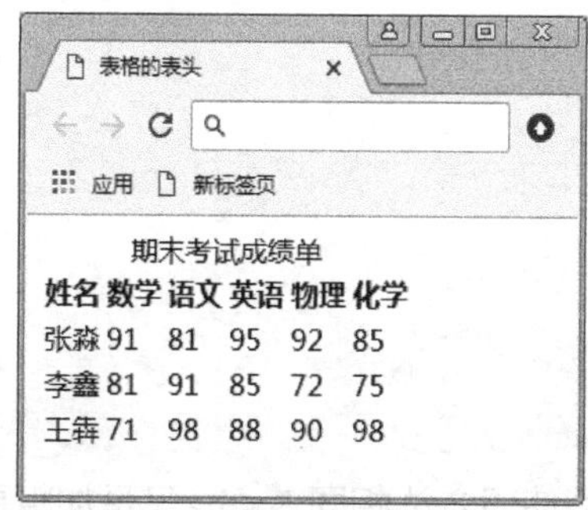

图 3-2

代码如下：

```
<!doctype html>
<html>
<head>
<meta http-equiv="Content-Type" content="text/html; charset=utf-8" />
<title>表格的表头</title>
<table>
<caption>期末考试成绩单</caption>
<tr>
    <th>姓名</th>
    <th>数学</th>
    <th>语文</th>
    <th>英语</th>
    <th>物理</th>
    <th>化学</th>
</tr>
<tr>
```

```
        <td>张淼</td>
        <td>91</td>
        <td>81</td>
        <td>95</td>
        <td>92</td>
        <td>85</td>
    </tr>
    <tr>
        <td>李鑫</td>
        <td>81</td>
        <td>91</td>
        <td>85</td>
        <td>72</td>
        <td>75</td>
    </tr>
    <tr>
        <td>王犇</td>
        <td>71</td>
        <td>98</td>
        <td>88</td>
        <td>90</td>
        <td>98</td>
    </tr>
    </table>
    </body>
    </html>
```

表格的头部标签与<td>标签使用方法相同，<th>只是加粗显示。

3.2 设置表格边框样式

表格的边框可以设置粗细、颜色等效果，使用 border 属性进行设置。单元格的间距同样也可以调整。

3.2.1 给表格设置边框

扫一扫，看视频

如果不指定 border 属性，那么浏览器将不会显示表格的边框。就如同图 3-1 一样，如果想要给表格设置边框就需要用到 border 属性。

语法描述：

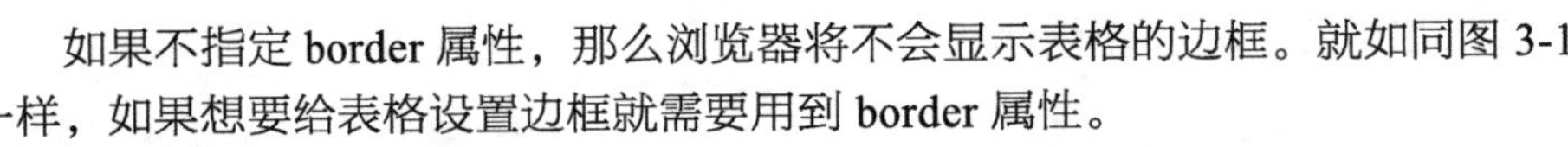

```
<table border="参数值"> </table>
```

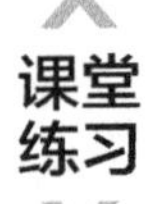

设置表格边框

使用 border 属性可以设置边框效果，表格的边框设置效果如图 3-3 所示。

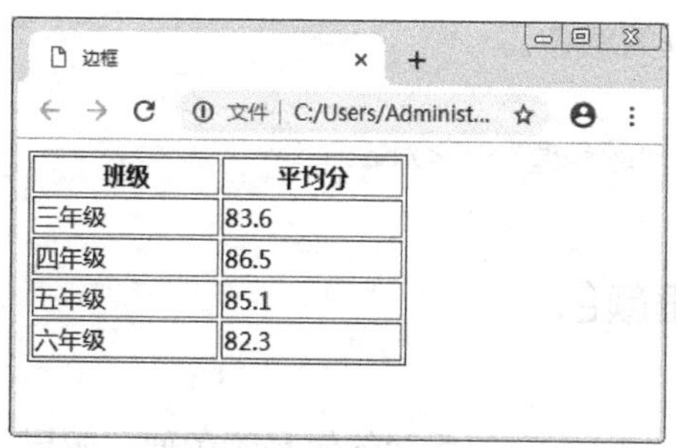

班级	平均分
三年级	83.6
四年级	86.5
五年级	85.1
六年级	82.3

图 3-3

代码如下：

```
<!doctype html>
<html>
<head>
<meta http-equiv="Content-Type" content="text/html; charset=utf-8" />
<title></title>
</head>
<body>
<table border="1">
<tr>
    <th>班级</th>
    <th>平均分</th>
</tr>
<tr>
    <td>三年级</td>
    <td>83.6</td>
</tr>
<tr>
    <td>四年级</td>
    <td>86.5</td>
</tr>
<tr>
    <td>五年级</td>
    <td>85.1</td>
</tr>
<tr>
    <td>六年级</td>
    <td>82.3</td>
</tr>
</table>
</body>
</html>
```

想要给整个表格设置边框给 table 设置属性就可以了。

3.2.2 给表格边框设置颜色

扫一扫，看视频

如果不设置边框的颜色的情况下，边框在浏览器中显示的是灰色的。可以使用 bordercolor 来设置边框的颜色。

语法描述：

```
<table bordercolor="颜色值"> </table>
```

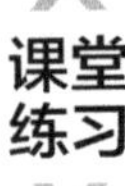

课堂练习

设置表格边框颜色

边框颜色属性用的是 bordercolor，后面的值是颜色值。效果如图 3-4 所示。

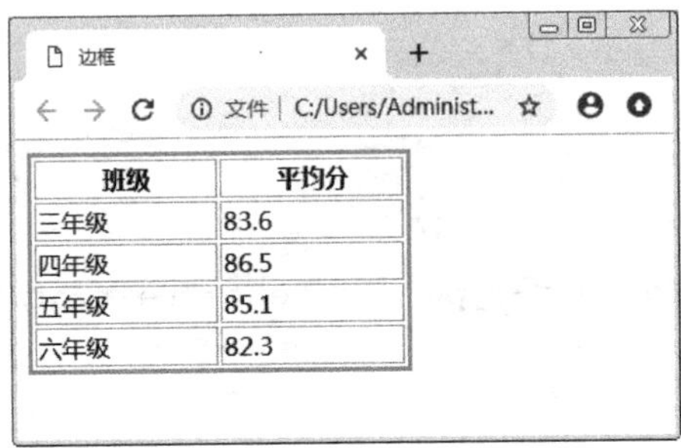

图 3-4

代码如下：

```
<!doctype html>
<html>
<head>
<meta http-equiv="Content-Type" content="text/html; charset=utf-8" />
<title>边框</title>
</head>
<body>
<table width="256" border="3" bordercolor="#FF9966">
<tr>
    <th width="122">班级</th>
    <th width="118">平均分</th>
</tr>
<tr>
    <td>三年级</td>
    <td>83.6</td>
</tr>
<tr>
    <td>四年级</td>
    <td>86.5</td>
</tr>
<tr>
    <td>五年级</td>
    <td>85.1</td>
</tr>
<tr>
    <td>六年级</td>
```

```
    <td>82.3</td>
</tr>
</table>
</body>
</html>
```

3.2.3 表格中的单元格间距

扫一扫，看视频

单元格之间的间距用 cellspacing 属性进行设置。宽度值是像素，数值越大，距离越宽。

语法描述：

```
<table cellspacing="值"> </table>
```

课堂练习 设置表格单元格间距

使用 cellspacing 制作单元格之间的间距效果如图 3-5 所示。

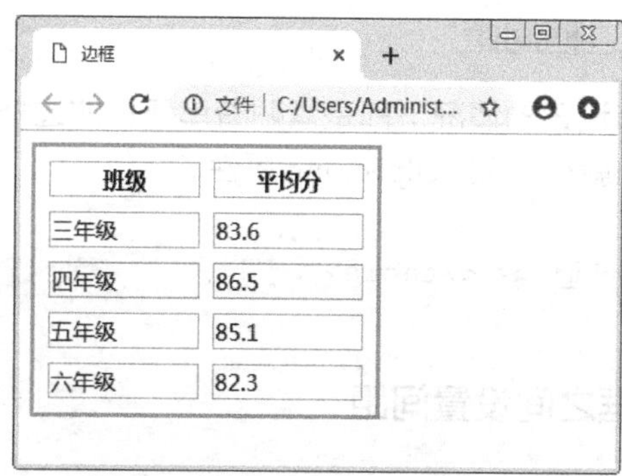

图 3-5

代码如下：

```
<!doctype html>
<html>
<head>
<meta http-equiv="Content-Type" content="text/html; charset=utf-8" />
<title>边框</title>
</head>
<body>
<table width="256" border="3" bordercolor="#FF9966" cellspacing="10">
<tr>
    <th width="122">班级</th>
    <th width="118">平均分</th>
</tr>
<tr>
    <td>三年级</td>
    <td>83.6</td>
```

```
</tr>
<tr>
    <td>四年级</td>
    <td>86.5</td>
</tr>
<tr>
    <td>五年级</td>
    <td>85.1</td>
</tr>
<tr>
    <td>六年级</td>
    <td>82.3</td>
</tr>
</table>
</body>
</html>
```

图 3-5 设置了间距效果，和图 3-4 对比一下就可以看出效果。

3.2.4 表格中文字与边框间距

单元格中的文字在没有设置的情况下都是紧贴着单元格的边框的，如果想要设置文字与边框的间距值就要用到 cellpadding 属性。

语法描述：

```
<table cellpadding="值">  </table>
```

在文字和边框之间设置间距

文字和边框之间设置间距用到的 cellpadding 属性值越大，间距越大，如图 3-6 所示。

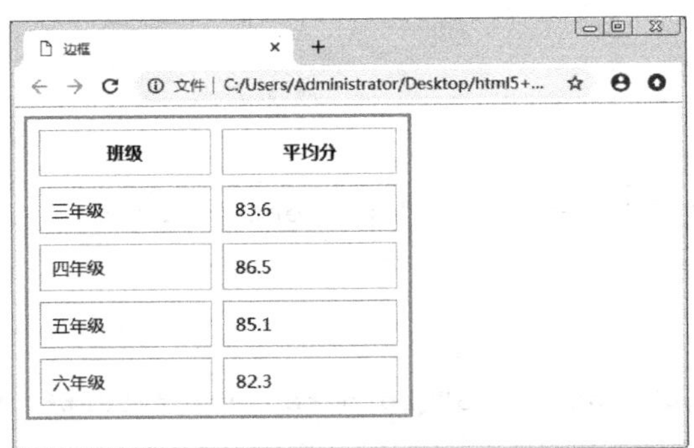

图 3-6

代码如下：

```
<!doctype html>
<html>
<head>
```

```
<meta http-equiv="Content-Type" content="text/html; charset=utf-8" />
<title>间距</title>
</head>
<body>
<table border="5" bordercolor="#999933" cellspacing="6" cellpadding="8">
<tr>
<th>班级</th>
<th>平均分</th>
</tr>
<tr>
<td>三年级</td>
<td>85.6</td>
</tr>
<tr>
<td>四年级</td>
<td>86.5</td>
</tr>
<tr>
<td>五年级</td>
<td>85.1</td>
</tr>
<tr>
<td>六年级</td>
<td>82.3</td>
</tr>
</table>
</body>
</html>
```

3.3 设置表格行内属性

扫一扫，看视频

本节主要讲述整个表格大小的设置，在设置了表格大小之后还可以设置每行的大小和属性。下面将对这些属性进行一一讲解。

3.3.1 行的背景颜色及大小

设置行背景需用到 bgcolor 属性,这里设置的背景颜色只是用于当前行，会覆盖<table>中的颜色。会被单元格的颜色覆盖。

语法描述：

```
<tr height="值" bgcolor="值"> </tr>
```

课堂练习 设置行的背景颜色和大小

给行的背景设置颜色会用到 bgcolor 属性，效果如图 3-7 所示。

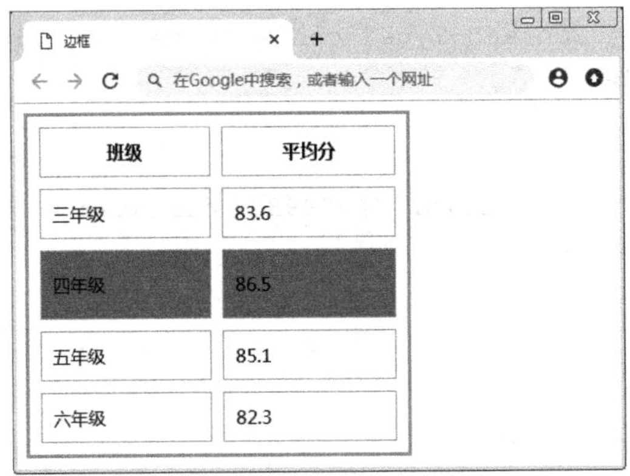

图 3-7

代码如下：

```
<!doctype html>
<html>
<head>
<meta http-equiv="Content-Type" content="text/html; charset=utf-8" />
<title>边框</title>
</head>
<body>
<table width="344" border="3" bordercolor="#FF9966" cellspacing="10" cellpadding="10">
<tr>
    <th width="116">班级</th>
    <th width="116">平均分</th>
</tr>
<tr>
    <td>三年级</td>
    <td>83.6</td>
</tr>
<tr height="60" bgcolor="#999966">
    <td>四年级</td>
    <td>86.5</td>
</tr>
<tr>
    <td>五年级</td>
    <td>85.1</td>
</tr>
<tr>
    <td>六年级</td>
    <td>82.3</td>
</tr>
</table>
</body>
</html>
```

【操作提示】

设置行的颜色一定要在<tr>中设置 bgcolor 属性。

3.3.2 行内文字的对齐方式

如果想要单独给表格内的某一行设置不同的样式，就需要用到 align 属性和 valign 属性。

行内的 align 属性是控制选中行的水平对齐方式。虽然不受整个表格对齐方式的影响，但当单元格设置对齐方式的时候，会被其所覆盖。

语法描述：

```
<tr align="值"> </tr>
```

如何设置行内文字的对齐方式

合理地设置行内文字的对齐效果可以让表格看起来更加工整，效果如图 3-8 所示。

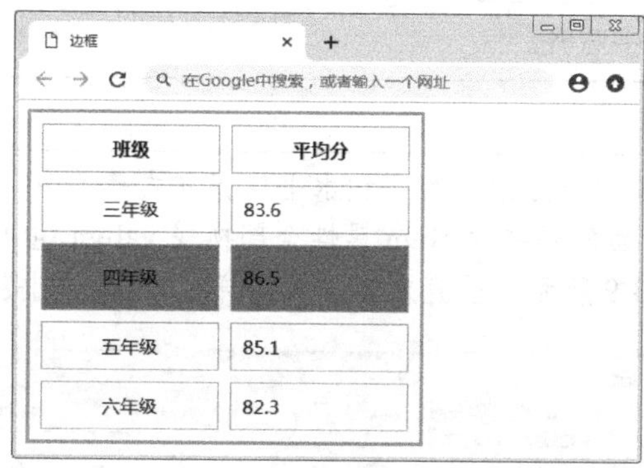

图 3-8

代码如下：

```
<!doctype html>
<html>
<head>
<meta http-equiv="Content-Type" content="text/html; charset=utf-8" />
<title>边框</title>
</head>
<body>
<table width="344" border="3" bordercolor="#FF9966" cellspacing="10" cellpadding="10">
<tr>
    <th width="116" align="center">班级</th>
    <th width="116">平均分</th>
</tr>
<tr>
    <td align="center">三年级</td>
    <td>83.6</td>
```

```
</tr>
<tr height="60" bgcolor="#999966">
    <td align="center">四年级</td>
    <td>86.5</td>
</tr>
<tr>
    <td align="center">五年级</td>
    <td>85.1</td>
</tr>
<tr>
    <td align="center">六年级</td>
    <td>82.3</td>
</tr>
</table>
</body>
</html>
```

水平对齐方式有三种，分别是 left、right 和 center。默认的对齐方式是左对齐。上段代码中我们给第一列设置了居中对齐。

※ 知识延伸 ※

设置行内文字的垂直对齐方法，其实和水平对齐方式差不多，只是把 align 属性换成了 valign 属性，如果把上面代码中的 align 属性全部换成 valign，值也做出相应的调整的话，那么它的显示效果如图 3-9 所示。垂直对齐方式同样有三种，分别是 top、bottom、middle。

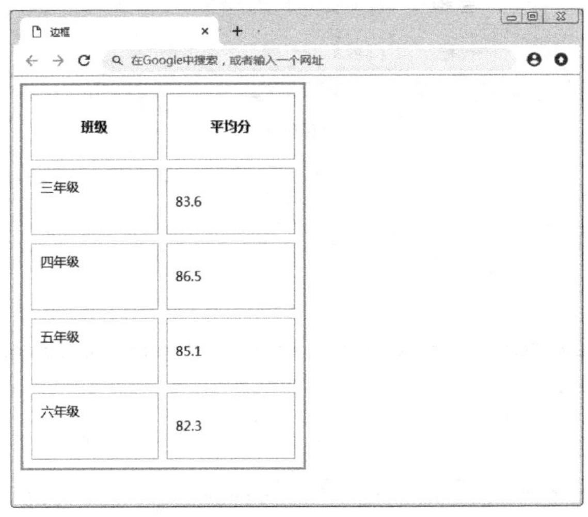

图 3-9

3.4 设置表格的背景

为了美化表格，可以设置表格背景的颜色，还可以为表格的背景添加图片，使表格看起来不单调。

扫一扫，看视频

3.4.1 表格背景颜色

使用 bgcolor 的属性来定义表格的背景颜色，需要注意的是，bgcolor 定义的颜色是整个表格的背景颜色，如果行、列或者单元格被定义颜色将会覆盖背景颜色。

语法描述：

```
<table bgcolor="值">  </table>
```

课堂练习

表格整体颜色的设置

设置表格的整体颜色需要在<table>中设置，效果如图 3-10 所示。

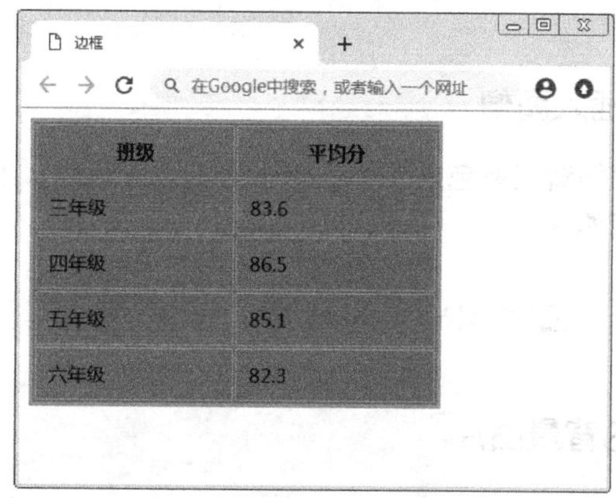

图 3-10

代码如下：

```
<!doctype html>
<html>
<head>
<meta http-equiv="Content-Type" content="text/html; charset=utf-8" />
<title>边框</title>
</head>
<body>
<table width="344" border="3" bordercolor="#FF9966"  cellpadding="10"
bgcolor="#999966">
<tr>
    <th width="116">班级</th>
    <th width="116">平均分</th>
</tr>
<tr>
    <td>三年级</td>
    <td>83.6</td>
</tr>
<tr>
```

```
        <td>四年级</td>
        <td>86.5</td>
    </tr>
    <tr>
        <td>五年级</td>
        <td>85.1</td>
    </tr>
    <tr>
        <td>六年级</td>
        <td>82.3</td>
    </tr>
    </table>
    </body>
    </html>
```

3.4.2 为表格背景插入图像

美化表格除了设置表格背景颜色之外，还可以为其插入图片。当然插入的图片颜色不要很深，以免影响字体的清晰度。

语法描述：

```
<table background="图片地址">  </table>
```

插入表格的背景图片

给表格设置背景图片用到的不是 img，而是 background，效果如图 3-11 所示。

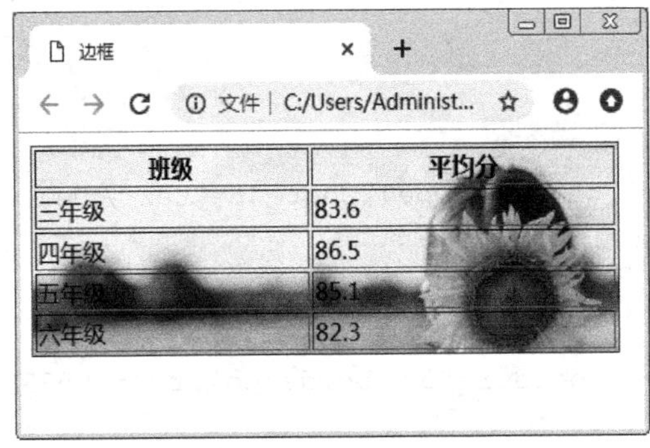

图 3-11

代码如下：

```
<!doctype html>
<html>
<head>
<meta http-equiv="Content-Type" content="text/html; charset=utf-8" />
<title>边框</title>
</head>
```

```
<body>
<table width="412" border="1" background="321.png">
<tr>
    <th width="170">班级</th>
    <th width="186">平均分</th>
</tr>
<tr>
    <td>三年级</td>
    <td>83.6</td>
</tr>
<tr>
    <td>四年级</td>
    <td>86.5</td>
</tr>
<tr>
    <td>五年级</td>
    <td>85.1</td>
</tr>
<tr>
    <td>六年级</td>
    <td>82.3</td>
</tr>
</table>
</body>
</html>
```

3.5 设置单元格的样式

单元格是表格中的基本单位，行内可以有多个单元格，每个单元格都可以设置不同的样式，比如颜色、跨度、对齐方式等，这些样式可以覆盖整个表格或者某个行的已经定义的样式。

3.5.1 单元格的大小

如果不单独设置单元格的属性，其宽度和高度都会根据内容自动调整。想要单独设置单元格大小就要通过 width 和 height 来进行设置。

语法描述：

```
<td width="值" height="值"> </td>
```

设置单元格的大小

设置完单元格大小的表格如图 3-12 所示。

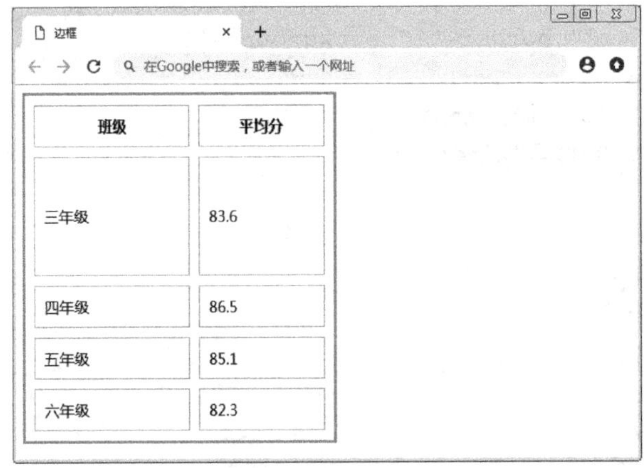

图 3-12

代码如下：

```
<!doctype html>
<html>
<head>
<meta http-equiv="Content-Type" content="text/html; charset=utf-8" />
<title>边框</title>
</head>
<body>
<table width="344" border="3" bordercolor="#FF9966" cellspacing="10"
cellpadding="10">
<tr>
    <th width="116">班级</th>
    <th width="116">平均分</th>
</tr>
<tr>
    <td width="150" height="100">三年级</td>
    <td>83.6</td>
</tr>
<tr>
    <td>四年级</td>
    <td>86.5</td>
</tr>
<tr>
    <td>五年级</td>
    <td>85.1</td>
</tr>
<tr>
    <td>六年级</td>
    <td>82.3</td>
</tr>
</table>
```

```
</body>
</html>
```

从图 3-12 中可以看出，设置了某个单元格的大小会影响一整行的高度，被设置高度的单元格决定了这一行的单元格高度。

3.5.2 单元格的背景颜色

单元格的背景颜色定义和表格的背景颜色定义大致相同，都是用 bgcolor 进行设置。不同的是单元格的背景可以覆盖表格定义的背景色。

语法描述：

```
<td bgcolor="#009999">  </td>
```

课堂练习

设置单元格的背景颜色

设置背景颜色的属性在之前的学习中已经讲到了，就是使用 bgcolor 来设置，此案例中我们先设置表格的背景颜色，再给某个单元格设置颜色，效果如图 3-13 所示。

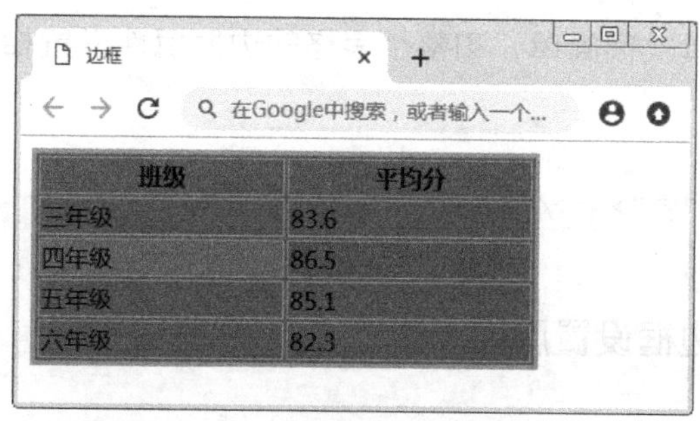

图 3-13

代码如下：

```
<!doctype html>
<html>
<head>
<meta http-equiv="Content-Type" content="text/html; charset=utf-8" />
<title>边框</title>
</head>
<body>
<table width="344" border="3" bordercolor="#FF9966" bgcolor="#669966">
<tr>
    <th width="116">班级</th>
    <th width="116">平均分</th>
</tr>
<tr>
    <td>三年级</td>
    <td>83.6</td>
</tr>
```

```
<tr>
    <td bgcolor="#999966">四年级</td>
    <td>86.5</td>
</tr>
<tr>
    <td>五年级</td>
    <td>85.1</td>
</tr>
<tr>
    <td>六年级</td>
    <td>82.3</td>
</tr>
</table>
</body>
</html>
```

从代码和图 3-13 中可以看出，单元格的颜色覆盖在表格背景颜色之上。

3.5.3 单元格的边框属性

单元格的边框属性其实很简单，和整个表格的边框属性设置相似，下面我们就来详细讲解。

语法描述：

```
<td bordercolor="值">  </td>
```

课堂练习

给单元格边框设置属性

想要设置单元格的边框只需要找到对应的单元格，然后给 bordercolor 取值就可以了，效果如图 3-14 所示。

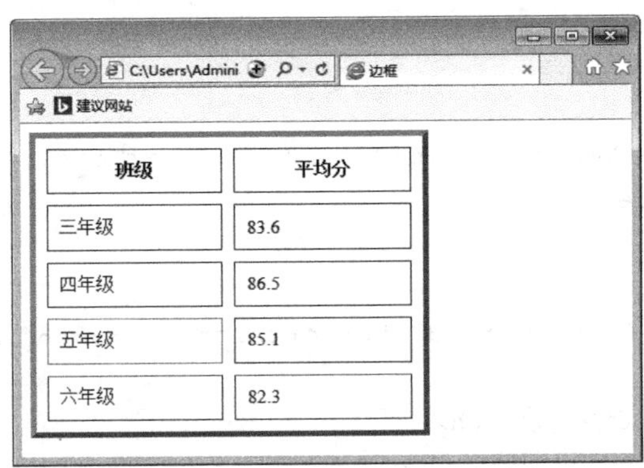

图 3-14

代码如下：

```
<!doctype html>
<html>
```

```
<head>
<meta http-equiv="Content-Type" content="text/html; charset=utf-8" />
<title>边框</title>
</head>
<body>
<table width="344" border="5" bordercolor="#FFCCFF"  cellspacing="10"
cellpadding="10">
<tr>
    <th width="116">班级</th>
    <th width="116">平均分</th>
</tr>
<tr>
    <td>三年级</td>
    <td>83.6</td>
</tr>
<tr>
    <td>四年级</td>
    <td>86.5</td>
</tr>
<tr>
    <td bordercolor="#33CC66">五年级</td>
    <td>85.1</td>
</tr>
<tr>
    <td>六年级</td>
    <td>82.3</td>
</tr>
</table>
</body>
</html>
```

由于各个浏览器支持的原因，有的浏览器不会显示边框的颜色效果。

3.5.4 合并单元格

在设计表格的时候，有时需要将两个或者几个相邻的单元格合并成一个单元格，这时就需要用到 colspan 属性和 rowspan 属性来进行设置。

语法描述：

```
<td colspan="值"> </td>
```

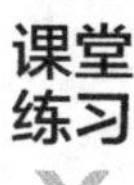

将多个单元格进行合并

合并单元格的操作在布局网页的时候经常用到，具体的使用效果如图 3-15 所示。

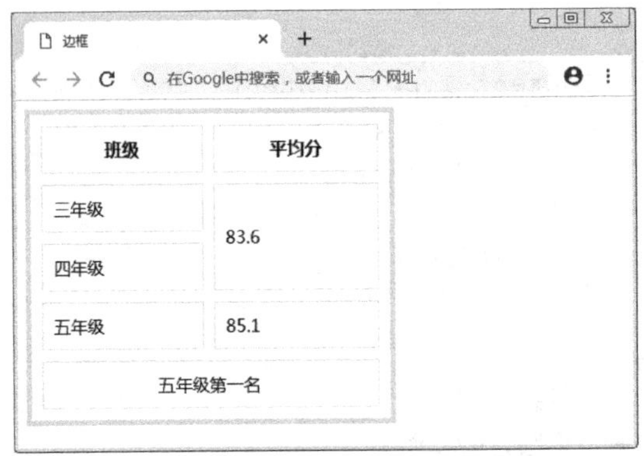

图 3-15

代码如下：

```
<!doctype html>
<html>
<head>
<meta http-equiv="Content-Type" content="text/html; charset=utf-8" />
<title>边框</title>
</head>
<body>
<table width="344" border="5" bordercolor="#FFCCFF"  cellspacing="10"
cellpadding="10">
<tr>
    <th width="116">班级</th>
    <th width="116">平均分</th>
</tr>
<tr>
    <td>三年级</td>
    <td rowspan="2">83.6</td>
</tr>
<tr>
    <td>四年级</td>
</tr>
<tr>
    <td>五年级</td>
    <td>85.1</td>
</tr>
<tr>
    <td colspan="2" align="center">五年级第一名</td>
</tr>
</table>
</body>
</html>
```

【知识点拨】

colspan 合并的是行相邻的单元格，rowspan 合并的是列相邻的单元格，值是合并的数量。

综合实战　利用表格制作简单的网页

本章从一个表格开始，循序渐进地讲解了整个表格最基本的属性：表格的大小该怎么设置，表格中包含哪些要素，其基本的标签有哪些，如何设置表格的背景颜色和插入背景图片，表格的边框又可以做到哪些美化，单元格有什么样的属性，设置单元格属性需要注意的地方，怎么合并单元格等。这些都是表格最基本的知识。如果想熟练地运用表格，必须牢记这些知识。为了更好地运用表格，下面给大家准备了一道练习题，在这道题中表格的所有属性都有所涉及。

我们用所学到的知识来布局一张简单的页面，效果如图 3-16 所示。

图 3-16

代码如下：

```
<!DOCTYPE html>
<html lang="en">
<head> <meta charset="UTF-8">
<title>布局</title>
</head>
<body>
<table width="100%" height="100%" bgcolor="#f2f2f2">
<tr bgcolor="#99CC33" height="60px">
<td>
</td>
</tr>
```

```
<tr height="15px">
<td>
</td>
</tr>
<tr >
<td>
<table width="1024px" align="center" >
<tr>
<td width="400px" valign="top" align="right">
<table bgcolor="#fff" width="100%">
<tr>
<td align="center" height="60px">html 简介</td>
</tr>
<tr>
<td align="center" height="60px">html 表格</td>
</tr>
<tr>
<td align="center" height="60px">html 实例</td>
</tr>
<tr>
<td align="center" height="60px">css 简介</td>
</tr>
<tr>
<td align="center" height="60px">css 表格</td>
</tr>
<tr>
<td align="center" height="60px">css 实例</td>
</tr>
<tr>
<td align="center" height="60px">JavaScript 简介</td>
</tr>
<tr>
<td align="center" height="60px">JavaScript 实例</td>
</tr>
<tr>
<td align="center" height="60px">关于我们</td>
</tr>
</table>
</td>
<td width="24px">
</td>
<td width="600px" bgcolor="#fff">
<img src="321.png" />
</td>
</tr>
```

```
</table>
</td>
</tr>
<tr height="20px">
<td>
</td>
</tr>
<tr bgcolor="#669966" height="100px">
<td>
</td>
</tr>
</table>
</body>
</html>
```

至此一个简单的网页布局就完成了。

课后作业　制作一张课程表

难度等级 ★

先来看图 3-17 所示的课程表，这张课程表的制作包含了表格的部分内容，认真练习可以有助于知识的巩固和贯通。

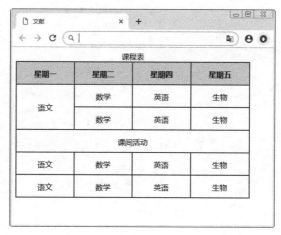

课程表

<table>
<tr><th>星期一</th><th>星期二</th><th>星期四</th><th>星期五</th></tr>
<tr><td rowspan="2">语文</td><td>数学</td><td>英语</td><td>生物</td></tr>
<tr><td>数学</td><td>英语</td><td>生物</td></tr>
<tr><td colspan="4">课间活动</td></tr>
<tr><td>语文</td><td>数学</td><td>英语</td><td>生物</td></tr>
<tr><td>语文</td><td>数学</td><td>英语</td><td>生物</td></tr>
</table>

图 3-17

扫一扫，看答案

至此，一张简单的课程表就制作完成了。

难度等级 ★★

练习完上一个课后作业之后，接着制作一个更加实用和漂亮的表格，如图 3-18 所示。

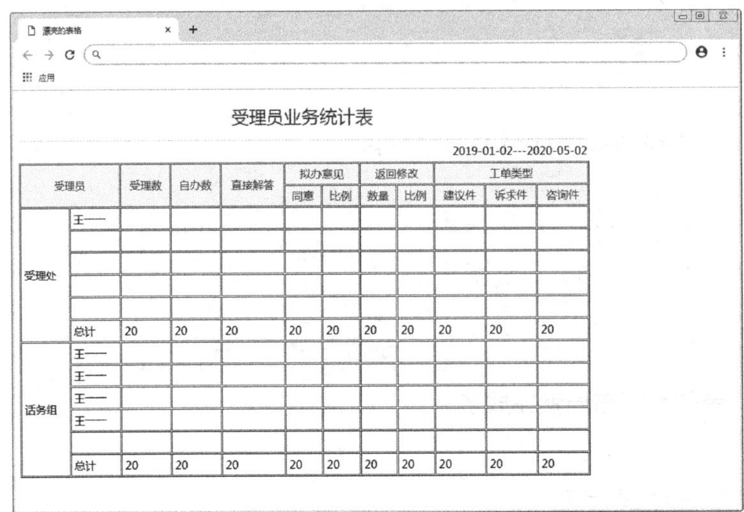

受理员业务统计表

2019-01-02---2020-05-02

受理员		受理数	自办数	直接解答	拟办意见		返回修改		工单类型		
					同意	比例	数量	比例	建议件	诉求件	咨询件
受理处	王——										
	总计	20	20	20	20	20	20	20	20	20	20
话务组	王——										
	王——										
	王——										
	王——										
	总计	20	20	20	20	20	20	20	20	20	20

扫一扫，看答案

图 3-18

第4章 列表和超链接

内容导读

列表类型包括无序列表、有序列表和定义列表。无序列表使用项目符号来标记无序的项目，而有序列表则使用编号来记录项目的顺序，还可以进行表格的嵌套设置。这些知识都可以在本章学到。所谓的超链接是指从一个网页指向一个目标的连接关系，这个目标可以是另一个网页，也可以是相同网页上的不同位置，还可以是一个图片、一个电子邮件地址、一个文件，甚至是一个应用程序。灵活、熟练地使用表格，会在制作网页时如虎添翼。

学习目标

学习完本章的知识点之后，就可以完成网页中一些下拉菜单的制作，掌握和熟练运用这些知识就会明白链接的重要性。“不积跬步无以至千里”，开始学习吧！

4.1 使用无序列表

在无序列表中，各个列表项之间没有顺序级别之分，它通常使用一个项目符号作为每个列表项前缀。无序列表主要使用<ul> <dir> <dl> <menu> <li>几个标签和 type 属性。

4.1.1 ul 标签使用方法

扫一扫，看视频

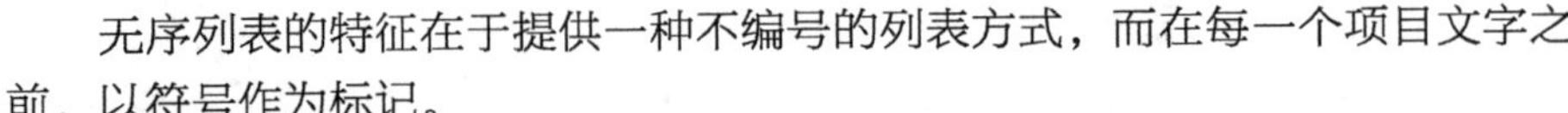

无序列表的特征在于提供一种不编号的列表方式，而在每一个项目文字之前，以符号作为标记。

语法描述：

```
<ul>
<li>第 1 项</li>
<li>第 2 项</li>
<li>第 3 项</li>
</ul>
```

课堂练习 制作无序列表

使用 ul 的开始和结束标签表示无序列表的开始和结束，而 li 标签表示的是列表项。一个无序列表可以包含多个列表项。使用效果如图 4-1 所示。

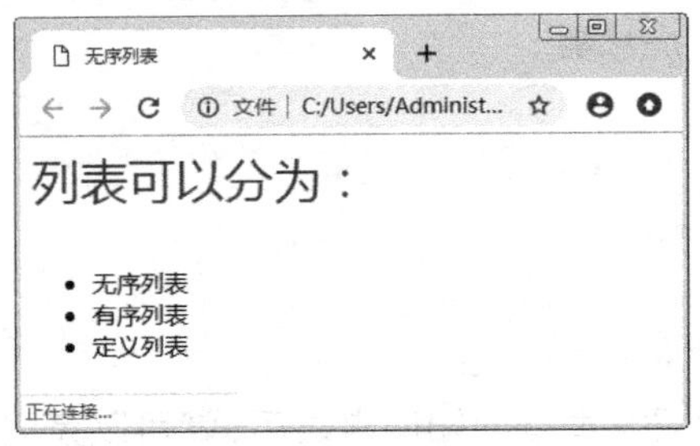

图 4-1

代码如下：

```
<!doctype html>
<html>
<head>
<meta http-equiv="Content-Type" content="text/html; charset=utf-8" />
<title>无序列表 </title>
</head>
<body>
<font size="+3" color="#CC3333">列表可以分为：</font><br/><br/>
<ul>
    <li>无序列表</li>
    <li>有序列表</li>
    <li>定义列表</li>
```

```
</ul>
</body>
</html>
```

从代码和图 4-1 中可以看到，该列表一共包含 3 个列表项。

4.1.2 type 无序列表类型

扫一扫，看视频

默认情况下，无序列表的项目符号是实心圆，而通过 type 参数可以调整无序列表的项目符号，避免列表符号的单调。

类型值代表的列表符号如下所示：

- Disc：实心圆形。
- Circle：空心圆形。
- Square：实心正方形。

语法描述：

```
<ul type=符号类型>
<li>第 1 项</li>
</ul>
```

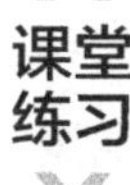
课堂练习

制作无序列表类型

无序列表的类型可以通过 type 来设置，如果不设置值则默认项目符号是实心圆。设置了类型的无序列表如图 4-2 所示。

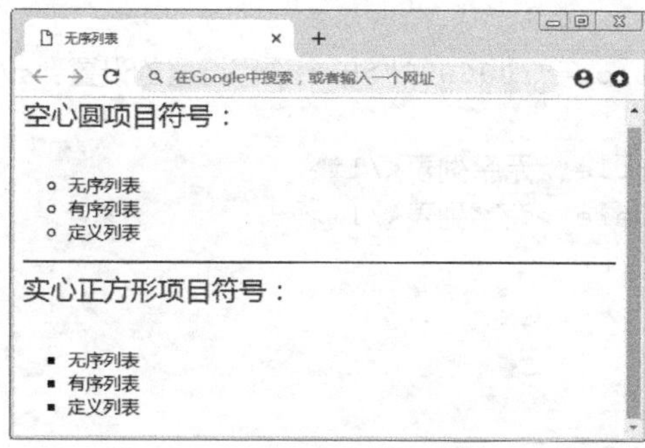

图 4-2

代码如下：

```
<!doctype html>
<html>
<head>
<meta http-equiv="Content-Type" content="text/html; charset=utf-8" />
<title>无序列表 </title>
</head>
<body>
<font size="+2" color="#006699">空心圆项目符号：</font><br/><br/>
<ul type="circle">
    <li>无序列表</li>
```

```
        <li>有序列表</li>
        <li>定义列表</li>
    </ul>
    <hr color="red" size="2"/>
    <font size="+2" color="#006699">实心正方形项目符号：</font><br/><br/>
    <ul type="square">
        <li>无序列表</li>
        <li>有序列表</li>
        <li>定义列表</li>
    </ul>
    </body>
    </html>
```

从上述代码中可以看出除了默认的列表项目符号之外，显示了另外两种列表项目符号的效果。

※ **知识拓展** ※
当然，type 也可以在 li 标签中定义无序列表的类型，这样定义的结果是对单个项目进行定义的。

代码如下：

```
<!doctype html>
<html>
<head>
<meta http-equiv="Content-Type" content="text/html; charset=utf-8" />
<title>无序列表 </title>
</head>
<body>
<font size="+3" color="#006699">单个项目符号的设置：</font><br/><br/>
<ul>
     <li type="circle">无序列表</li>
     <li type="square">有序列表</li>
     <li>定义列表</li>
</ul>
</body>
</html>
```

代码的运行效果如图 4-3 所示。

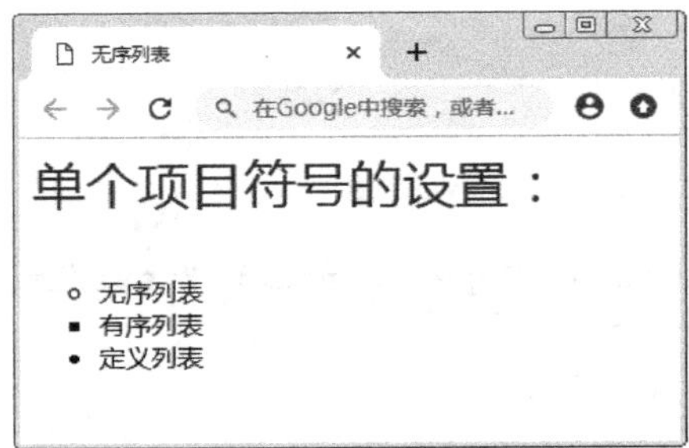

图 4-3

从上面代码可以看出，分别给第一个和第二个列表设置了项目符号。

4.2 使用有序列表

有序列表使用编号来编排项目，而不是使用项目符号。列表中的项目采用数字或者英文字母，通常各项目间有先后顺序。

4.2.1 ol 定义有序列表

扫一扫，看视频

在有序列表中，主要使用<ol>和<li>两个标记及 type 和 start 两个属性。

语法描述：

```
<ol>
<li>第 1 项</li>
…
</ol>
```

课堂练习 制作有序列表

在语法中<ol>和</ol>标记标志着有序列表的开始和结束，而<li>标记表示这是一个列表项的开始，默认情况下，采用数字序号进行排列。制作效果如图 4-4 所示。

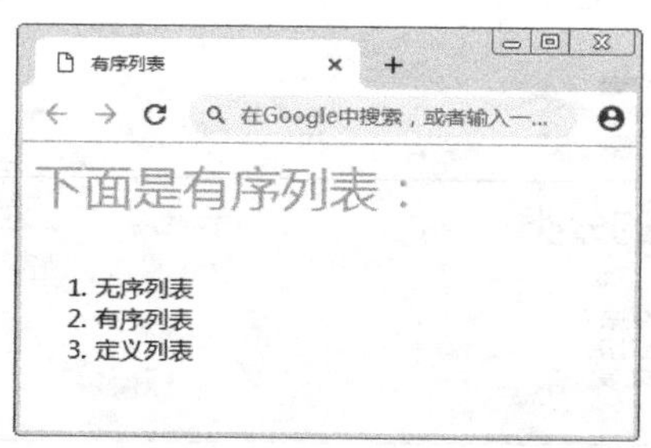

图 4-4

代码如下：

```
<!doctype html>
<html>
<head>
<meta http-equiv="Content-Type" content="text/html; charset=utf-8" />
<title>有序列表 </title>
</head>
<body>
<font size="+3" color="#CCCC33">下面是有序列表：</font><br/><br/>
<ol>
    <li>无序列表</li>
    <li>有序列表</li>
    <li>定义列表</li>
</ol>
</body>
</html>
```

从上图中可以看出，有序列表默认的情况下显示的是阿拉伯数字。

4.2.2 type 有序列表类型

默认情况下，有序列表的序号是数字，通过 type 属性可以调整序号的类型，例如将其修改成字母等。

语法描述：

```
<ol type=序号类型>
<li>第 1 项</li>
…
</ol>
```

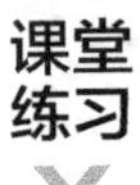

设置有序列表类型

把默认的有序列表项目符号改成字母或者是其他排列方式也是使用 type 来制作，制作的效果如图 4-5 所示。

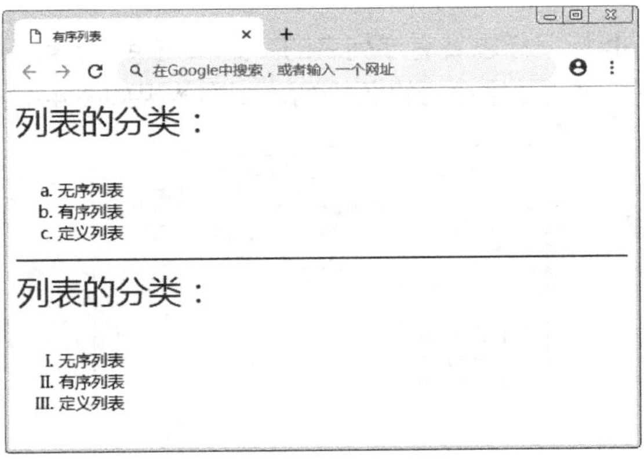

图 4-5

代码如下：

```
<!doctype html>
<html>
<head>
<meta http-equiv="Content-Type" content="text/html; charset=utf-8" />
<title>有序列表 </title>
</head>
<body>
<font size="+3" color="#006699">列表的分类：</font><br/><br/>
<ol type="a">
    <li>无序列表</li>
    <li>有序列表</li>
    <li>定义列表</li>
</ol>
<hr color="red" size="2"/>
```

```
<font size="+3" color="#006699">列表的分类：</font><br/><br/>
<ol type="I">
    <li>无序列表</li>
    <li>有序列表</li>
    <li>定义列表</li>
</ol>
</body>
</html>
```

4.2.3 start 有序列表的起始值

扫一扫，看视频

默认情况下，有序列表的列表项是从数字 1 开始的，通过 start 参数可以调整起始数值。这个数值可以对数字、英文字母和罗马数字起作用。

语法描述：

```
<ol start=起始数值>
<li>第 1 项</li>
…
</ol>
```

课堂练习

制作列表的起始值

删除默认的起始值只需要在代码中加入 start 属性就可以实现，效果如图 4-6 所示。

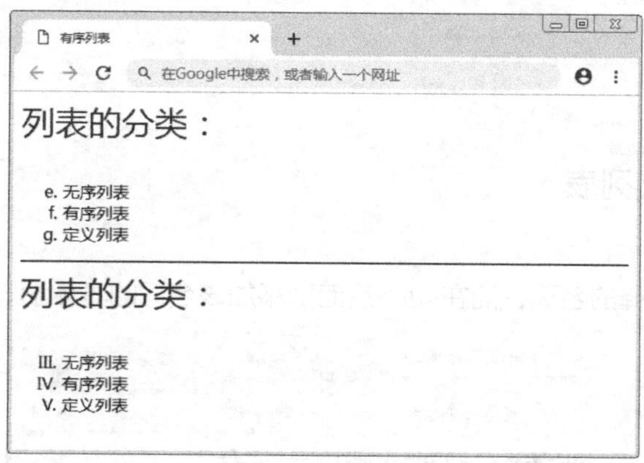

图 4-6

代码如下：

```
<!doctype html>
<html>
<head>
<meta http-equiv="Content-Type" content="text/html; charset=utf-8" />
<title>有序列表 </title>
</head>
<body>
<font size="+3" color="#006699">列表的分类：</font><br/><br/>
```

```
<ol type="a" start="5">
    <li>无序列表</li>
    <li>有序列表</li>
    <li>定义列表</li>
</ol>
<hr color="red" size="2"/>
<font size="+3" color="#006699">列表的分类：</font><br/><br/>
<ol type="I" start="3">
    <li>无序列表</li>
    <li>有序列表</li>
    <li>定义列表</li>
</ol>
</body>
</html>
```

从上段代码可以看出，起始值只能是数字。比如想让英文字母从“e”开始，起始值就要输入“5”。

4.2.4 dl 定义列表标签

在 HTML 中还有一种列表标记，称为定义列表，不同于前两种列表，它主要用于解释名词，包含两个层次的列表，第一层是需要解释的名词，第二层是具体的解释。

语法描述：

```
<dl>
<dt>名词 1<dd>解释 1
…
</dl>
```

课堂练习

制作定义列表

<dt>后面就是要解释的名称，而在<dd>后面则添加该名词的具体解释。效果如图 4-7 所示。

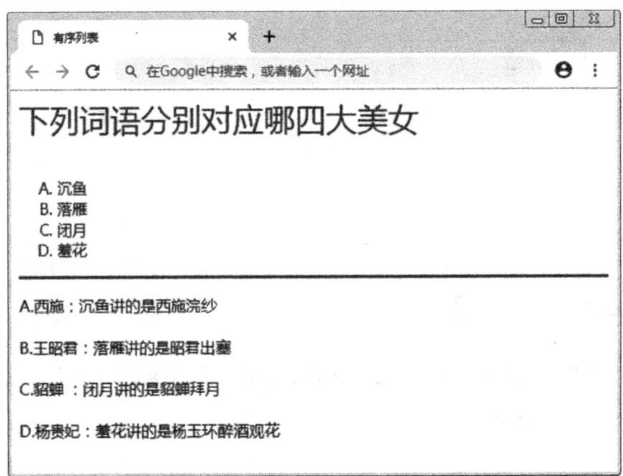

图 4-7

代码如下：

```
<!doctype html>
<html>
<head>
<meta http-equiv="Content-Type" content="text/html; charset=utf-8" />
<title>有序列表 </title>
</head>
<body>
<font size="+3" color="#006699">下列词语分别对应哪四大美女</font><br/><br/>
<ol type="A">
    <li>沉鱼</li>
    <li>落雁</li>
    <li>闭月</li>
    <li>羞花</li>
</ol>
<hr color="#993366" size="3"/>
<dl>
    <dt>A.西施</dd>：沉鱼讲的是西施浣纱
    <br/><br/>
    <dt>B.王昭君</dd>：落雁讲的是昭君出塞
    <br/><br/>
    <dt>C.貂蝉 </dd>：闭月讲的是貂蝉拜月
    <br/><br/>
    <dt>D.杨贵妃</dd>：羞花讲的是杨玉环醉酒观花
    <br/>
</dl>
</body>
</html>
```

※ 知识延伸 ※

另外，在定义列表中，一个dt标签可以有多个dd标签作为名词解释和说明，下面就是一个在dt下有多个dd的示例。

代码如下：

```
<!doctype html>
<html>
<head>
<meta http-equiv="Content-Type" content="text/html; charset=utf-8" />
<title>有序列表 </title>
</head>
<body>
<font size="+3" color="#006699">中国历史</font><br/><br/>
<dl>
<dt>
    <u>原始社会</u>
    <dd>黄帝</dd>
```

```
        <dd>尧</dd>
        <dd>舜</dd>
    </dt>
    <dt>
    <u>奴隶社会</u>
        <dd>夏</dd>
        <dd>商</dd>
        <dd>周</dd>
    </dt>
    <dt>
    <u>封建社会</u>
        <dd>秦</dd>
        <dd>汉</dd>
        <dd>隋</dd>
        <dd>唐</dd>
        <dd>宋</dd>
        <dd>元</dd>
        <dd>明</dd>
        <dd>清</dd>
    </dt>
    </dl>
    </body>
    </html>
```

代码运行效果如图 4-8 所示。

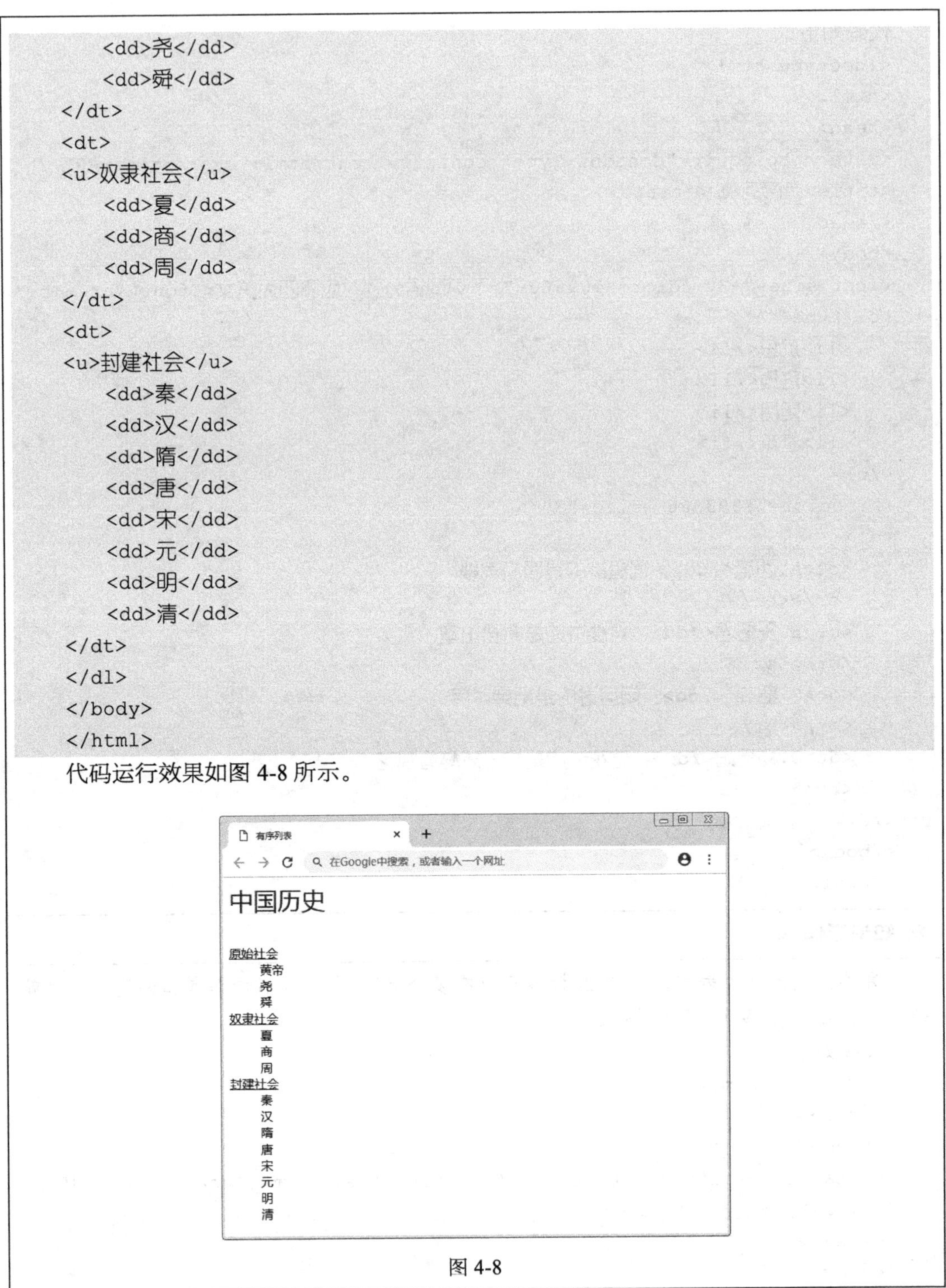

图 4-8

4.2.5 menu 菜单列表

菜单列表主要用于设计单列的菜单列表。菜单列表在浏览器中的显示效果和无序列表是相同的，因此它的功能也可以通过无序列表来实现。

语法描述：

```
<menu>
<li>第 1 项</li>
…
</menu>
```

课堂练习

制作菜单列表样式

菜单列表和无序列表使用方法是相同的，只是用 menu 代替了 ul，效果如图 4-9 所示。

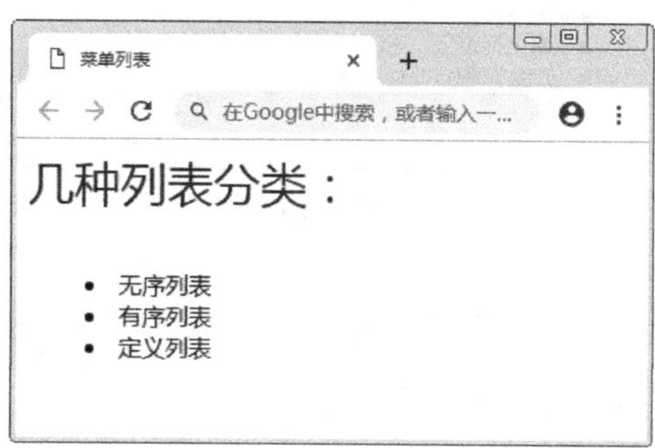

图 4-9

代码如下：

```
<!doctype html>
<html>
<head>
<meta http-equiv="Content-Type" content="text/html; charset=utf-8" />
<title>菜单列表</title>
</head>
<body>
<font size="+3" color="#006633">几种列表分类：</font><br/><br/>
<menu>
    <li>无序列表</li>
    <li>有序列表</li>
    <li>定义列表</li>
</menu>
</body>
</html>
```

4.2.6 color 设置列表文字颜色

在创建列表时，可以单独设置列表中文字的颜色。这里我们可以直接对文字颜色进行设置。

语法描述：

```
<li><font color="颜色值">列表项</font></li>
```

给列表项目设置颜色

设置颜色需要用到 color，设置完字体颜色的列表如图 4-10 所示。

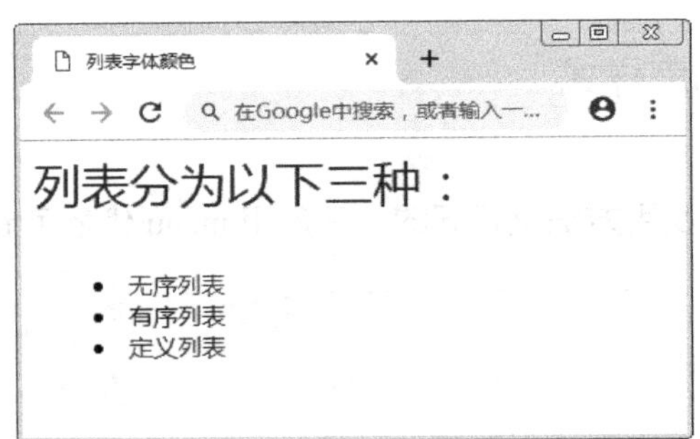

图 4-10

代码如下：

```
<!doctype html>
<html>
<head>
<meta http-equiv="Content-Type" content="text/html; charset=utf-8" />
<title>列表字体颜色</title>
</head>
<body>
<font size="+3" color="#006699">列表分为以下三种：</font><br/><br/>
<menu>
   <li><font color="red">无序列表</font></li>
   <li><font color="blue">有序列表</font></li>
   <li><font color="green">定义列表</font></li>
</menu>
</body>
</html>
```

在以上代码中分别给 3 个列表项设置了红色、蓝色、绿色，也可以在列表中对整体颜色进行设置。

4.3 列表的嵌套

嵌套列表指的是多于一级层次的列表，一级项目下面可以存在二级项目、三级项目等。项目列表可以进行嵌套，以实现多级项目列表的形式。

4.3.1 定义列表的嵌套

定义列表是一种两个层次的列表，用于解释名词的定义，名词为第一层次，解释为第二层次，且不包含项目符号。

语法描述：

```
<dl>
<dt>名词一</dt>
<dd>解释 1</dd>
<dd>解释 2</dd>
<dd>解释 3</dd>
<dt>名词二</dt>
<dd>解释 1</dd>
<dd>解释 2</dd>
<dd>解释 3</dd>
</dl>
```

课堂练习　使用嵌套列表制作诗集

定义列表的嵌套在很多场合都会用到，制作效果如图 4-11 所示。

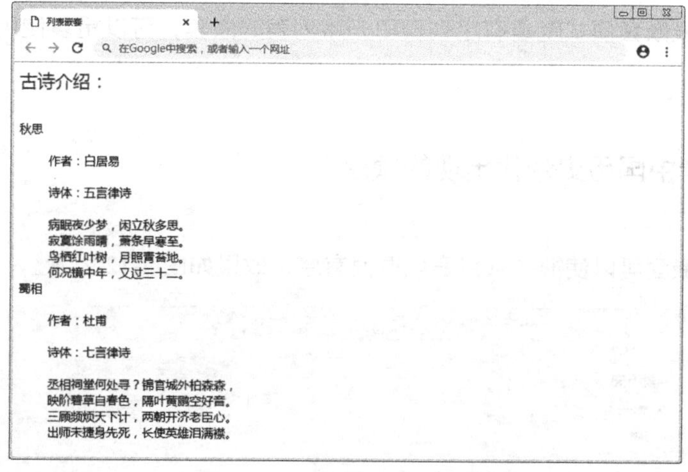

图 4-11

代码如下：

```
<!doctype html>
<html>
<head>
<meta http-equiv="Content-Type" content="text/html; charset=utf-8" />
<title>列表嵌套</title>
</head>
<body>
<font size="+2" color="#006699">古诗介绍：</font><br/><br/>
<dl>
<dt>秋思</dt><br/>
    <dd>作者：白居易</dd><br/>
    <dd>诗体：五言律诗</dd><br/>
```

```
    <dd>病眠夜少梦，闲立秋多思。<br/>
    寂寞馀雨晴，萧条早寒至。<br/>
    鸟栖红叶树，月照青苔地。<br/>
    何况镜中年，又过三十二。<br/>
</dd>
    <dt>蜀相</dt><br/>
    <dd>作者：杜甫</dd><br/>
    <dd>诗体：七言律诗</dd><br/>
    <dd>丞相祠堂何处寻？锦官城外柏森森，<br/>
    映阶碧草自春色，隔叶黄鹂空好音。<br/>
    三顾频烦天下计，两朝开济老臣心。<br/>
    出师未捷身先死，长使英雄泪满襟。<br/>
</dd>
</body>
</html>
```

4.3.2 无序列表和有序列表的嵌套

最常见的列表嵌套模式就是有序列表和无序列表的嵌套，可以重复使用<ol>和<ul>标记组合实现。

课堂练习

制作中国历史朝代出现的顺序

无序列表的嵌套可以使很多项目表现得很有序，效果如图 4-12 所示。

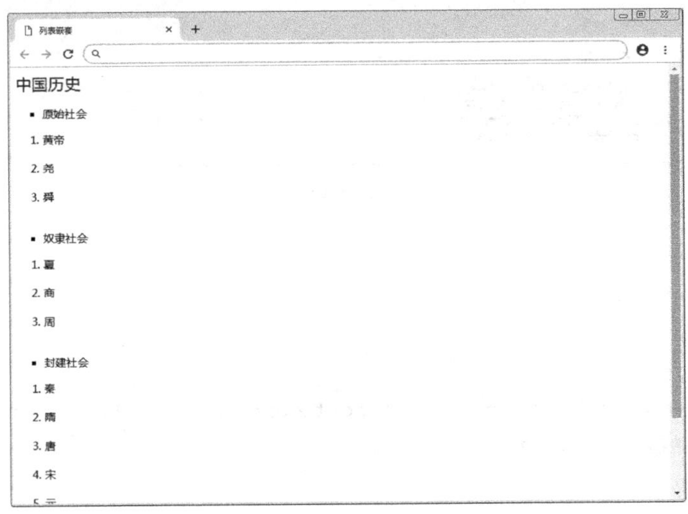

图 4-12

代码如下：

```
<!doctype html>
<html>
<head>
```

```
<meta http-equiv="Content-Type" content="text/html; charset=utf-8" />
<title>列表嵌套</title>
</head>
<body>
<font color="#3333FF" size="+2">中国历史</font>
  <ul type="square">
  <li><font size="+1" color="#FF9900"></font>原始社会</li>
  </ul>
<ol type="1">
     <li>黄帝</li><br/>
     <li>尧</li><br/>
     <li>舜</li><br/>
</ol>
  <ul type="square">
  <li><font size="+1" color="#FF9900"></font>奴隶社会</li>
  </ul>
<ol type="1">
     <li>夏</li><br/>
     <li>商</li><br/>
     <li>周</li><br/>
</ol>
  <ul type="square">
  <li><font size="+1" color="#FF9900"></font>封建社会</li>
  </ul>
<ol type="1">
     <li>秦</li><br/>
     <li>隋</li><br/>
     <li>唐</li><br/>
     <li>宋</li><br/>
     <li>元</li><br/>
     <li>明</li><br/>
     <li>清</li><br/>
</ol>
</body>
</html>
```

4.3.3 有序列表之间的嵌套

有序列表之间的嵌套就是有序列表的列表项同样是一个有序列表，在<ol>标签中可以重复使用<ol>标签来实现有序列表的嵌套。

课堂练习

有序列表的嵌套方法

图 4-13 所示的是一本历史书的目录效果。

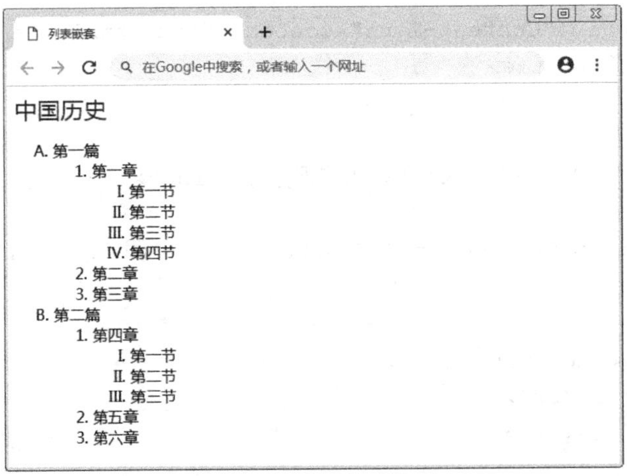

列表嵌套

在Google中搜索，或者输入一个网址

中国历史

A. 第一篇
   1. 第一章
      I. 第一节
      II. 第二节
      III. 第三节
      IV. 第四节
   2. 第二章
   3. 第三章
B. 第二篇
   1. 第四章
      I. 第一节
      II. 第二节
      III. 第三节
   2. 第五章
   3. 第六章

图 4-13

代码如下：

```
<!doctype html>
<html>
<head>
<meta http-equiv="Content-Type" content="text/html; charset=utf-8" />
<title>列表嵌套</title>
</head>
<body>
<font color="#3333FF" size="+2">中国历史</font>
<ol type="A">
<li>第一篇</li>
<ol type="1">
<li>第一章
<ol type="I">
     <li>第一节</li>
     <li>第二节</li>
     <li>第三节</li>
     <li>第四节</li>
</ol>
</li>
     <li>第二章</li>
     <li>第三章</li>
</ol>
<li>第二篇</li>
<ol type="1">
<li>第四章
<ol type="I">
     <li>第一节</li>
     <li>第二节</li>
     <li>第三节</li>
</ol>
```

```
</li>
<li>第五章</li>
<li>第六章</li>
</ol>
</ol>
</body>
</html>
```

4.4 超链接的路径

正确地创建链接需要了解链接与被链接之间的路径。一个是相对路径，一个是绝对路径。

4.4.1 绝对路径

绝对路径是指从根目录开始查找一直到文件所处在的位置所要经过的所有目录，目录名之间用反斜杠（\）隔开。譬如 A 要看 B 下载的电影，B 告诉他，那部电影是保存在“E:\视频\我的电影\”目录下，像这种直接指明了文件所在的盘符和所在具体位置的完整路径，即为绝对路径。

例如：要显示 WIN95 目录下的 COM-MAND 目录中的 DELTREE 命令，其绝对路径为 C：\WIN95\COMMAND\DELTREE.EXE。

4.4.2 相对路径

所谓相对路径，就是相对于自己的目标文件的位置。如果 A 看到 B 已经打开了 E 分区窗口，这时 A 只需告诉 B，他的电脑是保存在“视频\我的电影”目录下。像这种舍去磁盘盘符、计算机名等信息，以当前文件夹为根目录的路径，即为相对路径。一般我们在制作网页文件链接、设计程序使用的图片时，使用的都是文件的相对路径信息。这样做的目的在于防止因为网页和程序文件存储路径变化，而造成的网页不正常显示、程序不正常运行现象。

例如，制作网页的存储根文件夹是“D:\html”、图片路径是“D:\html\pic”，当我们在“D:\html”里存储的网页文件里插入“D:\html\pic\xxx.jpg”的图片，使用的路径只需是“pic\xxx.jpg”即可。这样，当我们把“D:\html”文件夹移动到“E:\”甚至是“C:\WINDOWS\Help”比较深的目录，打开 html 文件夹的网页文件仍然会正常显示。

4.5 创建超链接

扫一扫，看视频

超链接是一个网页指向其他目标的链接关系，这个目标可以是另一个网页，也可以是相同网页上的不同位置。

4.5.1 超链接标签的属性

超链接的标签在网页中的标签很简单，只有一个，即<a>。其相关属性及含义如下。

- href：指定链接地址。
- name：给链接命名。

- title：给链接设置提示文字。
- target：指定链接的目标窗口。
- accesskey：指定链接热键。

4.5.2 内部链接

在创建网页的时候，可以使用 target 属性来控制打开的目标窗口，因为超链接在默认的情况下是在原来的浏览器窗口中打开。

语法描述：

```
<a href="链接目标" target="目标窗口的打开方式">
```

制作网页中的链接方法

在代码中设置了内部链接的属性分别是在打开一个新窗口、显示在上一层窗口中和显示在当前窗口中，当前页面就换成 href 指向的页面，效果如图 4-14、图 4-15 所示。

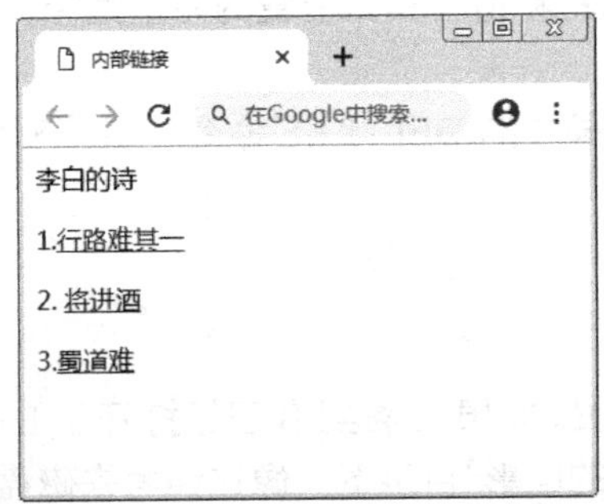

图 4-14

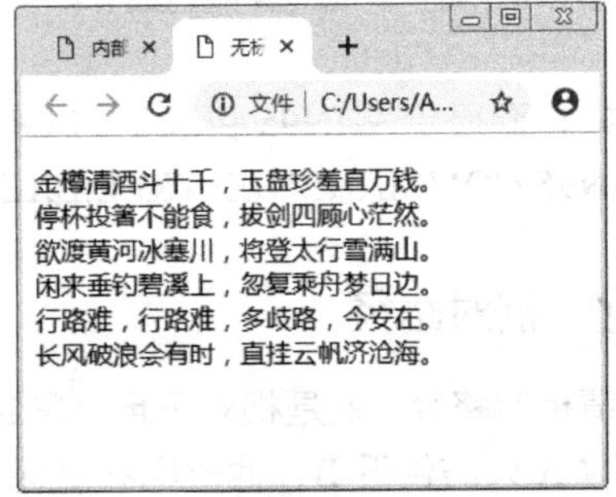

图 4-15

代码如下：

```
<!doctype html>
<html>
<head>
<meta http-equiv="Content-Type" content="text/html; charset=utf-8" />
<title>内部链接</title>
</head>
<body>
    李白的诗
    <p>
    1.<a href="xinglunan.html" target="_blank">行路难其一</a>
    <p>
    2. <a href="1" target="_parent">将进酒</a>
    <p>
    3.<a href="2" target="_self">蜀道难</a>
</body>
</html>
```

【知识点拨】

当 target 属性值设置为_self 时，表示的是在当前页面中打开链接；

当 target 属性值设置为_blank 时，表示的是在一个全新的空白窗口中打开链接；

当 target 属性值设置为_top 时，表示的是在顶层框架中打开链接；

当 target 属性值设置为_parent 时，表示的是在上一层窗口中打开链接。

4.5.3 外部链接

外部链接又分为链接到外部网站、链接到 E-mail、链接到下载地址等。下面将讲解这些链接该怎样设置。

语法描述：

```
<a href="http://……">…</a>
```

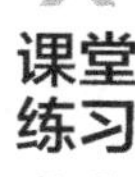

课堂练习 **链接到外部网页**

链接到外部网页只需要把要用到的链接放在 href 中就可以了，效果如图 4-16、图 4-17 所示。

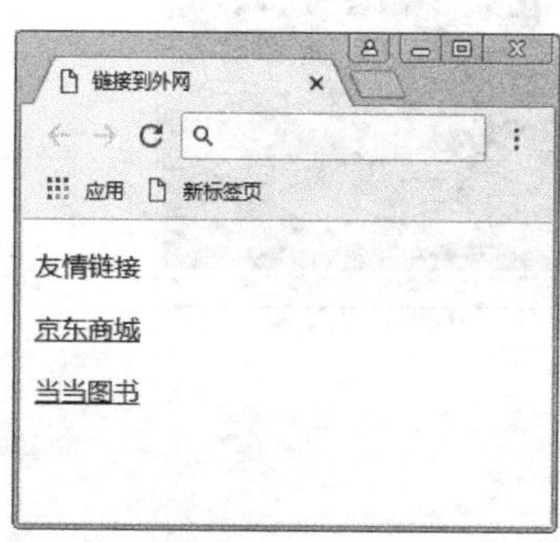

图 4-16

图 4-17

代码如下：

```
<!doctype html>
<html>
<head>
<meta http-equiv="Content-Type" content="text/html; charset=utf-8" />
<title>链接到外网</title>
</head>
<body>
     <p>友情链接</p>
     <p><a href="https://item.jd.com/12719908620.html">京东商城</a></p>
     <p><a  href="http://product.dangdang.com/24568732.html">当当图书</a></p>
<body>
</html>
```

综合实战　制作网站首页菜单

本章主要介绍了 3 种列表，并以示例的形式对 3 种列表进行了详细介绍。学习完本章之后，我们可以对 HTML 中的列表有一个详细的了解。超链接的基础知识，相对路径的概念和绝对路径的概念，这些都是创建超链接的基础，所以一定要掌握并分清这两种路径的区别。

在网页中首页的菜单栏必不可少，该怎么创建它呢？下面这个练习带领大家制作一个简单的菜单栏，效果如图 4-18 所示。

图 4-18

代码如下：

```
<!doctype html>
<html>
<head>
<meta charset="utf-8">
<title>无标题文档</title>
<style>
body{
   margin: 0px;
   background-image: url(654.png);
}
 /* 设置定位效果 */
.title{
   width: 100%;
   height: 100px;
   position: absolute;
   z-index: 1000;
```

```
    color: white;
    margin-left: 25px;
    margin-top: 15px;
}
.title h1{
    float: left;
}
.title ul{;
    list-style: none;
}
.title ul li{
    float: left;
    margin-left: 30px;
    padding: 5px 5px 5px 5px;
    font-size: 10px;
}
.title ul li a{
    color: white;
    text-decoration: none;
}
/* 鼠标滑动效果 */
.title ul li a:hover{
    color: yellow;
}
.home_ul{
    position: absolute;
    display: none;
    background-color: white;
    color: black;
}
.title .home_ul li{
    float: none;
}
.title ul li:hover .home_ul{
    display: block;
}
</style>
</head>
<body>
    <div class="title" >
        <h1>SYROS</h1>
        <ul>
            <li><a href="">首页</a>
                <ul class="home_ul">
                    <li>菜单 1</li>
```

```
                    <li>菜单 2</li>
                    <li>菜单 3</li>
                </ul>
            </li>
            <li><a href="">简介</a></li>
            <li><a href="">产品</a></li>
            <li><a href="">我们</a></li>
            <li><a href="">购买</a></li>
            <li><a href="">联系</a></li>
        </ul>
    </div>
</body>
</html>
```

至此，网页的首页菜单栏制作完成。

课后作业　首页的二级菜单

难度等级 ★

我们先来做一个二级菜单的练习，只设置了简单的效果，目的是让大家更快地了解二级菜单的制作过程，如图 4-19 所示。

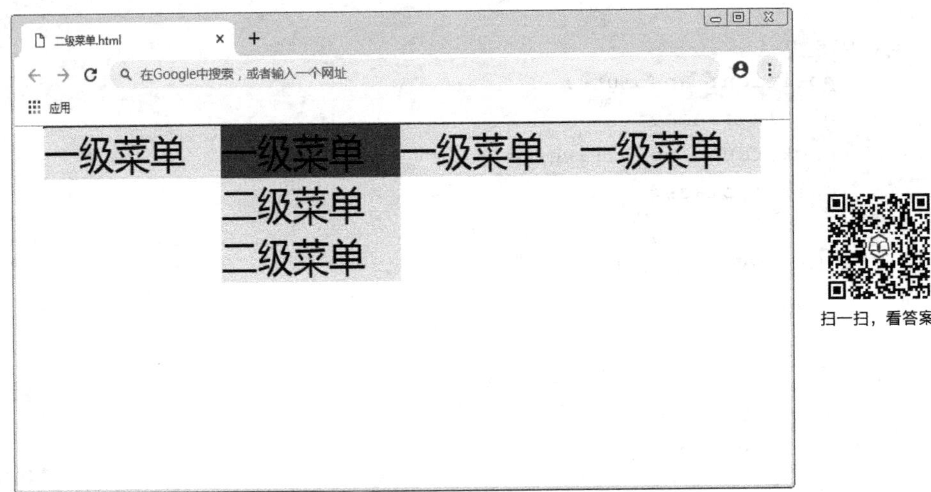

扫一扫，看答案

图 4-19

难度等级 ★★

本章的最后练习是一个简单的下拉框的制作，里面利用到了列表的知识。当然，效果都是靠 CSS 来完成的，后面的章节中会给大家讲解如何使用 CSS 来制作效果。

图 4-20 所示的是一个下拉框的制作效果。

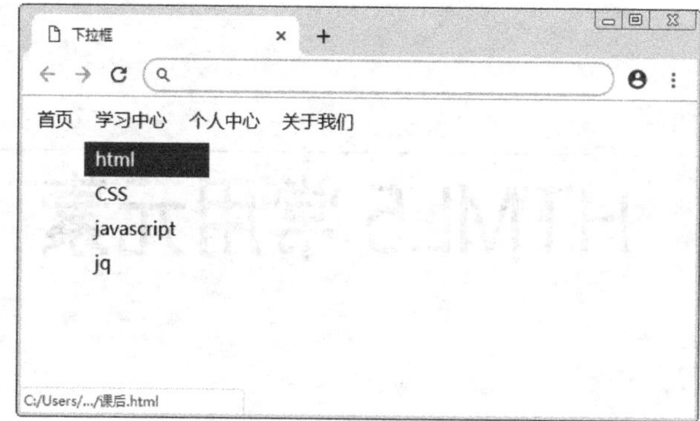

图 4-20

扫一扫，看答案

第5章 HTML5 常用元素

内容导读

本章详细讲述了 HTML 的基础知识、HTML5 和 HTML4 在语法、元素和属性上的差异，以及 HTML5 新增和废除的元素。

相信大家已对 HTML5 主体结构元素和非主体结构元素有了一定的了解，这些元素明显比以前的 div 标签更加具有语义化，但是如何使用和熟悉这些标签还是需要大家自己不断地去使用它们。

5.1 HTML5 新特性

HTML5 将成为 HTML、XHTML 以及 HTML DOM 的新标准。HTML5 本身并非技术，而是标准。它所使用的技术早已很成熟，国内通常所说的 HTML5 实际上是 HTML 与 CSS3、JavaScript 和 API 等的组合，大概可以用以下公式说明：HTML5=HTML+CSS3+JavaScript+API。

5.1.1 HTML5 的兼容性

HTML5 的一个核心理念就是保持一切新特性的平滑过渡。一旦浏览器不支持 HTML5 的某项功能，针对该项功能的备用方案就会被启用。另外，互联网上有些 HTML 文档已经存在很多年了，因此，支持所有的现存 HTML 文档是非常重要的。HTML5 的研究者们还花费了大量的精力来 HTML5 的通用性。很多开发人员使用<div id="header">来标记页眉区域。而在 HTML5 当中添加一个<header>就可以解决这个问题。

在浏览器方面，支持 HTML5 的浏览器包括 Firefox（火狐浏览器）、IE9 及其更高版本、Chrome（谷歌浏览器）、Safari、Opera 等；各种基于 IE 或 Chromium（Chrome 的工程版或称实验版）所推出的 360 浏览器、搜狗浏览器、QQ 浏览器、猎豹浏览器等国产浏览器同样具备支持 HTML5 的能力。

HTML5 将会取代 1999 年制定的 HTML 4.01、XHTML 1.0 标准，以期能在互联网应用迅速发展的时候，使网络标准达到符合当代的网络需求，为桌面和移动平台带来无缝衔接的丰富内容。

5.1.2 HTML5 的化繁为简

化繁为简是 HTML5 的实现目标，HTML5 在功能上做了以下几个方面的改进。

- 重新简化了 DOCTYPE；
- 重新简化了字符集声明；
- 简单而强大的 HTML5 API；
- 以浏览器的原声能力替代复杂的 JavaScript 代码。

下面就详细讲解一下上述这些改进。

HTML5 在实现上述改变的同时，其规范已经变得非常强大。HTML5 的规范实际上要比以往的任何版本都要明确。为了达到在未来几年能够实现浏览器互通的目标，HTML5 规范制定了一系列定义明确的行为，任何有歧义和含糊的规范都可能延缓这一目标的实现。

HTML5 规范比以往任何版本都要详细，其目的是避免造成误解。HTML5 规范的目标是完全、彻底地给出定义，特别是对 Web 的应用。所以整个规范非常大，竟然超过了 900 页。基于多重改进过的、强大的错误处理方案，HTML5 具备了良好的错误处理机制。

HTML5 提倡重大错误的平缓修复，再次把最终用户的利益放在了第一位。比如，如果页面中有错误的话，以前可能会影响整个页面的展示，而在 HTML5 当中则不会出现这种情况，这要归功于 HTML5 中精确定义的错误恢复机制。

5.1.3 HTML5 的通用访问

通用访问的原则可以分为以下三个方面。

（1）可访问性

出于对残障用户的考虑，HTML 与 WAI(Web Accessibility Intiative ，Web 可访问性倡议)和 ARIA(Accessible Ritc Internet Applicaions，可访问的 Internet 应用)做到了紧密的结合，WAI-ARIA 中以屏幕阅读器为基础的元素已经被添加到 HTML 中。

（2）媒体中立

在不久的将来，将实现 HTML5 的所有功能都能够在所有不同的设备和平台上正常运行。

（3）支持所有语种

能够支持所有的语种，例如，新的<ruby>标签支持在页面排版中会用到 Ruby 注释。

5.1.4 HTML5 标准改进

HTML5 提供了一些新的元素和属性，例如<nav>（网站导航栏）和<footer>。这种标签将有利于搜索引擎的索引整理，同时也能更好地帮助小屏幕装置和视障人士使用。除此之外，还为其他浏览要素提供了新的功能，如<audio>和<video>标签。

在 HTML5 中，一些过时的 HTML4 标签被取消，其中包括纯显示效果的标签，如<font>和<center>等，这些已经被 CSS 所取代。

HTML5 吸取了 XHTML2 的一些建议，包括一些用来改善文档结构的功能，例如一些新的 HTML 标签 header、footer、section、dialog 和 aside 的使用，使得内容创作者能够更加轻松地创建文档，之前开发人员在这些场合一律使用<div>标签。

HTML5 还包含了一些将内容和样式分离的功能，<b>和<i>标签仍然存在，但是它们的意义已经和之前有了很大的不同，这些标签只是为了将一段文字标识出来，而不是单纯为了设置粗体和斜体文字样式。<u> <font> <center>和<strike>这些标签则完全被废弃了。

新标准使用了一些全新的表单输入对象，包括日期、URL 和 E-mail 地址，其他的对象则增加了对拉丁字符的支持。HTML 还引入了微数据，一种使用机器可以识别的标签标注内容的方法，使语义 web 的处理更为简单。总的来说，这些与结构有关的改进使开发人员可以创建更干净、更容易管理的网页。

HTML5 具有全新的、更合理的 tag，多媒体对象不再全部绑定到 object 中，而是视频有视频的 tag，音频有音频的 tag。

Canvas 对象将给浏览器带来直接在上面绘制矢量图的能力，这意味着用户可以脱离 flash 和 silverlight，直接在浏览器中显示图形和动画。很多最新的浏览器，除了 IE，都已经支持了 canvas。

浏览器中的真正程序将提供 API 浏览器内的编辑、拖放，以及各种图形用户界面的能力。内容修饰 tag 将被移除，而使用 CSS。

5.2 HTML5 优势

与以往的 HTML 版本不同，HTML5 在字符集/元素和属性等方面做了大量的改进。在讨论 HTML5 编程之前，首先带领大家学习使用 HTML5 的一些优势，以便为后面的编程之路做好铺垫。

5.2.1 页面的交互性能更强大

HTML5 与之前的版本相比，在交互上做了很大的文章。以前所能看见的页面中的文字都是只能看，不能修改的。而在 HTML5 中只需要添加一个 contenteditable 属性，可看见的页面内容将变得可编辑。

课堂练习　制作一个可以编辑的页面

在 contenteditable 属性出现之前想要制作可以被编辑的页面很难，现在就非常简单了，图 5-1 所示的就是文字被删除的效果。

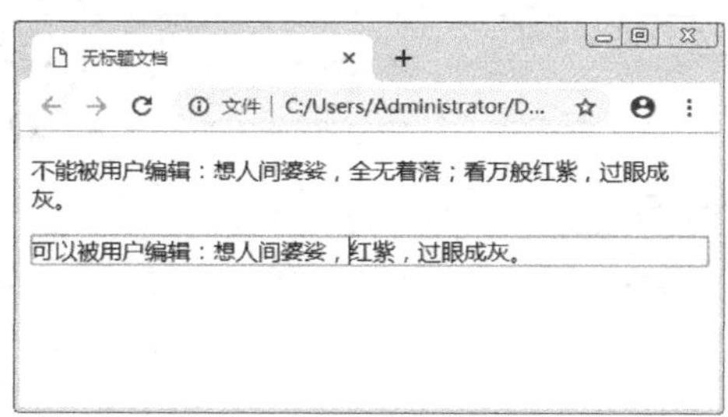

图 5-1

代码如下：

```
<!doctype html>
<html>
<head>
<meta charset="utf-8">
<title>无标题文档</title>
</head>
<body>
    <p>不能被用户编辑：想人间婆娑，全无着落；看万般红紫，过眼成灰。</p>
    <p contenteditable="true">可以被用户编辑：关关雎鸠，在河之洲。窈窕淑女，君子好逑。</p>
</body>
</html>
```

只需要在 p 标签内部加入 contenteditable 属性，并且让其值为 true 即可。

通过图 5-1 可以看出 HTML5 在交互方面对用户提供了很大便利与权限，但是 HTML5 的强大交互远不止这一点。除了对用户展现出了非常友好的态度之外，其实对开发者也是非常友好的。例如以前在一个文本输入框输入提示字提醒用户“请输入您的账号”等这样的操作来提醒用户页面中的某些输入框的功能，在 HTML5 以前需要写大量的 Javascript 代码来完成这一操作，但是在 HTML5 当中只需要一个“placeholder”属性即可轻松搞定，为开发人员省下了大量的时间与精力。

代码如下：

```
<!doctype html>
<html>
```

```
<head>
<meta charset="utf-8">
<title>无标题文档</title>
</head>
<body>
<form action="#" method="post">
<p><input type="text" value="" placeholder="输入您的用户名"></p>
<p><input type="password" value="" placeholder="再输入您的密码"></p>
</form>
</body>
</html>
```

代码的运行效果如图 5-2 所示。

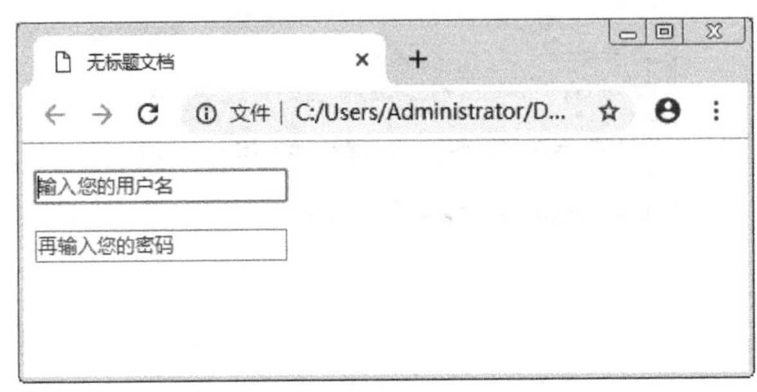

图 5-2

HTML5 除了为用户和开发人员提供便利，还考虑了各大浏览器厂商。例如以前要在网页当中看视频，在浏览器当中是需要 flash 插件的，这样无形中就增加了浏览器的负担，而现在只需要一个简单 video 即可满足用户需要在网页中看视频的需求而无须再去装一些外部的插件了。

5.2.2 使用 HTML5 的优势

（1）简单

HTML5 使得创建网站更加简单。新的 HTML 标签像<header> <footer> <nav> <section> <aside>等，使得阅读者更加容易去访问内容。以前，即使定义了 class 或者 id 阅读者也没有办法去了解给出的一个 div 究竟是什么。使用新的语义学的定义标签，你可以更好地了解 HTML 文档，并且创建一个更好的使用体验。

（2）视频和音频支持

以前想要在网页上实现视频和音频的播放都需要借助 flash 等第三方插件完成，而在 HTML5 中我们可以直接使用标签<video>和<audio>来访问资源。而且 HTML5 视频和音频标签基本将它们视为图片：<video src=" "/>。但是其他参数例如宽度和高度或者自动播放呢？不必担心，只需要像其他 HTML 标签一样定义：<video src="url" width="640px" height ="380px" autoplay/>。

HTML5 帮助我们把以前非常烦琐的过程变得非常简单，然而一些过时的浏览器可能对 HTML5 的支持度并不是很友好，你需要添加更多代码来让它们正确工作。但是这个代码还是比<embed>和<object>简单得多。

（3）文档声明

没错，就是 doctype。是不是非常简单？不需要复制粘贴一堆无法理解的代码，也没有多余的 head 标签。最大的好处在于，除了简单，它能在每一个浏览器中正常工作。

（4）结构清晰、语义明确的代码

如果你对于简单、优雅、容易阅读的代码有所偏好的话，HTML5 绝对是一个为你量身定做的东西。HTML5 允许你写出简单清晰、富于描述的代码。符合语义学的代码允许你分开样式和内容。看看这个典型的简单拥有导航的 header 代码：

```
<div id="header">
<h1>Header Text</h1>
<div id="nav">
<ul>
<li><a href="#">Link</a></li>
<li><a href="#">Link</a></li>
<li><a href="#">Link</a></li>
</ul>
</div>
</div>
```

是不是很简单？但是使用 HTML5 后会使得代码更加简单并且富有含义：

```
<header>
<h1>Header Text</h1>
<nav>
<ul>
<li><a href="#">Link</a></li>
<li><a href="#">Link</a></li>
<li><a href="#">Link</a></li>
</ul>
</nav>
</header>
```

使用 HTML5 可以通过使用语义学的 HTML header 标签描述内容来最后解决 div 及其 class 定义问题。以前需要大量地使用 div 来定义每一个页面内容区域，但是使用新的<section> <article> <header> <footer> <aside>和<nav>标签，可以让代码更加清晰,易于阅读。

（5）强大的本地存储

HTML5 中引入了本地存储，这是一个非常酷炫的新特性。有一点像比较老的技术 cookie 和客户端数据库的融合。但是它比 cookie 更好用，存储量也更加庞大，因为支持多个 Windows 存储，它拥有更好的安全和性能，而且浏览器关闭后数据也可以保存。

本地存储对于很多情况来说都很不错，它不需要第三方插件实现。能够保存数据到用户的浏览器中意味你可以简单地创建一些应用特性，例如：保存用户信息、缓存数据、加载用户上一次的应用状态。

（6）交互升级

我们都喜欢更好的页面交互，人们偏好于对于用户有反馈的动态网站，用户可以享受互动的过程。HTML5 中的<canvas>标签允许你做更多的互动和动画，就像我们使用 Flash 达到的效果。像经典游戏“水果忍者”，我们就可以通过 canvas 画图功能来实现。

（7）HTML5 游戏

前几年，基于 HTML5 开发的游戏非常火爆。近两年虽然基于 HTML5 的游戏受到了不小的冲击，但是如果能找到合适的盈利模式，HTML5 依然还是在手机端游戏开发的首选技术。

（8）移动互联网

HTML5 是移动化的开发工具。随着 Adobe 宣布放弃移动 flash 开发，用户将会考虑使用 HTML5 来开发 Web 应用。当手机浏览器完全支持 HTML5，那么开发移动项目将会和设计更小的触摸显示一样简单。这里有很多的 meta 标签允许用户优化移动，比如 viewport：允许用户定义 viewport 宽度和缩放设置；全屏浏览器：iSO 指定的数值允许 Apple 设备全屏模式显示；Home screen icons：就像桌面收藏，这些图标可以添加收藏到 iOS 和 Android 移动设备的首页。

5.2.3 HTML5 的语法变化

我们都知道，在 HTML5 之前几乎没有符合标准规范的 Web 浏览器。在这种情况下，各个浏览器之间的兼容性和互操作性在很大程度上取决于网站建设开发者的努力，而浏览器本身始终是存在缺陷的。

HTML 语法是在 SGML 语言的基础上建立的。但是 SGML 语法很复杂，要开发能够解析 SGML 语法的程序也很不容易，所以很多浏览器都不包含 SGML 分析器。一次，虽然 HTML 基本上遵从 SGML 语法，但是对于 HTML 的执行在各个浏览器之间没有一个统一的标准，所以也就有了 HTML5。

SGML（Standard Generalized Markup Language，标准通用标记语言），是现在常用的超文本格式的最高层次标准，是可以定义标记语言的元语言，甚至可以定义不必采用< >的常规方式。SGML 比较复杂，因而难以普及。

HTML5 的意图是要把 Web 上存在的各种问题一并解决。那么 Web 上存在哪些问题，HTML5 是如何解决这些问题的呢？

① **浏览器之间的兼容性。解决方法：**HTML5 分析了各个浏览器之间的特点和功能，然后以此为基础，要求这些浏览器所有内部功能符合一个通用标准。这样，各浏览器都能正常运行的可能性大大提高。例如 IE6 版本下的盒子模型和其他浏览器的盒子模型是不同的，然而在 IE9 以及更高版本中，IE 浏览器也更加愿意和其他浏览器一起按照 HTML5 的标准来进行设计。

② **文档结构不够明确。解决方法：**HTML5 中，追加了很多跟结构相关的元素。这些元素都是语义化很强的标签，只需要看见标签即可知晓标签内部的内容。

③ **Web 应用程序功能较少。解决方法：**HTML5 已经开始提供各类 Web 应用上的新功能，各大浏览器厂商也在快速封装这些 API 和功能，使用 HTML5 开发 Web 应用将会更加轻松。

5.2.4 HTML5 中的标记方法

HTML5 的标记方法有三种，具体方法如下。

（1）内容类型（ContentType）

HTML5 的文件扩展符与内容保持不变。也就是说，扩展名仍然为“html”和“htm”，内容类型(ContentType)仍然为“text/html”。

（2）DOCTYPE 声明

DOCTYPE 声明是 HTML 中必不可少的，它位于文件第一行。在 HTML4 中，DOCTYPE

声明的方法如下。

```
<!DOCTYPE html PUBLIC "-//W3C//DTD XHTML 1.0 Transitional//EN" "http://www.w3.org/TR/xhtml1/DTD/xhtml1-transitional.dtd">
```

在 HTML5 中，刻意地不使用版本声明，声明文档将会适用于所有版本的 HTML。HTML5 中的 DOCTYPE 声明方法（不区分大小写）如下。

```
<!DOCTYPE html>
```

（3）字符编码设置

字符编码的设置方法也有一些新的变化。在以往设置 HTML 文件的字符编码时，要用到如下的<meta>元素。

```
<meta http-equiv="Content-Type" content="text/html;charset=utf-8">
```

在 HTML5 中，可以使用如下编码方式。

```
<meta charset="utf-8">
```

很显然，第二种要比第一种来得更加简洁方便，同时也要注意两种方法不要同时使用。

注意：从 HTML5 开始，文件的字符编码推荐使用 utf-8。

5.2.5 HTML5 与旧版本的兼容性

HTML5 中规定的语法，在设计上兼顾了与现有的 HTML 之间最大程度的兼容性。例如，在 Web 上通常存在<p>没有结束标签等 HTML 现象。HTML5 不将这些视为错误，反而采取了“允许这些错误存在，并明确记录在规范中”的方法。因此，尽管与 XHTML 相比标记比较简洁，然而在遵循 HTML5 的 Web 浏览器中也能保证生成相同的 DOM。

下面就一起来学习 HTML5 的语法。

（1）可以省略的标签

在 HTML5 中，有些元素可以省略标签。具体来讲有以下三种情况。

① 必须写明结束标签。如 area、base、br、col、Command、embed、he、img、input、keygen、link、meta、param、source、track 和 wbr。只需要标记空元素标签，如“/>”。例如：“
</br>”的写法是错误的。应该写成“
”。当然，沿袭下来的“
”写法也是允许的。

② 可以省略结束标签。li、dt、dd、p、rt、rp、optgroup、option、colgroup、thead、tbody、tfoot、tr、td 和 th。

③ 可以省略整个标签。如 html、head、Body 等。需要注意的是，虽然这些标签可以省略，但实际上却是确实存在的。例如，“<body>”标签可以省略，但是在 DOM 树上确实可以访问到，永远都可以用“document.body”来访问。

注意：上述列表中也包括了 HTML5 的新元素。有关这些新元素的用法，将在本书的后面章节中加以说明。

（2）取得 boolean 值的属性

取得布尔值的属性，例如 disabled 和 readonly 等，通过省略属性的值来表达值为“true”。如果要表达职位“false”，则直接省略属性本身即可。此外，在写明属性值来表达值为“true”时，可以将属性的值设置为属性名本身，也可以将值设置为空字符串。代码如下：

```
<select name="" id="">
<option value="">下面三个 selected 属性都是代表元素被默认选中</option>
<option value="" selected="">items01</option>
<option value="" selected>items02</option>
```

```
<option value="" selected="selected">items03</option>
</select>
```

（3）省略属性的引用符

设置属性时，可以使用双引号或单引号来引用。HTML5 语法则更近一步，只要属性值不包含空格、“<”“>”“"”“'”和“=”等字符，都可以省略属性的引用符。

下面用户的代码演示如何省略属性的引用符。

```
<form action="#" mrthod="post">
    <!--下面三个文本框的写法是允许的-->
    <input type="text">
    <input type='text'>
    <input type=text>
</form>
```

5.3 HTML5 中新增的元素

在 HTML5 中，增加了以下的元素。使用这些新的元素，前端设计人员可以更加省力和高效地制作出好看的网页。下面将对所有新增元素的使用方法做一个简单的介绍。

5.3.1 HTML5 中新增的元素

（1）section 元素

<section> 标签定义文档中的节（section、区段）。比如章节、页眉、页脚或文档中的其他部分。

在 HTML5 当中，div 元素与 section 元素具有相同的功能，其语法格式如下：

```
<section>…</section>
```

（2）article 元素

<article> 标签定义外部的内容。

外部内容可以是来自一个外部的新闻提供者的一篇新的文章，或者来自 blog 的文本，或者是来自论坛的文本，抑或是来自其他外部源内容。

在 HTML5 当中，div 元素与 article 元素具有相同的功能，其语法格式如下：

```
< article >…</ article >
```

（3）aside 元素

<aside> 标签定义其所处内容之外的内容，aside 的内容应该与附近的内容相关。

在 HTML5 当中，div 元素与 aside 元素具有相同的功能，其语法格式如下：

```
< aside >…</ aside >
```

（4）header 元素

<header> 元素表示页面中一个内容区域或整个页面的标题。

在 HTML5 当中，div 元素与 header 元素具有相同的功能，其语法格式如下：

```
<header>…</header>
```

（5）fhgroup 元素

<fhgroup> 元素用于组合整个页面或页面中一个内容区块的标题。

在 HTML4 当中，div 元素与 fhgroup 元素具有相同的功能，其语法格式如下：

```
<fhgroup>…</fhgroup>
```

（6）footer 元素

<footer> 元素用于组合整个页面或页面中一个内容区块的脚注。

在 HTML5 当中，div 元素与 footer 元素具有相同的功能，其语法格式如下：

```
<footer>…</footer>
```

（7）nav 元素

<nav> 标签定义导航链接的部分。

其语法格式如下：

```
<nav>…</nav>
```

示例代码如下：

```
<nav>
<a href="">items01</a>
<a href="">items02</a>
<a href="">items03</a>
<a href="">items04</a>
</nav>
```

（8）figure 元素

<figure> 标签用于对元素进行组合。

在 HTML5 中使用 figure 范例如下：

```
<figure>
<figcaption>HTML5</figcaption>
<p>HTML5 是当今最流行的网络应用技术之一</p>
</figure>
```

（9）video 元素

<video> 标签用于定义视频，例如电影片段等。

在 HTML5 中使用 video 范例如下：

```
<video width="320" height="240" controls>
<source src="movie.mp4" type="video/mp4">
<source src="movie.ogg" type="video/ogg">
您的浏览器不支持 video 标签。
</video>
```

（10）audio 元素

<audio> 标签用于定义音频，例如歌曲片段等。

在 HTML5 中使用 audio 范例如下：

```
<audio controls>
<source src="music.mp3" type="audio/mp4">
<source src="music.ogg" type="audio/ogg">
您的浏览器不支持 audio 标签。
</audio>
```

（11）embed 元素

<embed> 标签定义嵌入的内容，比如插件。

在 HTML5 中使用 embed 范例如下：

```
<embed src="helloworld.swf" />
```

（12）mark 元素

<mark>元素主要是突出显示部分文本。

在 HTML 当中，span 元素与 mark 元素具有相同的功能， 在 HTML5 中 mark 元素的语法如下：

```
<mark>…</mark>
```

（13）progress 元素

progress 元素表示运行中的进程，可以使用 progress 元素来显示 JavaScript 中耗费时间函数的进程。

在 HTML5 中 progress 元素的语法如下：

```
<progress></progress>
```

progress 元素是 HTML5 中新增的元素，HTML4 中没有相应的元素来表示。

（14）meter 元素

meter 元素表示度量衡，仅用于已知最大值和最小值的度量。

在 HTML5 中 meter 元素的语法如下：

```
<meter></meter>
```

meter 元素是 HTML5 中新增的元素，HTML4 中没有相应的元素来表示。

（15）time 元素

time 元素表示日期和时间。

在 HTML5 中 time 元素的语法如下：

```
<time></time>
```

time 元素是 HTML5 中新增的元素，HTML4 中没有相应的元素来表示。

（16）wbr 元素

<wbr> (Word Break Opportunity) 标签规定在文本中的何处适合添加换行符。

在 HTML5 中 time 元素的语法如下：

```
<p>尝试缩小浏览器窗口，以下段落的 "XMLHttpRequest" 单词会被分行：</p>
<p>学习 AJAX ,您必须熟悉 <wbr>Http<wbr>Request 对象。</p>
<p><b>注意：</b> IE 浏览器不支持 wbr 标签。</p>
```

wbr 元素是 HTML5 中新增的元素，HTML4 中没有相应的元素来表示。

（17）canvas 元素

<canvas> 标签定义图形，比如图表和其他图像，用户必须使用脚本来绘制图形。

在 HTML5 中 canvas 元素的语法如下：

```
<canvas id="myCanvas" width="500" height="500"></canvas>
```

canvas 元素是 HTML5 中新增的元素，HTML4 中没有相应的元素来表示。

（18）command 元素

<command> 标签可以定义用户可能调用的命令（比如单选按钮、复选框或按钮）。

在 HTML5 中 command 元素的语法如下：

```
<command onclick="cut()" label="cut"/>
```

command 元素是 HTML5 中新增的元素，HTML4 中没有相应的元素来表示。

（19）datalist 元素

<datalist> 标签规定了<input>元素可能的选项列表。

datalist 元素通常与 input 元素配合使用。

在 HTML5 中 datalist 元素的语法如下：

```
<input list="browsers">
<datalist id="browsers">
```

```
<option value="Internet Explorer">
<option value="Firefox">
<option value="Chrome">
<option value="Opera">
<option value="Safari">
</datalist>
```

datalist 元素是 HTML5 中新增的元素，HTML4 中没有相应的元素来表示。

（20）details 元素

<details> 标签规定了用户可见的或者隐藏的需求的补充细节。

<details> 标签用来供用户开启关闭的交互式控件。任何形式的内容都能被放在 <details> 标签里边。

<details> 元素的内容对用户是不可见的，除非设置了 open 属性。

在 HTML5 中 details 元素的语法如下：

```
<details>
<summary>Copyright 1999-2011.</summary>
<p> - by Refsnes Data. All Rights Reserved.</p>
<p>All content and graphics on this web site are the property of the company Refsnes </p>
</details>
```

details 元素是 HTML5 中新增的元素，HTML4 中没有相应的元素来表示。

（21）datagrid 元素

<datagrid> 标签表示可选数据的列表，它以树形列表的形式来显示。

在 HTML5 中 datagrid 元素的语法如下：

```
<datagrid>…</datagrid>
```

datagrid 元素是 HTML5 中新增的元素，HTML4 中没有相应的元素来表示。

（22）keygen 元素

<keygen> 标签用于生成密钥。

在 HTML5 中 keygen 元素的语法如下：

```
<keygen>
```

keygen 元素是 HTML5 中新增的元素，HTML4 中没有相应的元素来表示。

（23）output 元素

<output>元素表示不同类型的输出，例如脚本的输出。

在 HTML5 中 output 元素的使用代码如下：

```
<output></output>
```

（24）source 元素

source 元素用于为媒介元素定义媒介资源。

在 HTML5 中 source 元素的使用示例代码如下：

```
<source type="" src=""/>
```

（25）menu 元素

menu 元素表示菜单列表。当希望列出表单控件时使用该标签。

在 HTML5 中 source 元素的使用示例代码如下：

```
<menu>
<li>items01</li>
```

```
<li>items02</li>
</menu>
```

5.3.2 HTML5 中废除的元素和属性

在 HTML5 中除了新增了一些元素之外，也废弃了一些以前的元素。

（1）能使用 CSS 替代的元素

在 HTML5 中，使用编辑 CSS 和添加 CSS 样式表的方式替代了 basefont、big、center、font、s、strike、tt 和 u 元素。由于这些元素的功能都是为页面展示服务的，在 HTML5 中使用 CSS 来替代，所以这些标签也就被废弃了。

（2）删除 frame 框架

frame 框架对网页可用性存在负面的影响，因此在 HTML5 中已不支持 frame 框架，只支持 iframe 框架，或者使用服务器方创建的由多个页面组成的复合页面形式。

（3）属性上的差异

HTML5 与 HTML4 不但在语法上和元素上有差异，在属性上也有差异。HTML5 与 HTML4 相比，增加了许多属性，同时也删除了许多不用的属性。本节将带领大家一起了解 HTML5 与 HTML4 在属性上有哪些差异。

在 HTML5 中，省略或者采用其他属性或方案替代了一些属性，其具体说明如下。

- Rav：该属性在 HTML5 中被 rel 替代。
- Charset：该属性在被链接的资源中使用 HTTPContent-type 头元素。
- Target：该属性在 HTML5 中被省略。
- Nohref：该属性在 HTML5 中被省略。
- Profile：该属性在 HTML5 中被省略。
- Version：该属性在 HTML5 中被省略。
- Archive，Classid 和 Codebase：在 HTML5 中，这 3 个属性被 param 属性替代。
- Scope：该属性在被链接的资源中使用 HTTPContent-type 头元素。

实际上，在 HTML5 中还有很多被废弃的属性，因为不是常用的属性，所有这里就不过多介绍了。

5.4 HTML5 新的主体结构元素

HTML5 引用了更多灵活的段落标签和功能标签，与 HTML4 相比，HTML5 的结构元素更加成熟。本节将带领大家了解这些新增的结构元素，包括它们的定义、表示意义和使用示例。

5.4.1 article 元素

扫一扫，看视频

article 元素一般用于文章区块来定义外部内容，比如某篇新闻文章，或者来自微博的文本，或者来自论坛的文本。通常用来表示来自其他外部源内容，它可以独立被外部引用。

语法描述：

```
<article>区块内容</article>
```

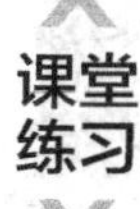

定义外部内容

在 HTML5 中的 article 代替原来的 div 是为了更好地区分区块，如图 5-3 所示。

图 5-3

代码如下：

```
<!DOCTYPE html>
<html lang="en">
<head>
<meta charset="UTF-8">
<title>article 元素</title>
<style>
h1,h2,p{text-align: center;color:#F93}
</style>
</head>
<body>
<article>
  <header>
  <hgroup>
    <h1>article 元素</h1>
    <h2>article 元素 HTML5 中的新增结构元素</h2>
  </hgroup>
  </header>
      <p>Article 元素一般用于文章区块，定义外部内容。</p>
      <p>比如某篇新闻的文章，或者来自微博的文本，或者来自论坛的文本。</p>
      <p>通常用来表示来自其他外部源内容，它可以独立被外部引用。</p>
</article>
</body>
</html>
```

【操作提示】

需要注意的是，本节所讲的文章区块、内容区块等，是指 HTML 逻辑上的区块。

article 元素可以嵌套 article 元素。当 article 元素嵌套 article 元素时，从原则上讲，内部的 article 元素与外层的 article 元素内容是相关的。

5.4.2 section 元素

section 元素主要用来定义文档中的节（section），比如章节、页眉、页脚或文档中的其他部分。通常它用于成节的内容，或在文档流中开始一个新的节。

语法描述：

```
<section>内容</section>
```

课堂练习

使用 section 元素

在页面中使用 section 元素的效果如图 5-4 所示。

图 5-4

代码如下：

```
<!DOCTYPE html>
<html lang="en">
<head>
<meta charset="UTF-8">
<title>section</title>
<style>
h1,p{text-align: center;}
</style>
</head>
<body>
<section>
<h1>section 元素</h1>
    <p>section 元素在页面中基本的使用效果</p>
    <p>section 元素是 HTML5 中新增的结构元素</p>
    <p>section 元素是 HTML5 中新增的结构元素</p>
    <p>section 元素是 HTML5 中新增的结构元素</p>
    <p>section 元素是 HTML5 中新增的结构元素</p>
</section>
</body>
</html>
```

【知识点拨】

对于那些没有标题的内容，不推荐使用 section 元素。section 元素强调的是一个专题性的内容，一般会带有标题。当元素内容聚合起来表示一个整体时，应该使用 article 元素替代 section 元素。section 元素应用的典型情况有文章的章节标签、对话框中的标签页，或者网页中有编号的部分。

section 元素不仅仅是一个普通的容器元素。当 section 元素只是为了样式或者方便脚本使用时，应该使用 div。一般来说，当元素内容明确地出现在文档大纲中时，section 就是适用的。

article 元素与 section 元素结合起来的效果如图 5-5 所示。

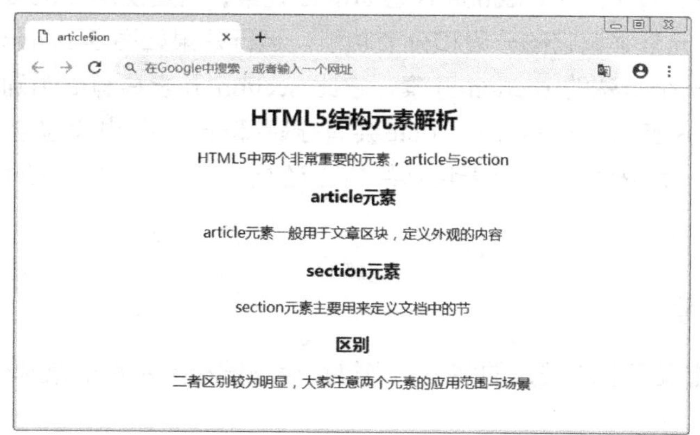

图 5-5

代码如下：

```
<!DOCTYPE html>
<html lang="en">
<head>
<meta charset="UTF-8">
<title>article&section</title>
<style>
*{text-align: center;}
</style>
</head>
<body>
<article>
  <hgroup>
  <h1>HTML5 结构元素解析</h1>
  </hgroup>
    <p>HTML5 中两个非常重要的元素，article 与 section</p>
<section>
  <h1>article 元素</h1>
  <p>article 元素一般用于文章区块，定义外观的内容</p>
</section>
<section>
  <h1>section 元素</h1>
```

```
    <p>section 元素主要用来定义文档中的节</p>
  </section>
  <section>
    <h1>区别</h1>
    <p>二者区别较为明显，大家注意两个元素的应用范围与场景</p>
  </section>
  </article>
  </body>
  </html>
```

在上面的示例代码中，分别使用了 section 元素，而且利用 section 对文章进行了分段。事实上，上面的代码中，可以用 section 代替 article 元素，但是使用 article 元素更强调文章的独立性，而 section 元素强调它的分段和分节功能。运行效果如图 5-5 所示。

article 元素是一个特殊的 section 元素，它比 section 元素具有更明确的语义，它代表一个独立完整的相关内容块。一般来说，article 会有标题部分，有时也会包含 footer。虽然 section 也是具有主体性的一块内容，但是无论从结构上还是内容上来说，article 本身就是独立完整的。

5.4.3 nav 元素

扫一扫，看视频

nav 元素用来定义导航栏链接的部分，当链接用来链接到本页的某部分或其他页面。

需要注意的是，并不是所有成组的超链接都需要放在 nav 元素里。nav 元素里应该放入一些当前页面的主要导航链接。

语法描述：

```
<nav>导航列表</nav>
```

制作简单导航栏

在 HTML5 中使用 nav 制作导航的效果如图 5-6 所示。

图 5-6

代码如下：

```
<!DOCTYPE html>
<html lang="en">
<head>
<meta charset="UTF-8">
<title>nav</title>
</head>
<body>
<h1>导航栏</h1>
<nav>
  <ul>
    <li><a href="#">京东</a></li>
    <li><a href="#">天猫</a></li>
  </ul>
</nav>
<header>
<h2>nav 元素</h2>
<nav>
  <ul>
    <li><a href="">nav 元素的应用导航</a></li>
    <li><a href="">nav 元素的应用导航</a></li>
    <li><a href="">nav 元素的应用导航</a></li>
    <li><a href="">nav 元素的应用导航</a></li>
  </ul>
</nav>
</header>
</body>
</html>
```

上面代码就是 nav 元素应用的场景，我们通常会把主要的链接放入 nav 当中。

5.4.4 aside 元素

aside 元素用来定义 article 以外的、用于成节的内容，也可以用于表达注记、侧栏、摘要及插入的引用等，作为补充主体内容。它会在文档流中开始一个新的节，一般用于与文章内容相关的侧栏。

语法描述：

```
<aside>…</aside>
```

课堂练习

aside 元素的使用方法

aside 元素使用方法和效果如图 5-7 所示。

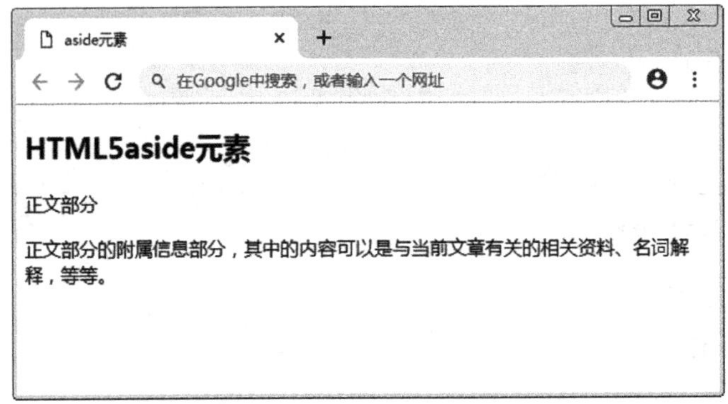

图 5-7

代码如下：

```
<!DOCTYPE html>
<html>
<head>
<meta charset="utf-8">
<meta http-equiv="X-UA-Compatible" content="IE=edge">
<title></title>
<link rel="stylesheet" href="">
</head>
<body>
<article>
    <h1>HTML5aside 元素</h1>
    <p>正文部分</p>
    <aside>正文部分的附属信息部分，其中的内容可以是与当前文章有关的相关资料、名词解释，等等。
</aside>
</article>
</body>
</html>
```

5.4.5 time 元素与微格式

time 元素用来定义日期和时间。通常它需要一个 datatime 属性来标明机器能够认识的时间。Microformat 即微格式，是利用 HTML 的属性来为网页添加附加信息的一种机制。

time 元素是 HTML 中的新元素，它的属性如表 5-1 所示。

表 5-1　time 元素的属性

属性	值	描述
datetime	datetime	定义元素的日期和时间

如果未定义该属性，则必须在元素的内容中规定日期和时间。

语法描述：

```
<time></time>
```

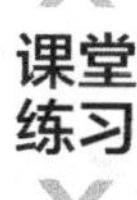

课堂练习

使用 time 微格式

在 time 元素中设置属性，使我们清楚知道这个时间节点，效果如图 5-8 所示。

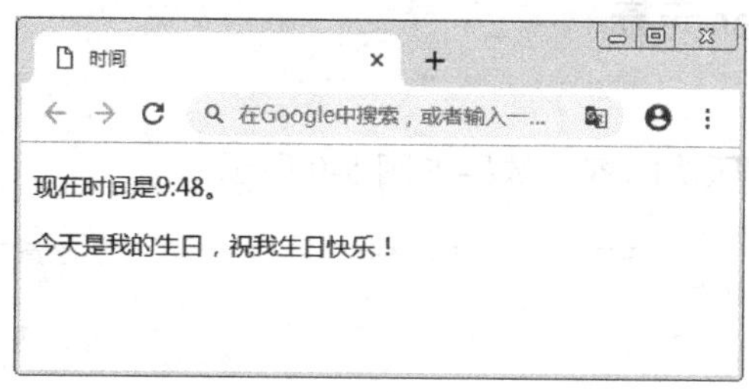

图 5-8

代码如下：

```
<!DOCTYPE html>
<html lang="en">
<head>
<meta charset="UTF-8">
<title>time</title>
</head>
<body>
    <p>现在时间是<time>9：48</time>。</p>
    <p>今天是<time datetime="2019-02-14">我的生日</time>，祝我生日快乐！</p>
</body>
</html>
```

当代码运行时，通过代码的解析，开发人员就可以明确地知道“我的生日”指的是 2019 年 2 月 14 日。

对于非语义结构的页面，HTML 提供的结构基本上只能告诉浏览器把这些信息放在何处，无法深入了解数据本身，因而无法帮助编程人员了解信息本身的含义。HTML5 中的微格式提供了一种机制，可以把更复杂的标记引入到 HTML 中，从而简化分析数据的工作。

5.5 HTML5 新的非主体结构元素

扫一扫，看视频

HTML5 中还增加了一些非主体结构元素，比如 header 元素、hgroup 元素、footer 元素和 address 元素等，本节分别讲解非主体结构元素的使用。

5.5.1 header 元素

header 元素是一种具有引导和导航作用的辅助元素，它通常代表一组简介或者导航性质的内容。其位置表现在页面或节点的头部。

通常 header 元素用于包含页面标题，当然这不是绝对的，header 元素也可以用于包含节点的内容列表导航，例如数据表格、搜索表单或相关的 logo 图片等。

在整个页面中，标题一般放在页面的开头，一个网页中没有限制 header 元素的个数，可以拥有多个，可以为每个内容区块加一个 header 元素。

语法描述：

```
<header></header>
```

使用 header 元素

在 header 元素中添加区块内容，效果如图 5-9 所示。

图 5-9

代码如下：

```
<!DOCTYPE html>
<html lang="en">
<head>
<meta charset="UTF-8">
<title>header</title>
</head>
<body>
<header>
    <h1>这是页面的标题</h1>
</header>
<article>
    <h2>这是第一章</h2>
    <p>第一章的正文部分…</p>
</article>
<header>
    <h2>第二个 header 标签</h2>
    <p>因为 html 文档不会对 header 标签进行限制,所以我们可以创建多个 header 标签</p>
</header>
</body>
```

当 header 元素只包含一个标题元素时，就不要使用 header 元素了。article 元素肯定会让标题在文档大纲中显现出来，而且因为 header 元素并不是包含多重内容。

5.5.2 hgroup 元素

在上节中使用 header 元素时，也使用了 hgroup 元素，hgroup 元素的目的是将不同层级的标题封装成一组，通常会将 h1~h6 标题进行组合，譬如一个内容区块的标题及其子标题为一组。如果要定义一个页面的大纲，使用 hgroup 非常合适，如定义文章的大纲层级。

实例代码如下：

```
<hgroup>
<h1>第三节</h1>
<h2>5.5hgroup 元素</h2>
</hgroup>
```

在以下两种情况下，header 元素和 hgroup 元素不能一起使用。

（1）当只有一个标题的时候

示例代码如下：

```
<header>
<hgroup>
<h1>第三节</h1>
<p>正文部分…</p>
</hgroup>
</header>
```

在这种情况下，只能将 hgroup 元素移除，仅仅保留其标题元素即可。

```
<header>
<h1>第三节</h1>
<p>正文部分…</p>
</header>
```

（2）当 header 元素的子元素只有 hgroup 元素的时候

示例代码如下：

```
<header>
<hgroup>
<h1>HTML5 hgroup 元素</h1>
<h2>hgroup 元素使用方法</h2>
</hgroup>
</header>
```

在上面的代码中，header 元素的子元素只有 hgroup 元素，就可以直接将 header 元素去掉，如下所示：

```
<hgroup>
<h1>HTML5 hgroup 元素</h1>
<h2>hgroup 元素使用方法</h2>
</hgroup>
```

总结：如果只有一个标题元素，这时并不需要 hgroup 元素。当出现两个或者两个以上的标题元素时，适合用 hgroup 元素来包围它们。当一个标题有副标题或者其他与 section 或 article 有关的元数据时，适合将 hgroup 和元数据放到一个单独的 header 元素中。

5.5.3 footer 元素

我们习惯于使用<div id="footer">这样的代码来定义页面的页脚部分。但是 HTML5 为我们提供了用途更广、扩展性更强的 footer 元素。<footer> 标签定义文档或节的页脚。<footer> 元素应当含有其包含元素的信息。页脚通常包含文档的作者、版权信息、使用条款链接、联系信息等。可以在一个文档中使用多个 <footer> 元素。

课堂练习　使用 footer 制作底部信息

使用 footer 元素制作网页底部信息的效果如图 5-10 所示。

图 5-10

代码如下：

```
<footer>
<ul>
<li>关于我们</li>
<li>网站地图</li>
<li>联系我们</li>
<li>回到顶部</li>
<li>版权信息</li>
</ul>
</footer>
```

相比较而言，使用 footer 元素更加语义化了。

同样，在一个页面中也可以使用多个 footer 元素，既可以用作页面整体的页脚，也可以作为一个内容区块的结尾。比如在 article 元素中添加脚注，代码如下所示：

```
<article>
<h1>文章标题</h1>
<p>正文部分…</p>
<footer>文章脚注</footer>
</article>
```

在 section 元素中添加脚注，代码如下所示：

```
<section>
<h1>段落标题</h1>
<p>正文部分</p>
<footer>本段脚注</footer>
</section>
```

使用 video 元素添加视频

现在 web 视听时代如日中天，视频和音频等内容在互联网上传播呈现出越来越猛的态势。因此，学习并掌握视频和音频在网络上的应用是 web 开发者必备的技能。本章的综合实战为大家介绍 video 元素的使用方法，图 5-11 是网页中添加了视频的效果。

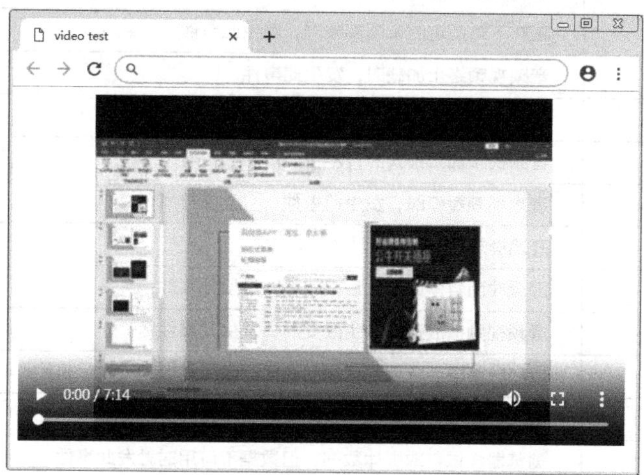

图 5-11

代码如下：

```
<!DOCTYPE html>
<html>
<head>
<meta charset="UTF-8" />
<title>video test</title>
</head>
<body>
   <video width="640" height="360" controls>
   <source src="html5.mp4" type="video/mp4">
   <source src="html5.ogg" type="video/ogg">您的浏览器不支持 video 标签。
   </video>
</body>
</html>
```

audio 和 video 使用方法是一样的，下面给大家总结了它们的一些属性、事件及方法。audio 和 video 的相关事件具体如表 5-2 所示。

表 5-2　audio 和 video 的相关事件

事件	描述
canplay	当浏览器能够开始播放指定的音视频时，发生此事件
canplaythrough	当浏览器预计能够在不停下来进行缓冲的情况下持续播放指定的音频视频时，发生此事件

续表

事件	描述
durationchange	当音频、视频的时长数据发生变化时，发生此事件
loadeddata	当当前帧数据已加载，但没有足够的数据来播放指定音频视频的下一帧时，会发生此事件
loadedmatadata	当指定的音频视频的元数据已加载时，会发生此事件。元数据包括时长、尺寸（仅视频）以及文本轨道
loadstart	当浏览器开始寻找指定的音频视频时，发生此事件
progress	正在下载指定的音频视频时，发生此事件
abort	音频视频终止加载时，发生此事件
ended	音频视频播放完成后，发生此事件
error	音频视频加载错误时，发生此事件
pause	音频视频暂停时，发生此事件
play	开始播放时，发生此事件
playing	因缓冲而暂停或停止后已就绪时触发此事件
ratechange	音频视频播放速度发生改变时，发生此事件
seeked	用户已移动、跳跃到音频视频中的新位置时，发生此事件
seeking	用户开始移动、跳跃到新的音频视频播放位置时，发生此事件
stalled	浏览器尝试获取媒体数据，但数据不可用时触发此事件
suspend	浏览器刻意不加载媒体数据时触发此事件
timeupdate	播放位置发生改变时触发此事件
volumechange	音量发生改变时触发此事件
waiting	视频由于需要缓冲而停止时触发此事件

audio 和 video 相关属性如表 5-3 所示。

表 5-3　audio 和 video 相关属性

属性	描述
src	用于指定媒体资源的 URL 地址
autoplay	资源加载后自动播放
buffered	用于返回一个 TimeRanges 对象，确认浏览器已经缓存媒体文件
controls	提供用于播放的控制条
currentSrc	返回媒体数据的 URL 地址
currentTime	获取或设置当前的播放位置，单位为秒
defaultPlaybackRate	返回默认播放速度
duration	获取当前媒体的持续时间
loop	设置或返回是否循环播放
muted	设置或返回是否静音
networkState	返回音频视频当前网络状态
paused	检查视频是否已暂停

续表

属性	描述
playbackRate	设置或返回音频视频的当前播放速度
played	返回 TimeRanges 对象。TimeRanges 表示用户已经播放的音频视频范围
preload	设置或返回是否自动加载音视频资源
readyState	返回音频视频当前就绪状态
seekable	返回 TimeRanges 对象，表明可以对当前媒体资源进行请求
seeking	返回是否正在请求数据
valume	设置或返回音量，值为 0 ~ 1.0

audio 和 video 相关方法如表 5-4 所示。

表 5-4 audio 和 video 相关方法

方法	描述
canPlayType()	检测浏览器是否能播放指定的音频视频
load()	重新加载音频视频元素
pause()	停止当前播放的音频视频
play()	开始播放当前音频视频

制作一个播放器效果

难度等级 ★

作为多媒体元素，audio 元素用来向页面中插入音频或其他音频流。本章的课后作业我们就来制作一个音乐播放器效果，如图 5-12 所示。

扫一扫，看答案

图 5-12

难度等级 ★★

上面我们制作了一个简单的网页播放器的效果，接下来继续制作一个好看的播放器效果，如图 5-13 所示。

html5 audio音频播放
文件 | C:/Users/Administrator/Desktop/...
应用
audio 音频播放
loading
Matisyahu - One Day
00:00/00:00

图 5-13

扫一扫，看答案

第6章　表单的应用详解

内容导读

表单主要是用来收集用户端提供的相关信息，是网页具有交互的作用。表单的用途很多，在制作动态网页时经常会用到。比如填写个人信息、会员注册和网上调查，访问者可以使用文本域、列表框、复选框、单选按钮之列的表单对象输入信息，单击按钮的时候提交用户所填写的一些信息。

学习完本章知识后，我们会了解网页中的表单制作的原理以及表单传送的方法，并且会熟练地制作出各种类型的表单。

6.1 表单的标签

扫一扫，看视频

在网页制作过程中，特别是动态网页，时常会用到表单。<form></form>标签用来创建一个表单。在 form 标签中可以设置表单的基本属性。

6.1.1 处理动作 action

真正处理表单的数据脚本或程序在 action 属性里，这个值可以是程序或者脚本的一个完整 URL。

语法描述：

```
<form action="表单的处理程序">…</form>
```

代码如下：

```
<html>
<head>
<little>设定表单的处理程序<little>
</head>
<body>
  <!---一个没有控件的表单-->
  <form action="mail:desheng@163.com">
  </form>
</body>
</html>
```

以上语法中，表单的处理程序定义的表单是要提交的地址，也就是表单中收集到的资料将要传递的程序地址。这一地址可以是绝对地址，也可以是相对地址，还可以是一些其他的地址形式，如 E-mail 地址等。

以上的示例代码中，定义了表单提交的对象为一个邮件，当程序运行后会将表单中收集到的内容以电子邮件的形式发送出去。

6.1.2 表单名称 name

名称属性 name 用于给表单命名。这一属性不是表单的必需属性，但是为了防止表单信息在提交到后台处理程序时出现混乱，一般要设置一个与表单功能符合的名称，例如注册页面的表单可以命名为 register。不同的表单尽量不用相同的名称，以避免混乱。

语法描述：

```
<form name="表单名称">…</form>
```

代码如下：

```
<html>
<head>
<little>设定表单的处理程序<little>
</head>
<body>
  <!---一个没有控件的表单-->
  <form action="mail:desheng@163.com" name="register">
```

```
  </form>
</body>
</html>
```

以上语法和示例中需要注意的是，表单的名称不能包含特殊符号和空格，在示例中表单名为 register。

6.1.3 传送方法 method

表单的 method 属性用来定义处理程序从表单中获得信息的方式，可以取值为 get 或者 post，它决定了表单已收集的数据是用什么方法发送到服务器的。

method 取值的含义：

- method=get：使用这个设置时，表单数据会被视为 CGI 或者 ASP 的参数发送，也就是来访者输入的数据会附加 URL 之后，由用户端直接发送至服务器，所有速度上会比 post 快，但缺点是数据长度不能太长。在没有指定 method 的情形下，一般都会视 get 为默认值。
- method=post：使用这种设置时，表单数据是与 URL 分开发送的，用户端的计算机会通知服务器来读取数据，所以通常没有数据长度上的限制，缺点是速度上会比 get 慢。

语法描述：

```
<form method="传送方式">…</form>
```

代码如下：

```
<html>
<head>
<little>设定表单的处理程序<litle>
</head>
<body>
  <!--一个没有控件的表单-->
  <form action="mail:desheng@163.com" name="register" method="post">
  </form>
</body>
</html>
```

在上述代码中，表单 register 的内容将会以 post 的方式通过电子邮件的形式传送出去。传送方式只有两种方式 post 和 get。

6.1.4 编码方式 enctype

表单中的 enctype 参数用于设置表单信息提交的编码方式。

enctype 取值及含义如下。

- text/plain：以纯文本的形式传送。
- application/x-www-form-urlencoded：默认的编码形式。
- multipart/form-date：MIME，上传文件的表单必须选择该项。

语法描述：

```
<form enctype="编码方式">…</form>
```

代码如下：

```
<html>
```

```
<head>
<little>设定表单的处理程序<litle>
</head>
<body>
  <!---一个没有控件的表单-->
  <form action="mail:desheng@163.com" name="register" method="post" enctype
="text/plain">
  </form>
</body>
</html>
```

从以上代码中可以看出，设置了表单信息以纯文本编码形式发送。

6.1.5 目标显示方式 target

指定目标窗口的打开方式要用到 target 属性。表单的目标窗口往往用来显示表单的返回信息，例如是否成功提交了表单的内容、是否出错等。

目标窗口打开方式还有 4 个选项：_blank、_parent、_self、_top。_blank 为链接的文件载入一个未命名的浏览器窗口中；_parent 为将链接的文件载入含有该链接的父框架集中；_self 为链接的文件载入链接所在的同一框架或窗口中；_top 表示将返回信息显示在顶级浏览器窗口中。

语法描述：

```
<form enctype="目标窗口的打开方式">…</form>
```

代码如下：

```
<html>
<head>
<little>设定表单的处理程序<litle>
</head>
<body>
  <!---一个没有控件的表单-->
  <form action="mail:desheng@163.com" name="register" method="post" enctype
="text/plain"  target="_self">
  </form>
</body>
</html>
```

在此示例中，设置表单的返回信息将在同一窗口中显示。

以上所讲解的只是表单的基本结构标签，而表单的<form>标记只有和它包含的具体控件相结合才能真正实现表单收集信息的功能。

6.1.6 表单的控件

扫一扫，看视频

按照控件的填写方式可以分为输入类和菜单列表类。输入类的控件一般以 input 标记开始，说明这一控件需要用户的输入；而菜单列表类则以 select 标记开始，表示用户需要选择。按照控件的表现形式则可以分为文本类、选项按钮和菜单等。

在 HTML 表单中，input 标签是最常用的控件标签，包括最常见的文本域、按钮都是采用这个标签。

语法描述：

```
<form>
  <input name="控件名称" type="控件类型"/>
</form>
```

在这里，控件名称是为了便于程序对不同控件的区分，而 type 参数则是确定了这一个控件域的类型。在 HTML 中，input 参数所包含的控件类型如下。

type 取值和取值的含义如下：

- 取值为 text：文字字段。
- 取值为 password：密码域，用户在页面中输入时不显示具体的内容，以星号“*”代替。
- 取值为 radio：单选按钮。
- 取值为 checkbox：复选框。
- 取值为 button：普通按钮。
- 取值为 submit：提交按钮。
- 取值为 reset：重置按钮。
- 取值为 image：图形域，也称为图像提交按钮。
- 取值为 hidden：隐藏域，隐藏域将不显示在页面上，只将内容传递到服务器中。
- 取值为 file：文件域。

除了输入空间之外，还有一些控件，如文字区域、菜单列表则不是用 input 标记的。它们有自己的特点标记，如文字区域直接使用 textarea 标记，菜单标记需要使用 select 和 option 标记结合，这些将在后面做详细介绍。

6.2 输入型的控件

表单域包含了文本框、多行文本框、密码框、隐藏域、复选框、单选框和下拉选择框等，用于采集用户输入或选择的数据。

6.2.1 文字字段 text

扫一扫，看视频

text 属性值用来设定在表单的文本域中输入任何类型的文本、数字或者字母。输入的内容以单行显示。

text 文字字段的参数表：

- name：文字字段的名称，用于和页面中其他控件加以区别，命名时不能包含特殊字符，也不能以 HTML 预留作为名称。
- size：定义文本框在页面中显示的长度，以字符作为单位。
- maxlength：定义在文本框中最多可以输入的文字数。
- value：用于定义文本框中的默认值。

语法描述：

```
<input name="控件名称" type="text" value="字段默认值" size="控件的长度" maxlength="最长字符数">
```

文字字段的设置

设置文字字段只需要把 type 取值为 text 就可以了，效果如图 6-1 所示。

图 6-1

代码如下：

```
<!doctype html>
<html>
<head>
<meta http-equiv="Content-Type" content="text/html; charset=utf-8" />
<title>文字字段</title>
</head>
<body>
<h1>请输入用户和密码</h1>
  <form action="form_action.asp" method="get" name="form2">
      用户：
      <input name="name" type="text" size="10">
      <br/><br/>
      密码：
      <input name="fenshu" type="text" size="10">
  </form>
</body>
</html>
```

从上段代码可以看出我们设定了两个文本框，文本框的显示长度为 10。

6.2.2 密码域 password

在表单中还有一种文本域的形式为密码域 password，输入到密码域的文字都是以星号“*”或者圆点显示。

password 密码域的参数及含义如下。

- name：域的名称，用于和页面中其他控件加以区别，命名时不能包含特殊字符，也不能以 HTML 预留作为名称。
- size：定义密码域的文本框在页面中显示的长度，以字符作为单位。
- maxlength：定义在密码域文本框中最多可以输入的文字数。

● value：用于定义密码域中的默认值，以星号“*”显示。

语法描述：

```
<input name="控件名称" type="password" value="字段默认值" size="控件的长度" maxlength="最长字符数">
```

课堂练习

密码域的设置

想要设置密码域，只需 type 取值为 password 即可，效果如图 6-2 所示。

图 6-2

代码如下：

```
<!doctype html>
<html>
<head>
<meta http-equiv="Content-Type" content="text/html; charset=utf-8" />
<title>密码域</title>
</head>
<body>
<h1>密码域的设置</h1>
  <form action="form_action.asp" method="get" name="form2">
      请输入密码:
      <br/>
      <input name="name" type="password" size="10">
      <br/>
      请确认密码:
      <br/>
      <input name="name" type="password" size="10" maxlength="10">
  </form>
</body>
</html>
```

虽然在密码域中已经将所输入的字符以掩码的形式显示了，但是它并没有做到真正的保密，因为用户可以通过复制该密码域中的内容，并粘贴到其他文档中，查看到密码的真实面目。为实现密码的真正安全，可以将密码域的复制功能屏蔽，同时改变密码域的掩码字符。

※ **知识拓展** ※

下面就是一个使用密码域更安全的一个示例，在示例中主要是通过控制密码域的oncopy、oncut 和 onpaste 事件来实现密码域的内容禁止复制的功能，并通过改变其 style 样式属性来实现改变密码域中掩码的样式，效果如图 6-3 所示。

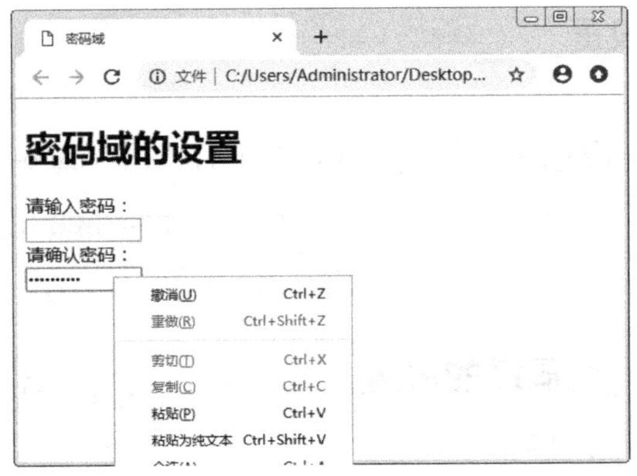

图 6-3

代码如下：

```
<input name="name" type="password" size="10" maxlength="10" oncopy="return false" oncut="return false" onpaste="return false">
```

从上图可以看出复制是不可选择的，按住复制快捷键也是无效的。

6.2.3 单选按钮 radio

扫一扫，看视频

单选按钮通常是个小圆形的按钮，可提供用户选择一个选项。

语法描述：

```
<input name="按钮名称" type="radio" value="按钮的值" checked/>
```

课堂练习 单选按钮的添加

制作单选按钮需要用到 radio，把 type 值取值为 radio 就可以制作单选按钮。效果如图 6-4 所示。

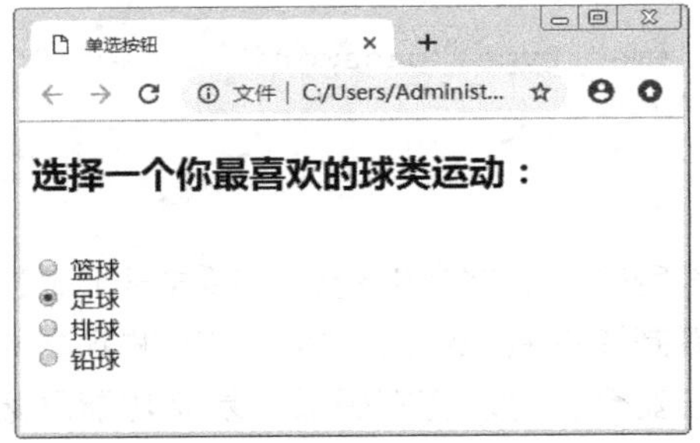

图 6-4

代码如下：

```
<!doctype html>
<html>
<head>
<meta http-equiv="Content-Type" content="text/html; charset=utf-8" />
<title>单选按钮</title>
</head>
<body>
  <form action="form_action.asp" method="post " name="form2">
    <h2>选择一个你最喜欢的球类运动：</h2>
    <br/>
    <input name="checkbox" type="radio" value="checkbox" checked="checked"/>
    篮球
    <br/>
    <input name="checkbox" type="radio" value="checkbox" />
    足球
    <br/>
    <input name="checkbox" type="radio" value="checkbox" />
    排球
    <br/>
    <input name="checkbox" type="radio" value="checkbox" />
    铅球
  </form>
</body>
</html>
```

在上述代码中，checked 属性表示这一表单的默认被选中，而在一个表单选项按钮组中只能有一项单选按钮控件设置为 checked。value 则用来设置用户选中该选项后，传送到处理程序中的值。从图 6-4 中可以看出页面中包含了 4 个单选按钮。

6.2.4 复选框 checkbox

扫一扫，看视频

在网页设计中，有一些内容需要让浏览者以选中的形式填写，而选择的内容可以是一个也可以是多个，这时就需要使用复选框的控件 checkbox。

语法描述：

```
<input name="复选框名称" type=" checkbox" value="复选框的值" checked/>
```

课堂练习　**复选框的设置**

设置复选框需要用到 checkbox 控件，把 type 值输入为 checkbox 就可以了，效果如图 6-5 所示。

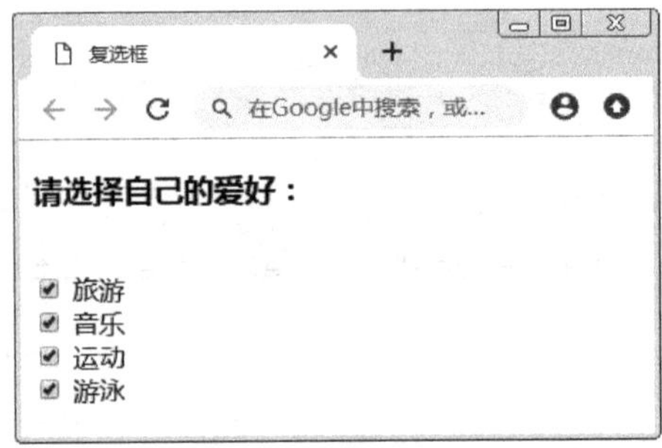

图 6-5

代码如下：

```
<!doctype html>
<html>
<head>
<meta http-equiv="Content-Type" content="text/html; charset=utf-8" />
<title>复选框</title>
</head>
<body>
  <form action="form_action.asp" method="post " name="form2">
      <h3>请选择自己的爱好：</h3>
      <br/>
      <input name="checkbox" type="checkbox" value="checkbox" checked=
"checked"/>
      旅游
      <br/>
      <input name="checkbox" type="checkbox" value="checkbox" />
      音乐
      <br/>
      <input name="checkbox" type="checkbox" value="checkbox" />
      运动
      <br/>
      <input name="checkbox" type="checkbox" value="checkbox" />
      游泳
  </form>
</body>
</html>
```

在上述代码中，checkbox 参数表示该选项在默认情况下已经被选中，一个选项中可以有多个复选框被选中。

6.2.5 表单按钮 button

button 一般情况下需要配合脚本进行表单处理，<input type="button"/>用来定义可以点击的按钮。

语法描述：

```
<input name="按钮名称" type="button" value="按钮的值" onclick="处理程序">
```

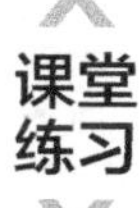

表单的普通按钮

因为表单上会有多个按钮，这里的一个普通按钮是 button，使用效果如图 6-6 所示。

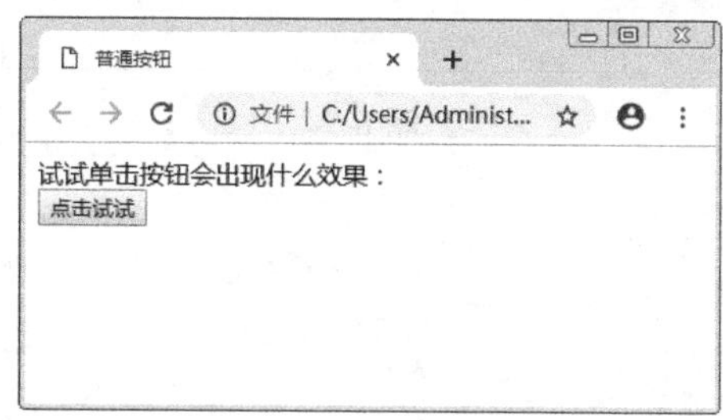

图 6-6

代码如下：

```
<!doctype html>
<html>
<head>
<meta http-equiv="Content-Type" content="text/html; charset=utf-8" />
<title>普通按钮</title>
</head>
<body>
<form action="form_action.asp" method="get" name="form2">
    试试单击按钮会出现什么效果：
    <br/>
    <input name="button" type="button" value="点击试试" onclick="window.
close()"/>
</form>
</body>
</html>
```

value 中的取值就是显示在按钮上的文字，可以根据需要输入相关的文字，在 button 中添加 onclick 是为了实现一些特殊的功能，比如上述代码中的关闭浏览器的功能，此功能也可根据需求添加效果。

6.2.6 提交按钮 submit

提交按钮在一个表单中起到至关重要的作用，其可以把用户在表单中填写的内容进行提交。

语法描述：

```
<input name="按钮名称" type="submit" value="按钮名称"/>
```

课堂练习

提交按钮的设置

设置表单的提交按钮可以把 type 的值输入为 submit 就可以了，提交按钮的效果如图 6-7 所示。

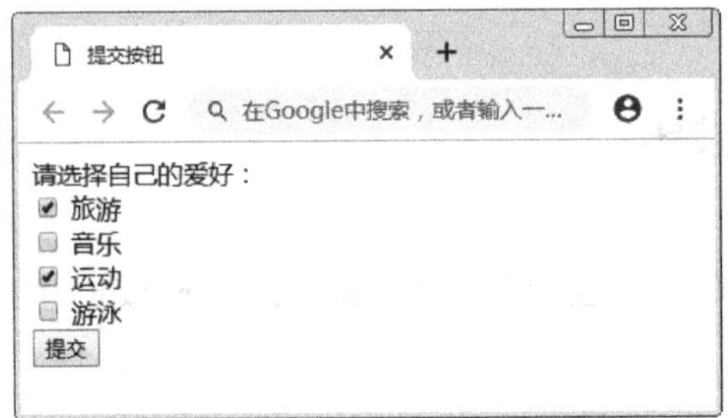

图 6-7

代码如下：

```
<!doctype html>
<html>
<head>
<meta http-equiv="Content-Type" content="text/html; charset=utf-8" />
<title>提交按钮</title>
</head>
<body>
  <form action="form_action.asp" method="post " name="form2">
  请选择自己的爱好：
  <br/>
  <input name="checkbox" type="checkbox" value="checkbox" checked="checked"/>
  旅游
  <br/>
  <input name="checkbox" type="checkbox" value="checkbox" />
  音乐
  <br/>
  <input name="checkbox" type="checkbox" value="checkbox" />
  运动
  <br/>
  <input name="checkbox" type="checkbox" value="checkbox" />
  游泳
  <br/>
  <input type="submit" name="submit" value="提交">
  </form>
</body>
</html>
```

在以上的语法描述中的 value 用于定义按钮上显示的文字。单击“提交”按钮，会将信息提交到表单设置的提交方式中。

6.2.7 重置按钮 reset

扫一扫，看视频

重置按钮的作用是用来清除用户在页面上输入的信息，如果用户在页面上输入的信息错误过多就可以使用重置按钮了。

语法描述：

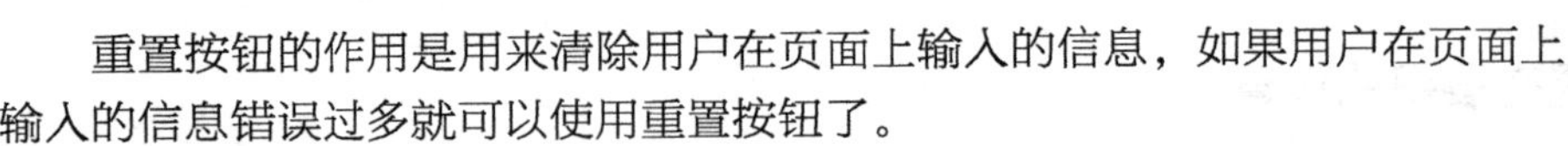

```
<input name="按钮名称" type="reset" value="按钮名称"/>
```

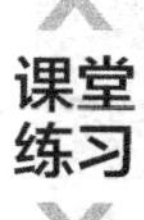

重置按钮的设置

制作重置按钮需要把 type 设置成 reset，制作完成的效果如图 6-8 所示。

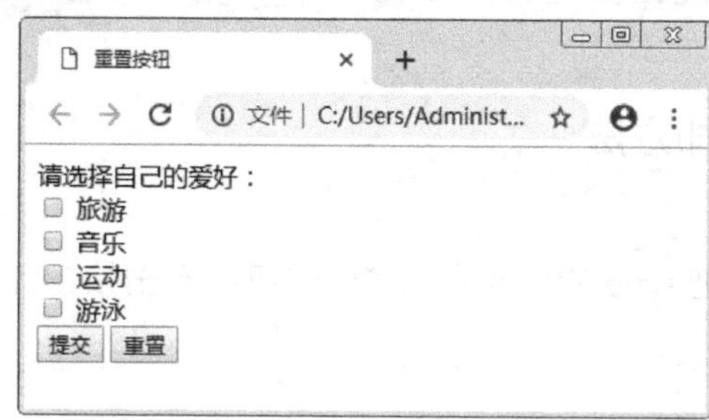

图 6-8

示例代码如下所示。

```
<!doctype html>
<html>
<head>
<meta http-equiv="Content-Type" content="text/html; charset=utf-8" />
<title>重置按钮</title>
</head>
<body>
<form action="form_action.asp" method="post " name="form2">
    请选择自己的爱好:
    <br/>
    <input name="checkbox" type="checkbox" value="checkbox" />
    旅游
    <br/>
    <input name="checkbox" type="checkbox" value="checkbox" />
    音乐
    <br/>
    <input name="checkbox" type="checkbox" value="checkbox" />
    运动
    <br/>
    <input name="checkbox" type="checkbox" value="checkbox" />
    游泳
    <br/>
    <input type="submit" name="submit" value="提交">
    <input type="reset" name="submit1" value="重置">
</form>
</body>
</html>
```

从上段代码运行的效果图可以看出，点击重置按钮将重置所有选项。

6.2.8 文件域 file

文件域在表单中起到至关重要的作用，因为需要到表单中添加图片或者是上传文件的时候都需要用到文件域。

语法描述：

```
<input name="名称" type="file" size="控件长度" maxlength="最长字符数"/>
```

课堂练习

文件域的添加方法

文件域的使用方法是把 type 的值输入为 file 就可以点击按钮完成上传的工作，效果如图 6-9 所示。

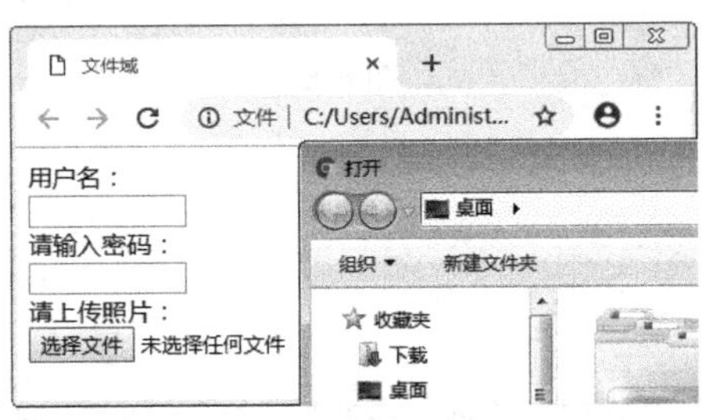

图 6-9

代码如下：

```
<!doctype html>
<html>
<head>
<meta http-equiv="Content-Type" content="text/html; charset=utf-8" />
<title>文件域</title>
</head>
<body>
<form action="form_action.asp" method="post " name="form2">
    用户名：
    <br/>
    <input name="name" type="text" size="10">
    <br/>
    请输入密码：
    <br/>
    <input name="fenshu" type="password" size="10" maxlength="10">
    <br/>
    请上传照片：
    <br/>
    <input name="file" type="file" size="25" maxlength="30"/>
</form>
</body>
</html>
```

单击选择文件按钮就会出现图 6-9 的效果，可以从电脑中选择自己需要的文件。

6.2.9 文本域标签 textarea

<textarea>标签定义多行的文本输入控件。文本区中可容纳无限数量的文本，其中的文本的默认字体是等宽字体。可以通过 cols 和 rows 属性来规定 textarea 的尺寸。

文字域标签属性：

- name：文字域的名称。
- rows：文字域的行数。
- cols：文字域的列表。
- value：文字域的默认值。

语法描述：

```
<textarea name="名称" cols="列数" row="行数" wrap="换行方式">文本内容</textarea>
```

课堂练习 设置表单的文本域

表单的文本域用来设置很多的说明、需要的注意事项等，效果如图 6-10 所示。

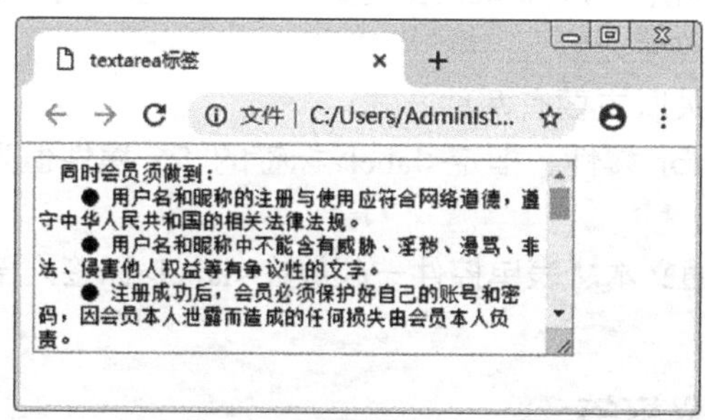

图 6-10

示例代码如下所示。

```
<!doctype html>
<html>
<head>
<meta http-equiv="Content-Type" content="text/html; charset=utf-8" />
<title> textarea 标签</title>
</head>
<body>
<form action="form_action.asp" method="get">
<textarea name="content" cols="40" rows="5" wrap="virtual">
  同时会员须做到：
    ● 用户名和昵称的注册与使用应符合网络道德，遵守中华人民共和国的相关法律法规。
    ● 用户名和昵称中不能含有威胁、淫秽、漫骂、非法、侵害他人权益等有争议性的文字。
    ● 注册成功后，会员必须保护好自己的账号和密码，因会员本人泄露而造成的任何损失由会员本人负责。
</textarea>
```

```
</form>
</body>
</html>
```

上段代码定义了名称为 content 的 5 行 40 列的文本框，换行方式为自动换行，但是许多浏览器为了让用户有更好的交互体验，用户可以拉大或者缩小文本框的大小，这就出现了图 6-10 中所示的效果。

6.3 表单定义标签

6.3.1 使用 label 定义标签

<label>标签用于在表单元素中定义标签，这些标签可以对其他一些表单控件元素（如单行文本框、密码框等）进行说明。

<label>标签可以指定 id、style、class 等核心属性，也可以指定 onclick 等事件属性。除此之外，<label>标签还有一个 for 属性，该属性指定<label>标签与哪个表单控件相关联。

虽然<label>标签定义的标记只是输出普通文本，但是<label>标签生成的标记还有一个另外的作用，那牛市当用户单击<label>标签生成的标签时，和该标签相关联的表单控件元素就会获得角点。也就是说，当用户选择<label>元素所生成的标签时，浏览器会自动将焦点转移到和该标签相关联的表单控件元素上。

使标签和表单控件相关联主要有两种方式：

- 隐式关联：使用 for 属性，指定<label>标签的 for 属性值为所关联的表单控件的 id 属性值。
- 显式关联：将普通文本、表单控件一起放在<label>标签内部即可。

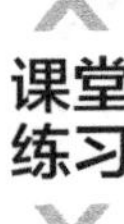

用 label 定义标签

label 标签用途很广，在表单中点击文本就会触发控件进行选择，效果如图 6-11 所示。

图 6-11

代码如下：

```
<!doctype html>
<html>
<head>
<meta http-equiv="Content-Type" content="text/html; charset=utf-8" />
```

```
<title> textarea标签</title>
</head>
<body>
<h3>请点击文本标记之一，就可以触发相关控件：</h3>
 <form>
    <label for="male">姓名</label>
    <input type="radio" name="sex" id="male" />
    <br />
    <label for="female">密码</label>
    <input type="radio" name="sex" id="female" />
 </form>
</body>
</html>
```

从上图可以看出，当用户单击表单控件前面的文字时，该表单控件就可以获得焦点。

6.3.2 使用 button 定义按钮

<button>标签用于定义一个按钮，在该标签的内部可以包含普通文本，文本格式化标签和图像等内容。这也是<button>按钮和<input>按钮的不同之处。

<button>按钮与<input type="button"/>相比，具有更加强大的功能和更丰富的内容。<button>与</button>标签之间的所有内容都是该按钮的内容，其中包括任何可接受的正文内容，例如文本或图像。

<button>标签可以指定 id、style、class 等核心属性，也可以指定 onclick 等时间属性。除此之外，还可以指定以下几个属性。

- disabled：指定是否禁用该按钮。该属性值只能是 disabled，或者省略这个属性值。
- name：指定该按钮的唯一名称。该属性通常与 id 属性值保持一致。
- type：指定该按钮属于哪种按钮，该属性值只能是 button、reset 或者是 submit 其中之一。
- value：指定该按钮的初始值。该值可以通过脚本进行修改。

课堂练习

使用 button 定义按钮

button 不仅是一个按钮，还可以用它来定义按钮，效果如图 6-12 所示。

图 6-12

示例代码如下所示。

```
<!doctype html>
<html>
<head>
<meta http-equiv="Content-Type" content="text/html; charset=utf-8" />
<title>密码域</title>
</head>
<body>
<h1>label 定义标签</h1>
<form action="form_action.asp" method="get" name="form2">
    用户名:
    <br/>
    <label><input name="name" type="text" size="10"></label>
    <br/>
    密码:
    <br/>
    <input name="fenshu" type="password" size="10" maxlength="10">
    <br/><br/>
    <button type="submit"><img src="tij.png"></button>
</form>
</body>
</html>
```

从上段示例可以看到表单中定义了一个按钮，按钮的内容是图片，相当于一个提交按钮。

6.3.3 列表、表单标记

菜单列表类的控件主要用来进行选择给定答案的一种，这类选择往往答案比较多，使用单选按钮比较浪费空间。可以说，菜单列表类的控件主要是为了节省页面空间而设计的。菜单和列表都是通过<select>和<option>标签来实现的。

菜单和列表标记属性：

- name：菜单和列表的名称。
- size：显示的选项数目。
- multiple：列表中的项目多项。
- value：选项值。
- selected：默认选项。

语法描述：

```
<select multiple size="可见选项数">
<option value="值" selected="selected"></option>
</select>
```

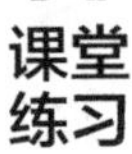

课堂练习 列表、表单的设置

列表和表单的样式设置如图 6-13 所示。

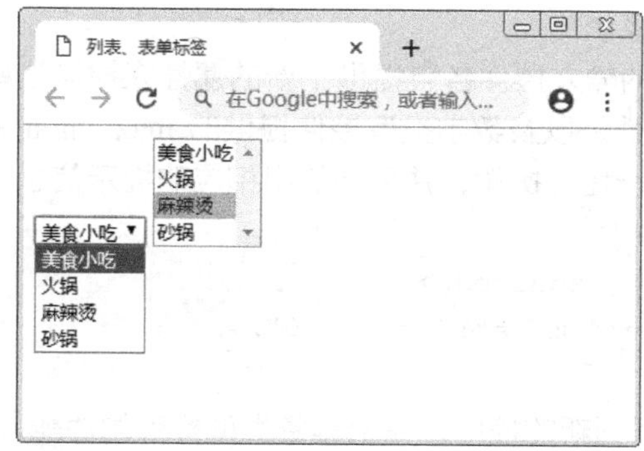

图 6-13

代码如下：

```
<!doctype html>
<html>
<head>
<meta http-equiv="Content-Type" content="text/html; charset=utf-8" />
<title>列表、表单标签</title>
</head>
<body>
<form action="form_action.asp" method="get">
    <select name="1">
        <option value="美食小吃">美食小吃</option>
        <option value="火锅">火锅</option>
        <option value="麻辣烫">麻辣烫</option>
        <option value="砂锅">砂锅</option>
    </select>
    <select name="1" size="4" multiple>
        <option value="美食小吃">美食小吃</option>
        <option value="火锅">火锅</option>
        <option value="麻辣烫">麻辣烫</option>
        <option value="砂锅">砂锅</option>
    </select>
</form>
</body>
</html>
```

6.4 HTML5 中的表单

HTML5 form 是对目前 Web 表单的全面升级，在保持简便易用的特性同时，还增加了很多的内置控件和属性来满足用户的需求，并且同时减少了开发人员的编程工作。

6.4.1 HTML5 form 新特性

HTML5 的表单主要在以下几个方面对目前的 Web 表单做了改进。

（1）内建的表单校验系统

HTML5 为不同类型的输入控件各自提供了新的属性来控制这些控件的输入行为，比如常见的必填项 required 属性，以及数字类型控件提供的 max、min 等。而在提交表单时，一旦校验错误浏览器将不执行提交操作，并且会给出相应的提示信息。

应用代码如下所示：

```
<input type="text" required/>
<input type="number" min="1" max="10"/>
```

（2）新的控件类型

HTML5 中提供了一系列新的控件，完全具备类型检查的功能，例如 E-mail 输入框。

应用代码如下所示：

```
<input type="email" />
```

（3）改进的文件上传控件

可以使用一个空间上传多个文件，自行规定上传文件的类型，甚至可以设定每个文件的最大容量。在 HTML5 应用中，文件上传控件将变得非常强大和易用。

（4）重复的模型

HTML5 提供了一套重复机制来帮助用户构建一些需要重复输入的列表，其中包括 add、remove、move-up 和 move-down 的按钮类型，通过一套重复的机制，开发人员可以非常方便地实现我们经常看到的编辑列表。

6.4.2 新型表单的输入型控件

扫一扫，看视频

HTML5 拥有多个新的表单输入型控件。这些新特性提供了更好的输入控制和验证。下面就来为大家介绍下这些新的表单输入型控件。

（1）Input 类型 E-mail

E-mail 类型用于应该包含 E-mail 地址的输入域。

在提交表单时，会自动验证 E-mail 域的值。

代码实例如下：

```
E-mail:<input type="email" name="email_url" />
```

（2）Input 类型 url

url 类型用于应该包含 url 地址的输入域。

当添加此属性，在提交表单时，表单会自动验证 url 域的值。

代码实例如下：

```
Home-page: <input type="url" name="user_url" />
```

【知识点拨】

iPhone 中的 Safari 浏览器支持 url 输入类型，并通过改变触摸屏键盘来配合它（添加.com 选项）。

（3）Input 类型 number

number 类型用于应该包含数值的输入域，用户能够设定对所接受数字的限定。

代码实例如下：

```
points: <input type="number" name="points" max="10" min="1" />
```

使用下面的属性来规定对数字类型的限定：

- max：number 规定允许的最大值；

- min：number 规定允许的最小值；
- step：number 规定合法的数字间隔（如果 step="3"，则合法的数是-3,0,3,6 等）；
- value：number 规定默认值。

【知识点拨】

iPhone 中的 Safari 浏览器支持 number 输入类型，并通过改变触摸屏键盘来配合它（显示数字）。

（4）Input 类型 range

range 类型用于应该包含一定范围内数字值的输入域，在页面中显示为可移动的滑动条，还能够设定对所接受的数字的限定：

数字的限定的效果如下所示。

下面通过 range 属性制作一个数字的选择值。

```
<input name="range" type="range" value="20" min="2" max="100" step="5" />
```

请使用下面的属性来规定对数字类型的限定：

- max：number 规定允许的最大值；
- min：number 规定允许的最小值；
- step：number 规定合法的数字间隔（如果 step="3"，则合法的数是-3,0,3,6 等）；
- value：number 规定默认值。

（5）Input 类型 Date Pickers（日期选择器）

HTML5 拥有多个可供选取日期和时间的新输入类型：

- date：选取日、月、年；
- month：选取月、年；
- week：选取周和年；
- time：选取时间（小时和分钟）；
- datetime：选取时间、日、月、年（UTC 时间）；
- datetime-loca：选取时间、日、月、年（本地时间）。

（6）Input 类型 search

search 类型用于搜索域，开发者可以用在百度搜索，在页面中显示为常规的单行文本输入框。

（7）Input 类型 color

color 类型用于颜色，可以让用户在浏览器当中直接使用拾色器找到自己想要的颜色。

颜色选择器的使用方法代码如下所示：

```
color: <input type="color" name="color_type"/>
```

6.4.3 表单中日期的制作

HTML5 中还新增了许多输入类型，month、week、time 等类型，来看一下它们的用处和用法。

课堂练习　**表单中出现的日期**

表单中的日期选择为用户提供了极大的方便，效果如图 6-14 所示。

图 6-14

代码如下：

```
<!doctype html>
<html>
<head>
<meta http-equiv="Content-Type" content="text/html; charset=utf-8" />
<title>日期选择</title>
</head>
<body>
<form action="form_action.asp" method="get">
    <label>到达日期:</label>
    <input type="date" id="arrival_dt" name="arrival_dt" required>
</form>
</body>
</html>
```

上述代码中的 type 值就是显示日期的方法，date 用于输入不含时区的日期。required 表示必填元素的布尔值属性，required 属性有助于在不使用自定义 JavaScript 的情况下执行基于浏览器的验证。

6.4.4 限制数字范围

min 与 max 这两个属性是数值类型或日期类型的 input 元素的专用属性，它们限制了在 input 元素中输入的数字与日期的范围。

制作数字的最大和最小值

最大和最小值在表单中的作用是限制数字的范围，效果如图 6-15 所示。

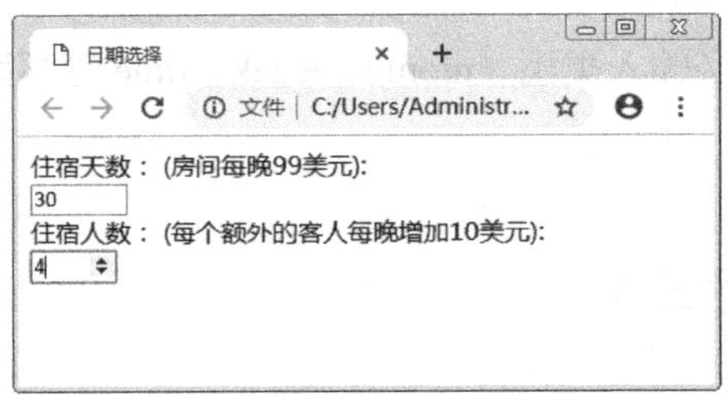

图 6-15

代码如下：

```
<!doctype html>
<html>
<head>
<meta http-equiv="Content-Type" content="text/html; charset=utf-8" />
<title>日期选择</title>
</head>
<body>
<form action="form_action.asp" method="get">
    <label>住宿天数：（房间每晚 99 美元）:</label><br/>
    <input type="number" id="nights" name="nights" value="1" min="1" max=
"30" required><br/>
    <label>住宿人数：（每个额外的客人每晚增加 10 美元）:</label><br/>
    <input type="number" id="guests" name="guests" value="1" min="1"
max="4" required>
</form>
</body>
</html>
```

上述代码介绍了 min 和 max 的使用方法，在住宿人数这一项中就设置了最多只可以住 4 个人。

6.4.5 自选颜色的设置

如何能够让浏览者喜欢自己的设计呢？有个很好的办法就是让浏览者自己选择喜欢的颜色，在 HTML5 中有个非常好的颜色类型。

课堂练习 选择喜欢的颜色

新增的这个颜色属性非常好用，极大地提升了用户的交互体验，使用效果如图 6-16 所示。

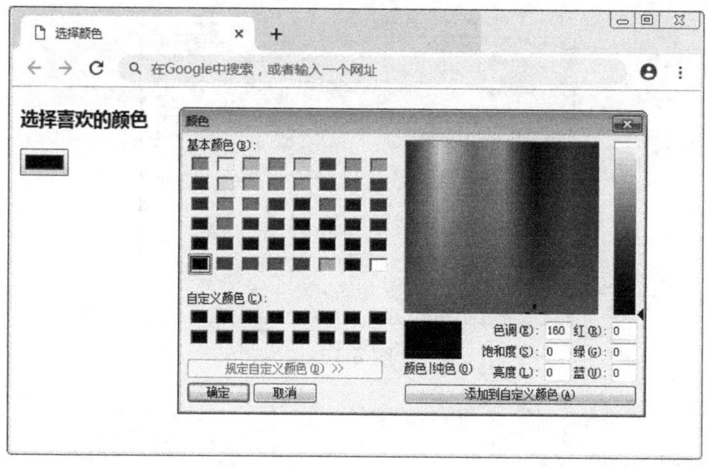

图 6-16

代码如下：

```
<!doctype html>
<html>
<head>
<meta http-equiv="Content-Type" content="text/html; charset=utf-8" />
<title>选择颜色</title>
</head>
<body>
<form>
<h3>选择喜欢的颜色</h3>
    <input type="color" />
</form>
</body>
</html>
```

在表单中如果添加 color 类型就会出现颜色的选项，但是这个类型在部分浏览器中不支持，比如 IE 浏览器就不支持此属性。

6.5 HTML5 中表单新增的元素和属性

HTML5 Forms 新添了很多的新属性，这些新属性与传统的表单相比，功能更加强大，用户体验也更好。

6.5.1 表单的新元素

HTML5 Forms 添加了一些新的表单元素，下面就来一起学习下这些新的表单元素。在此介绍的表单元素包括 datalist、keygen、output。

（1）datalist 元素

<datalist> 标签定义选项列表。请与 input 元素配合使用该元素，来定义 input 可能的值。datalist 及其选项不会被显示出来，它仅仅是合法的输入值列表。

datalist 使用效果如图 6-17 所示。

图 6-17

代码如下：

```
<input list="cars" />
<datalist id="cars">
```

```
<option value="BMW">
<option value="Ford">
<option value="Volvo">
</datalist>
```

（2）keygen 元素

<keygen>标签规定用于表单的密钥对生成器字段。当提交表单时，私钥存储在本地，公钥发送到服务器。

keygen 元素的使用效果如图 6-18 所示。

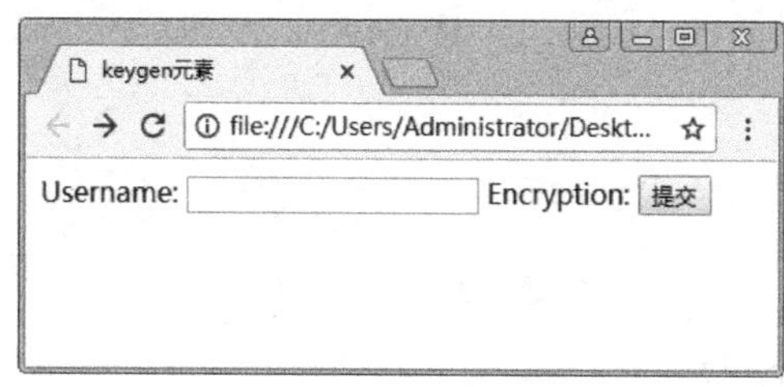

图 6-18

代码如下：

```
<!DOCTYPE html>
<html lang="en">
<head>
<meta charset="UTF-8">
<title> keygen 元素</title>
</head>
<body>
    <form action="demo_keygen.asp" method="get">
    Username: <input type="text" name="usr_name" />
    Encryption: <keygen name="security" />
    <input type="submit" />
    </form>
</body>
</html>
```

在这里，很多人可能都会好奇，这个 keygen 标签到底是干什么的，一般会在什么样的场景下去使用它呢？下面就来为大家解除疑惑。

首先<keygen>标签会生成一个公钥和私钥，私钥会存放在用户本地，而公钥则会发送到服务器。那么<keygen>标签生成的公钥/私钥是用来做什么用的呢？在看到公钥/私钥的时候，应该就会想到了非对称加密。<keygen>标签在这里起到的作用也是一样。

以下是使用<keygen>标签的好处：

- 可以提高验证时的安全性；
- 同时如果是作为客户端证书来使用，可以提高对 MITM 攻击的防御力度；
- keygen 标签是跨越浏览器实现的，实现起来非常容易。

（3）output 元素

<output>标签定义不同类型的输出，比如脚本的输出。

通过使用 output 元素来做出一个简易的加法计算器，如图 6-19 所示。

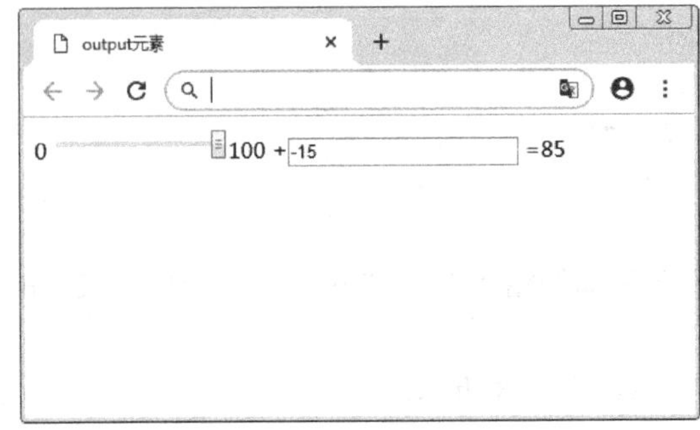

图 6-19

代码如下：

```
<!DOCTYPE html>
<html lang="en">
<head>
<meta charset="UTF-8">
<title>output 元素</title>
</head>
    <form oninput="x.value=parseInt(a.value)+parseInt(b.value)">0
    <input type="range" id="a" value="50">100
    +<input type="number" id="b" value="50">
    =<output name="x" for="a b"></output>
    </form>
</body>
</html>
```

6.5.2 表单新增属性

下面看一下 HTML5 新增的特性。新增的表单属性和新增的输入控件一样，不管目标浏览器支不支持新增特性，都可以放心地使用，这主要是因为现在大多数浏览器在不支持这些特性时，会忽略它们，而不是报错。

（1）form 属性

在 HTML4 中，表单内的从属元素必须书写在表单内部，但是在 HTML5 中，可以把它们书写在页面上的任何位置，然后给元素指定一个 form 属性，属性值为该表单单位的 ID，这样就可以声明该元素从属于指定表单了。

示例代码如下所示：

```
<form action="" id="myForm">
<input type="text" name="">
</form>
<input type="submit" form="myForm" value="提交">
```

在上面的示例中，提交表单并没有写在<form>表单元素内部，但是在 HTML5 中即便没有写在<form>表单中也依然可以执行自己的提交动作，这样带来的好处就是不需要在写页面布局时考虑页面结构是否合理。

（2）formaction 属性

在 HTML4 中，一个表单内的所有元素都只能通过表单的 action 属性统一提交到另一个页面，而在 HTML5 中可以给所有的提交按钮，如<input type="submit" />、<input type="image" src="" />和<button type="submit"></button>都增加不同的 formaction 属性，使得点击不同的按钮，可以将表单中的内容提交到不同的页面。

示例代码如下所示：

```
<form action="" id="myForm">
<input type="text" name="">
<input type="submit" value="" formaction="a.php">
<input type="image" src="img/logo.png" formaction="b.php">
<button type="submit" formaction="c.php"></button>
</form>
```

（3）placeholder 属性

placeholder 也就是输入占位符，它是出现在输入框中的提示文本，当用户点击输入栏时，它就会自动消失。当输入框中有值或者获得焦点时，不显示 placeholder 的值。

它的使用方法也是非常简单的，只要在 input 输入类型中加入 placeholder 属性，然后指定提示文字即可。

课堂练习

输入占位符的制作方法

制作占位符其实就是为了提示用户该单位框中应该输入的内容，效果如图 6-20 所示。

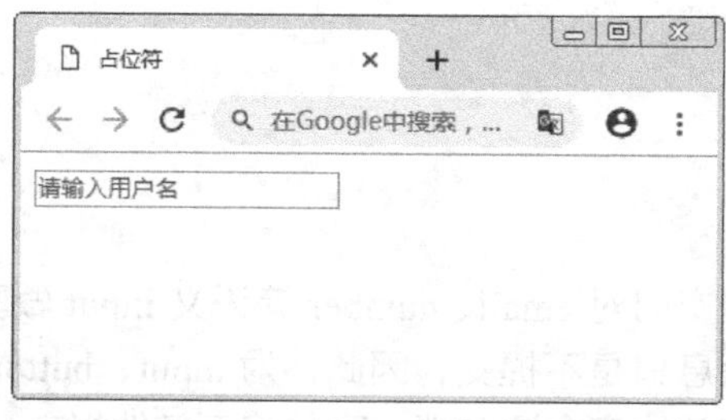

图 6-20

代码如下：

```
<!DOCTYPE html>
<html lang="en">
<head>
<meta charset="UTF-8">
<title>output 元素</title>
</head>
<body>
   <form>
  <input type="text" name="username" placeholder="请输入用户名"/>
   </form>
</body>
</html>
```

（4）autofocus 属性

autofocus 属性用于指定 input 在网页加载后自动获得焦点。

课堂练习　自动获得焦点

页面加载完成后光标会自动跳转到输入框，等待用户的输入，效果如图 6-21 所示。

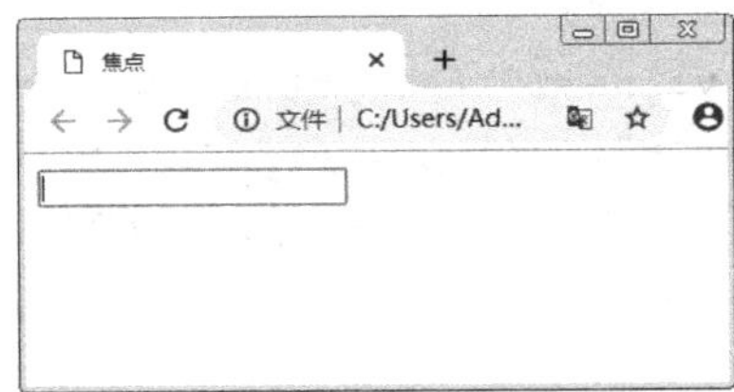

图 6-21

代码如下：

```
<!DOCTYPE html>
<html lang="en">
<head>
<meta charset="UTF-8">
<title>焦点</title>
</head>
<body>
    <form>
   <input type="text" autofocus/>
    </form>
</body>
</html>
```

（5）novalidate 属性

新版本的浏览器会在提交时对 email、number 等语义 input 做验证，有的会显示验证失败信息，有的则不提示失败信息只是不提交，因此，为 input、button 和 form 等增加 novalidate 属性，则提交表时进行的有关检查会被取消，表单将无条件提交。

示例代码如下：

```
<form action="novalidate" >
<input type="text">
<input type="email">
<input type="number">
<input type="submit" value="">
</form>
```

（6）required 属性

可以对 input 元素与 textarea 元素指定 required 属性。该属性表示在用户提交时进行检查，检查该元素内一定要有输入内容。

示例代码如下：

```
<form action="" novalidate>
<input type="text" name="username" required />
<input type="password" name="password" required />
<input type="submit" value="提交">
</form>
```

（7）autocomplete 属性

autocomplete 属性用来保护敏感用户数据，避免本地浏览器对它们进行不安全的存储。通俗来说，可以设置 input 在输入时是否显示之前的输入项。例如，可以应用在登录用户处，避免安全隐患。

示例代码如下：

```
<input type="text" name="username" autocomplete />
```

autocomplete 属性可输入的属性值如下：

- 其属性值为 on 时，该字段不受保护，值可以被保存和恢复。
- 其属性值为 off 时，该字段受保护，值不可以被保存和恢复。
- 其属性值不指定时，使用浏览器的默认值。

（8）list 属性

在 HTML5 中，为单行文本框增加了一个 list 属性，该属性的值为某个 datalist 元素的 id。

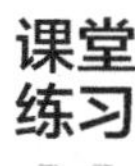

检索 datalist 元素的值

list 属性提供了检索的方便，效果如图 6-22 所示。

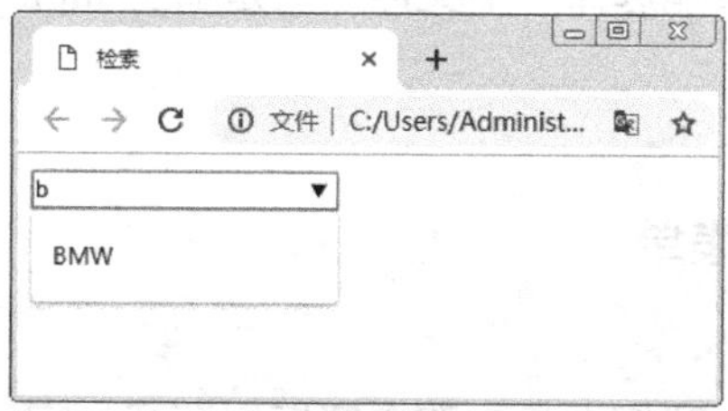

图 6-22

代码如下：

```
<!DOCTYPE html>
<html lang="en">
<head>
<meta charset="UTF-8">
<title>检索</title>
</head>
<body>
  <form>
   <input list="cars" />
   <datalist id="cars">
   <option value="BMW">
   <option value="Ford">
   <option value="Volvo">
   </datalist>
  </form>
</body>
</html>
```

（9）min 和 max 属性

min 与 max 这两个属性是数值类型或日期类型的 input 元素的专用属性，它们限制了在

input 元素中输入的数字与日期的范围。

min 和 max 属性的使用代码如下所示。

```
<input type="number" min="0" max="100" />
```

（10）step 属性

step 属性控制 input 元素中的值增加或减少时的步幅。

代码示例如下：

```
<input type="number" step="4"/>
```

（11）pattern 属性

pattern 属性主要通过一个正则表达式来验证输入内容。

示例代码如下：

```
<input type="text" required pattern="[0-9][a-zA-Z]{5}" />
```

上述代码表示该文本内输入的内容格式必须是以一个数字开头，后面紧跟五个字母，字母大小写类型不限。

（12）multiple 属性

multiple 属性允许输入域中选择多个值。通常它适用于 file 类型。

示例代码如下：

```
<input type="file" multiple />
```

上述代码 file 类型本来只能选择一个文件，但是加上 multiple 之后却可以同时选择多个文件进行上传操作。

综合实战　制作一个综合表单

通过对以上几节的学习，我们把其中的内容应用在实际中。下面我们就来创建一个综合表单，表单中包含了很多知识点以及部分页面布局，效果如图 6-23 所示。

图 6-23

代码如下：

```
<!doctype html>
<html>
<head>
<meta http-equiv="Content-Type" content="text/html; charset=utf-8" />
<title>综合实战</title>
</head>
<body>
<table width="952" border="0" align="center" cellpadding="0" cellspacing=
"0">
<tr>
    <td><img src="bg.png" width="1000" height="410" /></td>
</tr>
<tr>
    <td valign="top" bgcolor="#F2F6F7"><form action="" method="post"
enctype="multipart/form-data" name="form1" id="form1">
    <table width="100%" border="0" cellspacing="2" cellpadding="0">
<tr>
    <td width="21%" height="30" align="center" valign="middle">用户名:
</td>
    <td width="79%"><label for="name"></label>
    <input name="name" type="text" id="name" size="20" maxlength="20" />
</td>
</tr>
<tr>
    <td height="30" align="center" valign="middle">密 码: </td>
    <td><label for="password"></label>
    <input name="password" type="password" id="password" size="20" maxlength
="20" /></td>
</tr>
<tr>
    <td height="30" align="center" valign="middle">确认密码: </td>
    <td><input name="password2" type="password" id="password2" size="20"
maxlength="20"/></td>
</tr>
<tr>
    <td height="30" align="center" valign="middle">性 别: </td>
    <td>
    <input name="radio" type="radio" id="radio" value="radio"
checked="checked" />
    <label for="radio">男
    <input type="radio" name="radio" id="radio2" value="radio" />
    女</label></td>
</tr>
<tr>
    <td height="30" align="center" valign="middle">爱 好: </td>
```

```
    <td>
    <input name="checkbox" type="checkbox" id="checkbox" />
    <label for="checkbox">写作
    <input type="checkbox" name="checkbox2" id="checkbox2" />
    唱歌
    </label>
    <input type="checkbox" name="checkbox3" id="checkbox3" />
    舞蹈
    <input type="checkbox" name="checkbox4" id="checkbox4" />
    游泳
    <input type="checkbox" name="checkbox5" id="checkbox5" />
    其他</td>
  </tr>
  <tr>
    <td height="30" align="center" valign="middle">电 话：</td>
    <td>
    <label for="select"></label>
    <select name="select" id="select">
    <option>固定电话</option>
    <option>移动电话</option>
    </select>
    <label for="textfield"></label>
    <input type="text" name="textfield" id="textfield" /></td>
  </tr>
  <tr>
    <td height="30" align="center" valign="middle">地 址：</td>
    <td><label for="select2"></label>
    <select name="select2" size="4" id="select2">
    <option>徐州市</option>
    <option>南京市</option>
    <option>无锡市</option>
    <option>苏州市</option>
    <option>常州市</option>
    <option>镇江市</option>
    <option>盐城市</option>
    <option>淮安市</option>
    </select></td>
  </tr>
  <tr>
    <td height="30" align="center" valign="middle">头 像：</td>
    <td><label for="image"></label>
    <input name="image" type="file" id="image" size="30" maxlength="30"
/></td>
    </tr>
    <tr>
    <td height="30" align="center" valign="middle">自 评：</td>
```

```
        <td><label for="content"></label>
        <textarea name="content" id="content" cols="50" rows="10"></textarea>
</td>
    </tr>
    <tr>
        <td height="30" align="center" valign="middle"><select name="jumpMenu"
id="jumpMenu" onchange="MM_jumpMenu('parent',this,0)">
        <option>友情链接</option>
        <option value="http://weibo.com/">新浪微博</option>
        </select></td>
        <td><input type="submit" name="button" id="button" value="确定" />
        <input type="reset" name="button2" id="button2" value="重置" /></td>
    </tr>
    </table>
    </form></td>
    </tr>
    </table>
    </body>
    </html>
```

课后作业　利用新增元素制作表单

难度等级　★★

相信通过本章的学习大家对表单有了更深的了解，本章首先讲解了表单的基本代码的属性和用法，也是最重要的部分，之后渐渐深入，讲到对表单插入对象，在表单的插入对象中具体讲解了插入按钮和表单域。每个部分都有示例，这些都是制作表单的基础知识，在之后的工作中如果需要制作提交表单也会经常用到这些知识。在本章的最后我们讲到一个在实际中应用非常广泛的表单类型，相信从代码的运用中大家肯定有所启发，赶快自己设置一个提交表单来练习一下吧。

下面是一个用户注册表的类型，制作效果如图 6-24 所示。

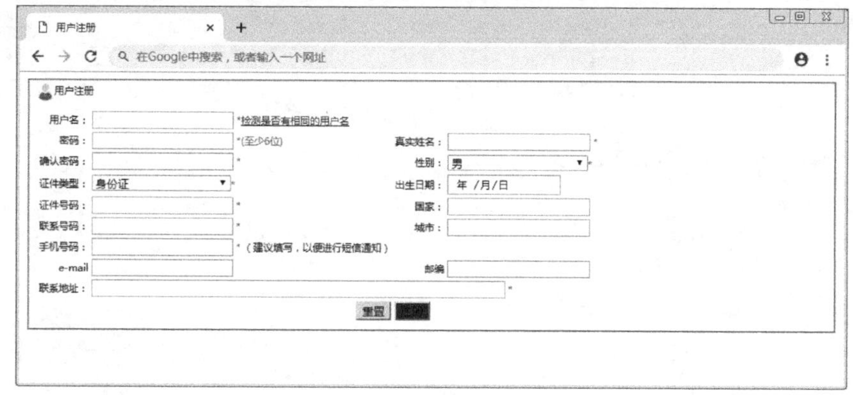

图 6-24

扫一扫，看答案

难度等级 ★★★

本章的最后为大家准备了一个登录型表单的制作，其效果如图 6-25 所示。

图 6-25

扫一扫，看答案

第7章 进行拖拽和存储

内容导读

本地存储机制是对HTML4中cookie存储应用的一个改善。由于cookie存储机制有很多缺点，在HTML5中已经不再使用它，转而使用改善过的Web Storage存储机制来实现本地存储功能。本章就来学习下Web本地存储应用的相关知识。在HTML5中提供了直接支持拖放操作的API，支持在浏览器与其他应用程序之间的数据的互相拖动，这也是HTML5中较为突出的一个部分，本章就来一起学习下这几种应用。

学习完本章知识后，我们会了解网页中的调用存储的数据库效果以及拖拽的原理，并且会熟练地制作出拖拽的效果。

7.1 拖放 API

虽然 HTML5 之前已经可以使用 mousedown、mousemove 和 mouseup 等来实现拖放操作，但是只支持在浏览器内部的拖放，而在 HTML5 中，已经支持在浏览器与其他应用程序之间的数据的互相拖动，同时也大大简化了有关拖放的代码。

7.1.1 实现拖放 API 的过程

在 HTML5 中要想实现拖放操作，至少需要经过如下两个步骤：

第 1 步：把要拖放的对象元素的 draggable 属性设置为 true(draggable="true")。这样才能将该元素进行拖放。另外，img 元素与 a 元素（必须指定 href）默认允许拖放。例如：<div draggable="true">可以对我进行拖拽！</div>

第 2 步：编写与拖放有关的事件处理代码。

下面是与拖放有关的几个事件：

- ondragstart 事件：当拖拽元素开始被拖拽时触发的事件，此事件作用在被拖拽的元素上。
- ondragenter 事件：当拖拽元素进入目标元素时触发的事件，此事件用在目标元素上。
- ondragover 事件：当拖拽元素在目标元素上移动时触发的事件，此事件用在目标元素上。
- ondrop 事件：当被拖拽元素在目标上同时松开鼠标时触发的事件，此事件作用在目标元素上。
- ondragend 事件：当拖拽完成后触发的事件，此事件作用在被拖拽元素上。

7.1.2 dataTransfer 对象的属性与方法

HTML5 支持拖拽数据储存，主要使用 dataTransfer 接口，作用于元素的拖拽基础上。dataTransfer 对象包含以下几个属性和方法。

- dataTransfer.dropEffrct[=value]：返回已选择的拖放效果，如果该操作效果与最初设置的 effectAllowed 效果不符，则拖拽操作失败。可以设置修改，包含这几个值："none""copy""link"和"move"。
- dataTransfer.effectAllowed[=value]：返回允许执行的拖拽操作效果，可以设置修改，包含这几个值："none""copy""copyLink""copyMove""link""linkMove""move""all"和"uninitiallzed"。
- dataTransfer.types：返回在 dragstart 事件触发时为元素存储数据的格式，如果是外部文件的拖拽，则返回"files"。
- dataTransfer.clearData([format,data])：删除指定格式的数据，如果未指定格式，则删除当前元素的所有携带数据。
- dataTransfer.setData(format,data)：为元素添加指定数据。
- dataTransfer.getData(format)：返回指定数据，如果数据不存在，则返回空字符串。
- dataTransfer.files：如果是拖拽文件，则返回正在拖拽的文件列表 FileList。
- dataTransfer.setDragimage(element,x,y)：指定拖拽元素时跟随鼠标移动的图片，x 和 y 分别是相对于鼠标的坐标。

- dataTransfer.addElement(element)：添加一起跟随拖拽的元素，如果想让某个元素跟随被拖拽元素一同被拖拽，则使用此方法。

7.2 拖放 API 的应用

文件的拖放在网页中应用很广，那么该怎么去完成这些不同类型的拖放文件呢？接下来我们通过两个示例来学习拖放的具体应用。

7.2.1 拖放应用

下面带着大家做的就是一个简单的拖放小案例，首先打开 sublime，创建一个 html 文档，标题为“我的第一个拖拽练习”。接下来创建两个 div 方块区域，分别设置 id 为“d1”和“d2”，其中 d2 为我们将来要进行拖拽操作的 div，所以要设置属性 draggable 的值为 true。

课堂练习

制作拖放效果

制作拖拽的第一个练习效果如图 7-1 所示，图 7-2 所示的是拖拽后的效果。

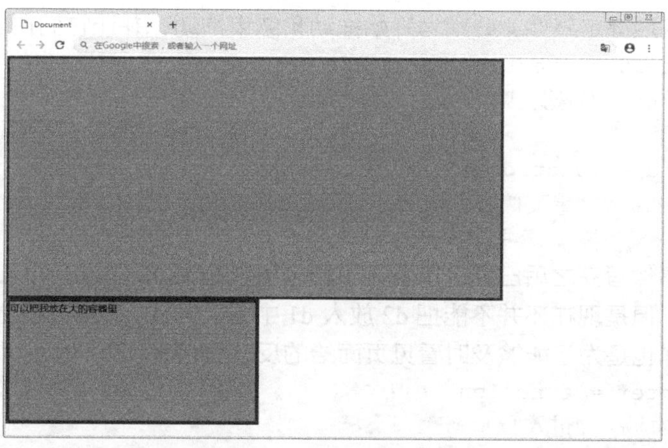

图 7-1

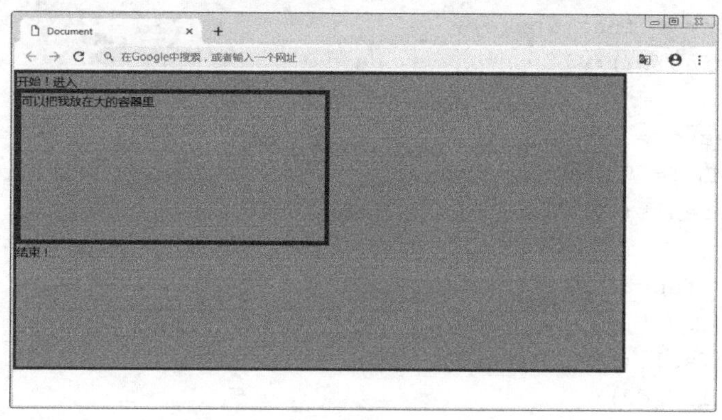

图 7-2

拖放的实际操作的代码如下：

```
div id="d1"></div>
<div id="d2" draggable="true">请拖拽我</div>
```

样式的部分也很简单，d1 作为投放区域，面积可以大一些；d2 作为拖拽区域，面积小一些。为了更好地区分它们，还把其边框颜色给改变了。

style 代码如下：

```
*{margin:0;padding:0;}
#d1{width: 500px;
height: 500px;
border:blue 2px solid;
}
#d2{width: 200px;
height: 200px;
border: red so lid 2px;
}
```

通过 JavaScript 来操作拖放 API 的部分，需要在页面中获取元素，分别获取到 d1 和 d2（d1 为投放区域，d2 为拖拽区域）。

script 代码如下：

```
var d1 = document.getElementById("d1");
var d2 = document.getElementById("d2");
```

接着为拖拽区域绑定事件，分别为开始拖动和结束拖动，并让它们在 d1 里面反馈出来。

```
d2.ondragstart = function(){
d1.innerHTML = "开始！";
}
d2.ondragend = function(){
d1.innerHTML += "结束！";
}
```

拖拽区域的事件写完之后已经可以看见页面上可以拖动 d2 区域，并且也能在 d1 里面看见页面给的反馈，但是现在还并不能把 d2 放入 d1 中去。为此，还需要为投放区分别绑定一系列的事件，同样也是为了能够及时看见页面给的反馈，接着在 d1 里面写入一些代码。

```
d1.ondragenter = function (e){
d1.innerHTML += "进入";
e.preventDefault();
}
d1.ondragover = function(e){
e.preventDefault();
}
d1.ondragleave = function(e){
d1.innerHTML += "离开";
e.preventDefault();
}
d1.ondrop = function(e){
// alert("成功！");
e.preventDefault();
d1.appendChild(d2);
}
```

dragenter 和 dragover 可能会受到浏览器默认事件的影响，所以在这两个事件当中使用 e.preventDefault();来阻止浏览器默认事件。

到这里已经实现了这个简单的拖拽小案例了，如果还需要再深入点完善这个案例的话，还可以为这个拖拽事件添加一些数据进去。例如可以在拖拽事件一开始的时候就把数据添加进去，代码如下：

```
d2.ondragstart = function(e){
e.dataTransfer.setData("myFirst","我的第一个拖拽小案例！");
d1.innerHTML = "开始！";
}
```

数据 myFirst 就已经放进拖拽事件中了，可以在拖拽事件结束之后再把数据给读取出来，代码如下：

```
d1.ondrop = function(e){
// alert("成功！");
e.preventDefault();
alert(e.dataTransfer.getData("myFirst"));
d1.appendChild(d2);
}
```

7.2.2 拖放列表

假设在页面中有两块区域，两块区域里面可能会有一些子元素，想要通过鼠标的拖拽让这些子元素在两个父元素里面来回交换。那么这样的效果应该怎么去做呢？

需要打开 sublime，新建一个 html 文档，命名为拖放列表。在页面中我们需要两个 div 作为容器，用来存放一些小块的 span。

课堂练习　制作拖放列表效果

制作完成的拖放列表效果如图 7-3 所示，拖拽的效果如图 7-4 所示。

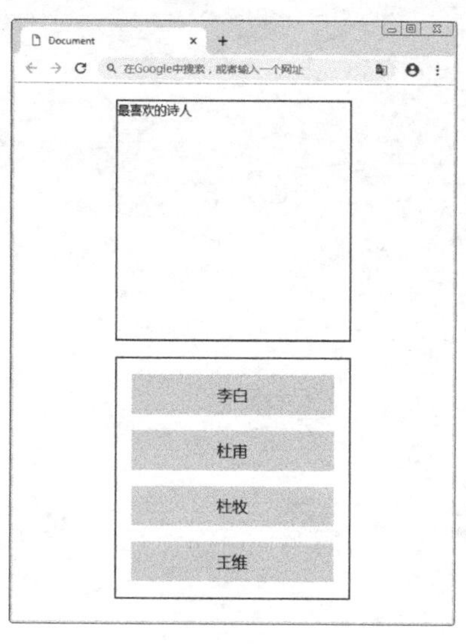

图 7-3

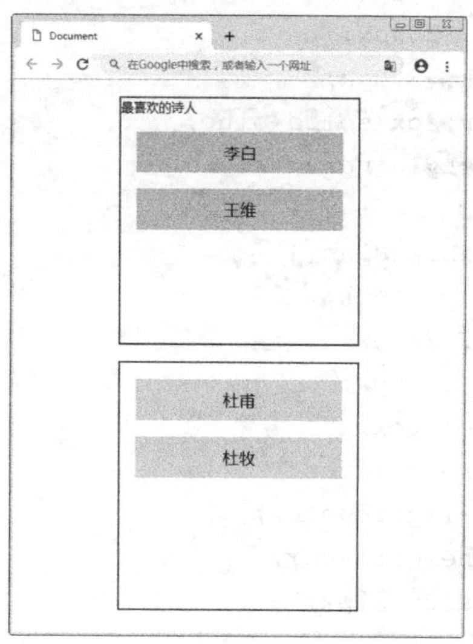

图 7-4

列表的拖放操作代码如下所示：

```
<div id="content"></div>
<div id="content2">
<span>item1</span>
<span>item2</span>
<span>item3</span>
<span>item4</span>
</div>
```

接着为文档中的这些元素描上样式，为了区分两个 div，分别为两个 div 描上不同的边框颜色。

CSS 代码如下：

```
*{margin:0;padding:0;}
#content{
margin:20px auto;
width: 300px;
height: 300px;
border:2px red solid;
}
#content span{
display:block;
width: 260px;
height: 50px;
margin:20px;
background:#ccc;
text-align:center;
line-height:50px;
font-size:20px;
}
#content2{
margin:0 auto;
width: 300px;
height: 300px;
border:2px solid blue;
list-style:none;
}
#content2 span{
display:block;
width: 260px;
height: 50px;
margin:20px;
background:#ccc;
text-align:center;
line-height:50px;
font-size:20px;
}
```

一切就绪，开始为这些元素执行拖放操作。因为在开发时，很多时候不一定知道 div 中有多少个 span 子元素，所以一般不会直接在 html 页面中的 span 元素里面添加 draggable 属性，而是通过 JS 动态的为每个 span 元素添加 draggable 属性。

JS 代码如下：

```
var cont = document.getElementById("content");
var cont2 = document.getElementById("content2");
var aSpan = document.getElementsByTagName("span");
for(var i=0;i<aSpan.length;i++){
aSpan[i].draggable = true;
aSpan[i].flag = false;
aSpan[i].ondragstart = function(){
this.flag = true;
}
aSpan[i].ondragend = function(){
this.flag = false;
}
}
```

拖拽区域的事件写完了，这里特别要注意的是为每个 span 除了添加 draggable 属性之外还添加自定义属性 flag，这个 flag 属性在后面的代码中会有大作用。

下面就是投放区域的事件了，至于需要做的上一小节中已经介绍过了，这里就不再赘述了。

代码如下：

```
cont.ondragenter = function(e){
e.preventDefault();
}
cont.ondragover = function(e){
e.preventDefault();
}
cont.ondragleave = function(e){
e.preventDefault();
}
cont.ondrop = function(e){
e.preventDefault();
for(var i=0;i<aSpan.length;i++){
if(aSpan[i].flag){
cont.appendChild(aSpan[i]);
}
}
}
cont2.ondragenter = function(e){
e.preventDefault();
}
cont2.ondragover = function(e){
e.preventDefault();
}
```

```
cont2.ondragleave = function(e){
e.preventDefault();
}
cont2.ondrop = function(e){
e.preventDefault();
for(var i=0;i<aSpan.length;i++){
if(aSpan[i].flag){
cont2.appendChild(aSpan[i]);
}
}
}
```

到这里，代码就全部完成了。其实原理不复杂，操作也足够简单，相较于以前使用纯JavaScript操作来说已经简化了很多了，大家也可以自己动手试试看，一起来实现这样的列表拖放效果吧。

7.3 学习WebStorage储存

WebStorage是HTML5中本地存储的解决方案之一，在HTML5的WebStorage概念引入之前，除去IE User Data、Flash Cookie、Google Gears等看名字就不靠谱的解决方案，浏览器兼容的本地存储方案只有使用cookie，而WebStorage就是cookie的替代方案。

7.3.1 WebStorage介绍

WebStorage是HTML新增的本地存储解决方案之一，但并不是为了取代cookie而制定的标准，cookie作为HTTP协议的一部分用来处理客户端和服务器通信是不可或缺的，session正是依赖于实现的客户端状态保持。WebStorage的意图在于解决本来不应该cookie做，却不得不用cookie的本地存储。

WebStorage提供两种类型的API：LocalStorage和SessionStorage，两者的区别看名字就可以大概了解，LocalStorage在本地永久性存储数据，除非主动将其删除或清空，SessionStorage存储的数据只在会话期间有效，关闭浏览器则自动删除。两个对象都有共同的API。

7.3.2 简单的数据库应用

如果想用WebStorage作为数据库，首先要考虑以下问题：

- 在数据库中，大多数表都分为几列，怎样对列进行管理？
- 怎样对数据库进行检索？

实现原理：（客户联系信息管理网页）

客户联系信息分为姓名、E-mail、电话号码、备注这几列，保存在LocalStorage中。如果输入客户的姓名并且进行检索可以获取该客户的所有信息。首先，保存数据时将客户的姓名作为键名来保存，这样在获取客户其他信息时会比较方便；然后，怎样将客户联系信息分几列来进行保存呢？要做到这一点，需要使用JSON格式。将对象以JSON格式作为文本来保存，获取该对象时再通过JSON格式来进行获取，就可以在WebStorage中保存和读取具有复杂结构的数据了。

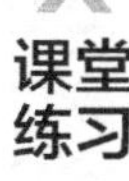

课堂练习　制作简单的数据库效果

数据库的制作效果如图 7-5 所示。

图 7-5

代码如下：

```
<!DOCTYPE html>
<html>
<head lang="en">
<meta charset="UTF-8">
<title>简易数据库示例</title>
<script>
//用于保存数据
function saveStorage(){
    //saveStorage 函数的处理流程
    //1.从个输入文本框中获取数据
    //2.创建对象，将获取的数据作为对象的属性进行保存
    //3.将对象转换成 JSON 格式的文本框
    //4.将文本数据保存到 LocalStorage 中
    var data = new Object;
    data.name = document.getElementById('name').value;
    data.email = document.getElementById('email').value;
    data.tel = document.getElementById('tel').value;
    data.memo = document.getElementById('memo').value;
    var str = JSON.stringify(data);
    localStorage.setItem(data.name,str);
    alert("数据已保存。");
}
```

```
    //用于检索数据
    function findStorage(id){
        //findStorage 函数的处理流程
        //1.在 localStorage 中，将检索用的姓名作为键值，获取对应的数据
        //2.将获取的数据转换成 JSON 对象
        //3.取得 JSON 对象的各个属性值，创建要输出的内容
        //4.在页面上输出内容
        var find = document.getElementById('find').value;
        var str = localStorage.getItem(find);
        var data = JSON.parse(str);
        var result = "姓名：" + data.name + '<br>';
        result +="Email:" + data.email + '<br>';
        result +="电话号码：" +data.tel + '<br>';
        result +="备注：" + data.memo + '<br>';
        var target = document.getElementById(id);
        target.innerHTML = result;
    }
    </script>
    </head
    <body>
    <h1>使用 WebStorage 来做简易数据库示例</h1>
    <table>
        <tr><td>姓名：</td><td><input type="text" id="name"></td></tr>
        <tr><td>Email:</td><td><input type="text" id="email"></td></tr>
        <tr><td>电话号码：</td><td><input type="text" id="tel"></td></tr>
        <tr><td>备注：</td><td><input type="text" id="memo"></td></tr>
        <tr>
        <td></td>
        <td><input type="button" value="保存" onclick="saveStorage();"></td>
    </tr>
    </table>
    <hr>
        <p>检索：<input type="text" id="find">
        <input type="button" value="检索" onclick="findStorage('msg');">
        </p>
        <p id="msg"></p>
    </body>
    </html>
```

7.3.3 WebStorage 的浏览器支持情况

在 HTML5 中，WebStorage 的浏览器支持情况是非常理想的，目前所有的主流浏览器版本几乎都是支持 WebStorage 的，具体如下。

- Chrome 3.0 及以上版本；
- Firefox 3.0 及以上版本；

- IE 8.0 及以上版本；
- Opera 10.5 及以上版本；
- Safari 4.0 及以上版本。

7.4 使用 WebStorage API

WebStorage API 简单易用。本节先介绍数据的简单存储和获取，然后讲解 LocalStorage 和 SessionStorage 之间的差异，

7.4.1 设置和获取数据

在 WebStorage API 中，实现本地数据的存储和读取是非常简单的事情，下面通过一个小例子为大家展示下 WebStorage API 的使用方法。

课堂练习　获取数据库的制作

我们先往本地存储中写入数据，接着会把这些数据在控制台中打印出来。效果如图 7-6 所示。

图 7-6

代码如下：

```
<!DOCTYPE html>
<html lang="en">
<head>
<meta charset="UTF-8">
<title>webStorage</title>
<script>
function writeStorage(){
    var username = document.getElementById("username").value;
    var password = document.getElementById("password").value;
    // 存储到 storage 中
    localStorage.username = username;
    localStorage.password = password;
}
function updateStorage(){
```

```
        localStorage.username = "李四";
    }
    // 输出所有的 Storage
    function readStorage(){
        console.log(localStorage);
    }
    </script>
    </head>
    <body>
        用户：<input type="text" id="username" /><br/>
        密码：<input type="text" id="password" /><br/>
        <input type="button" value="写入 webStorage" onclick="writeStorage()" />
        <input type="button" value="输出所有的 Storage" onclick="readStorage()">
    </body>
    </html>
```

7.4.2 LocalStorage 和 SessionStorage

LocalStorage 和 SessionStorage 在编程上的区别是访问它们的名称不同，分别是通过 LocalStorage 和 SessionStorage 对象来访问它们的。二者行为上的差异主要是数据的保存时长和共享方式不同。通常情况下 SessionStorage 在使用时数据会存储到窗口或者标签页关闭时，数据只在构建它们的窗口或者标签页内可见。在使用 LocalStorage 时，数据的生命期比窗口或浏览器的生命期长，数据被同源的每个窗口或者标签页共享。

7.4.3 WebStorage 事件机制

WebStorage 拥有一个事件监听器，这个监听器会在我们的本地存储的数据产生改变时对开发人员或者用户发出提醒。想要使用这个事件监听器，我们需要使用 window 对象的 addEventListener()方法，这个方法对本地 storage 中数据的操作（修改、删除）进行监听，并且可以根据监听结果给出相应的处理。

使用方法：

```
window.addEventListener("storage",doReaction,flag);
```

addEventListener()方法中有三个参数，每个参数分别是：

- storage：表示对 storage（包括 Session 和 Local）进行监听。
- doReaction：自定义函数，事件发生时回调，会接收一个 StorageEvent 类型的参数，包括 storageArea、key（发生变化的 key）、oldValue（原值）、newValue（新值）、url（引发变化的 URL）。
- flag：表示触发时机（flag 目标和冒泡时触发，true 为捕获时触发），一般多使用 false。
- 就像你所看见的一样，三个参数简单明了，所以这个方法使用起来也是非常方便的。

制作事件机制

事件机制的制作效果如图 7-7 所示。

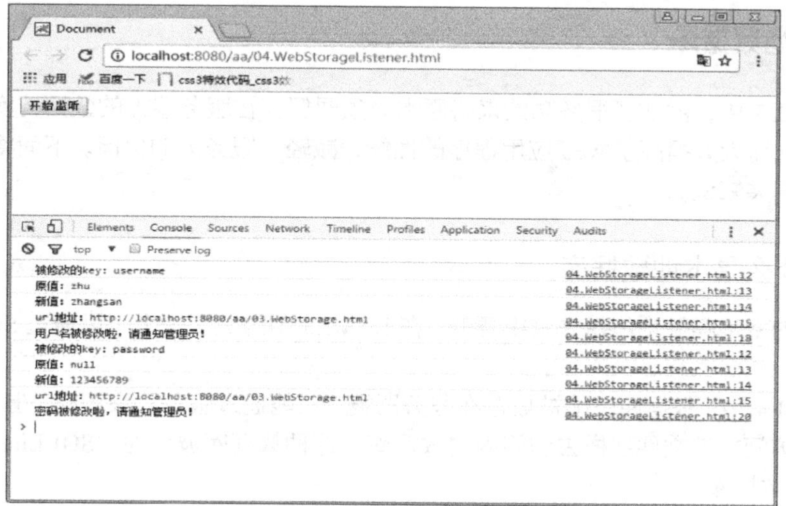

图 7-7

代码如下：

```
<!DOCTYPE html>
<html lang="en">
<head>
<meta charset="UTF-8">
<title>Document</title>
<script type="text/javascript">
function doStart(){
    window.addEventListener("storage",callback,false);
}
function callback(se){
    console.log("被修改的 key: "+se.key);
    console.log("原值: "+se.oldValue);
    console.log("新值: "+se.newValue);
    console.log("url 地址: "+se.url);
    if(se.key=="username"){
    console.log("用户名被修改啦，请通知管理员! ");
    }else if(se.key == "password"){
    console.log("密码被修改啦，请通知管理员! ");
}
}
</script>
</head>
<body>
    <input type="button" value="开始监听" onclick="doStart()">
</body>
</html>
```

这样就可以在控制台输出我们事先设置好但是事后又被修改的 storage 了。

7.5 本地数据库

在 HTML5 中，添加了很多功能来将原本必须要保存在服务器上的数据转换为保存在客户端本地，从而大大提高了 web 应用程序的性能，减轻了服务器的负担。下面将介绍本地数据库存储的相关知识。

7.5.1 什么是本地数据库

数据库的本地存储功能是非常重要的。在 HTML5 中内置了一个可以通过 SQL 语言来访问的数据库。

在 HTML4 中，数据库只能被放置在服务器端，只能通过服务器来访问，但是在 HTML5 中，可以像访问本地文件那样去访问内置数据库。这种数据库被称为“SQLLite”，又被称为文件型 SQL 数据库。

在使用 SQLLite 数据库之前，需要编写 JavaScript 脚本。编写 JavaScript 脚本需要以下两个步骤：

第一步：openDatabase 方法，创建一个访问数据库的对象。

第二步：使用第一步创建的数据库访问对象来执行 transaction 方法，通过此方法可以设置一个开启事务成功的事件响应方法，在事件响应方法中可以执行 SQL。

首先，必须要使用 openDatabase 方法来串讲一个访问数据库的对象。该方法的实现代码如下：

```
    //Demo：获取或者创建一个数据库，如果数据库不存在那么创建之
    var dataBase = openDatabase("student", "1.0", "学生表", 1024 * 1024,
function () { });
```

openDatabase 方法打开一个已经存在的数据库，如果数据库不存在，它还可以创建数据库。几个参数意义分别是：

- 数据库名称。
- 数据库的版本号，目前来说传 1.0 就可以了，当然可以不填。
- 对数据库的描述。
- 设置分配的数据库的大小（单位是 Kb）。
- 回调函数(可省略)。

初次调用时创建数据库，以后就是建立连接了。

db.transaction 方法可以设置一个回调函数，此函数可以接受一个参数就是我们开启的事务的对象。然后通过此对象可以进行执行 SQL 脚本，跟下面的步骤可以结合起来。

7.5.2 用 executesql 来执行查询的实现

通过 executesql 方法执行查询的方法如下。

语法描述：

ts.executesql(sqlQuery,[value1,value2…],dataHandler,errorHandler);

参数说明：

- sqlQuery：需要具体执行的 sql 语句，可以是 create、select、update、delete；
- [value1,value2…]：sql 语句中所有使用到的参数的数组，在 executesql 方法中，将 s> 语句中所要使用的参数先用“?”代替，然后依次将这些参数组成数组放在第二个参数中；

- dataHandler：执行成功时调用的回调函数，通过该函数可以获得查询结果集；
- errorHandler：执行失败时调用的回调函数。

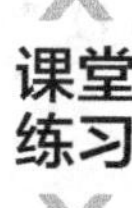

课堂练习 查询本地数据库

下面为大家带来一个综合应用的例子，可以让大家较为直观地感受关于 WebStorage 中本地数据库的知识，效果如图 7-8 所示。

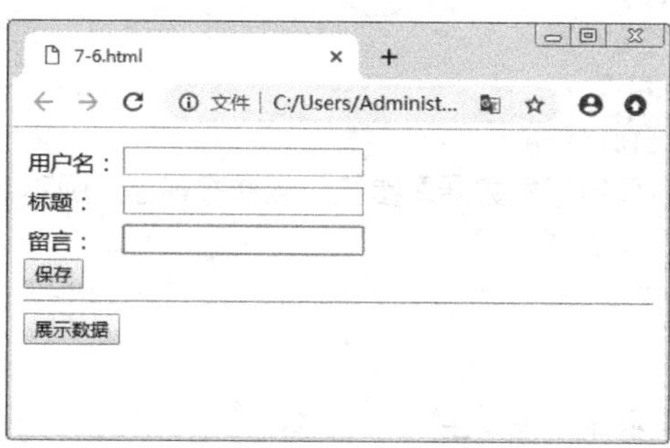

图 7-8

代码如下：

```
<!DOCTYPE html>
<html lang="en">
<head>
<meta charset="utf-8">
<script src="jquery.min.js" type="text/javascript"></script>
<script type="text/javascript">
function initDatabase() {
    var db = getCurrentDb();//初始化数据库
    if(!db) {alert("您的浏览器不支持 HTML5 本地数据库");return;}
    db.transaction(function (trans) {//启动一个事务，并设置回调函数
    //执行创建表的 Sql 脚本
    trans.executeSql("create table if not exists Demo(uName text null,title text null,words text null)", [], function (trans, result) {
    }, function (trans, message) {
    }, function (trans, result) {
    }, function (trans, message) {
    }
    );
    });
    }
$(function () {//页面加载完成后绑定页面按钮的点击事件
    initDatabase();
    $("#btnSave").click(function () {
    var txtName = $("#txtName").val();
    var txtTitle = $("#txtTitle").val();
    var txtWords = $("#txtWords").val();
```

```
        var db = getCurrentDb();
        //执行 sql 脚本，插入数据
        db.transaction(function (trans) {
        trans.executeSql("insert into Demo(uName,title,words) values(?,?,?) ",
[txtName, txtTitle, txtWords], function (ts, data) {
    }, function (ts, message) {
        alert(message);
        });
        });
        showAllTheData();
        });
    });
    function getCurrentDb() {
        //打开数据库，或者直接连接数据库参数：数据库名称、版本、概述、大小
        //如果数据库不存在那么创建之
        var db = openDatabase("myDb", "1.0", "it's to save demo data!", 1024 * 1024);
        return db;
    }
    //显示所有数据库中的数据到页面上去
    function showAllTheData() {
        $("#tblData").empty();
        var db = getCurrentDb();
        db.transaction(function (trans) {
        trans.executeSql("select * from Demo ", [], function (ts, data) {
        if (data) {
        for (var i = 0; i < data.rows.length; i++) {
        appendDataToTable(data.rows.item(i));//获取某行数据的 json 对象
    }
    }
    }, function (ts, message) {alert(message);var tst = message;});
    });
    }
    function appendDataToTable(data) {//将数据展示到表格里面
        //uName,title,words
        var txtName = data.uName;
        var txtTitle = data.title;
        var words = data.words;
        var strHtml = "";
        strHtml += "<tr>";
        strHtml += "<td>"+txtName+"</td>";
        strHtml += "<td>" + txtTitle + "</td>";
        strHtml += "<td>" + words + "</td>";
        strHtml += "</tr>";
        $("#tblData").append(strHtml);
    }

    </script>
    </head>
```

```
<body>
<table>
    <tr>
    <td>用户名: </td>
    <td><input type="text" name="txtName" id="txtName" required/></td>
    </tr>
    <tr>
    <td>标题: </td>
    <td><input type="text" name="txtTitle" id="txtTitle" required/></td>
    </tr>
    <tr>
    <td>留言: </td>
    <td><input type="text" name="txtWords" id="txtWords" required/></td>
    </tr>
</table>
    <input type="button" value="保存" id="btnSave"/>
<hr/>
    <input type="button" value="展示数据" onclick="showAllTheData();"/>
<table id="tblData">
</table>
</body>
</html>
```

7.5.3 使用数据库实现网页留言

本节将以 Web 留言本为例，学习如何对数据库进行一些简单的操作。前面已经讲解了使用 WebStorage 的方法，本节将会带着大家一起使用本地数据库来实现 Web 留言本的效果。

课堂练习

制作网页留言效果

首先我们来创建 HTML5 的界面，效果如图 7-9 所示。

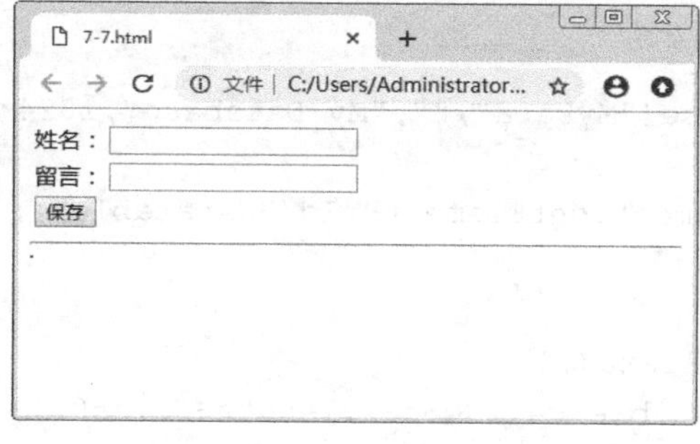

图 7-9

代码如下：

```
<!DOCTYPE html>
<html>
<head lang="en">
```

```
<title></title>
</head>
<body onload="init()">
<table>
    <tr>
    <td>姓名：</td>
    <td><input type="text" id="name"></td>
    </tr>
    <tr>
    <td>留言：</td>
    <td><input type="text" id="memo"></td>
    </tr>
    <tr>
    <td><button type="submit" onclick="saveData()">保存</button></td>
    </tr>
    </table>
<hr>
<table border="1" id="datatable">
</table>
<p id="msg"></p>
</body>
</html>
```

我们来看一下上述代码创建的 HTML 界面，在页面当中有一个输入姓名的文本框，一个输入留言的文本框，还有一个保存数据的按钮。我们在按钮下面画了一个水平线，水平线的下方有一个表格，这个表格是用来从数据库中读取数据，再把数据渲染到页面当中来的，因为现在页面中还没有获取到任何数据，所以暂时我们在水平线的下方还看不见任何的表格内容。

页面的布局部分已经全部完成了，现在只差 JavaScript 代码了，JavaScript 代码需要做的事情分为以下几步：

- 获取数据存入数据库；
- 从数据库中读取数据；
- 将得到的数据渲染到页面当中。

具体代码如下：

```
<script>
var datatable=null;
var db=openDatabase("MyData","","My Database",1024*100);
function init(){
    datatable=document.getElementById("datatable");
    showAllData();
}
function removeAllData(){
    for(var i=datatable.childNodes.length-1;i>=0;i--){
    datatable.removeChild(datatable.childNodes[i]);
}
      var tr=document.createElement("tr");
      var th1=document.createElement("th");
      var th2=document.createElement("th");
```

```
        var th3=document.createElement("th");
        th1.innerHTML="姓名";
        th2.innerHTML="留言";
        th3.innerHTML="时间";
        tr.appendChild(th1);
        tr.appendChild(th2);
        tr.appendChild(th3);
        datatable.appendChild(tr);
    }
    function showData(row){
        var tr=document.createElement("tr");
        var td1=document.createElement("td");
        td1.innerHTML=row.name;
        var td2=document.createElement("td");
        td2.innerHTML=row.message;
        var td3=document.createElement("td");
        var t=new Date();
        t.setTime(row.time);
        td3.innerHTML= t.toLocaleDateString()+" "+ t.toLocaleTimeString();
        tr.appendChild(td1);
        tr.appendChild(td2);
        tr.appendChild(td3);
        datatable.appendChild(tr);
    }
    function showAllData(){
        db.transaction(function(tx){
        tx.executeSql("CREATE TABLE IF NOT EXISTS MsgData(name TEXT,message
TEXT,time INTEGER)",[]);
        tx.executeSql("SELECT * FROM MsgData",[],function(tx,rs){
        removeAllData();
        for(var i=0;i<rs.rows.length;i++){
        showData(rs.rows.item(i))
    }
    })
    })
    }
    function addData(name,message,time){
        db.transaction(function(tx){ tx.executeSql("INSERT INTO MsgData VALUES
(?,?,?)",[name,message,time],function(tx,rs){ alert("成功"); },
        function(tx,error){
        alert(error.source+"::"+error.message);
    }
    )
    })
    }
    function saveData(){
        var name=document.getElementById("name").value;
        var memo=document.getElementById("memo").value;
```

```
    var time=new Date().getTime();
    addData(name,memo,time);
    showAllData();
}
</script>
```

至此，我们的 JS 脚本也全部编写完毕了，让我们来一起看一看完成后的 Web 留言页面是如何工作的吧。

代码运行效果如图 7-10 所示。

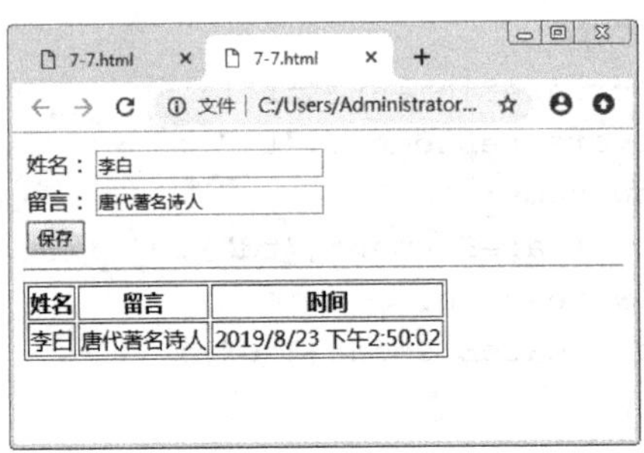

图 7-10

添加喜欢的项目

本章学习了 HTML5 中的重要知识点——文件的拖放。在一个网页中，很多地方会应用到此知识，如一个提交表单会让用户放入证件照片等文件。为了加强印象此练习做一个可以拖拽上传文件的应用效果。

最终效果如图 7-11 所示。

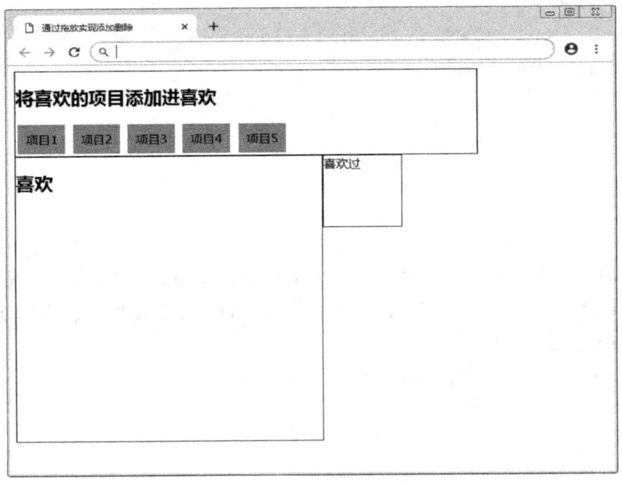

图 7-11

代码如下：

```
<!DOCTYPE html>
<html>
```

```
<head>
<meta charset="utf-8">
<title>通过拖放实现添加删除</title>
<style type="text/css">
div>div{
display:inline-block;
padding:10px;
background-color:#aaa;
margin:3px;
}
</style>
</head>
<body>
    <div style="width:600px;border:1px solid black;">
    <h2>将喜欢的项目添加进喜欢</h2>
    <div draggable="true" ondragstart="dsHandler(event);">项目 1</div>
    <div draggable="true" ondragstart="dsHandler(event);">项目 2</div>
    <div draggable="true" ondragstart="dsHandler(event);">项目 3</div>
    <div draggable="true" ondragstart="dsHandler(event);">项目 4</div>
    <div draggable="true" ondragstart="dsHandler(event);">项目 5</div>
    </div>
<div id="dest" style="width:400px;height:400px;border:1px solid black;
float:left;">
<h2 ondragleave="return false">喜欢</h2>
</div>
<div id="gb" draggable="false" style="float:left;width:100px;height:100px;
border:1px solid black;">喜欢过</div>
<script type="text/javascript">
    var dest = document.getElementById("dest");
    //开始拖动事件的事件监听器
    var dsHandler = function(evt){
    //将被拖动元素的 innerHTML 属性值设置成被拖动的数据
    evt.dataTransfer.setData("text/plain","<item>" + evt.target.innerHTML); }
    dest.ondrop = function(evt){ var text = evt.dataTransfer.getData
("text/plain");
    //如果 text 以<item>开头
    if(text.indexOf("<item>") == 0){
    //创建一个新的 div 元素
    var newEle = document.createElement("div");
    //以当前时间为该元素生成一个唯一的 ID
    newEle.id = new Date().getUTCMilliseconds();
    //该元素内容为"拖"过来的数据
    newEle.innerHTML = text.substring(6);
    //设置该元素允许拖动
    newEle.draggable = "true";
    //为该元素的开始拖动事件指定监听器
    newEle.ondragstart = function(evt){
```

```
    //将被拖动元素的 id 属性值设置成被拖动的数据
    evt.dataTransfer.setData("text/plain","<remove>"+newEle.id);
    }
    dest.appendChild(newEle); } }
    // 当把被拖动元素"放"到垃圾桶上时激发该方法
    document.getElementById("gb").ondrop = function(evt){
    var id =evt.dataTransfer.getData("text/plain");
    // 如果 id 以<remove>开头
    if (id.indexOf("<remove>") == 0) {
    // 根据"拖"过来的数据，获取被拖动的元素
    var target = document.getElementById(id.substring(8));
    // 删除被拖动的元素
    dest.removeChild(target); } }
    document.ondragover = function(evt) {
    // 取消事件的默认行为
    return false; }
    document.ondragleave = function(evt){
    //取消被拖动的元素离开本元素时触发该事件
    return false; }
    document.ondrop = function(evt) {
    // 取消事件的默认行为
    return false;
}
</script>
</body>
</html>
```

至此，完成项目效果。

制作拖拽商品的效果

难度等级 ★★

学习完了本章的知识后，我们为大家准备了一个上机练习，如图 7-12 所示，把图片拖到下面可以显示出具体的价格和出版的时间。

图 7-12

扫一扫，看答案

难度等级 ★★

本章的最后为大家准备了一个简单的拖拽图片效果，可以把图片拖拽至方框中，效果如图 7-13 所示。

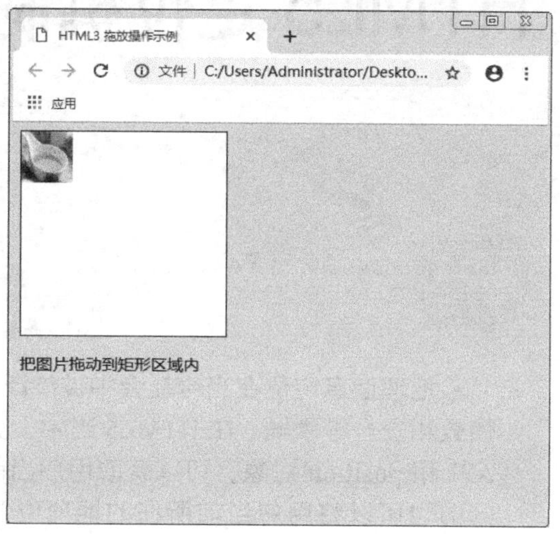

图 7-13

扫一扫，看答案

第8章　HTML5 定位机制

内容导读

地理信息定位在当今社会中被广泛地应用在科研、侦查和安全等领域。在 HTML5 当中，使用 Geolocation API 和 position 对象，可以获取用户当前的地理位置，同时也可以将用户当前所在的地理位置信息在地图上标注出来。本章就来学习有关地理位置信息处理的相关内容。

学习完本章的知识你会对 Geolocation 属性的使用方法、浏览器对 Geolocation 的支持情况及在网页中使用地图的基本方法会有一个清晰的认识。

8.1 关于地理位置信息

HTML5 怎样获取地理信息，如 HTML5 怎样获取 ip 地址，怎样实现 GPS 导航定位，Wi-Fi 基站的 MAC 地址服务等，这些在 HTML5 中都已经有 API 实现了，用户可以轻松使用 HTML5 技术进行操作，下面详细为大家介绍 HTML5 操作地理信息。

8.1.1 经度和纬度坐标

经纬度是经度与纬度的合称，组成一个坐标系统，称为地理坐标系统，它是一种利用三度空间的球面来定义地球上的空间的球面坐标系统，能够标示地球上的任何一个位置。

纬线定义为地球表面某点随地球自转所形成的轨迹。任何一根纬线都是圆形而且两两平行。纬线的长度是赤道的周长乘以纬线的纬度的余弦，所以赤道最长，离赤道越远的纬线，周长越短，到了两极就缩为 0。从赤道向北和向南，各分 90°，称为北纬和南纬，分别用“N”和“S”表示。

经线也称子午线，和纬线一样是人类为度量方便而假设出来的辅助线，定义为地球表面连接南北两极的大圆线上的半圆弧。任意两根经线的长度相等，相交于南北两极点。每一根经线都有其相对应的数值，称为经度。经线指示南北方向。

子午线命名的由来：“某一天体视运动轨迹中，同一子午线上的各点该天体在上中天（午）与下中天（子）出现的时刻相同。”不同的经线具有不同的地方时，偏东的地方时要比较早，偏西的地方时要迟。

8.1.2 IP 地址定位数据

IP 地址被用来给 Internet 上的电脑一个编号。大家日常见到的情况是每台联网的 PC 上都需要有 IP 地址，才能正常通信。可以把“个人电脑”比作“一台电话”，那么“IP 地址”就相当于“电话号码”，而 Internet 中的路由器，就相当于电信局的“程控式交换机”。

IP 地址是一个 32 位的二进制数，通常被分割为 4 个“8 位二进制数”（也就是 4 个字节）。IP 地址通常用“点分十进制”表示成（a.b.c.d）的形式，其中，a,b,c,d 都是 0 ~ 255 之间的十进制整数。例：点分十进 IP 地址（100.4.5.6），实际上是 32 位二进制数（01100100.00000100.00000101.00000110）。

IP 地址大家都会查，可以根据自己的 IP 地址查出这台电脑所在的位置，如图 8-1 所示。

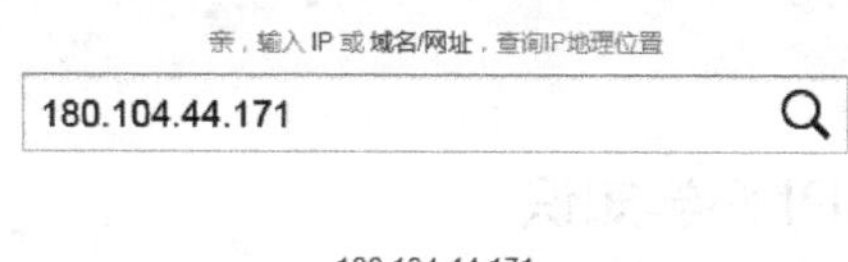

图 8-1

8.1.3 GPS 地理定位数据

GPS 是英文 Global Positioning System（全球定位系统）的简称。GPS 起始于 1958 年美国军方的一个项目，1964 年投入使用。利用该系统，用户可以在全球方位内实现全天候、连续和实时的三围导航定位和测速。另外，利用该系统，用户还可以进行高精度的事件传递和高精度的精密定位。

与 IP 地址定位不同的是，使用 GPS 可以非常精确地定位数据，但是它也有一个非常致命的缺点，就是它的定位时间可能比较长，这一缺点使得它不适合需要快速定位响应数据的应用程序中。

8.1.4 Wi-Fi 地理定位数据

Wi-Fi 是一种允许电子设备连接到一个无线局域网（WLAN）的技术，通常使用 2.4G UHF 或 5G SHF ISM 射频频段。连接到无线局域网通常是有密码保护的，但也可是开放的，这样就允许任何在 WLAN 范围内的设备都可以连接。Wi-Fi 是一个无线网络通信技术的品牌，由 Wi-Fi 联盟所持有。目的是改善基于 IEEE 802.11 标准的无线网络产品之间的互通性。有人把使用 IEEE 802.11 系列协议的局域网就称为无线保真，甚至把 Wi-Fi 等同于无线网际网络（Wi-Fi 是 WLAN 的重要组成部分）。

基于 Wi-Fi 的定位数据具有定位准确，可以在室内使用，以及简单、快速等优点，但是如果在乡村这些无线接入点比较少的地区，Wi-Fi 定位的效果就不是很好。

8.1.5 用户自定义的地理定位

除了前面讲解的几种地理定位方式之外，还可以通过用户自定义的方法来实现地理定位数据。例如，应用程序可能允许用户输入自己的地址、联系电话和邮件地址等一些详细信息，应用程序可以利用这些信息来提供位置感知服务。

当然，由于各种限制，用户自定义的地理定位数据可能存在不准确的结果，特别是在用户的当前位置改变后。但是用户自定义地理定位的方式还是拥有很多优点的，具体表现为以下两个方面：

- 能够允许地理定位服务的结果作为备用位置信息；
- 用户自行输入可能会比检测更快。

8.2 浏览器对 Geolocation 的支持

各个浏览器之间对 HTML5 Geolocation 的支持情况也是不一样的，并且还在不断地更新。本节首先会对 HTML5 Geolocation API 进行介绍，然后再讲解各个浏览器之间对 HTML5 Geolocation API 的支持情况。

8.2.1 Geolocation API 必学知识

HTML5 中的 GPS 定位功能主要用的是 getCurrentPosition，该方法封装在 navigator.geolocation 属性里，是 navigator.geolocation 对象的方法。

getCurrentPosition()函数简介：

使用 getCurrentPosition 方法可以获取用户当前的地理位置信息，该方法的定义如下所示：

```
getCurrentPosition(successCallback,errorCallback,positionOptions);
```

（1）successCallback

表示调用 getCurrentPosition 函数成功以后的回调函数，该函数带有一个参数，对象字面量格式，表示获取到的用户位置数据。该对象包含两个属性 coords 和 timestamp。其中 coords 属性包含以下 7 个值。

- accuracy：精确度；
- latitude：纬度；
- longitude：经度；
- altitude：海拔；
- altitudeAcuracy：海拔高度的精确度；
- heading：朝向；
- speed：速度。

（2）errorCallback

和 successCallback 函数一样带有一个参数，对象字面量格式，表示返回的错误代码。它包含以下两个属性。

- message：错误信息；
- code：错误代码。

其中错误代码包括以下四个值：

- UNKNOW_ERROR：表示不包括在其他错误代码中的错误，这里可以在 message 中查找错误信息；
- PERMISSION_DENIED：表示用户拒绝浏览器获取位置信息的请求；
- POSITION_UNAVALIABLE：表示网络不可用或者连接不到卫星；
- TIMEOUT：表示获取超时。必须在 options 中指定了 timeout 值时才有可能发生这种错误。

（3）positionOptions

positionOptions 的数据格式为 JSON，有三个可选的属性。

- enableHighAcuracy：布尔值，表示是否启用高精确度模式，如果启用这种模式，浏览器在获取位置信息时可能需要耗费更多的时间。
- timeout：整数，表示浏览器需要在指定的时间内获取位置信息，否则触发 errorCallback。
- maximumAge：整数/常量，表示浏览器重新获取位置信息的时间间隔。

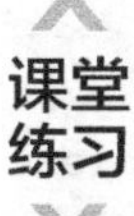

课堂练习

获取当前位置

通过一个实例来展示如何使用 getCurrentPosition 方法来获取当前位置信息。效果如图 8-2 所示。

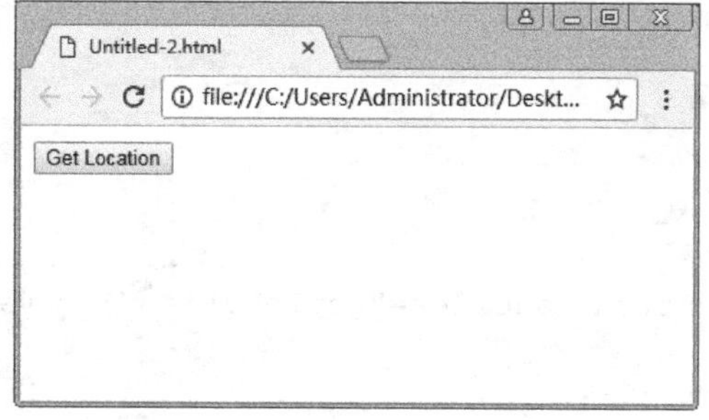

图 8-2

单击按钮出现的地理位置请求如图 8-3 所示。

图 8-3

代码如下：

```
<!DOCTYPE HTML>
<head>
<script type="text/javascript">
function showLocation(position) {
var latitude = position.coords.latitude;
var longitude = position.coords.longitude;
alert("Latitude : " + latitude + " Longitude: " + longitude);
}
function errorHandler(err) {
    if(err.code == 1) {
    alert("Error: Access is denied!");
}else if( err.code == 2) {
    alert("Error: Position is unavailable!");
}
}
function getLocation(){
    if(navigator.geolocation){
    // timeout at 60000 milliseconds (60 seconds)
var options = {timeout:60000};
    navigator.geolocation.getCurrentPosition(showLocation, errorHandler,
options);
}else{
alert("Sorry, browser does not support geolocation!");
}
}
</script>
</head>
<body>
<form>
    <input type="button" onclick="getLocation();" value="Get Location"/>
</form>
</body>
</html>
```

【知识点拨】

除了 getCurrentPosition 方法可以定位用户的地理位置信息之外还有另外两种方法。

（1）watchCurrentPosition 方法

该方法用于定期自动地获取用户的当前位置信息，该方法的定义如下：

```
watchCurrentPosition(successCallback,errorCallback,positionOptions);
```

该方法返回一个数字，这个数字的使用方法与 JavaScript 中 setInterval 方法的返回参数类似。该方法也有 3 个参数，这 3 个参数的使用方法与 getCurrentPosition 方法中的参数说明与使用方法相同，在此不再赘述。

（2）clearWatch 方法

该方法用于停止对当前用户地理位置信息的监视，该方法的定义如下所示：

```
clearWatch(watchId);
```

该方法的参数 watchId 是调用 watchPosition 方法监视地理位置信息时的返回参数。

8.2.2 Geolocation 的浏览器支持情况

目前因特网中运行着各式各样的浏览器，下面只对四大浏览器厂商的支持情况进行分析，其他的浏览器，例如国内很多的浏览器，它们多数都是使用四大浏览器厂商的内核，所以不对它们做过多的分析与比较。

支持 HTML5 Geolocation 的浏览器有以下几种：

- Firefox 浏览器。Firefox 3.5 及以上的版本支持 HTML5 Geolocation。
- IE 浏览器。在该浏览器中通过 Gears 插件支持 HTML5 Geolocation。
- Opera 浏览器。Opera 10.0 版本及以上版本支持 HTML5 Geolocation。
- Safari 浏览器。Safari 4 中支持以及 iPhone 中支持 HTML5 Geolocation。

8.3 隐私处理

HTML5 Geolocation 规范提供了一套保护用户隐私的机制。在没有用户明确许可的情况下，不可以获取用户的地理位置信息。

8.3.1 应用隐私保护机制

在用户允许的情况下，其他用户可以获取用户的位置信息。在访问 HTML5 Geolocation API 的页面时，会触发隐私保护机制。例如在 Firefox 浏览器中执行 HTML5 Geolocation 代码时就会触发这一隐私保护机制。当代码执行时，网页中将会弹出一个是否确认分享用户方位信息的对话框，只有当用户点击“共享位置信息”按钮时，才会获取用户的位置信息。

8.3.2 处理位置信息

用户的信息通常属于敏感信息，因此在接收到之后，必须小心地进行处理和存储。如果用户没有授权存储这些信息，那么应用程序在得到这些信息之后应该立即删除。

在用手机获取地理定位数据时，应用程序应该着重提示用户以下几个方面的内容。

- 掌握收集位置数据的方法。
- 了解收集位置数据的原因。

- 知道位置信息能够保存多久。
- 保证用户位置信息的安全。
- 掌握位置数据共享的方法。

8.4 使用 Geolocation API

Geolocation API 用于将用户当前位置信息共享给信任的站点，这涉及用户的隐私安全问题，所以当一个站点需要获取用户的当前位置时，浏览器会提示“允许”或者“拒绝”。本节将详细讲解 Geolocation API 的使用方法。

8.4.1 检测浏览器是否支持

在做开发之前需要确认浏览器是否支持所要完成的工作，当浏览器不支持时也好提前准备一些替代的方案。

课堂练习

检测浏览器是否支持

检测浏览器是否支持 Geolocation API 的效果如图 8-4 所示。

图 8-4

代码如下：

```
<!DOCTYPE html>
<html lang="en">
<head>
<meta charset="UTF-8">
<title>Document</title>
<script>
    window.onload = function(){
    show();
    function show(){
    if(navigator.geolocation){
    document.getElementById("text").innerHTML = "您的浏览器支持 HTML5
```

```
Geolocation! ";
        }else{
        document.getElementById("text").innerHTML = "您的浏览器不支持 HTML5
Geolocation! ";
        }
        }
    }
    </script>
    </head>
    <body>
    <h1 id="text"></h1>
    </body>
    </html>
```

只需要这么一个小小的函数即可检测到浏览器是否支持 HTML5 Geolocation。

8.4.2 位置请求

定位功能（Geolocation）是 HTML5 的新特性，因此只能在支持 HTML5 的浏览器上运行。

首先要检测用户设备浏览器是否支持地理定位，如果支持则获取地理信息。注意这个特性可能侵犯用户的隐私，除非用户同意，否则用户位置信息是不可用的，所以在访问该应用时会提示是否允许地理定位，选择允许即可。

实现位置请求的代码如下所示：

```
function getLocation(){
if (navigator.geolocation){
navigator.geolocation.getCurrentPosition(showPosition,showError);
}else{
alert("浏览器不支持地理定位。");
}
}
```

上段代码表示：如果用户设备支持地理定位，则运行 getCurrentPosition()。如果 getCurrentPosition()运行成功，则向参数 showPosition 中规定的函数返回一个 coordinates 对象，getCurrentPosition()方法的第二个参数 showError 用于处理错误。

先来看函数 showError()，它规定获取用户地理位置失败时的一些错误代码处理方式。

代码如下所示：

```
function showError(error){
switch(error.code) {
case error.PERMISSION_DENIED:
alert("定位失败,用户拒绝请求地理定位");
break;
case error.POSITION_UNAVAILABLE:
alert("定位失败,位置信息是不可用");
break;
case error.TIMEOUT:
alert("定位失败,请求获取用户位置超时");
```

```
break;
case error.UNKNOWN_ERROR:
alert("定位失败,定位系统失效");
break;
}
}
```

再来看函数 showPosition(),调用 coords 的 latitude 和 longitude 即可获取到用户的纬度和经度。

代码如下所示：

```
function showPosition(position){
var lat = position.coords.latitude; //纬度
var lag = position.coords.longitude; //经度
alert('纬度:'+lat+',经度:'+lag);
}
```

利用百度地图和谷歌地图接口获取用户地址。

上面了解了 HTML5 的 Geolocation 可以获取用户的经纬度，那么用户要做的是需要把抽象的经纬度转成可读的有意义的真正的用户地理位置信息。只需要将 HTML5 获取到的经纬度信息传给地图接口，则会返回用户所在的地理位置，包括省、市、区信息，甚至有街道、门牌号等详细的地理位置信息。

首先在页面定义要展示地理位置的 div，分别定义 id#baidu_geo 和 id#google_geo。修改关键函数 showPosition()。

先来看百度地图接口交互，将经纬度信息通过 Ajax 方式发送给百度地图接口，接口会返回相应的省市区街道信息。百度地图接口返回的是一串 JSON 数据，可以根据需求将需要的信息展示给 div#baidu_geo。注意：这里用到了 jQuery 库，需要先加载 jQuery 库文件。

利用百度地图接口获取用户地址的代码如下所示：

```
function showPosition(position){
var latlon = position.coords.latitude+','+position.coords.longitude;
//baidu
var url =
"http://api.map.baidu.com/geocoder/v2/?ak=C93b5178d7a8ebdb830b9b557abc
e78b&callback=renderReverse&location="+latlon+"&output=json&pois=0";
$.ajax({
type: "GET",
dataType: "jsonp",
url: url,
beforeSend: function(){
$("#baidu_geo").html('正在定位…');
},
success: function (json) {
if(json.status==0){
$("#baidu_geo").html(json.result.formatted_address);
}
},
```

```
error: function (XMLHttpRequest, textStatus, errorThrown) {
$("#baidu_geo").html(latlon+"地址位置获取失败");
}
});
});
```

再来看谷歌地图接口交互。同样将经纬度信息通过 Ajax 方式发送给谷歌地图接口，接口会返回相应的省、市、区、街道等详细信息。谷歌地图接口返回的也是一串 JSON 数据，这些 JSON 数据比百度地图接口返回的要更详细，可以根据需求将需要的信息展示给 div#google_geo。

利用谷歌地图接口获取用户地址代码如下所示：

```
function showPosition(position){
var latlon = position.coords.latitude+','+position.coords.longitude;
//google
var url = 'http://maps.google.cn/maps/api/geocode/json?latlng='+latlon+'
&language=CN';
$.ajax({
type: "GET",
url: url,
beforeSend: function(){
$("#google_geo").html('正在定位…');
},
success: function (json) {
if(json.status=='OK'){
var results = json.results;
$.each(results,function(index,array){
if(index==0){
$("#google_geo").html(array['formatted_address']);
}
});
}
},
error: function (XMLHttpRequest, textStatus, errorThrown) {
$("#google_geo").html(latlon+"地址位置获取失败");
}
});
}
```

以上的代码分别将百度地图接口和谷歌地图接口整合到函数 showPosition()中，可以根据实际情况进行调用。当然这只是一个简单的应用，可以根据这个简单的示例开发出很多复杂的应用。

8.4.3 在地图上显示你的位置

到目前为止，本章所介绍的 geolocation 并没有什么令人激动的应用。这一小节的例子将演示如何使用 Google Maps API。对于个人和网站而言，Google 的地图服务是免费的。使用 Google 地图可以轻而易举地在网站中加入地图功能。

像其他技术一样，Google 为地图服务提供了优秀的文档和教程。

要在 Web 页面上创建一个简单地图，开发人员需要执行以下几个步骤的操作。

首先，在 Web 页面上创建一个名为 map 的 div，并将其设置为相应的样式。

接下来，将 Google Maps API 添加到项目之中。Google Maps API 将为 Web 页面加载使用到的 Map code。它还会告知 Google 你所使用的设备是否具有一个 GPS 传感器。下面的代码片段显示了某设备如何加载一个没有 GPS 传感器的 Map code。如果设备具有 GPS 传感器，请将参数 sensor 的值从 false 修改为 true。

```
<script src="http://maps.googleapis.com/maps/api/js?sensor=false"></script>
```

在加载了 API 之后，就可以开始创建自己的地图。在 showPosition 函数之中，创建一个 google.maps.LatLng 类，并将其保存在名为 position 的变量之中。在该 google. maps.LatLng 类的构造函数之中，传入纬度值和经度值。下面的代码片段演示了如何创建一张地图。

```
var position = new google.maps.LatLng(latitude, longitude);
```

接下来还需要设置地图的选项。可设置很多选项，包括以下 3 个基本选项。

- 缩放(zoom)级别：取值范围 0~20。值为 0 的视图是从卫星角度拍摄的基本视图，20 则是最大的放大倍数。
- 地图的中心位置：这是一个表示地图中心点的 LatLng 变量。
- 地图样式：该值可以改变地图显示的方式。

表 8-1 详细地列出了可选的值。读者可以自行试验不同的地图样式。

表 8-1　可选的值

地图样式	描述
google.maps.MapTypeId.SATELLITE	显示使用卫星照片的地图
google.maps.MapTypeId.ROAD	显示公路路线图
google.maps.MapTypeId.HYBRID	显示卫星地图和公路路线图的叠加
google.maps.MapTypeId.TERRAIN	显示公路名称和地势

下面的代码片段演示了如何设置地图选项。

```
varmyOptions = {
zoom: 18,
center: position,
mapTypeId: google.maps.MapTypeId.HYBRID
};
```

最后一个步骤是实际地绘制地图。根据纬度和经度信息，可以将地图绘制在 getElementById 方法所取得的 div 对象上。下列代码显示了绘制地图的代码，为简洁起见，移除了错误处理代码。

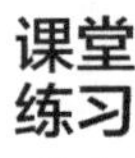

课堂练习　定位自己的位置

如何利用所学知识定位自己的位置，图 8-5 所示的就是在 IE 浏览器中定位了位置。

图 8-5

代码如下所示：

```
<!DOCTYPE html>
<html>
    <head>
        <meta charset="UTF-8">
        <meta http-equiv="X-UA-Compatible" content="IE=edge,chrome=1" />
        <meta name="viewport" content="width=device-width, initial-scale=
1.0, user-scalable=no"/>
        <title>基于浏览器的 HTML5 地理定位(高德地图)</title>
    </head>
    <!-- 引入高德地图 API -->
    <script type="text/javascript" src="https://webapi.amap.com/maps?v=
1.4.8&key=52c54e00b0497e80783f529fd46552b4"></script>
    <script type="text/javascript" src="https://cache.amap.com/lbs/static/
addToolbar.js"></script>
    <style>
        html{height:100%}
        body{height:100%;margin:0px;padding:0px}
        #container{height:100%}
    </style>
    <body>
        <div id="container"></div>
    </body>
    <script type="text/javascript">
        function getLocation(){
            var options={
                enableHighAccuracy:true, //boolean 是否要求高精度的地理信息，
默认为 false
                maximumAge:1000 //应用程序的缓存时间
            }

            if(navigator.geolocation){
```

```
            //浏览器支持 geolocation
            navigator.geolocation.getCurrentPosition(onSuccess,onError,
options);
        }else{
            //浏览器不支持 geolocation
            console.log("浏览器不支持!");
        }
      }

    //成功时
    function onSuccess(position){
        //经度
        var longitude =position.coords.longitude;
        //纬度
        var latitude = position.coords.latitude;
        var map = new AMap.Map('container', {
          center:[longitude,latitude],
          zoom:16
        });

        // 创建 infoWindow 实例
        var infoWindow = new AMap.InfoWindow({
          content: "<div style='width:200px;padding:10px;'>"+
             "您在这里<br/>纬度: "+  latitude+  "<br/>经度: "+longitude
        //传入 dom 对象，或者 html 字符串
        });
        // 打开信息窗体
        infoWindow.open(map);
        // 在指定位置打开已创建的信息窗体
        var location = new AMap.LngLat(longitude, latitude);
        infoWindow.open(map, location);
    }

    //失败时
    function onError(error){
        switch(error.code){
            case error.PERMISSION_DENIED:
            alert("用户拒绝对获取地理位置的请求");
            break;

            case error.POSITION_UNAVAILABLE:
            alert("位置信息是不可用的");
            break;

            case error.TIMEOUT:
            alert("请求用户地理位置超时");
```

```
                break;
                 case error.UNKNOWN_ERROR:
                 alert("未知错误");
                break;
            }
        }
                window.onload=getLocation();
    </script>
</html>
```

HTML5 允许开发人员创建具有地理位置感知功能的 Web 页面。使用 navigator.geolocation 新功能，就可以快速地获取用户的地理位置。例如，使用 getCurrentPosition 方法就可以获得终端用户的纬度和经度。

跟踪用户所在的地理位置肯定会带来一些对隐私的担忧，因此 geolocation 技术完全取决于用户是否允许共享自己的地理位置信息。在未经用户明确许可的情况下，HTML5 不会跟踪用户的地理位置。

尽管 HTML5 的 Geolocation API 对于确定地理位置非常有用，但在页面中添加 Google Maps API 可以使该 geolocation 技术更贴近生活。只要数行代码，就可以将一个完整的具有交互功能的 Google 地图呈现在 Web 页面一个指定的 div 之中，还可以在地图指定的位置上设置一些图标。

综合实战　定位所在城市位置

通过本章的学习相信大家已经对 HTML5 地理定位相关的知识已经有了深刻的认识，广告商和开发人员会设想出很多办法，以充分利用用户的地理位置信息。在未来几年，geolocation 技术的应用将会不断增多。本小节做一个小练习来巩固之前学习的知识。定位自己所在的城市，效果如图 8-6 所示。

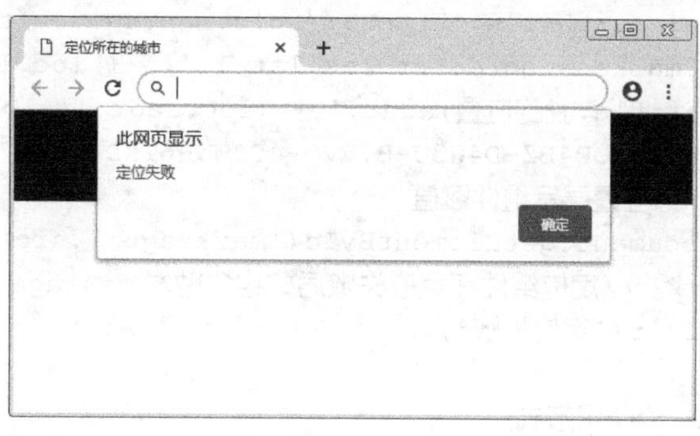

图 8-6

代码如下：

```
<html>
<head>
    <meta http-equiv="Content-Type" content="text/html; charset=UTF-8">
    <title>定位所在的城市</title>
```

```
    <meta name="viewport" content="width=device-width,initial-scale=1,
    minimum-scale=1,maximum-scale=1,user-scalable=no">
    <style>
        * {margin: 0; padding: 0; border: 0;}
        body {
            position: absolute;
            width: 100%;
            height: 100%;
        }
        #geoPage, #markPage {
            position: relative;
        }
    </style>
</head>
<body>
    <!-- 通过 iframe 嵌入前端定位组件，此处没有隐藏定位组件，使用了定位组件的在定
位中视觉特效 -->
    <iframe id="geoPage" width="100%" height="30%" frameborder=0 scrolling
="no"
  src="https://apis.map.qq.com/tools/geolocation?key=OB4BZ-D4W3U-B7VVO-4
PJWW-6TKDJ-WPB77&referer=myapp&effect=zoom"></iframe>
       <script type="text/JavaScript">
        var loc;
        var isMapInit = false;
        //监听定位组件的 message 事件
        window.addEventListener('message', function(event) {
            loc = event.data; // 接收位置信息
            console.log('location', loc);
                    if(loc  && loc.module == 'geolocation') { //定位成功,防止
其他应用也会向该页面 post 信息，需判断 module 是否为'geolocation'
                var markUrl = 'https://apis.map.qq.com/tools/poimarker' +
                '?marker=coord:' + loc.lat + ',' + loc.lng +
                ';title:我的位置;addr:' + (loc.addr || loc.city) +
                '&key=OB4BZ-D4W3U-B7VVO-4PJWW-6TKDJ-WPB77&referer=myapp';
                //给位置展示组件赋值
                document.getElementById('markPage').src = markUrl;
            } else { //定位组件在定位失败后，也会触发 message, event.data 为 null
                alert('定位失败');
            }
            /* 另一个使用方式
            if (!isMapInit && !loc) { //首次定位成功，创建地图
                isMapInit = true;
                createMap(event.data);
            } else if (event.data) { //地图已经创建，再收到新的位置信息后更新地
图中心点
                updateMapCenter(event.data);
            }
```

```
            */
        }, false);
        //为防止定位组件在 message 事件监听前已经触发定位成功事件，在此处显示请求一
次位置信息
        document.getElementById("geoPage").contentWindow.postMessage
('getLocation', '*');
        //设置 6s 超时，防止定位组件长时间获取位置信息未响应
        setTimeout(function() {
            if(!loc) {
                //主动与前端定位组件通信（可选），获取粗糙的 IP 定位结果
            document.getElementById("geoPage")
                .contentWindow.postMessage('getLocation.robust', '*');
            }
        }, 6000); //6s 为推荐值，业务调用方可根据自己的需求设置改时间，不建议太短
    </script>
    <!-- 接收到位置信息后 通过 iframe 嵌入位置标注组件 -->
  <iframe id="markPage" width="100%" height="70%" frameborder=0 scrolling=
"no" src=""></iframe>
  </body>
  </html>
```

有时由于网络或者浏览器的原因会出现定位失败的情况。

课后作业　获取所在的经纬度

难度等级 ★★

本章主要学习了定位的知识，接着来做一个强化练习让大家记忆更加深刻。根据图 8-7 制作出相同的定位。

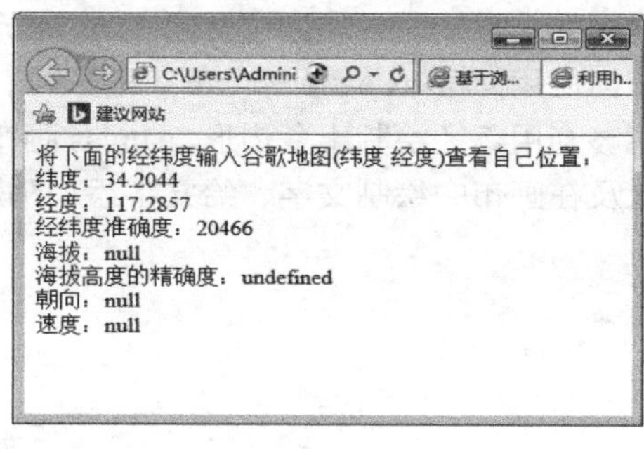

图 8-7

扫一扫，看答案

第9章 使用 canvas 绘图

内容导读

HTML5 带来了一个非常令人期待的新元素——canvas 元素。这个元素可以被 JS 用来绘制图形。利用这个元素可以把自己喜欢的图形和图像随心所欲地展现在 web 页面上，本章就一起来学习一下通过 canvasAPI 来操作 canvas 元素。

学习完本章知识，你会了解到 canvas 元素的基本概念以及如何使用 canvas 绘制一个简单的形状，使用路径的方法，能够利用路径绘制出多边形，canvas 画布中使用图像的方法以及在画布中绘制文字、给文字添加阴影的方法。

9.1 canvas 基础

扫一扫，看视频

canvas 元素允许脚本在浏览器页面当中动态地渲染点阵图像，新的 HTML5 canvas 是一个原生 HTML 绘图簿，用于 JavaScript 代码，不使用第三方工具。跨所有 web 浏览器的完整 HTML5 支持还没有完成，但在新兴的支持中，canvas 已经可以在几乎所有现代浏览器上良好运行了，但 IE 除外。幸运的是，一个解决方案已经出现，将 IE 也包含进来。

9.1.1 什么是 canvas

本质上，canvas 元素是一个白板，直到在它上面“绘制”一些可视内容。与拥有各种画笔的艺术家不同，用户可以使用不同的方法在 canvas 上作画，甚至可以在 canvas 上创建并操作动画，这不是使用画笔和油彩所能够实现的。

或者说，canvas 是在浏览器上绘图的一种机制。以前我们都是使用 jpeg，gif 和 png 等格式的图片显示在浏览器当中，但是这样的图片需要我们先创建完成再拿到页面当中，其实就是静态的图片，显然已经不能满足当今用户的需求了，于是 HTML5 canvas 顺势推出，现在我们手机上的很多小游戏都是用 canvas 来做的。

canvas 是一个矩形区域，可以控制其中每一个像素。默认矩形宽度是 300px × 150px。当然，canvas 也允许我们自定义画布的大小。

canvas 标记由 Apple 在 Safari 1.3 Web 浏览器中引入。对 HTML 的这一根本扩展的原因在于 Apple 希望有一种方式在 Dashboard 中支持脚本化的图形。Firefox 和 Opera 都跟随了 Safari 的脚步，这两个浏览器都支持 Canvas 标记。

现在已经没有浏览器不支持 canvas 标记了，如果你凭借着一手熟练的 canvas 绘图能力，甚至就已经可以找到一份不错的工作了。

9.1.2 什么地方会用到 canvas

- 游戏：canvas 在基于 Web 的图像显示方面比 flash 更加立体、更加精巧，canvas 游戏在流畅度和跨平台方面更出色。
- 可视化数据（数据图表化）：百度的 echart、d3.js、three.js。
- banner 广告：flash 曾经辉煌的时代，智能手机还未曾出现。现在以及未来的智能机时代，HTML5 技术能够在 banner 广告上发挥巨大作用，用 canvas 实现动态的广告效果再合适不过。

9.1.3 替代的内容

访问页面的时候，如果浏览器不支持 canvas 元素，或者不支持 HTML5 canvas API 中的某些特性，那么开发人员最好提供一份替代代码。例如，开发人员可以通过一张替代图片或者一些说明性的文字告诉访问者，使用最新的浏览器可以获得更佳的浏览效果。下列代码展示了如何在 canvas 中指定替代文本，当浏览器不支持 canvas 的时候会显示这些替代内容。

在 canvas 元素中使用替代内容

```
<canvas>
Update your browser to enjoy canvas!
</canvas>
```

除了上面代码中的文本外，同样还可以使用图片，不论是文本还是图片都会在浏览器不支持 canvas 元素的情况下显示出来。

canvas 元素的可访问性怎么样？

提供替代图像或替代文本引出了可访问性这个话题。很遗憾，这是 HTML5 canvas 规范中明显的缺陷。例如，没有一种原生方法能够自动为已插入到 canvas 中的图片生成用于替换的文字说明。同样，也没有原生方法可以生成替代文字以匹配由 canvas Text API 动态生成的文字。在写本书的时候，暂时还没有其他方法可以处理 canvas 中动态生成的内容，不过已经有工作组开始着手这方面的设计了。让我们一起期待吧！

9.1.4 浏览器对 canvas 的支持情况

除了 IE 以外，现在其他所有浏览器都提供对 HTML5 canvas 的支持。不过，随后我们会列出一部分还没有被普遍支持的规范，canvas Text API 就是其中之一，但是作为一个整体，HTML5 canvas 规范已经非常成熟，不会有特别大的改动了。表 9-1 是浏览器对 HTML5 canvas 的支持情况。

表 9-1 浏览器对 HTML5 canvas 的支持情况

浏览器	支持情况
Chrome	从 1.0 版本开始支持
Firefox	从 1.5 版本开始支持
IE	从 9.0 版本开始支持
Opera	从 9.0 版本开始支持
Safari	从 1.3 版本开始支持

从上面的表格中可以看出，所有浏览器基本上都已经支持 canvas，这对开发者来说是非常好的消息，这意味着开发者的 canvas 开发成本降低很多，也不需要再去花费大量的时间去做恼人的各浏览器之间的调试。

9.1.5 CSS 和 canvas

同大多数 HTML 元素一样，canvas 元素也可以通过应用 CSS 的方式来增加边框，设置内边距、外边距等，而且一些 CSS 属性还可以被 canvas 内的元素继承。比如字体样式，在 canvas 内添加的文字，其样式默认同 canvas 元素本身是一样的。

此外，在 canvas 中为 context 设置属性同样要遵从 CSS 语法。例如，对 context 应用颜色和字体样式，跟在任何 HTML 和 CSS 文档中使用的语法完全一样。

9.1.6 canvas 坐标

在 canvas 当中有一个特殊的东西叫做“坐标”！没错，就是我们平时所熟知的坐标体系。canvas 拥有自己的坐标体系，从最上角（0,0）开始，X 向右是增大，Y 向下是增大，也可以利用我们在 CSS 当中的盒子模型的概念来帮助理解。

canvas 坐标示意图如图 9-1 所示。

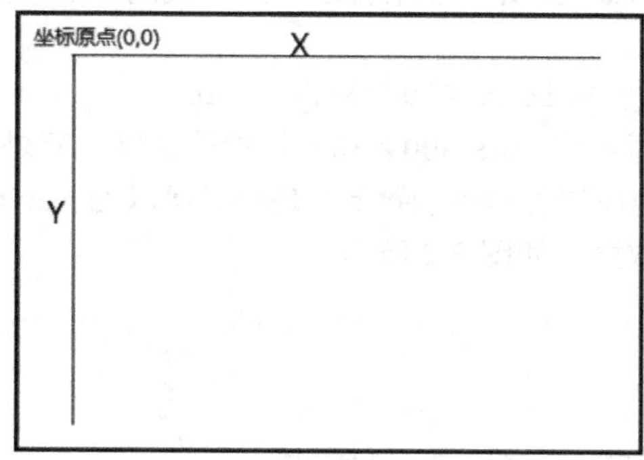

图 9-1

尽管 canvas 元素功能非常强大，用处也很多，但在某些情况下，如果其他元素已经够用了，就不应该再使用 canvas 元素。例如，用 canvas 元素在 HTML 页面中动态绘制所有不同的标题，就不如直接使用标题样式标签（H1、H2 等），它们所实现的效果是一样的。

扫一扫，看视频

9.2 如何使用 canvas

canvas 的使用范围很广，我们先从最简单的入手，通过几个案例演示 HTML5 canvas 的各种功能。

9.2.1 检测浏览器是否支持

在创建 HTML5 canvas 元素之前，首先要确保浏览器能够支持它。如果不支持，就要为那些古董级浏览器提供一些替代文字。如下代码就是检测浏览器支持情况的一种方法。

```
try{
document.createElement("canvas").getContext("2d");
document.getElementById("support").innerHTML="HTML5 Canvas is supported
in your   browser.";}
catch (e) {
document.getElementById("support").innerHTML="HTML5 Canvas is not supported
in your browser.";
}
```

上面的代码试图创建一个 canvas 对象，并且获取其上下文。如果发生错误，则可以捕获错误，进而得知该浏览器不支持 canvas。页面中预先放入了 ID 为 support 的元素，通过以适当的信息更新该元素的内容，可以反映出浏览器的支持情况。

以上示例代码能判断浏览器是否支持 canvas 元素，但不会判断具体支持 canvas 的哪些特性。写本书的时候，示例中使用的 API 已经很稳定并且各浏览器也都提供了很好的支持，所以通常不必担心这个问题。

此外，希望开发人员能够像以上代码一样为 canvas 元素提供备用显示内容。

9.2.2 在页面中加入 canvas

在 HTML 页面中插入 canvas 元素非常直观。以下代码就是一段可以被插入到 HTML 页面中的 canvas 代码。

```
<canvas width="300" height="300"></canvas>
```

以上代码会在页面上显示出一块 300×300 像素的区域，但是我们在浏览器中是看不见的。现在我们需要很直观地在浏览器中预览效果的话，可以为 canvas 添加一些 CSS 样式，例如给上一点边框和背景色效果，如图 9-2 所示。

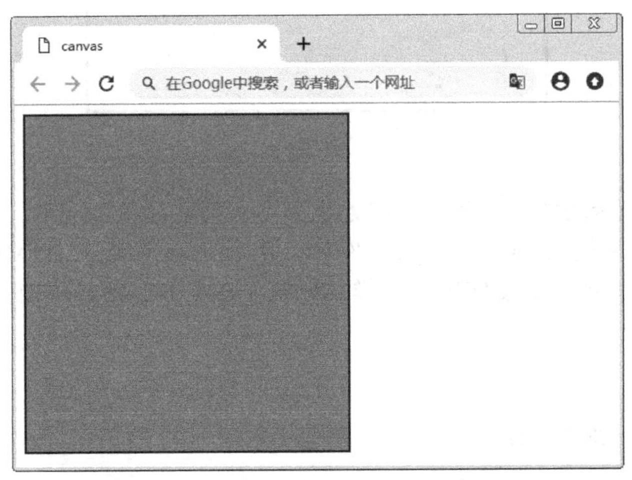

图 9-2

代码如下：

```
<!DOCTYPE html>
<html lang="en">
<head>
<meta charset="UTF-8">
<title>canvas</title>
<style>
canvas{
    border:2px solid red;
    background:#C9C;
}
</style>
</head>
<body>
    <canvas id="diagonal" width="300" height="300"></canvas>
</body>
</html>
```

现在我们已经拥有了一个带有边框和浅色背景的矩形了，这个矩形就是我们接下来的画布了。在没有 canvas 的时候我们想在页面上画一条对角线是非常困难的，但是自从有了 canvas 之后，绘制对角线的工作就变得很轻松了。在下面的代码中，我们只需要几行代码即可在“画布”中绘制一条标准的对角线了，效果如图 9-3 所示。

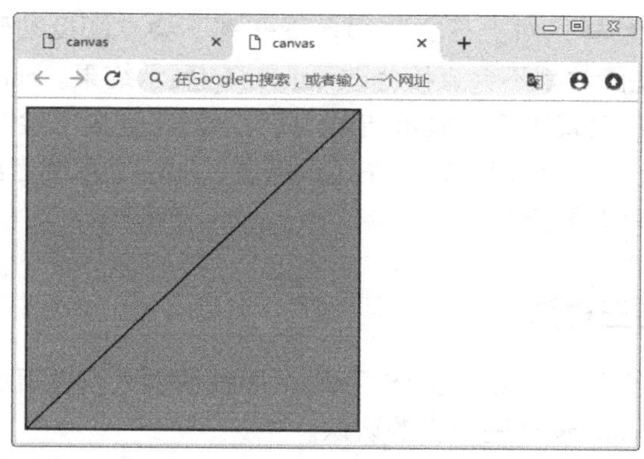

图 9-3

代码如下：

```
<script>
function drawDiagonal(){
    //取得 canvas 元素及其绘图上下文
    var canvas=document.getElementById('diagonal');
    var context=canvas.getContext('2d');
    //用绝对坐标来创建一条路径
    context.beginPath();
    context.moveTo(0,300);
    context.lineTo(300,0);
    //将这条线绘制到 canvas 上
    context.stroke();
}
    window.addEventListener("load",drawDiagonal,true);
</script>
```

仔细看一下上面这段绘制对角线的JavaScript代码。虽然简单，它却展示出了使用HTML5 canvas API的重要流程。

首先通过引用特定的 canvas ID 值来获取对 canvas 对象的访问权。这段代码中 ID 就是 diagonal。接着定义一个 context 变量，调用 canvas 对象的 getContext 方法，并传入希望使用的 canvas 类型。代码清单中通过传入“2d”来获取一个二维上下文，这也是到目前为止唯一可用的上下文。

接下来，基于这个上下文执行画线的操作。在代码清单中，调用了三个方法 beginPath、moveTo 和 lineTo，传入了这条线的起点和终点的坐标。

方法：moveTo 和 lineTo 实际上并不画线，而是在结束 canvas 操作的时候，通过调用 context.stroke()方法完成线条的绘制。虽然从这条简单的线段怎么也想象不到最新最美的图画，不过与以前的拉伸图像、怪异的 CSS 和 DOM 对象以及其他怪异的实现形式相比，使用基本的 HTML 技术在任意两点间绘制一条线段已经是非常大的进步了。从现在开始，就把那些怪异的做法永远忘掉吧。

从上面的代码中可以看出，canvas 中所有的操作都是通过上下文对象来完成的。在以后的 canvas 编程中也一样，因为所有涉及视觉输出效果的功能都只能通过上下文对象而不是画布对象来使用。这种设计使 canvas 拥有了良好的可扩展性，基于从其中抽象出的上下文类型，canvas 将来可以支持多种绘制模型。虽然本章经常提到对 canvas 采取什么样的操作，但读者应该明白，我们实际操作的是画布所提供的上下文对象。

如前面示例演示的那样，对上下文的很多操作都不会立即反映到页面上。beginPath、moveTo 以及 lineTo 这些函数都不会直接修改 canvas 的展示结果。canvas 中很多用于设置样式和外观的函数也同样不会直接修改显示结果。只有当对路径应用绘制（stroke）或填充（fill）方法时，结果才会显示出来。否则，只有在显示图像、显示文本或者绘制、填充和清除矩形框的时候，canvas 才会马上更新。

9.2.3 绘制矩形与三角形

前面的章节已经介绍了 canvas 的工作原理，下面就带领大家在页面中利用 canvas 绘制矩形与三角形，让大家对 canvas 有进一步的认识。

canvas 只是一个绘制图形的容器，除了 id、class、style 等属性外，还有 height 和 width 属性。在<canvas>>元素上绘图主要有三步：

① 获取<canvas>元素对应的 DOM 对象，这是一个 canvas 对象；

② 调用 canvas 对象的 getContext()方法，得到一个 CanvasRenderingContext2D 对象；

③ 调用 CanvasRenderingContext2D 对象进行绘图。

绘制矩形 rect()、fillRect()和 strokeRect()

- context.rect(x , y , width , height)：只定义矩形的路径；
- context.fillRect(x , y , width , height)：直接绘制出填充的矩形；
- context.strokeRect(x , y , width , height)：直接绘制出矩形边框。

课堂练习

canvas 绘制矩形

只要牢记上面介绍的步骤就可以使用 canvas 完成矩形的制作，效果如图 9-4 所示。

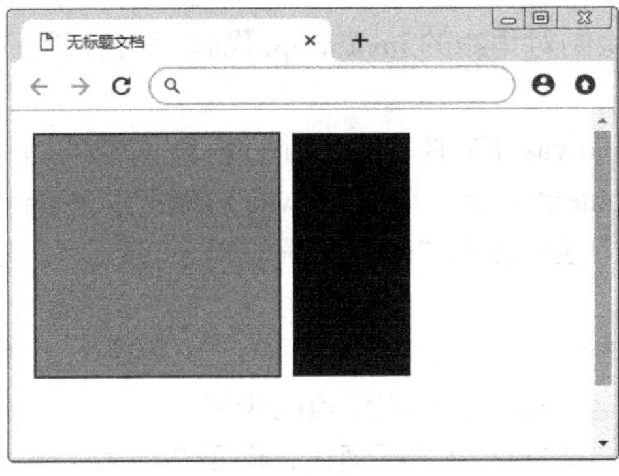

图 9-4

代码如下：

```
<!doctype html>
<html>
<head>
<meta charset="utf-8">
<title>无标题文档</title>
</head>
<body>
```

```
    <canvas id="demo" width="300" height="300"></canvas>
<script>
  var canvas=document.getElementById("demo");
  var context = canvas.getContext("2d");
//使用 rect 方法
    context.rect(10,10,190,190);
    context.lineWidth = 2;
    context.fillStyle = "#3EE4CB";
    context.strokeStyle = "#F5270B";
    context.fill();
    context.stroke();
//使用 fillRect 方法
    context.fillStyle = "#1424DE";
    context.fillRect(210,10,190,190);
//使用 strokeRect 方法
    context.strokeStyle = "#F5270B";
    context.strokeRect(410,10,190,190);
//同时使用 strokeRect 方法和 fillRect 方法
    context.fillStyle = "#1424DE";
    context.strokeStyle = "#F5270B";
    context.strokeRect(610,10,190,190);
    context.fillRect(610,10,190,190);
</script>
</body>
</html>
```

这里需要说明两点：第一点就是 stroke()和 fill()绘制的前后顺序，如果 fill()后面绘制，那么当 stroke 边框较大时，会明显地把 stroke()绘制出的边框遮住一半；第二点：设置 fillStyle 或 strokeStyle 属性时，可以通过“rgba(255,0,0,0.2)”的方式来设置，这个设置的最后一个参数是透明度。

※ 知识拓展 ※

另外还有一个跟矩形绘制有关的：清除矩形区域 context.clearRect(x,y,width,height)。

接收参数分别为：清除矩形的起始位置以及矩形的宽和长。在上面的代码中绘制图形的最后加上：context.clearRect(100,60,600,100);

可以得到的效果如图 9-5 所示。

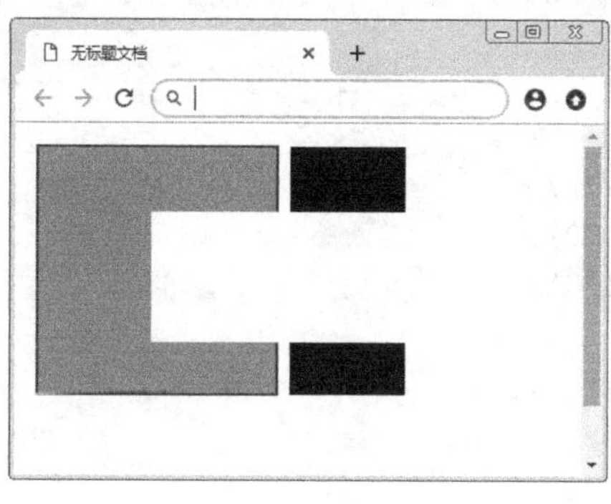

图 9-5

课堂练习 canvas 绘制三角形

使用 canvas 绘制三角形的方法也比较简单，只需要设置三个点就可以了，效果如图 9-6 所示。

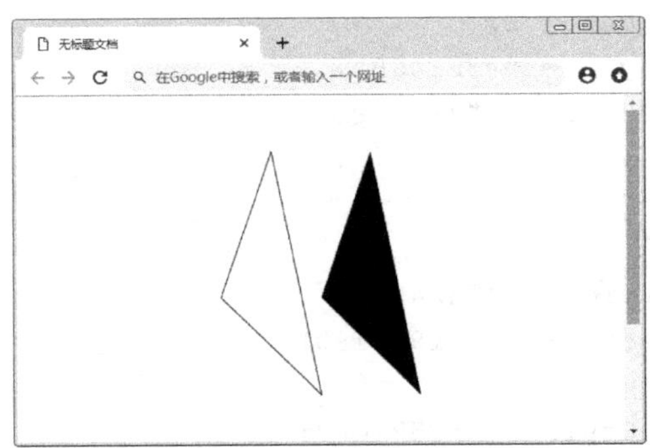

图 9-6

代码如下：

```
<!doctype html>
<html>
<head>
<meta charset="utf-8">
<title>无标题文档</title>
</head>
<body>
    <canvas id="canvas" width="500" height="500"></canvas>
<script>
  var canvas=document.getElementById("canvas");
  var cxt=canvas.getContext("2d");
    cxt.beginPath();
    cxt.moveTo(250,50);
    cxt.lineTo(200,200);
    cxt.lineTo(300,300);
    cxt.closePath();//填充或闭合，需要先闭合路径才能画
//空心三角形
    cxt.strokeStyle="red";
    cxt.stroke();
//实心三角形
    cxt.beginPath();
    cxt.moveTo(350,50);
    cxt.lineTo(300,200);
    cxt.lineTo(400,300);
    cxt.closePath();
    cxt.fill();
</script>
</body>
</html>
```

【知识点拨】

通过上面两个案例相信大家已经对如何在 canvas 上制作图形有了初步的认识，基本可以总结如下。

- 利用 fiilStyle 和 strokeStyle 属性可以方便地设置矩形的填充和线条，颜色值使用和 CSS 一样，包括十六进制数，rgb()、rgba()和 hsla。
- 使用 fillRect 可以绘制带填充的矩形。
- 使用 strokeRect 可以绘制只有边框没有填充的矩形。
- 如果想清除部分 canvas，可以使用 clearRect。
- 以上几种方法参数都是相同的，包括 x、y 和 width 和 height。

9.3 canvas 绘制图像

我们可以利用 canvasAPI 生成和绘制图像。本节将使用 canvasAPI 的基本功能来插入图像并绘制背景图像，并且通过实例来熟悉应用 canvas 变换，从而对 canvasAPI 有一个更深刻的认识。

9.3.1 绘制渐变图形

渐变是指两种或两种以上的颜色之间的平滑过渡。对于 canvas 来说，渐变也是可以实现的。在 canvas 中可以实现两种渐变效果：线性渐变和径向渐变。

课堂练习　使用 canvas 绘制渐变色

绘制颜色的线性渐变效果如图 9-7 所示。

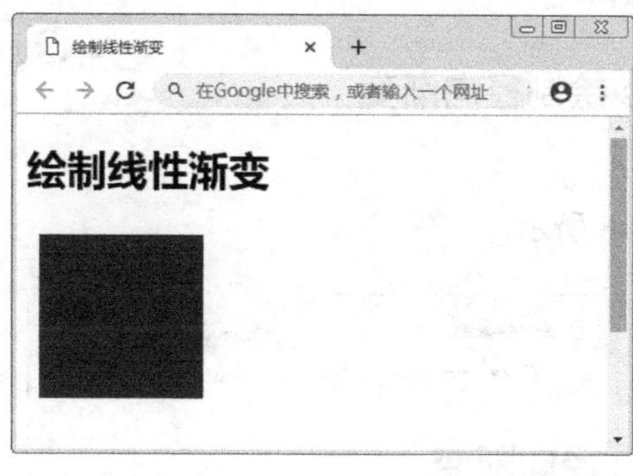

图 9-7

代码如下：

```
<!DOCTYPE html>
<head>
<meta charset="UTF-8">
<title>绘制线性渐变</title>
<script >
function draw(id) {
```

```
    var context = document.getElementById('canvas').getContext('2d');
    var lingrad = context.createLinearGradient(0,0,0,150);
      lingrad.addColorStop(0, 'red');
      lingrad.addColorStop(1, 'green');
      context.fillStyle = lingrad;
      context.fillRect(10,10,130,130);
}
</script>
</head>
<body onload="draw('canvas');">
    <h1>绘制线性渐变</h1>
    <canvas id="canvas" width="400" height="300" />
</body>
</html>
```

【知识点拨】

下面来解释一下上段代码中的意义。

`var lingrad = context.createLinearGradient(0,0,0,150);`

这是创建的一个像素为 150，由上到下的线性渐变。

```
lingrad.addColorStop(0, 'red');
lingrad.addColorStop(1, 'green');
```

一个渐变可以有两种或更多种的色彩变化。沿着渐变方向颜色可以在任何地方变化。要增加一种颜色变化，需要指定它在渐变中的位置。渐变位置可以在 0 和 1 之间任意取值。此段代码的渐变色调是一个从红到绿的过渡。

```
context.fillStyle = lingrad;
context.fillRect(10,10,130,130);
```

如果想让颜色产生渐变的效果，就需要为这个渐变对象设置图形的 fillStyle 属性，并绘制这个图形。

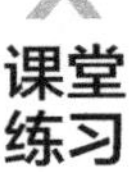

使用 canvas 绘制径向渐变

径向渐变的效果如图 9-8 所示。

图 9-8

径向渐变的绘制代码如下所示：

```
<!DOCTYPE html>
<head>
<meta charset="UTF-8">
<title>绘制径向渐变</title>
<script >
function draw(id) {
var context = document.getElementById('canvas').getContext('2d');
var radgrad = context.createRadialGradient(45,45,10,52,50,30);
    radgrad.addColorStop(0, '#A7D30C');
    radgrad.addColorStop(0.9, '#019F62');
    radgrad.addColorStop(1, 'rgba(1,159,98,0)');
var radgrad2 = context.createRadialGradient(105,105,20,112,120,50);
    radgrad2.addColorStop(0, '#FF5F98');
    radgrad2.addColorStop(0.75, '#FF0188');
    radgrad2.addColorStop(1, 'rgba(255,1,136,0)');
var radgrad3 = context.createRadialGradient(95,15,15,102,20,40);
    radgrad3.addColorStop(0, '#00C9FF');
    radgrad3.addColorStop(0.8, '#00B5E2');
    radgrad3.addColorStop(1, 'rgba(0,201,255,0)');
var radgrad4 = context.createRadialGradient(0,150,50,0,140,90);
    radgrad4.addColorStop(0, '#F4F201');
    radgrad4.addColorStop(0.8, '#E4C700');
    radgrad4.addColorStop(1, 'rgba(228,199,0,0)');
    context.fillStyle = radgrad4;
    context.fillRect(0,0,150,150);
    context.fillStyle = radgrad3;
    context.fillRect(0,0,150,150);
    context.fillStyle = radgrad2;
    context.fillRect(0,0,150,150);
    context.fillStyle = radgrad;
    context.fillRect(0,0,150,150);
}
</script>
</head>
<body onload="draw('canvas');">
    <h1>径向渐变</h1>
    <canvas id="canvas" width="300" height="300" />
</body>
</html>
```

上述代码中 context.createRadialGradient(105,105,20,112,120,50);所表示的含义为：105 为渐变开始圆的圆心横坐标，105 为渐变开始圆的圆心纵坐标，20 为开始圆的半径，112 为渐变结束圆的圆心横坐标，120 为渐变结束圆的圆心纵坐标，50 为结束圆的半径。

9.3.2 绘制变形图形

绘制图形的时候，可能会经常对绘制的图形进行变化，例如旋转。使用 canvas 的坐标轴变换处理功能，可以实现这样的效果。

如果对坐标使用变换处理，就可以实现图形的变形处理。对坐标的变换处理，有如下 3 种方式。

（1）平移

移动图形的绘制主要是通过 translate 方法来实现的，定义方法如下：

```
Context. translate(x,y);
```

translate 方法使用两个参数：x 表示将坐标轴原点向左移动若干个单位，默认情况下为像素；y 表示将坐标轴原点向下移动若干个单位。

（2）缩放

使用图形上下文对象的 scale 方法将图像缩放。定义的方法如下：

```
Context.scale(x,y);
```

scale 方法使用两个参数：x 是水平方向的放大倍数；y 是垂直方向的放大倍数。将图形缩小的时候，将这两个参数设置为 0~1 之间的小数就可以了，例如 0.1 是指将图形缩小十分之一。

（3）旋转

使用图形上下文对象的 rotate 方法将图形进行旋转。定义的方法如下：

```
Context.rotate(angle);
```

rotate 方法接受一个参数 angle，angle 是指旋转的角度，旋转的中心点是坐标轴的原点。旋转是以顺时针方向进行的，想要逆时针旋转时将 angle 设定为负数就可以了。

课堂练习 绘制变形图形

下面绘制的变形图形是通过旋转并进行缩放完成的，效果如图 9-9 所示。

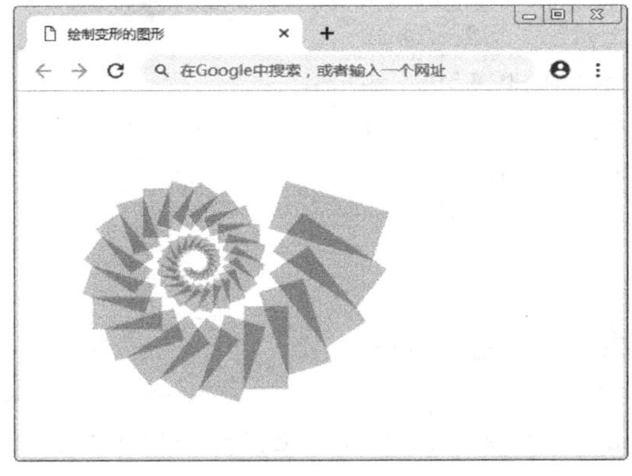

图 9-9

代码如下所示：

```
<!DOCTYPE html>
<head>
<meta charset="UTF-8">
```

```
<title>绘制变形的图形</title>
<script >
function draw(id)
{
var canvas = document.getElementById(id);
    if (canvas == null)
    return false;
var context = canvas.getContext('2d');
    context.fillStyle ="#fff"; //设置背景色为白色
    context.fillRect(0, 0, 400, 300);  //创建一个画布
    // 图形绘制
    context.translate(200,50);
    context.fillStyle = 'rgba(255,0,0,0.25)';
for(var i = 0;i < 50;i++)
{
    context.translate(25,25);  //图形向左，向下各移动 25
    context.scale(0.95,0.95);  //图形缩放
    context.rotate(Math.PI / 10);  //图形旋转
    context.fillRect(0,0,100,50);
}
}
</script>
</head>
<body onload="draw('canvas');">
    <canvas id="canvas" width="400" height="300" />
</body>
</html>
```

从上述代码可以看出绘制了一个矩形，在循环中反复使用平移坐标轴、图形缩放、图形旋转这 3 种技巧，最后绘制出了图 9-9 所示的变形图形。

9.3.3 组合多个图形

使用 canvasAPI 可以将一个图形重叠绘制在另一个图形上面，但是图形中能够被看到的部分完全取决于以哪种方式进行组合，这时需要使用到 canvasAPI 的图形组合技术。

在 HTML5 中，只要用图形上下文对象的 globalCompositeOperation 属性就能自己决定图形的组合方式。

使用方法：

```
Context. globalCompositeOperation=type
```

type 值必须是下面的字符串之一：

- Source-over：默认值，表示图形会覆盖在原图形之上。
- Destination-over：表示会在原有图形之下绘制新图形。
- Source-in：新图形会仅仅出现与原有图形重叠的部分，其他区域都变成透明的。
- Destination-in：原有图形中与新图形重叠的部分会被保留，其他区域都变成透明的。
- Source-out：只有新图形中与原有内容不重叠的部分会被绘制出来。
- Destination-out：原有图形中与图形不重叠的部分会被保留。

- Source-atop：只绘制新图形中与原有图形重叠的部分和未被重叠覆盖的原有图形，新图形的其他部分变成透明。
- Destination-atop：只绘制原有图形中被新图形重叠覆盖的部分与新图形的其他部分，原有图形中的其他部分变成透明，不绘制新图形中与原有图形相重叠的部分。
- Lighter：两图形重叠部分做加色处理。
- Darker：两图形中重叠的部分做减色处理。
- Xor：重叠部分会变成透明色。
- Copy：只有新图形会被保留，其他都被清除掉。

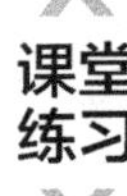

课堂练习

组合图像的绘制

圆形和正方形的组合效果如图 9-10 所示。

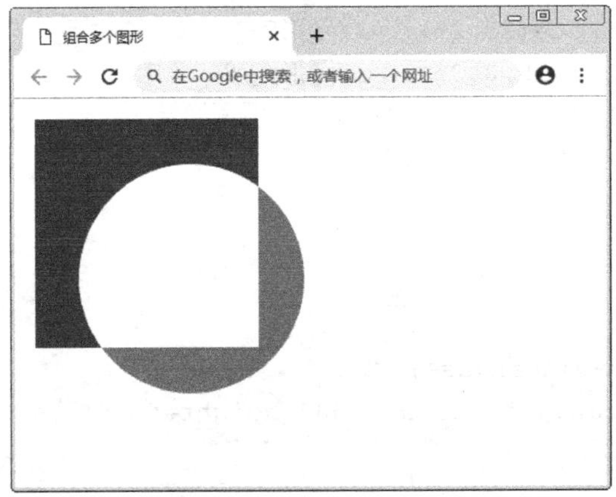

图 9-10

代码如下：

```
<!DOCTYPE html>
<head>
<meta charset="UTF-8">
<title>组合多个图形</title>
<script >
function draw(id)
{
var canvas = document.getElementById(id);
    if (canvas == null)
    return false;
var context = canvas.getContext('2d');
//定义数组
var arr = new Array(
    "source-over",
    "source-in",
    "source-out",
```

```
        "source-atop",
        "destination-over",
        "destination-in",
        "destination-out",
        "destination-atop",
        "lighter",
        "darker",
        "xor",
        "copy"
    );
        i = 8;
        //绘制原有图形
        context.fillStyle = "#9900FF";
        context.fillRect(10,10,200,200);
        //设置组合方式
        context.globalCompositeOperation = arr[i];
        //设置新图形
        context.beginPath();
        context.fillStyle = "#FF0099";
        context.arc(150,150,100,0,Math.PI*2,false);
        context.fill();
    }
    </script>
    </head>
    <body onload="draw('canvas');">
        <canvas id="canvas" width="400" height="300" />
    </body>
    </html>
```

9.3.4 文本和阴影

文本绘制由以下两种方法组成：

```
fillText(text,x,y,maxwidth);
trokeText(text,x,y,maxwidth);
```

两个函数的参数完全相同，必选参数包括文本参数以及用于指定文本位置的坐标参数。maxwidth 是可选参数，用于限制字体大小，它会将文本字体强制收缩到指定尺寸。此外，还有一个 measureText 函数可供使用，该函数会返回一个度量对象，其中包含了在当前 context 环境下指定文本的实际显示宽度。

为了保证文本在各浏览器下都能正常显示，canvasAPI 为 context 提供了类似于 CSS 的属性，以此来保证实际显示效果的高度可配置。

使用 canvasAPI 来进行文字绘制主要有如下几个属性。

- Font：CSS 字体字符串，用来设置字体。
- textAlin：设置文字水平对齐方式，属性值可以为 start、end、left、right、center。
- textBaeline：设置文字的垂直对齐方式，属性值可以为 top、hanging、middle、alphabetic、ideographic、bottom。

对上面这些 context 属性赋值能够改变 context，而访问 context 属性可以查询到其当前值。

课堂练习　使用 canvas 绘制文本和阴影效果

下面是使用 canvas 绘制的文本和图像阴影的效果，如图 9-11 所示。

在下列代码中，我们首先创建了一段使用 Impact 字体的大字号文本，然后使用已有的树皮图片作为背景进行填充。为了将文本置于 canvas 的上方并居中，我们定义了最大宽度和 center（居中）对齐方式。

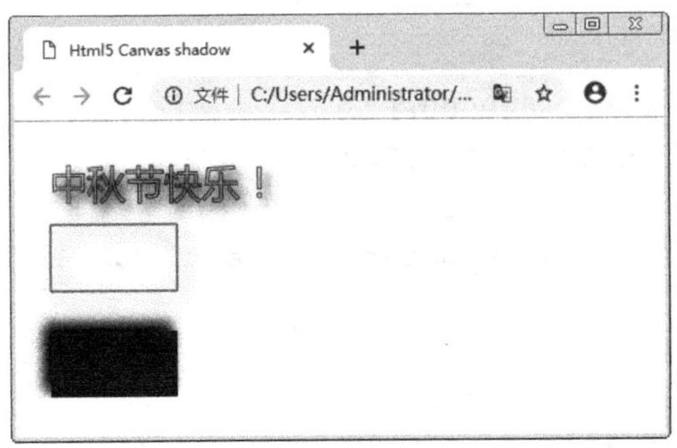

图 9-11

文本和阴影的应用代码如下所示。

```
<!DOCTYPE html>
<html lang="en">
<head>
<meta charset="UTF-8">
<title>Html5 Canvas shadow</title>
</head>
<body>
<canvas id="can" width="300" height="200"></canvas>
</body>
<script type="text/javascript">
//获得页面元素
var c = document.getElementById('can');
//调用 html5 相关方法获得 2D 对象
var cC = c.getContext('2d');
    //设置绘制文字大小及字体
    cC.font = "30px Verdana";
//定义线性渐变
var lg = cC.createLinearGradient(0, 0, 200, 0);
    lg.addColorStop("0", "magenta");
    lg.addColorStop("0.5", "blue");
    lg.addColorStop("1.0", "red");
    //设置阴影模糊系数（单位：像素）
    cC.shadowBlur = 10;
```

```
    //设置阴影颜色
    cC.shadowColor = 'black';
    //设置阴影 X 轴偏移量（单位：像素）
    cC.shadowOffsetX = 5;
    //设置阴影 X 轴偏移量（单位：像素）
    cC.shadowOffsetY = 5;
    //将渐变设定为笔触
    cC.strokeStyle = lg;
    //设定绘制文字
    cC.strokeText("中秋节快乐！", 20, 50);
    //设置阴影模糊系数（单位：像素）
    cC.shadowBlur = 20;
    //用 rgba 设置阴影颜色，支持透明度
    cC.shadowColor = 'rgba(0,0,0,0.8)';
    //设置阴影 X 轴偏移量（单位：像素）
    cC.shadowOffsetX = 5;
    //设置阴影 Y 轴偏移量（单位：像素）
    cC.shadowOffsetY = 5;
    //设置笔触颜色
    cC.strokeStyle = '#3f3f42';
    //绘制矩形线框
    cC.strokeRect(20, 70, 100, 50);
    //设置阴影模糊系数（单位：像素）
    cC.shadowBlur = 10;
    //设置阴影颜色
    cC.shadowColor = 'black';
    //设置阴影 X 轴偏移量（单位：像素）
    cC.shadowOffsetX = -5;
    //设置阴影 X 轴偏移量（单位：像素）
    cC.shadowOffsetY = -5;
    cC.fillStyle = '#3f3f47';
    cC.fillRect(20, 150, 100, 50);
</script>
</html>
```

【知识点拨】

可以通过几种全局 context 属性来控制阴影，见表 9-2。

表 9-2 几种全局 context 属性

属性	值	备注
ShadowColor	任何 CSS 中的颜色值	可以使用透明度（alpha）
ShadowOffsetX	像素值	值为正数，向右移动阴影； 值为负数，向左移动阴影
ShadowOffsetY	像素值	值为正数，向下移动阴影； 值为负数，向上移动阴影
ShadowBlur	高斯模糊值	值越大，阴影边缘越模糊

ShadowColor 或者其他任意一项属性的值被赋为非默认值时，路径、文本和图片上的阴影效果就会被触发。上述代码显示了如何为文本添加阴影效果。

9.3.5 像素处理

canvas API 最有用的特性之一是允许开发人员直接访问 canvas 底层像素数据。这种数据访问是双向的：一方面，可以以数值数组形式获取像素数据；另一方面，可以修改数组的值以将其应用于 canvas。实际上，放弃本章之前讨论的渲染调用，也可以通过直接调用像素数据的相关方法来控制 canvas。这要归功于 context API 内置的三个函数。

第一个是 context.getImageData(sx, sy, sw, sh)。这个函数返回当前 canvas 状态并以数值数组的方式显示。具体来说，返回的对象包括三个属性。

- width：每行有多少个像素。
- height：每列有多少个像素。
- data：一维数组，存有从 canvas 获取的每个像素的 RGBA 值。该数组为每个像素保存了四个值——红、绿、蓝和 alpha 透明度。每个值都在 0 ~ 255 之间。因此，canvas 上的每个像素在这个数组中就变成了四个整数值。数组的填充顺序是从左到右，从上到下（也就是先第一行再第二行，以此类推）。

getImageData 函数有四个参数，该函数只返回这四个参数所限定的区域内的数据。只有被 x、y、width 和 height 四个参数框定的矩形区域内的 canvas 上的像素才会被取到，因此要想获取所有像素数据，就需要这样传入参数：getImageData(0, 0, canvas.width, canvas.height)。

因为每个像素由四个图像数据表示，所以要计算指定的像素点对应的值是什么会有点麻烦。为了方便设计，研究人员给出了下面的公式。

在设定了 width 和 height 的 canvas 上，在坐标(x ,y)上的像素的构成如下。

- 红色部分：((width * y) + x) * 4
- 绿色部分：((width * y) + x) * 4 + 1
- 蓝色部分：((width * y) + x) * 4 + 2
- 透明度部分：((width * y) + x) * 4 + 3

一旦可以通过像素数据的方式访问对象，就可以通过数学方式轻松修改数组中的像素值，因为这些值都是 0 ~ 255 的简单数字。修改了任何像素的红、绿、蓝和 alpha 值之后，可以通过第二个函数来更新 canvas 上的显示，那就是 context.putImageData(imagedata, dx, dy)。

putImageData 允许开发人员传入一组图像数据，其格式与最初从 canvas 上获取来的是一样的。这个函数使用起来非常方便，因为可以直接用从 canvas 上获取的数据加以修改然后返回。一旦这个函数被调用，所有新传入的图像数据值就会立即在 canvas 上更新显示出来。dx 和 dy 参数可以用来指定偏移量，如果使用，则该函数就会跳到指定的 canvas 位置去更新显示传进来的像素数据。

最后，如果想预先生成一组空的 canvas 数据，则可调用 context.createImageData(sw, sh)，这个函数可以创建一组图像数据并绑定在 canvas 对象上。这组数据可以像先前那样处理，只是在获取 canvas 数据时，这组图像数据不一定会反映 canvas 的当前状态。

9.4 canvas 绘制形状

<canvas></canvas>是 HTML5 出现的新标签，像所有的 DOM 对象一样，它有自己本身的属性、方法和事件，其中就有绘图的方法，JavaScript 能够调用它来进行绘图。

9.4.1 绘制圆形的方法

在绘制圆形的时候会用到 beginpath()、arc()、closethpath()、fill()这四种方法。

语法描述：

```
context.arc(x,y,radious,startAngle,endAngle,anticlockwise);
```

arc 本意为用于绘制弧线，当采用适当的参数后，即可绘制圆形。参数中的 x,y 为起点坐标，上述语法中括号里的每个值的含义如下：

- x：圆心的 x 坐标；
- y：圆心的 y 坐标；
- startAngle：开始角度；
- endAngle：结束角度；
- anticlockwise：是否逆时针，（true）为逆时针，（false）为顺时针。

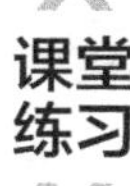

绘制圆形

设置合适的参数后绘制的圆形效果如图 9-12 所示。

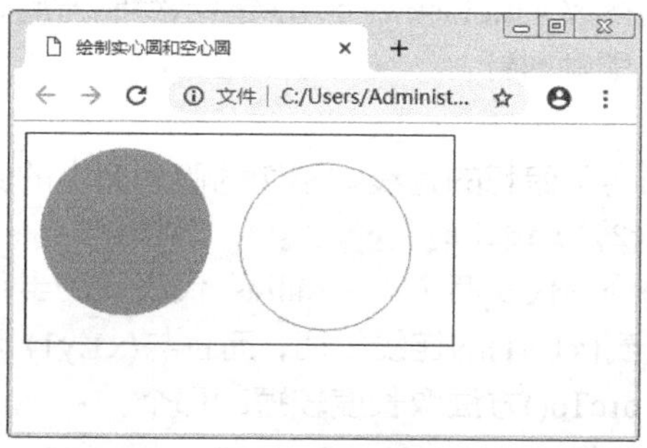

图 9-12

代码如下：

```
<!DOCTYPE html>
<html>
    <head>
        <meta charset="UTF-8">
        <title>绘制实心圆和空心圆</title>
    </head>
    <body>
        <canvas id="myCanvas" width="300" height="150" style="border: 1px 
solid;"></canvas>
        <script type="text/javascript">
            var c=document.getElementById("myCanvas");
            var context=c.getContext("2d");
            context.fillStyle="#00FFFF";
            context.beginPath();
            context.arc(70,70,60,Math.PI*2,0,true);
            context.closePath();
```

```
            context.fill();
            context.translate(140,10);
            context.strokeStyle="#00ff11";
            context.beginPath();
            context.arc(70,70,60,Math.PI*2,0,true);
            context.stroke();
        </script>
    </body>
</html>
```

9.4.2 绘制圆弧的方法

圆弧被定义为假想的圆周上任意两点之间的部分。canvas API 提供了两个绘制圆弧的方法：arc()和 arcTo()方法。

（1）arc()方法

使用 arc()方法绘制圆弧时，假想的圆由圆心和半径来定义，两个点由起始角度和结束角度来定义，还需要一个参数来定义绘制方向。故，arc()方法的格式为：

```
arc(x, y, radius, startAngle, endAngle [, anticlockwise])
```

其中，(x, y)表示圆心的坐标，radius 表示圆的半径，startAngle 和 endAngle 表示圆弧的起始角度和结束角度。可选参数 anticlockwise 用来指示绘制方向，true 表示逆时针，false 表示顺时针，默认值为 false，即顺时针。

（2）arcTo()方法

arcTo()方法用来绘制与两条假想的直线均相切的假想圆上的圆弧。arcTo()方法的格式为：

```
arcTo(x1, y1, x2, y2, radius)
```

其中，(x1,y1)和(x2,y2)分别代表两个点，radius 代表圆的半径。该方法以指定半径绘制一条圆弧，此圆弧与当前点到(x1,y1)的连线相切，而且与(x1,y1) 和(x2,y2)的连线也相切。在假想的圆上会有两段圆弧，arcTo()方法取长度较短的那个。

课堂练习

绘制一个圆弧

下面是使用 arc 绘制的一个圆弧效果，如图 9-13 所示。

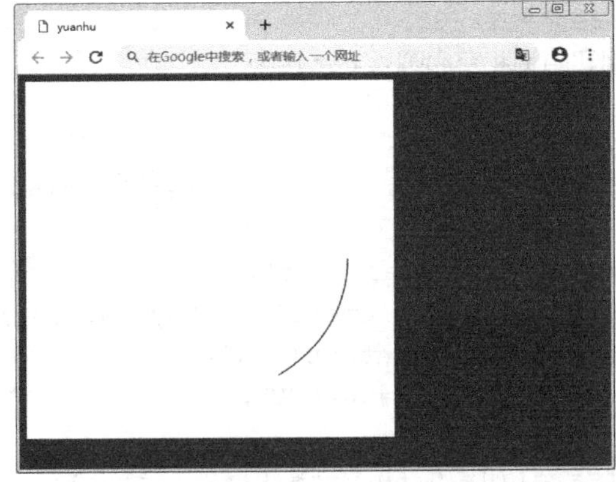

图 9-13

代码如下：

```
<!DOCTYPE html>
<html lang="en">
<head>
    <meta charset="UTF-8">
    <title></title>
<style>
    body{background:#666}
    #c1{ background:#fff;}
</style>
<script>
function d2a(n){
    return n*Math.PI/180;
}
window.onload = function(){
    var oC = document.getElementById("c1");

    //1 获取绘图接口
    var  gd = oC.getContext("2d");
    //arc(x, y, radius, startAngle, endAngle, counterclockwise)
    //x, y 描述弧的圆形的圆心的坐标。
    //radius 描述弧的圆形的半径。
    //startAngle, endAngle 开始和结束的角度
    //逆时针为 true;顺时针为 false
    gd.arc(200,200,150,d2a(0),d2a(60),false);
    gd.stroke();
};
</script>
</head>
<body>
    <canvas id="c1" width="400" height="400"></canvas>
</body>
</html>
```

※ 知识拓展 ※

学会了圆弧的绘制，下面为大家介绍饼图的绘制方法，效果如图 9-14 所示。

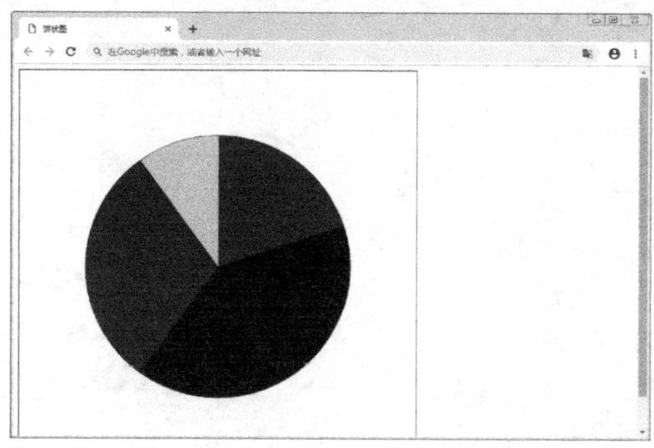

图 9-14

代码如下：

```
<!DOCTYPE html>
<html lang="en">
<head>
    <meta charset="UTF-8">
    <title>饼状图</title>
</head>
<body>
<div id="container">
    <canvas id="cavsElem">
        您的浏览器不支持canvas，请升级浏览器
    </canvas>
</div>
<script>
    (function(){
        var canvas = document.getElementById('cavsElem');
        var ctx = canvas.getContext('2d');
        canvas.width = 600;
        canvas.height = 600;
        canvas.style.border = '1px solid red';

        var data = [{
            "value": .2,
            "color": "red",

        },{
            "value": .4,
            "color": "blue",

        },{
            "value": .3,
            "color": "green",

        },{
            "value": .1,
            "color": "pink",

        }];

        //定义起始角度
        var tempAngle=-90;
        //定圆心位置
        var x0=300,y0=300;
        //定半径长度
        var radius=200;
        //从-90°开始绘制
```

```
        for(var i=0; i<data.length; i++){
            ctx.beginPath();
            ctx.moveTo(x0,y0);
            //当前扇形角度
            var angle = data[i].value*360;
            //当前扇形起始绘制弧度
            var startAngle = tempAngle*Math.PI/180;
            //当前扇形借结束绘制弧度
            var endAngle = (tempAngle + angle)*Math.PI/180;
            //绘制扇形
            ctx.arc(x0,y0,radius,startAngle,endAngle);
            ctx.stroke();
            //填充扇形
            ctx.fillStyle = data[i].color;
            ctx.fill();
            //当前扇形结束绘制角度，即下一个扇形开始绘制角度
            tempAngle += angle;
        }
    })();
</script>
</body>
</html>
```

9.4.3 绘制贝塞尔曲线

贝塞尔曲线于1959年由法国物理学家与数学家Paul de Casteljau所发明，于1962年由法国工程师皮埃尔·贝塞尔（Pierre Bézier）所广泛发表，并用于汽车的车身设计。贝赛尔曲线为计算机矢量图形学奠定了基础，它的主要意义在于无论是直线或曲线都能在数学上予以描述。

贝塞尔曲线分为两种：二次贝塞尔曲线和三次贝塞尔曲线。

二次贝塞尔曲线是一种二次曲线，它只能向一个方向弯曲，由三个点来定义：两个锚点及一个控制点，控制点用来控制曲线的形状。

在canvas中，二次贝塞尔曲线的两个锚点分别是上下文点和终点，而起点是已知的。因此只需知道控制点和终点，就能唯一确定一条二次贝塞尔曲线。绘制方法为：

```
quadraticCurveTo(controlX, controlY, endingPointX, endingPointY)
```

由于二次贝塞尔曲线只有一个控制点，所以它永远只能画向一个方向弯曲的弧线，画不出S形曲线。要绘制S形曲线，还需要使用三次贝塞尔曲线。

三次贝塞尔曲线是一种三次曲线，由四个点来定义：两个锚点及两个控制点，两个控制点用来控制曲线的形状。

canvas中的三次贝塞尔曲线由上下文点、两个控制点、一个终点定义。绘制方法为：

```
bezierCurveTo(controlX1, controlY1, controlX2, controlY2, endPointX, endPointY)
```

课堂练习

S形曲线的绘制方法

绘制S形的曲线使用的是三次贝塞尔曲线的方法，效果如图9-15所示。

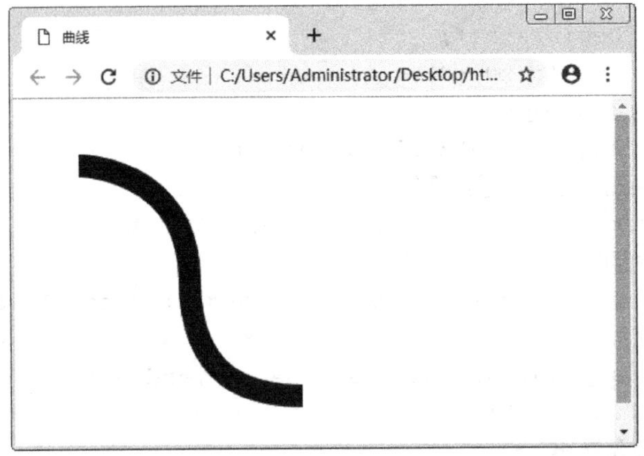

图 9-15

代码如下：

```
<!DOCTYPE html>
<html>
    <head>
        <meta charset="UTF-8">
        <title>曲线</title>
    </head>
    <body>
        <canvas id="myCanvas" width="300" height="300"></canvas>
            <!--
            绘制贝塞尔曲线
            context.bezierCurveTo(cp1x,cp1y,cp2x,cp2y,x,y)
            cp1x:第一个控制点 x 坐标
            cp1y:第一个控制点 y 坐标
            cp2x:第二个控制点 x 坐标
            cp2y:第二个控制点 y 坐标
            x:终点 x 坐标
            y:终点 y 坐标

            绘制二次样条曲线
            context.quadraticCurveTo(qcpx,qcpy,qx,qy)
            qcpx:二次样条曲线控制点 x 坐标
            qcpy:二次样条曲线控制点 y 坐标
            qx:二次样条曲线终点 x 坐标
            qy:二次样条曲线终点 y 坐标
            -->
        <script type="text/javascript">
            var canvas=document.getElementById("myCanvas");
            var context=canvas.getContext("2d");
```

```
            context.moveTo(50,50);
            context.bezierCurveTo(50,50,150,50,150,150);
            context.stroke();
            context.quadraticCurveTo(150,250,250,250);
            context.stroke();
            context.strokeStyle = '#663300';
            context.lineWidth = 20;
            context.stroke();
            // 恢复之前的 canvas 状态
            context.restore();
        </script>
    </body>
</html>
```

【知识点拨】

quadraticCurveTo 函数绘制曲线的起点是当前坐标，带有两组（x,y）参数。第二组是指曲线的终点。第一组代表控制点（control point）。所谓的控制点位于曲线的旁边（不是曲线之上），其作用相当于对曲线产生一个拉力。通过调整控制点的位置，就可以改变曲线的曲率。

综合实战　制作一个进度条

相信通过前面的学习各位读者已经对 canvas 的绘图功能有了较为全面的认识了，本节将会通过一个综合案例带着大家一起把之前所学的 canvas 知识灵活运用起来，以达到一个新的高度。下面为大家制作一个进度条的效果，如图 9-16 所示。

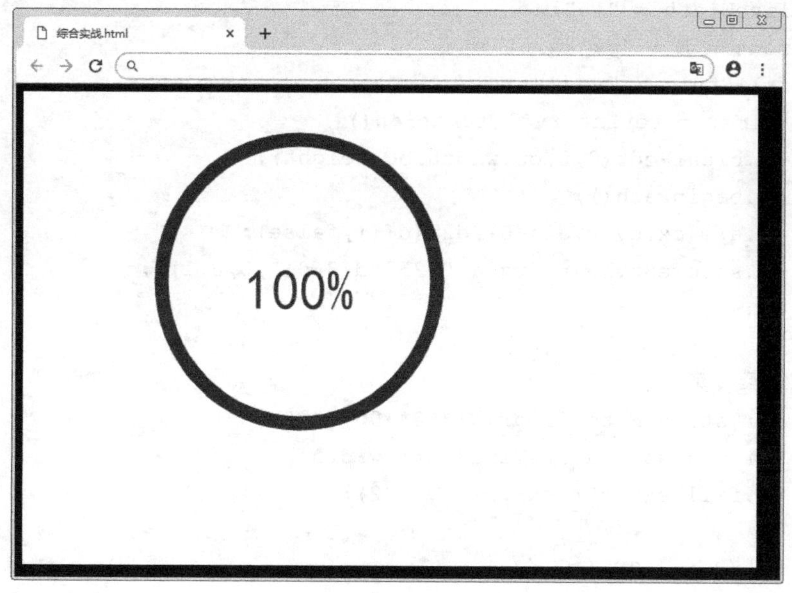

图 9-16

代码如下：

```
<!DOCTYPE html>
<html lang="en">
<head>
    <meta charset="UTF-8">
    <title></title>
<style>
body{background:#000;}
#c1{ background:#fff;}
</style>
<script>
function d2a(n){
    return n*Math.PI/180;
}
window.onload = function(){
    var oC = document.getElementById('c1');

    //1 获取绘图接口
    var gd = oC.getContext("2d");

    var cx = 300;
    var cy = 200;
    var r = 150;

    var d = 0;
    var h = 60;

    gd.lineWidth = "15";
    gd.font = h + "px kaiti";
    gd.fillStyle = "red";
    var timer = setInterval(function(){
        gd.clearRect(0,0,oC.width,oC.height);
        gd.beginPath();
        gd.arc(cx,cy,r,d2a(0),d2a(d++),false);
        gd.strokeStyle = "rgba("+255*d/360+",0,0,1)";
        gd.stroke();

        //写文字
        var str = Math.floor(d/360*100)+"%";
        var w = gd.measureText(str).width;
        gd.fillText(str,cx-w/2,cy+h/2);

        if (d > 360) {
            clearInterval(timer);
```

```
        }
    },16);
}
</script>
</head>
<body>
<canvas id="c1" width="800" height="500"></canvas>
</body>
</html>
```

至此，一个圆形进度条制作完成了。

课后作业　canvas 的实际应用

难度等级　★★★

本章的课后作业为大家准备了使用 canvas 制作时钟的方法，效果如图 9-17 所示。

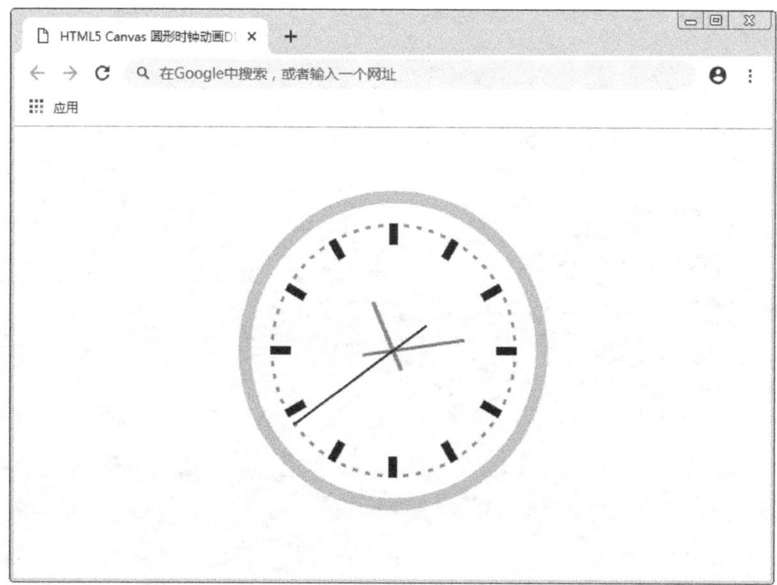

图 9-17

难度等级　★★★

本章的最后一个课后作业为大家准备了微信对话框的实现方法，在聊天的时候会出现一个小三角的朝向，以便区分是谁发的信息。在 PS 中我们很容易就可以借助蒙版来完成效果，那么使用 canvas 怎么去操作呢？

实现的效果如图 9-18 所示。

图 9-18

扫一扫，看答案

第10章 选择器的妙用

内容导读

CSS 是一种为网站添加布局效果以及显示样式的工具，它可以节省大量的时间，采用一种全新的方式来设计网站。CSS 是每个网页开发人员必须掌握的一门技术。本章就将带领大家学习有关 CSS 的知识。

学习目标

学习完本章知识之后，你将了解到 CSS 中的选择器效果，学会 CSS 选择器的使用方法以及常用的选择器。

10.1 CSS 简介

CSS 是一门崭新的老技术，在互联网领域，任何一门技术只要超过了 10 年以上的时间都可以称为老技术，而我们今天所要学习的 CSS 的第一个版本作为 W3C 的推荐出现在 1996 年 12 月 17 日，这个老技术直到今天已经超过了 23 个年头了。而说它是崭新的则是要从它的布局方式以及今天我们还正在完善的 CSS3 标准说起了。

CSS 在 2007 年之前在国内多数情况下都是用于纯粹的编写页面样式，例如这里加一个边框、那里加一段虚线等，并没有多少人采用我们今天所熟知的 CSS 盒子布局。而从 2007 年开始国内发现国外不少网站都已经摒弃了以前的表格布局而采用 CSS 布局方式，大家都发现这种布局方式要比以前的表格布局更加好看并且灵活，从那时候开始大家都争相采用 CSS 布局。当然，这些还不足以说明它的崭新之处，W3C 在今天依然在完善 CSS3 的版本，足够说明它的崭新之处了。

10.1.1 CSS 介绍

CSS 是 Cascading Style Sheet（层叠样式表）的缩写。它是用于控制页面样式与布局并允许样式信息与网页内容相分离的一种标记性语言。

相对于传统的 HTML 表现来说，CSS 能够对网页中对象的位置排版进行精确的控制，支持几乎所有的字体字号样式，拥有对网页中的对象创建盒模型的能力，并且能够进行初步的交互设计，是目前基于文本展示最优秀的表现设计语言。

同样的一个网页，不使用 CSS，页面只剩下内容部分，所有的修饰部分，如字体样式背景和高度等都消失了。所以可以把 CSS 看成是我们人身上的衣服和化妆品，HTML 就是人；人在没有衣服没有精心打扮的时候表现出来的样式可能不是很出彩，但是配上一身裁剪得体的衣服再化上美丽的妆容，即便是普通人也可以向大明星一样光彩照人。对于网页来说，使用了 CSS 之后就可以让一个本来看上去可能不那么出彩的页面变得非常上档次！

10.1.2 CSS 特点及优点

在以前网页内容的排版布局上，如果不是专业人员或特别有耐心的人，很难让网页按照自己的构思与想法来显示信息。即便是掌握了 HTML 语言精髓的人也要通过多次测试，才能驾驭好这些信息的排版。

CSS 样式表就是在这种需求下应运而生的，它首先要做的就是为网页上的元素进行精确定位，轻易地控制文字、图片等元素。

其次，它把网页上的内容结构和表现形式进行分离操作。浏览者想要看到网页上的内容结构，而为了让浏览者更加轻松和愉快地看到这些信息，就要通过格式来控制。以前两者在网页上分布是交错结合的，查看和修改都非常不方便，而现在把两者分开就会大大方便网页设计者进行操作。内容结构和表现形式相分离，使得网页可以只由内容结构来构成，而将所有的样式的表现形式保存到某个样式表当中。这样一来好处表现在以下两个方面：

① 简化了网页的格式代码，外部 CSS 样式表还会被浏览器保存在缓存中，加快了下载显示的速度，同时减少了需要上传的代码量。

② 当网页样式需要被修改的时候，只需要修改保存着 CSS 代码的样式表即可，不需要改变 HTML 页面的结构就能改变整个网站的表现形式和风格，这在修改数量庞大的站点时显得格外有用和重要。避免了一个一个网页地去修改，极大地减少了重复性的劳动。

10.1.3 CSS 的基本语法

CSS 样式表里面用到许多 CSS 属性都与 HTML 属性类似，所以，假如用户熟悉利用 HTML 进行布局的话，那么在使用 CSS 的时候对许多代码就不会感到陌生。下面我们就一起来看一个具体的实例。

例如，我们希望将网页的背景色设置为浅灰色，代码如下：

```
HTML: <body bgcolor="#ccc"></body>
CSS: body{background-color:#ccc;}
```

CSS 语言是由选择器，属性和属性值组成的，其基本语法如下：

```
选择器{属性名:属性值;}也就是 selector{properties:value;}
```

这里为大家介绍下什么是选择器，属性和属性值：

- 选择器：选择器用来定义 CSS 样式名称，每种选择器都有各自的写法，在后面部分将进行具体介绍。
- 属性：属性是 CSS 的重要组成部分。它是修改网页中元素样式的根本，例如我们修改网页中的字体样式、字体颜色、背景颜色、边框线形等，这些都是属性。
- 属性值：属性值是 CSS 属性的基础。所有的属性都需要有一个或一个以上的属性值。

关于 CSS 语法需要注意以下几点：

- 属性和属性值必须写在{}中。
- 属性和属性值中间用“:”分割开。
- 每写完一个完整的属性和属性值都需要以“;”结尾（如果只写了一个属性或者最后一个属性后面可以不写“;”，但是不建议这么做）。
- CSS 书写属性时，属性与属性之间对空格，换行是不敏感的，允许空格和换行的操作。
- 如果一个属性里面有多个属性值，每个属性值之间需要以空格分割开。

10.1.4 引入 CSS 的方法

在网页中，我们需要引用 CSS，让 CSS 成为网页中的修饰工具，那么如何才能引用 CSS 来为我们的页面服务呢？本节就为大家介绍下在页面中应该如何引入 CSS 样式表。

在页面中如果需要引入 CSS 样式表，具体有 3 种做法：内联引入方法、内部引入方法、外部引入方法。

（1）内联引入方法

每一个 HTML 元素都拥有一个 style 属性，这个属性是用来控制元素的外观的，这个属性的特别之处就在于，我们在 style 属性里面写入需要的 CSS 代码，而这些 CSS 代码都是作为 HTML 中 style 属性的属性值出现的。

具体方法如下代码所示：

```
<p style="color:red;">一行文字的颜色样式可以通过 color 属性来改变</p>
```

代码运行效果如图 10-1 所示。

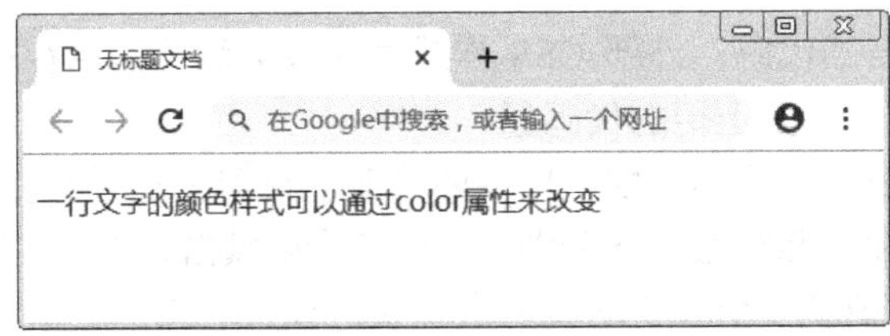

图 10-1

（2）内部引入方法

当我们在管理页面中很多元素的时候，内联引入 CSS 样式很显然是不合适的，因为那样会产生很多的重复性的操作与劳动。例如，我们需要把页面中所有的<p>标签中的文字都改成红色，使用内联 CSS 的话就会需要往每一个<p>里面去手动添加（在不考虑 JavaScript 的情况下），这样的重复劳动产生的劳动量是非常惊人的。很显然，我们不能让自己变成流水线上的机器人一样去做那么多的重复性劳动，所以我们可以把有相同需求的元素整理好分成很多的类别，让相同类别的元素使用同一个样式。

CSS 内容引入方法

使用<style>标签可以引入 CSS 样式，效果如图 10-2 所示。

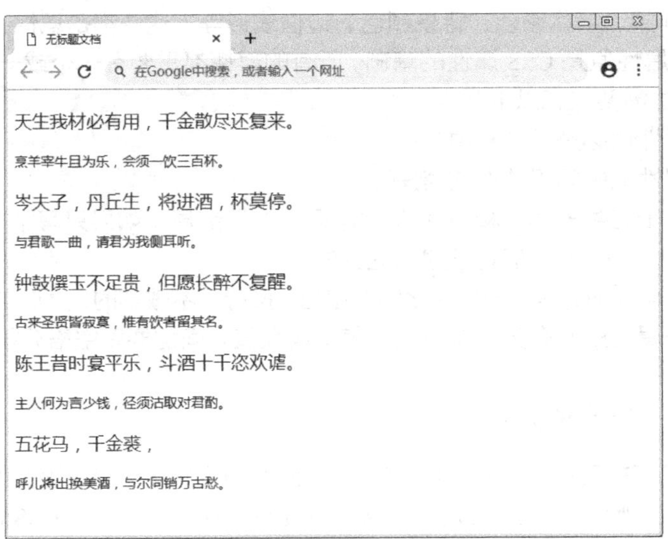

图 10-2

我们会在页面的<head>部分引入<style>标签，然后在<style>标签内部写入需要的 CSS 样式，例如可以让<p>标签里的文字为红色，文字大小为 20 像素，<div>标签里文字的颜色为绿色，文字大小为 10 像素，具体代码如下所示：

```
<!doctype html>
<html lang="en">
<head>
<meta charset="UTF-8">
```

```
<title>无标题文档</title>
<style>
p{
    color:red;
    font-size:20px;
}
span{
    color:green;
    font-size:10px;
}
</style>
</head>

<body>
    <p>天生我材必有用，千金散尽还复来。</p>
    <div>烹羊宰牛且为乐，会须一饮三百杯。</div>
    <p>岑夫子，丹丘生，将进酒，杯莫停。</p>
    <div>与君歌一曲，请君为我侧耳听。</div>
    <p>钟鼓馔玉不足贵，但愿长醉不复醒。</p>
    <div>古来圣贤皆寂寞，惟有饮者留其名。</div>
    <p>陈王昔时宴平乐，斗酒十千恣欢谑。</p>
    <div>主人何为言少钱，径须沽取对君酌。</div>
    <p>五花马，千金裘，</p>
    <div>呼儿将出换美酒，与尔同销万古愁。</div>
</body>
</html>
```

在这里我们可以很清楚地看见本来用内联样式需要复制粘贴很多次的操作，通过内部样式表就可以很轻松地实现效果，省心省力，同时这样的方式也更有利于后期对代码和页面的维护工作。

（3）外部引入方法

前面分别为大家介绍了内联样式表和内部样式表，也说了它们的用法，但是这两种样式表的写法并不推荐大家在开发当中使用。因为在实际开发中通常是一个团队很多人在一起合作，项目的页面想必也不会很少（一般一个移动 App 至少也要 20 个页面），如果我们使用了内部样式表进行开发的话就会遇到一个非常头疼的问题，如果众多页面中有一些样式相同的地方，是不是都要在样式表当中再写一遍？

事实上，我们根本不需要去这么做，最好的方法就是在 HTML 文档的外部新建一个 CSS 样式表，然后把样式表引入到 HTML 文档中，这样的话就可以实现同一个 CSS 样式却可以被无数个 HTML 文档进行调用，具体做法是：新建一些 HTML 文档，在 HTML 文档外部新建一个以.css 为后缀名的 CSS 样式表，在 HTML 文档的<head>部分以<link type="text/css" rel="stylesheet" href="url">标签进行引入。

这时，你就会发现外部样式表内的样式已经可以在你的 HTML 文档中进行使用了，而且这样做的好处还有当我们需要对所有页面进行样式修改的时候，就只需要修改一个 CSS 文件即可，不用对所有的页面逐个进行修改，并且就只需修改 CSS 样式，不需要对页面中的内容进行变动。

10.2 CSS 选择器

我们在对页面中的元素进行样式修改的时候，首先需要做的是找到页面的中需要修改的元素，然后再对它们进行样式修改的操作，例如我们需要修改页面中<div>标签的样式，就需要在样式表当中先找到需要修改的<div>标签。然而如何才能找到这些需要修改的元素呢？这就需要 CSS 中的选择器来完成了。本节将带领大家一起学习下 CSS 中的选择器。

10.2.1 三大基础选择器

在 CSS 中选择器可以分为四大种类，分别为 ID 选择器、类选择器、元素选择器和属性选择器，而由这些选择器衍生出来的复合选择器和后代选择器等其实都是这些选择器的扩展应用而已。

（1）元素选择器

在页面当中有很多的元素，这些元素也是构成页面的基础。CSS 元素选择器用来声明页面中哪些元素使用将要适配的 CSS 样式。所以，页面中的每一个元素名都可以成为 CSS 元素选择器的名称。例如，div 选择器就是用来选中页面中所有的 div 元素。同理，我们还可以对页面中 p、ul、li 等元素进行 CSS 元素选择器的选取，对这些被选中的元素进行 CSS 样式的修改。代码示例如下：

```
<style>
p{
color:red;
font-size: 20px;
}
ul{
list-style-type:none;
}
a{
text-decoration:none;
}
</style>
```

以上这段 CSS 代码表示的是 HTML 页面中所有的<p>标签文字颜色都采用红色，文字大小为 20 像素。所有的<ul>无序列表采用没有列表标记风格，而所有的<a>则是取消下划线显示。每一个 CSS 选择器都包含了选择器本身、属性名和属性值，其中属性名和属性值均可以同时设置多个，以达到对同一个元素声明多重 CSS 样式风格的目的。

代码运行结果如图 10-3 所示。

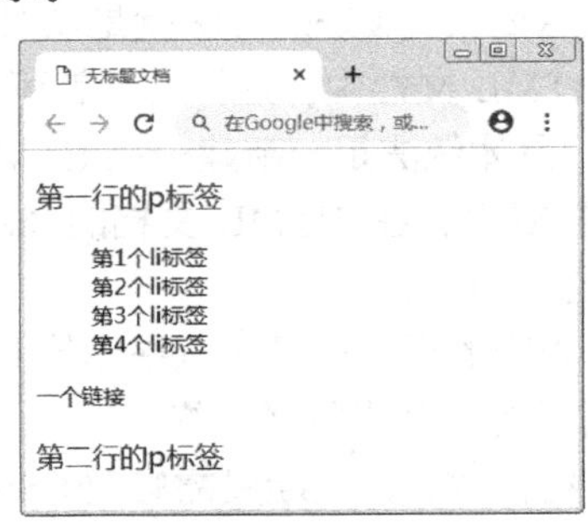

图 10-3

（2）类选择器

在页面当中，可能有一些元素它们的元素名并不相同，但是我们依然需要它们拥有相同的样式。如果我们使用之前的元素选择器来操作的话就会显得非常烦琐，所以不妨换种思路来考虑这个事情。假如我们现在需要对页面中的<p>标签、<a>标签和<div>标签使用同一种文字样式，这时，我们就可以把这三个元素看成是同一种类型样式的元素，所以我们可以对它们进行归类的操作。

在 CSS 中，使用类操作需要在元素内部使用 class 属性，而 class 的值就是我们为元素定义的“类名”。

代码示例如下：

```
<body>
<p class="myTxt">我是一行 p 标签文字</p>
<p class="myTxt"><a class="myTxt" href="#">我是 a 标签内部的文字</a></p>
<div class="myTxt">div 文字也和它们的样式相同</div>
</body>
为当前类添加样式
<style type="text/css">
.myTxt{
color:red;
font-size: 30px;
text-align: center;
}
</style>
```

以上代码分别是为需要改变样式的元素添加 class 类名以及为需要改变的类添加 CSS 样式。这样，就可以达到同时为多个不同元素添加相同的 CSS 样式的目的。这里需要注意的是因为<a>标签天生自带下划线，所以在页面中<a>标签的内容还是会有下划线存在。如果你对此很介意的话，还可以单独为<a>标签多添加一个类名出来（一个标签是可以存在多个类名的，类名与类名之间使用空格分隔）。代码如下：

```
<p class="myTxt"><a class="myTxt myA" href="#">我是 a 标签内部的文字</a></p>
.myA{text-decoration: none;}
```

通过以上代码就可以取消<a>标签下划线了，两次代码运行效果图 10-4 和图 10-5 所示。

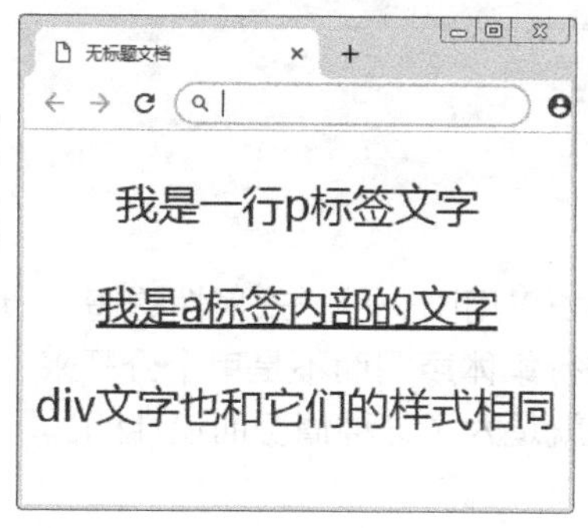

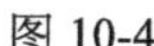
图 10-4

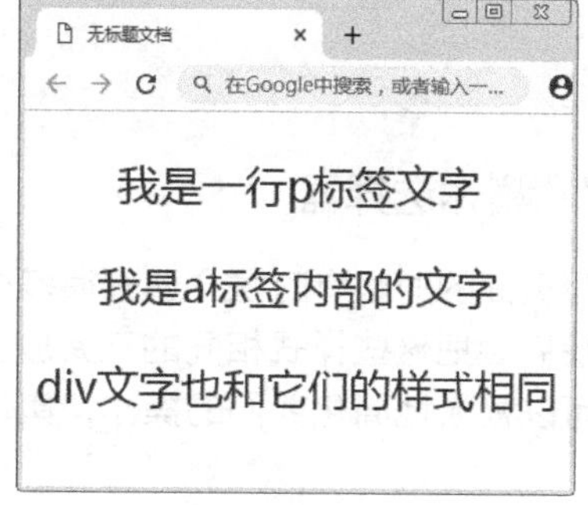

图 10-5

（3）ID 选择器

我们已经学习过了元素选择器和类选择器，这两种选择器其实都是对一类元素进行选取和操作，假设我们需要对页面中众多的<p>标签中的某一个进行选取和操作，如果使用类选择器的话同样也可以达到目的，但是类选择器毕竟是对一类或是一群元素进行操作的选择器，很显然我们单独地为某一个元素使用类选择器显得不是那么合理，所以我们需要一个独一无二的选择器。ID 选择器就是这样的一个选择器，ID 属性的值是唯一的。

代码如下：

HTML 代码

```
<p>这是第 1 行文字</p>
<p id="myTxt">这是第 2 行文字</p>
<p>这是第 3 行文字</p>
<p>这是第 4 行文字</p>
<p>这是第 5 行文字</p>
```

CSS 代码

```
<style>
    #myTxt{
        font-size: 30px;
        color:red;
    }
</style>
```

我们在第二个<p>标签中设置了 id 属性并且也在 CSS 样式表中对 id 进行了样式的设置，我们让 id 属性的值为“myTxt”的元素字体大小为 30 像素，文字颜色为红色。

代码运行效果如图 10-6 所示。

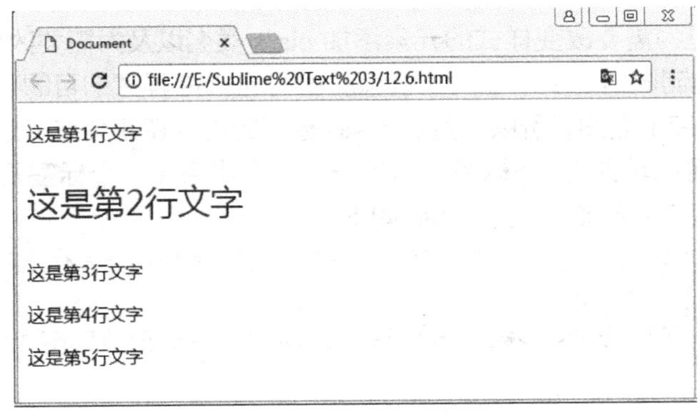

图 10-6

10.2.2 集体选择器

扫一扫，看视频

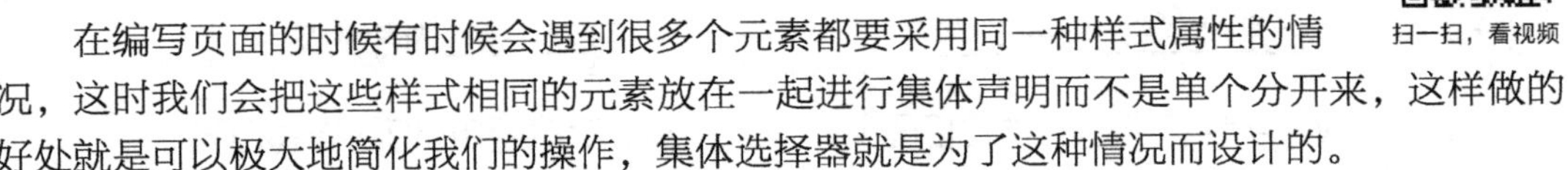

在编写页面的时候有时候会遇到很多个元素都要采用同一种样式属性的情况，这时我们会把这些样式相同的元素放在一起进行集体声明而不是单个分开来，这样做的好处就是可以极大地简化我们的操作，集体选择器就是为了这种情况而设计的。

使用集体选择器

集体选择器是把所有的元素使用同一个样式的效果，如图 10-7 所示。

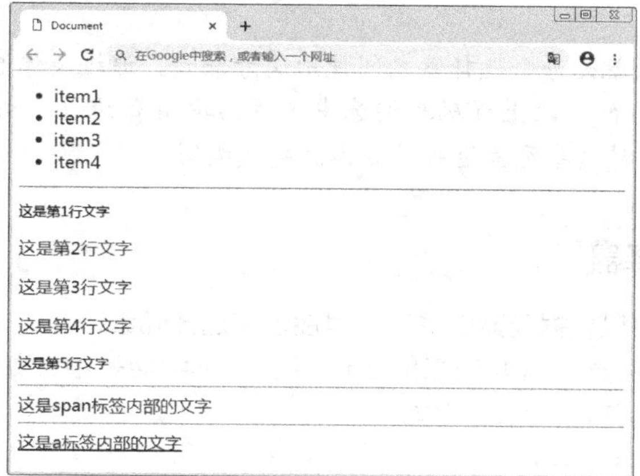

图 10-7

代码如下：

```
<!DOCTYPE html>
<html lang="en">
<head>
<meta charset="UTF-8">
<title>Document</title>
<style>
    li,.mytxt,span,a{
    font-size: 20px;
    color:red;
    }
</style>
</head>
<body>
<ul>
    <li>item1</li>
    <li>item2</li>
    <li>item3</li>
    <li>item4</li>
</ul>
<hr/>
    <p>这是第 1 行文字</p>
    <p class="mytxt">这是第 2 行文字</p>
    <p class="mytxt">这是第 3 行文字</p>
    <p class="mytxt">这是第 4 行文字</p>
    <p>这是第 5 行文字</p>
<hr/>
    <span>这是 span 标签内部的文字</span>
<hr/>
    <a href="#">这是 a 标签内部的文字</a>
</body>
</html>
```

【知识点拨】

集体选择器的语法就是每个选择器之间使用逗号隔开，通过集体选择器可以达到对多个元素进行集体声明的目的。以上代码我们选中了页面中所有的<li> <span> <a>以及类名为“mytxt”的元素，并且对这些元素进行了集体的样式编写。

10.2.3 属性选择器

CSS 属性选择器可以根据元素的属性和属性值来选择元素。

属性选择器的语法是把需要选择的属性写在一对中括号中，如果你希望把包含标题（title）的所有元素变为红色，可以写作：

```
*[title] {color:red;}
```

也可以采取与上面类似的写法，可以只对有 href 属性的锚（a 元素）应用样式：

```
a[href] {color:red;}
```

还可以根据多个属性进行选择，只需将属性选择器链接在一起即可。

例如，为了将同时有 href 和 title 属性的 HTML 超链接的文本设置为红色，可以这样写：

```
a[href][title] {color:red;}
```

以上都是属性选择器的用法，当然我们也可以利用以上所学的选择器组合起来采用带有创造性的方法来使用这个特性。

课堂练习 使用属性选择器

下面的案例中，我们选择了其中一张图片，设置了这张图片的边框颜色，效果如图 10-8 所示。

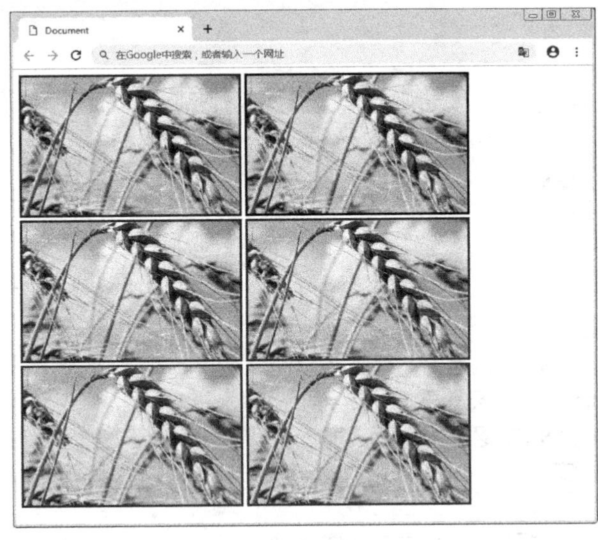

图 10-8

代码如下：

```
<!DOCTYPE html>
<html lang="en">
```

```
<head>
<meta charset="UTF-8">
<title>Document</title>
<style>
img[alt]{
    border:3px solid red;
}
img[alt="image"]{
    border:3px solid blue;
}
</style>
</head>
<body>
    <img src="img.png" alt="" width="300">
    <img src="img.png" alt="image" width="300">
    <img src="img.png" alt="" width="300">
    <img src="img.png" alt="" width="300">
    <img src="img.png" alt="" width="300">
    <img src="img.png" alt="" width="300">
</body>
</html>
```

上面这段代码我们想要的就是所有拥有 alt 属性的 img 标签都有 3 个像素宽度的边框，并且实线类型为红色；但是我们又对 alt 属性的值为 image 的元素进行新的样式设置，我们希望它的边框的颜色可以有所变化，所以设置为了蓝色。

10.2.4 后代选择器

后代选择器（descendant selector）又称为包含选择器，后代选择器可以选择作为某元素后代的元素。

根据上下文选择元素：可以定义后代选择器来创建一些规则，使这些规则在某些文档结构中起作用，而在另外一些结构中不起作用。

举例来说，如果希望只对 h1 元素中的 em 元素应用样式，可以这样写：

```
h1 em {color:red;}
```

上面这个规则会把作为 h1 元素后代的 em 元素的文本变为红色。其他 em 文本（如段落或块引用中的 em）则不会被这个规则选中：

```
<h1>This is a <em>important</em> heading</h1>
<p>This is a <em>important</em> paragraph.</p>
```

效果如图 10-9 所示。

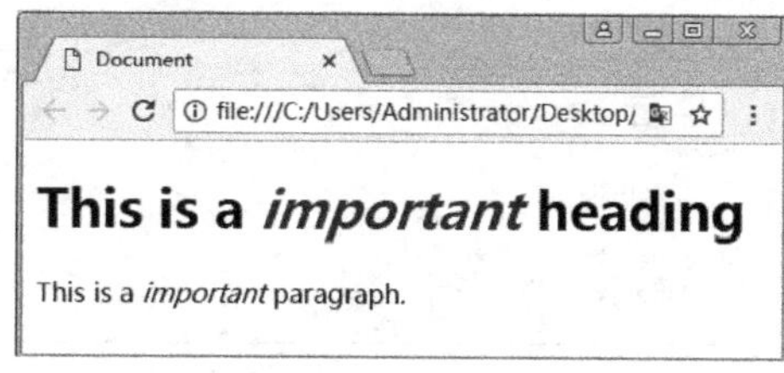

图 10-9

当然，也可以在 h1 中找到的每个 em 元素上放一个 class 属性，但是显然，后代选择器的效率更高。

语法解释：

在后代选择器中，规则左边的选择器一端包括两个或多个用空格分隔的选择器。选择器之间的空格是一种结合符（combinator）。每个空格结合符可以解释为“…在…找到”“…作为…的一部分”“…作为…的后代”，但是要求必须从右向左读选择器。

因此，h1 em 选择器可以解释为“作为 h1 元素后代的任何 em 元素”。如果要从左向右读选择器，可以换成以下说法：“包含 em 的所有 h1 会把以下样式应用到该 em”。

具体应用：

后代选择器的功能极其强大。有了它，可以使 HTML 中不可能实现的任务成为可能。

假设有一个文档，其中有一个边栏，还有一个主区。边栏的背景为蓝色，主区的背景为白色，这两个区都包含链接列表。不能把所有链接都设置为蓝色，因为这样一来边栏中的蓝色链接都无法看到。

解决方法是使用后代选择器。在这种情况下，可以为包含边栏的 div 指定值为 sidebar 的 class 属性，并把主区的 class 属性值设置为 maincontent。然后编写以下样式：

```
div.sidebar {background:blue;}
div.maincontent {background:white;}
div.sidebar a:link {color:white;}
div.maincontent a:link {color:blue;}
```

有关后代选择器有一个易被忽视的方面，即两个元素之间的层次间隔可以是无限的。

例如，如果写作 ul li，这个语法就会选择从 ul 元素继承的所有 li 元素，而不论 li 的嵌套层次多深。

课堂练习　后代选择器用法

下面 ul li 将会选择以下标记中的所有 li 元素进行设置样式，效果如图 10-10 所示。

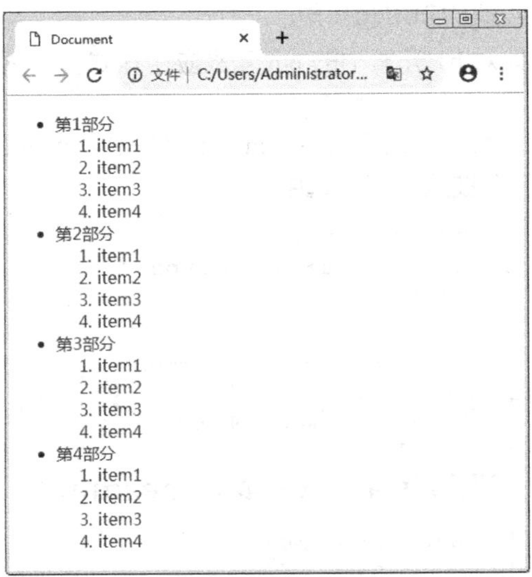

图 10-10

代码如下：

```
<!DOCTYPE html>
<html lang="en">
<head>
<meta charset="UTF-8">
<title>Document</title>
<style>
ul li{
   color:red;
}
</style>
</head>
<body>
<ul>
<li>第 1 部分
<ol>
   <li>item1</li>
   <li>item2</li>
   <li>item3</li>
   <li>item4</li>
</ol>
</li>
<li>第 2 部分
<ol>
   <li>item1</li>
   <li>item2</li>
   <li>item3</li>
   <li>item4</li>
</ol>
</li>
<li>第 3 部分
<ol>
   <li>item1</li>
   <li>item2</li>
   <li>item3</li>
   <li>item4</li>
</ol>
</li>
<li>第 4 部分
<ol>
   <li>item1</li>
   <li>item2</li>
   <li>item3</li>
   <li>item4</li>
</ol>
</li>
```

```
</ul>
</body>
</html>
```

看完以上代码的运行结果你会发现隶属于ul元素下的所有li元素文字的颜色都变成红色的了，即便是ol元素下的li元素也会跟着一起进行样式的设置。

10.2.5 子元素选择器

与后代选择器相比，子元素选择器（child selectors）只能选择作为某元素子元素的元素。

如果不希望选择任意的后代元素，而是希望缩小范围，只选择某个元素的子元素，请使用子元素选择器。

例如，如果希望选择只作为 h1 元素子元素的 strong 元素，可以这样写：

```
h1 > strong {color:red;}
```

这个规则会把第一个 h1 下面的两个 strong 元素变为红色，但是第二个 h1 中的 strong 不受影响：

```
<h1>This is <strong>very</strong> <strong>very</strong> important.</h1>
<h1>This is <em>really <strong>very</strong></em> important.</h1>
```

代码运行效果如图 10-11 所示。

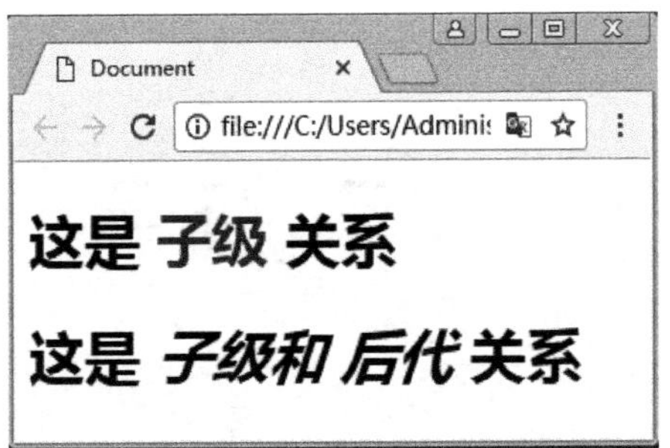

图 10-11

10.2.6 相邻兄弟选择器

相邻兄弟选择器（adjacent sibling selector）可选择紧接在另一元素后的元素，且二者有相同的父元素。

如果需要选择紧接在另一个元素后的元素，而且二者有相同的父元素，可以使用相邻兄弟选择器。

例如，如果要增加紧接在h1元素后出现的段落的上边距，可以这样写：

```
h1 + p {color:red;}
```

这个选择器读作："选择紧接在h1元素后出现的段落，h1和p元素拥有共同的父元素"。

相邻兄弟选择器使用了加号（+），即相邻兄弟结合符（adjacent sibling combinator）。

注意：与子结合符一样，相邻兄弟结合符旁边可以有空白符。

请看下面这个文档树片段：

```
<div>
<ul>
    <li>List item 1</li>
```

```
    <li>List item 2</li>
    <li>List item 3</li>
</ul>
<ol>
    <li>List item 1</li>
    <li>List item 2</li>
    <li>List item 3</li>
</ol>
</div>
```

在上面的片段中，div 元素中包含两个列表：一个无序列表，一个有序列表，每个列表都包含三个列表项。这两个列表是相邻兄弟，列表项本身也是相邻兄弟。不过，第一个列表中的列表项与第二个列表中的列表项不是相邻兄弟，因为这两组列表项不属于同一父元素(最多只能算堂兄弟)。

请记住，用一个结合符只能选择两个相邻兄弟中的第二个元素。请看下面的选择器：

```
li + li {font-weight:bold;}
```

上面这个选择器只会把列表中的第二个和第三个列表项变为粗体，第一个列表项不受影响。

课堂练习 选择器的结合使用

相邻兄弟结合符还可以结合其他结合符，一起来做一个稍微复杂一点的小练习，效果如图 10-12 所示。

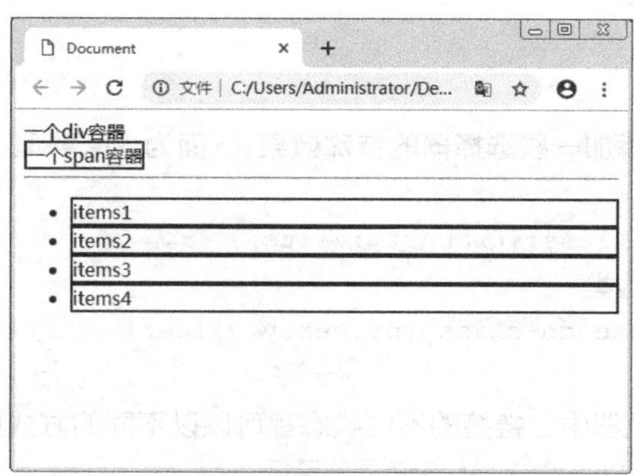

图 10-12

HTML 代码如下：

```
<!DOCTYPE html>
<html lang="en">
<head>
<meta charset="UTF-8">
<title>Document</title>
</head>
<body>
```

```
        <div>一个 div 容器</div>
        <span>一个 span 容器</span>
    <hr/>
    <ul>
        <li>items1</li>
        <li>items2</li>
        <li>items3</li>
        <li>items4</li>
    </ul>
    </body>
    </html>
```

现在想要以<html>根元素为起点来找到<div>元素后面的<span>元素和<hr/>元素后面的<ul>元素下面的所有<li>元素，并且对它们设置 CSS 样式。

CSS 代码如下：

```
<style>
html>body div+span,html>body hr+ul li{
    color:green;
    border:red solid 2px;
}
</style>
```

上面这段 CSS 代码使用到了子元素选择器、后代选择器、集体选择器和刚刚学到的相邻兄弟选择器。CSS 选择器代码可以解释为：从<html>元素中找到一个叫做<body>的子元素，并且在<body>元素中找到所有后代为<div>的元素，接着再从<div>元素的同级后面找到元素名为<span>的元素，第二个选择器声明解释相同。

10.2.7 伪类

CSS 中伪类是用来添加一些选择器的特殊效果。下面为大家整理了一些常用伪类的用法。

伪类的语法：

```
selector:pseudo-class {property:value;}
```

CSS 类也可以使用伪类：

```
selector.class:pseudo-class {property:value;}
```

（1）anchor 伪类

在支持 CSS 的浏览器中，链接的不同状态都可以以不同的方式显示。

```
a:link {color:#FF0000;} /* 未访问的链接 */
a:visited {color:#00FF00;} /* 已访问的链接 */
a:hover {color:#FF00FF;} /* 鼠标划过链接 */
a:active {color:#0000FF;} /* 已选中的链接 */
```

通过以上的伪类我们可以为链接添加不用状态的效果，但是在使用中一定要注意关于链接伪类的使用“小技巧”：

- 在 CSS 定义中，a:hover 必须被置于 a:link 和 a:visited 之后，才是有效的。
- 在 CSS 定义中，a:active 必须被置于 a:hover 之后，才是有效的。

（2）伪类和 CSS 类

伪类可以与 CSS 类配合使用：

```
a.red:visited {color:#FF0000;}
<a class="red" href="#">CSS</a>
```

如果上面例子中的链接已被访问，它会显示为红色。

（3）CSS - :first - child 伪类

可以使用 :first-child 伪类来选择元素的第一个子元素。

注意：在 IE8 的之前版本必须声明<!DOCTYPE>，这样 :first-child 才能生效。

课堂练习

使用：first - child 伪类

下面使用:first-child 伪类来做一个小练习，效果如图 10-13 所示。

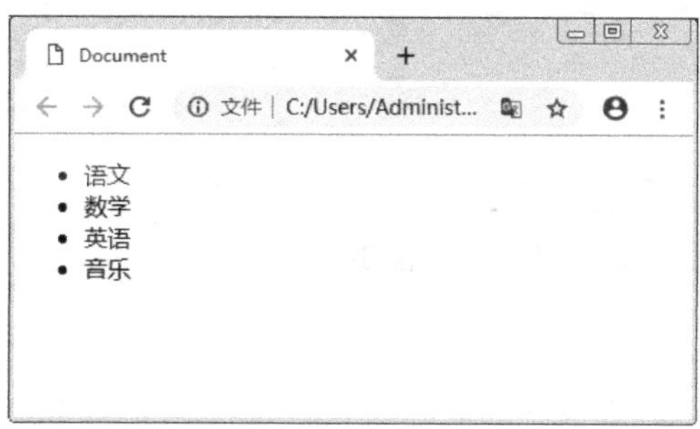

图 10-13

代码如下：

```
<!DOCTYPE html>
<html lang="en">
<head>
<meta charset="UTF-8">
<title>Document</title>
<style>
ul li:first-child{
    color:red;
}
</style>
</head>
<body>
<ul>
    <li>语文</li>
    <li>数学</li>
    <li>英语</li>
    <li>音乐</li>
</ul>
</body>
</html>
```

以上代码我们在 HTML 文档树中写入了一个无序列表，使用:first-child 伪类选择第一个<li>元素并且对它设置了文字颜色。

（4）CSS - :lang 伪类

:lang 伪类使你有能力为不同的语言定义特殊的规则，但是在 IE8 中必须声明<!DOCTYPE>才能支持:lang 伪类。

使用:lang 伪类

在下面的例子中，:lang 伪类为属性值为 no 的 q 元素定义引号的类型，效果如图 10-14 所示。

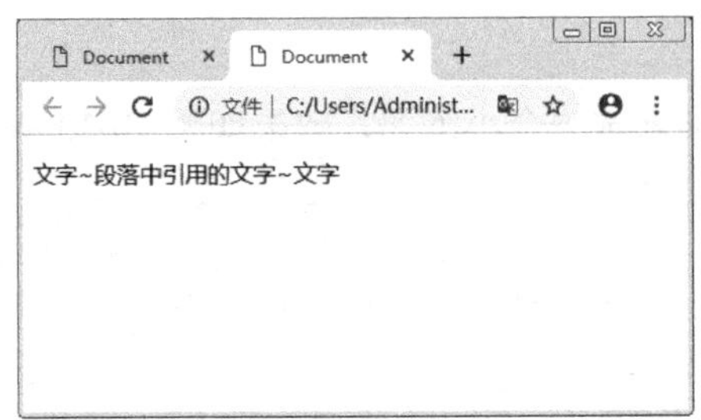

图 10-14

代码如下：

```
<!DOCTYPE html>
<html lang="en">
<head>
<meta charset="UTF-8">
<title>Document</title>
<style>
q:lang(no){
    quotes: "~" "~"
}
</style>
</head>
<body>
    <p>文字<q lang="no">段落中引用的文字</q>文字</p>
</body>
</html>
```

关于 CSS 伪类的更多知识会在后面的内容中为大家展示与讲解。

10.2.8 伪元素

扫一扫，看视频

CSS 伪元素用来添加一些选择器的特殊效果。

伪元素的语法：

```
selector:pseudo-element {property:value;}
```

CSS 类也可以使用伪元素：

```
selector.class:pseudo-element {property:value;}
```

（1）:first-line 伪元素

:first-line 伪元素用于为文本的首行设置特殊样式。

使用:first-line 伪元素

可以在文本编辑中为一段文本的第一行文字设置文字颜色为红色，如图 10-15 所示。

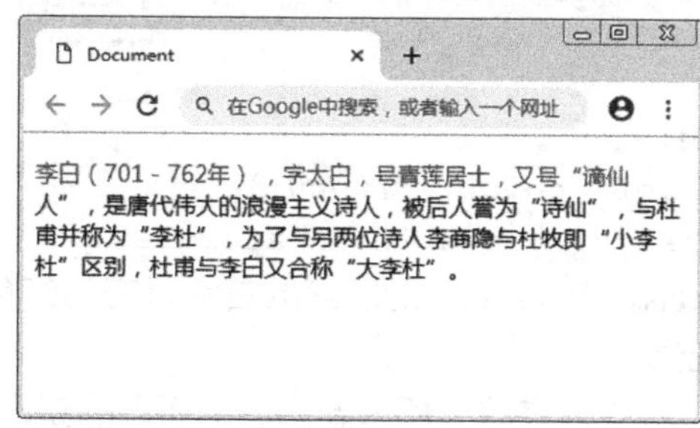

图 10-15

代码如下：

```
<!DOCTYPE html>
<html lang="en">
<head>
<meta charset="UTF-8">
<title>Document</title>
<style>
p:first-line{
    color:red;
}
</style>
</head>
<body>
    <p>李白（701—762 年），字太白，号青莲居士，又号“谪仙人”，是唐代伟大的浪漫主义诗人，被后人誉为“诗仙”，与杜甫并称为“李杜”，为了与另两位诗人李商隐与杜牧即“小李杜”区别，杜甫与李白又合称“大李杜”。</p>
</body>
</html>
```

（2）:first-letter 伪元素

```
:first-letter 伪元素用于为文本的首字母设置特殊样式。
p:first-letter
color:#ff0000;
font-size:xx-large;
}
```

注意：:first-letter 伪元素只能用于块级元素。

下面的属性可应用于:first-letter 伪元素：

```
font properties
color properties
background properties
margin properties
padding properties
```

```
border properties
text-decoration
vertical-align (only if "float" is "none")
text-transform
line-height
float
clear
```

（3）伪元素和 CSS 类

伪元素可以结合 CSS 类：

```
p.article:first-letter {color:#ff0000;}
<p class="article">A paragraph in an article</p>
```

上面的例子会使所有 class 为 article 的段落的首字母变为红色。

（4）CSS - :before 伪元素

:before 伪元素可以在元素的内容前面插入新内容。插入的新内容可以是文本也可以是图片等。下面向大家展示使用:before 伪元素在<div>元素之前插入文本和图片。

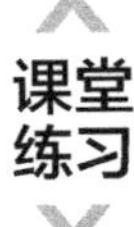

使用:before 伪元素

先来为大家展示如何在<div>元素之前插入一段文本。效果如图 10-16 所示。

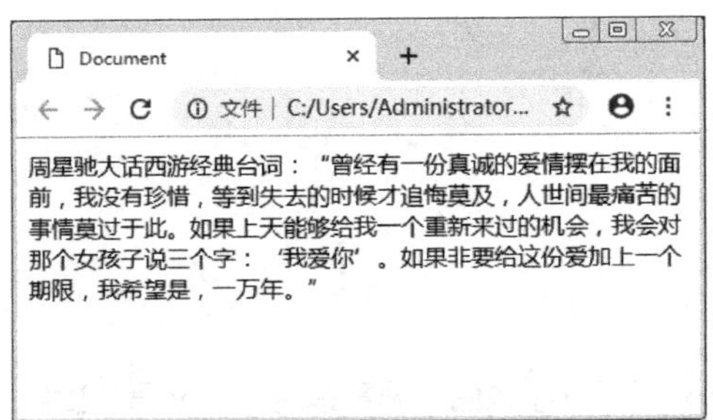

图 10-16

代码如下：

```
<!DOCTYPE html>
<html lang="en">
<head>
<meta charset="UTF-8">
<title>Document</title>
<style>
div:before{
    content: "周星驰大话西游经典台词：";
}
</style>
</head>
<body>
    <div> "曾经有一份真诚的爱情摆在我的面前，我没有珍惜，等到失去的时候才追悔莫及，
人世间最痛苦的事情莫过于此。如果上天能够给我一个重新来过的机会，我会对那个女孩子说三个字：
```

```
'我爱你'。如果非要给这份爱加上一个期限，我希望是，一万年。" </div>
    </body>
    </html>
```

以上代码为大家展示了一段经典台词，但是作为解释行的文字“周星驰大话西游经典台词:”这一段文本没有直接写在<div>元素中，而是选择写在了:before伪元素中，这里要特别说明，花括号中的content是必须存在的，如果没有content，那么:before伪元素就将失去作用，而要写入的文本可以直接写在引号内。

还需要注意到一点，现在虽然在页面中已经能够很清晰地看见使用:before伪元素添加的内容，但是要知道，这些内容虽然被添加到页面中，并且也占据了一定的位置空间，但是这些内容是通过CSS样式展示在页面中的，它们并没有被放入html结构树当中，可以通过浏览器的控制台来发现这一点。

在上例中不难发现<div>元素的内容前面是一个:before伪元素，而在:before伪元素中的content内容则是“周星驰大话西游经典台词:”。所以，这一段内容并没有真正地被解析到html结构树当中。

接下来再来为大家展示使用:before伪元素在<div>元素内容之前添加一张图片。

代码如下：

```
<!DOCTYPE html>
<html lang="en">
<head>
<meta charset="UTF-8">
<title>Document</title>
<style>
div:before{
    content: url(img.png);
}
</style>
</head>
<body>
    <div>麦穗看起来成熟了，该是收获的时候了！</div>
</body>
</html>
```

代码运行效果如图10-17所示。

图10-17

我们这次引用的是图片，不是单纯的文本，所以并没有使用到引号。

（5）CSS2 - :after 伪元素

:after 伪元素可以在元素的内容之后插入新内容。:after 伪元素的用法和之前介绍的:before 伪元素完全一致，所不同的只不过是得到的结果。

课堂练习

使用:after 伪元素

下面我们为大家展示在每个 <h1> 元素后面插入一幅图片，效果如图 10-18 所示。

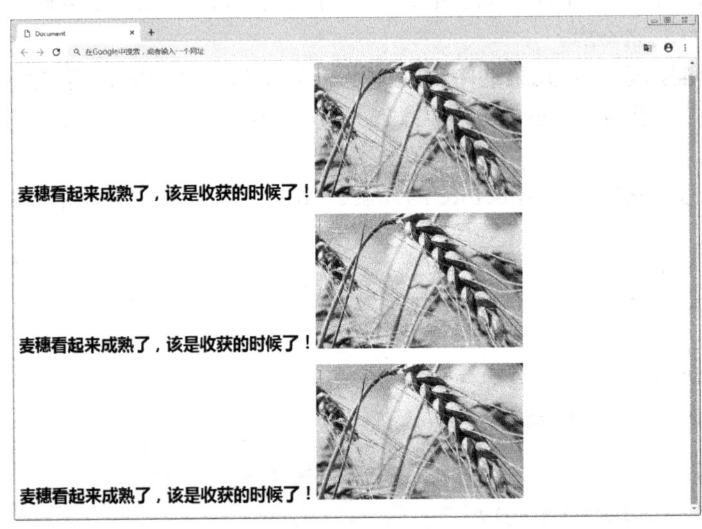

图 10-18

代码如下：

```
<!DOCTYPE html>
<html lang="en">
<head>
<meta charset="UTF-8">
<title>Document</title>
<style>
h1:after{
    content: url(img.png);
}
</style>
</head>
<body>
    <h1>麦穗看起来成熟了，该是收获的时候了！</h1>
    <h1>麦穗看起来成熟了，该是收获的时候了！</h1>
    <h1>麦穗看起来成熟了，该是收获的时候了！</h1>
</body>
</html>
```

10.3 CSS 的继承和单位

CSS 的继承是指被包含在内部的标签将拥有外部标签的样式。继承特性最典型的应用通常发挥在整个网页的样式初始化，需要指定为其他样式的部分设定在个别的元素里。这项特性可以给网页设计者更理想的发挥空间。

10.3.1 继承关系

CSS 的一个非常重要的特性就是继承，它是依赖于祖先—后代的关系。继承是一种机制，它允许样式不仅可以应用于某个特定的元素，还可以应用于它的后代。换句话说，继承是指设置父级的 CSS 样式，子级以及子级以下都具有此样式。

课堂练习　**继承关系效果**

在 body 中定义了文字大小和文字颜色其实也会影响到页面中的段落文本。效果如图 10-19 所示。

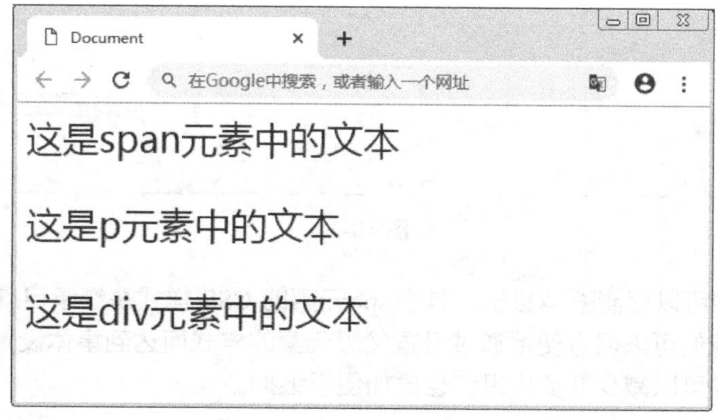

图 10-19

代码如下：

```
<!DOCTYPE html>
<html lang="en">
<head>
<meta charset="UTF-8">
<title>Document</title>
<style>
body{
    font-size: 30px;
    color:red;
}
</style>
```

```
</head>
<body>
    <span>这是 span 元素中的文本</span>
    <p>这是 p 元素中的文本</p>
    <div>这是 div 元素中的文本</div>
</body>
</html>
```

从以上代码和运行效果图中可以看出，我们并没有为<body>元素中的<p> <span>和<div>元素设置 CSS 样式，但是它们却能够拥有这些 CSS 样式，我们可以打开浏览器的控制台来查看下这些 CSS 样式到底是从何而来。

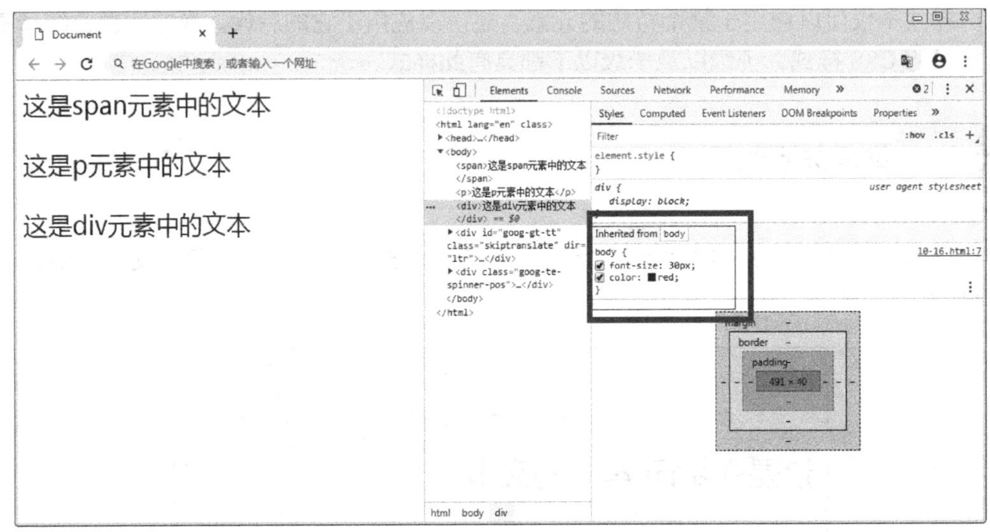

图 10-20

从图 10-20 中可以很清晰地看出，其中<p>元素的 CSS 样式是继承自<body>元素。因为 CSS 的继承特性我们可以很方便地通过设置父级元素的样式而达到集体设置子级和后代元素样式的目的，这样可以减少很多代码，也更加便于维护。

10.3.2 CSS 继承的局限性

继承是 CSS 非常重要的一部分，用户甚至不用去考虑它为什么会这样，但是 CSS 继承也是有限制的。有一些 CSS 属性是不能被继承的，如 border、margin、padding 和 background 等。

课堂练习

设置字体的边框

在为父级元素添加了 border 属性时，子级元素是不会继承的。

代码如下：

```
<!DOCTYPE html>
<html lang="en">
<head>
```

```
<meta charset="UTF-8">
<title>Document</title>
<style>
div{
    border:2px solid red;
}
</style>
</head>
<body>
    <div>border 属性是不会<em>被子级元素</em>继承的</div>
</body>
</html>
```

代码运行效果如图 10-21 所示。

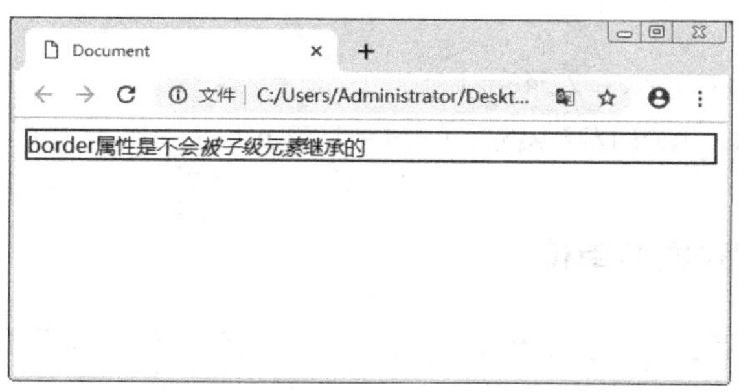

图 10-21

如果需要为<em>元素添加上 border 属性的话就需要再单独地为<em>编写 CSS 样式：

```
em{
border:2px solid red;
}
```

代码运行效果如图 10-22 所示。

图 10-22

还有一种情况下 CSS 样式也是不会继承的：当子级元素和父级元素的样式产生冲突时，子级元素会遵循自己的样式。

10.3.3 CSS 绝对数值单位

在 CSS 中绝对数值单位是一个固定的值，它反映的是真实的物理尺寸，绝对长度单位视输出介质而定，不依赖于环境（显示器、分辨率、操作系统等）。

CSS 中的绝对数值单位有以下几个：

（1）像素（px）

像素是网页中最常见的长度单位，也是在学习 web 前端时最基础的长度单位。

显示器的分辨率（无论是 PC 端还是移动端）是由最基础的像素构成的。例如，常见 PC 显示器 2K 宽屏的分辨率就是 1920×1080，这里的长度单位就是像素（px）。当然现在市面上还有一些 4K 屏和苹果的视网膜屏都是分辨率更高的屏幕。而像素表现在屏幕上就是分布在屏幕上的一个个发光点，所以常见的 2K 屏其实就是横向上分布着 1920 个像素点而纵向上分布着 1080 个像素点。

（2）常见长度单位

常见的长度单位分别是：

- 毫米：mm
- 厘米：cm
- 英寸：in（1in = 96px = 2.54cm）
- 点：pt（point，大约 1/72 英寸；（1pt = 1/72in）

10.3.4 CSS 相对数值单位

相对长度单位指定了一个长度相对于另一个长度的属性。对于不同的设备相对长度更适用。

相对数值单位：

- em：描述相对于应用在当前元素的字体尺寸，所以它也是相对长度单位。一般浏览器字体大小默认为 16px，则 2em = 32px。
- ex：依赖于英文子母小 x 的高度。
- ch：数字 0 的宽度。
- rem：根元素(html)的 font-size。
- vw：viewpoint width，视窗宽度，1vw=视窗宽度的 1%。
- vh：viewpoint height，视窗高度，1vh=视窗高度的 1%。
- vmin：vh 和 vw 中较小的那个。
- vmax：vh 和 vw 中较大的那个。

制作悬浮下拉菜单

本章主要讲解了 CSS 的概念和 CSS 选择器，接着讲解了 CSS 继承的特性和 CSS 的单位。本章的知识是学习 CSS 的基础，想要在后面的 CSS 课程中有所建树，就必须要把本章基础全部掌握牢靠。

本章的综合实战是制作一个悬浮式下拉菜单，效果如图 10-23 所示。

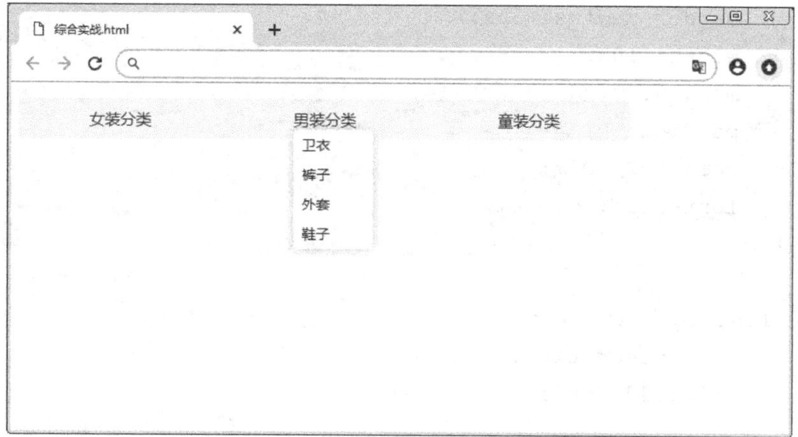

图 10-23

代码如下：

```
<!DOCTYPE html>
<html lang="en">
<head>
<meta charset="UTF-8">
    <title></title>
    <style>
            .list-menu{
            display: flex;
            background: #f7f7f7;
            border-radius: 5px;
            padding: 10px 0;
            justify-content: space-around;
            color: #205D67;
            width: 80%;
        }

        .list-menu li{
            list-style: none;
        }

        .list-menu li:hover > ul{
            box-shadow: 0 0 10px #ccc;
            display: block;
        }

        .list-menu li ul{
            position: absolute;
            display: none;
            background: #fff;
            border:1px #f7f7f7 solid;
```

```
            border-radius: 5px;
            width: 10%;
            margin: 0;
            padding: 0;
            color:#205D67;
            font-size: 0.9rem;
        }

        .list-menu li ul a{
            text-decoration: none;
            color:#205D67;
        }

        .list-menu li ul a li{
            line-height: 30px;
            padding-left:10%;
            box-sizing: border-box;
            width: 100%;
        }

        .list-menu li ul a li:hover{
            background: #f7f7f7;
            cursor: pointer;
        }
    </style>
</head>
<body>
<ul class="list-menu">
    <li>女装分类
        <ul>
            <a href="#"><li>鞋子</li></a>
            <a href="#"><li>裙子</li></a>
            <a href="#"><li>裤子</li></a>
            <a href="#"><li>牛仔</li></a>
            <a href="#"><li>连衣裙</li></a>
            <a href="#"><li>靴子</li></a>
            <a href="#"><li>卫衣</li></a>
        </ul>
    </li>
    <li>男装分类
        <ul>
            <a href="#"><li>卫衣</li></a>
            <a href="#"><li>裤子</li></a>
```

```
            <a href="#"><li>外套</li></a>
            <a href="#"><li>鞋子</li></a>
        </ul>
    </li>
    <li>童装分类
        <ul>
            <a href="#"><li>衣服</li></a>
            <a href="#"><li>鞋子</li></a>
        </ul>
    </li>
</ul>
</body>
</html>
```

课后作业　使用伪元素制作效果

难度等级 ★★

本章的最后为大家准备的是制作多级导航栏的效果，如图 10-24 所示，是模仿京东侧栏制作的。

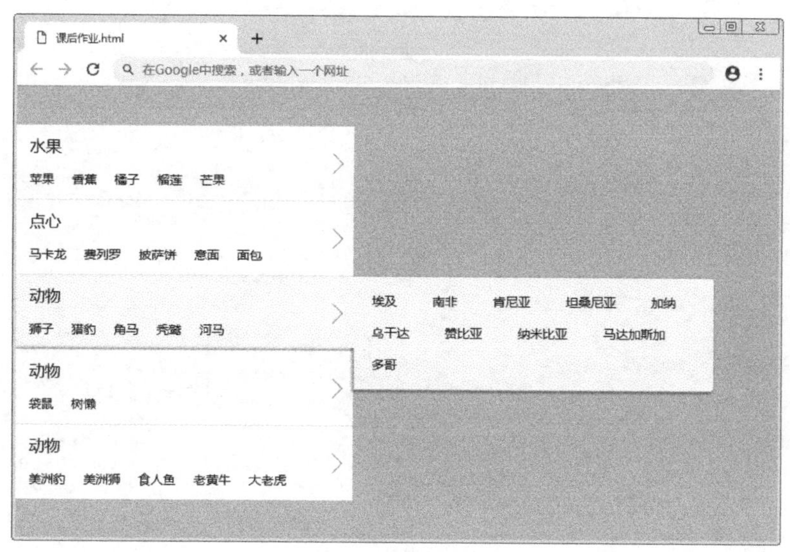

图 10-24

难度等级 ★★

很多用户喜欢使用图形化首页引导浏览者的视线，富有冲击力的画面，极少的文字说明，都能够让浏览者有一种继续探知的冲动。

此练习使用了伪元素制作一些网页中常见的效果，如图 10-25 所示。

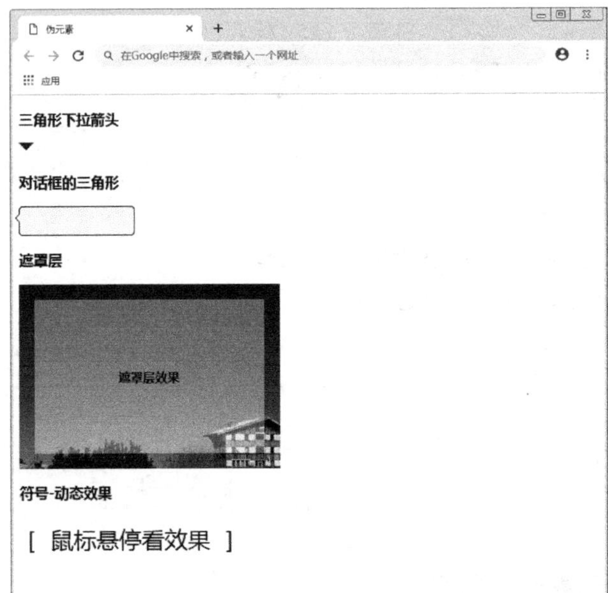

图 10-25

扫一扫，看答案

第11章 CSS 定位效果

内容导读

随着 div+CSS 页面布局方式的深入学习，定位在页面的布局中也占据着举足轻重的地位。CSS 的定位机制使得我们可以轻松地完成一些依靠传统布局方式很难完成的操作，本章将为大家介绍有关 CSS 定位的知识。

学习完本章之后，你将学会如何在网页中进行定位，以及导航栏的制作方法等。

11.1 CSS 定位机制简介

CSS 定位（Positioning）属性允许对元素进行定位。

（1）CSS 定位和浮动

CSS 为定位和浮动提供了一些属性，利用这些属性，可以建立列式布局，将布局的一部分与另一部分重叠，还可以完成多年来通常需要使用多个表格才能完成的任务。

定位的基本思想很简单，它允许定义元素框相对于其正常位置应该出现的位置，或者相对于父元素、另一个元素甚至浏览器窗口本身的位置。显然，这个功能非常强大，也很让人吃惊。要知道，用户代理对 CSS2 中定位的支持远胜于对其他方面的支持，对此不应感到奇怪。

另一方面，CSS1 中首次提出了浮动，它以 Netscape 在 Web 发展初期增加的一个功能为基础。浮动不完全是定位，不过，它当然也不是正常流布局。我们会在后面的章节中明确浮动的含义。

（2）一切皆为框

div、h1 或 p 元素常常被称为块级元素。这意味着这些元素显示为一块内容，即“块框”。与之相反，span 和 strong 等元素称为“行内元素”，这是因为它们的内容显示在行中，即“行内框”。

可以使用 display 属性改变生成的框的类型。这意味着，通过将 display 属性设置为 block，可以让行内元素（比如 <a> 元素）表现得像块级元素一样。还可以通过把 display 设置为 none，让生成的元素根本没有框。这样的话，该框及其所有内容就不再显示，不占用文档中的空间。

但是在一种情况下，即使没有进行显式定义，也会创建块级元素。这种情况发生在把一些文本添加到一个块级元素（比如 div）的开头。即使没有把这些文本定义为段落，它也会被当作段落对待：

```
<div>
some text
<p>Some more text.</p>
</div>
```

在这种情况下，这个框称为无名块框，因为它不与专门定义的元素相关联。

块级元素的文本行也会发生类似的情况。假设有一个包含三行文本的段落。每行文本形成一个无名框。无法直接对无名块或行框应用样式，因为没有可以应用样式的地方（注意，行框和行内框是两个概念）。但是，这有助于理解在屏幕上看到的所有东西都形成某种框。

（3）CSS 定位机制

CSS 有三种基本的定位机制：普通流、浮动和绝对定位。

除非专门指定，否则所有框都在普通流中定位。也就是说，普通流中的元素的位置由元素在 (X)HTML 中的位置决定。

块级框从上到下一个接一个地排列，框之间的垂直距离由框的垂直外边距计算出来。

行内框在一行中水平布置。可以使用水平内边距、边框和外边距调整它们的间距。但是，垂直内边距、边框和外边距不影响行内框的高度。由一行形成的水平框称为行框（Line Box），行框的高度总是足以容纳它包含的所有行内框。不过，设置行高可以增加这个框的高度。

11.2 常规与浮动定位

想要学习 CSS 定位机制，先要学习两个简单的定位，分别是常规定位与浮动定位。

11.2.1 常规定位

static 元素框正常生成。块级元素生成一个矩形框，作为文档流的一部分，行内元素则会创建一个或多个行框，置于其父元素中。

常规定位就是我们平时所看见所用的定位机制，也就是说，我们在页面中所看见的元素在哪里那么它所占有的绝对物理空间位置就是哪里。元素会正常地生成元素框并且占据在文档流中。

11.2.2 浮动定位

扫一扫，看视频

浮动的框可以向左或向右移动，直到它的外边缘碰到包含框或另一个浮动框的边框为止，CSS 的浮动是进行横向上的移动。

浮动会改变元素的在页面中的文档流，即会使元素脱离当前的文档流，也正是由于浮动框不在文档的普通流中，所以文档的普通流中的块框表现得就像浮动框不存在一样。

如图 11-1 所示，当把框 1 向右浮动时，它脱离文档流并且向右移动，直到它的右边缘碰到包含框的右边缘。

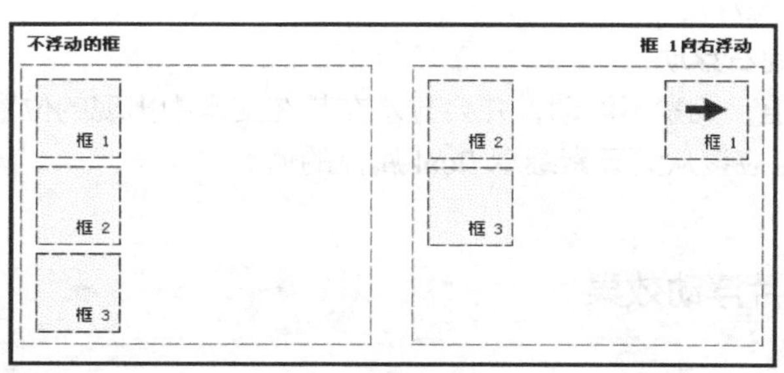

图 11-1

当框 1 向左浮动时，它脱离文档流并且向左移动，直到它的左边缘碰到包含框的左边缘。因为它不再处于文档流中，所以它不占据空间，实际上覆盖住了框 2，使框 2 从视图中消失。

如果把所有三个框都向左移动，那么框 1 向左浮动直到碰到包含框，另外两个框向左浮动直到碰到前一个浮动框。如图 11-2 所示。

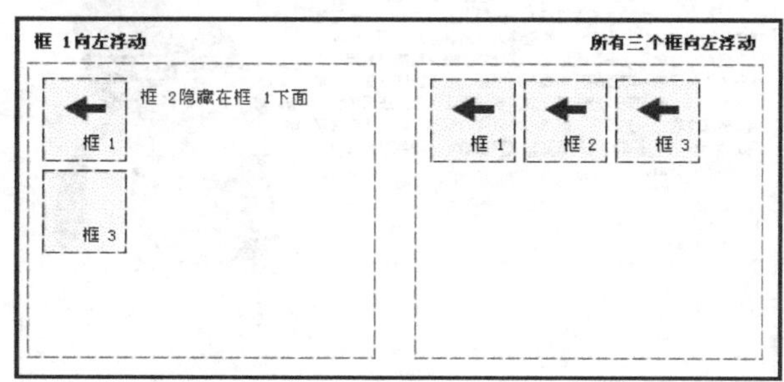

图 11-2

如果包含框太窄，无法容纳水平排列的三个浮动元素，那么其他浮动块向下移动，直到有足够的空间。如果浮动元素的高度不同，那么当它们向下移动时可能被其他浮动元素“卡住”。如图 11-3 所示。

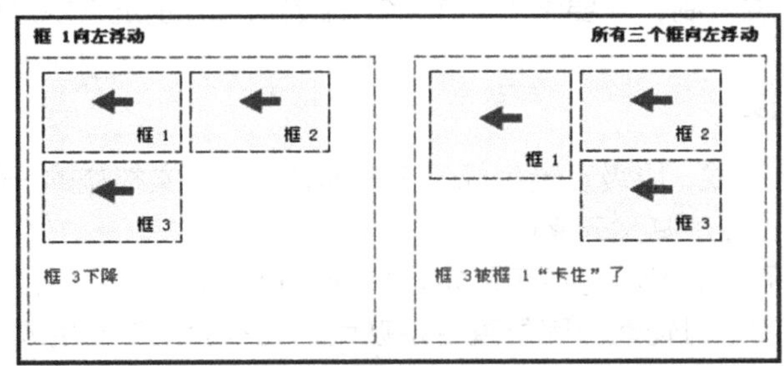

图 11-3

在 CSS 中，我们通过 float 属性实现元素的浮动。

float 属性定义元素在哪个方向浮动。以往这个属性总应用于图像，使文本围绕在图像周围，不过在 CSS 中，任何元素都可以浮动。浮动元素会生成一个块级框，而不论它本身是何种元素。

如果浮动非替换元素，则要指定一个明确的宽度；否则，它们会尽可能窄。

注意：如果当前行的预留空间不足以存放浮动元素那么元素就会跳转道下一行，这一动作会直到某一行拥有足够的空间为止。

Float 属性的值可以是以下几种：

- left：元素向左浮动；
- right：元素向右浮动；
- none：默认值，元素不浮动，并会显示在其在文本中出现的位置；
- inherit：规定应该从父元素继承 float 属性的值。

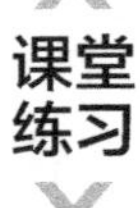

制作图片浮动效果

下面我们通过两个案例来帮助大家了解 CSS 中的 float 属性。

【案例一】如图 11-4 所示。

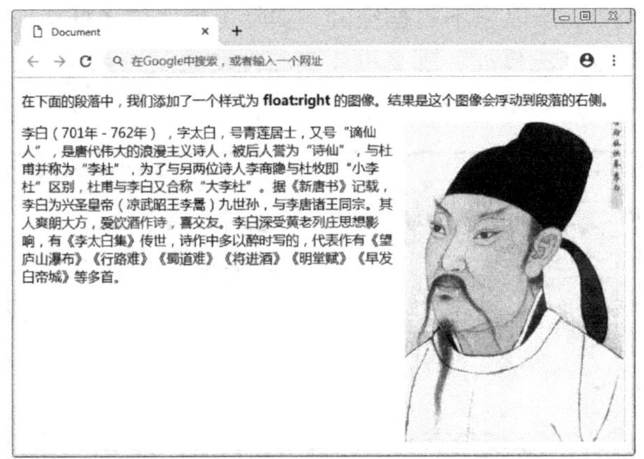

图 11-4

代码如下：

```
<!DOCTYPE html>
<html lang="en">
<head>
<meta charset="UTF-8">
<title>Document</title>
<style>
img{
    float:right; /* 右浮动*/
}
</style>
</head>
<body>
<p>在下面的段落中，我们添加了一个样式为 <b>float:right</b> 的图像。结果是这个图像会浮动到段落的右侧。</p>
<p>
    <img src="img1.png" alt="">
    李白（701—762 年），字太白，号青莲居士，又号“谪仙人”，是唐代伟大的浪漫主义诗人，被后人誉为“诗仙”，与杜甫并称为“李杜”，为了与另两位诗人李商隐与杜牧即“小李杜”区别，杜甫与李白又合称“大李杜”。据《新唐书》记载，李白为兴圣皇帝（凉武昭王李暠）九世孙，与李唐诸王同宗。其人爽朗大方，爱饮酒作诗，喜交友。李白深受黄老列庄思想影响，有《李太白集》传世，诗作中多以醉时写的，代表作有《望庐山瀑布》《行路难》《蜀道难》《将进酒》《明堂赋》《早发白帝城》等多首。</p>
</body>
</html>
```

【案例二】我们可以再把之前盒子模型章节中的案例拿出来再次使用浮动定位的方式来实现，对比下两次有什么不同。

代码如下：

```
<!DOCTYPE html>
<html lang="en">
<head>
<meta charset="UTF-8">
<title>Document</title>
<style>
.container{
    width: 800px;
    height: 600px;
    border:1px solid red;
    background: #ccc;
}
img{
    margin:50px;
    float:right;
}
</style>
</head>
```

```
<body>
<div class="container">
    <img src="img2.png" alt="">
    <img src="img2.png" alt="">
    <img src="img2.png" alt="">
    <img src="img2.png" alt="">
</div>
</body>
</html>
```

代码运行结果如图 11-5 所示。

图 11-5

在以上代码中我们并没有设置 div 和 img 元素之间的空格和换行，但是这些图片也依然正常地平均分布在了 div 的内部。这就是 float 布局为我们带来的好处。

11.3 绝对定位

CSS 通过使用 position 属性来设置定位，我们可以选择 4 种不同类型的定位，这会影响元素框生成的方式。

这个属性定义建立元素布局所用的定位机制。任何元素都可以定位，不过绝对或固定元素会生成一个块级框，而不论该元素本身是什么类型。相对定位元素会相对于它在正常流中的默认位置偏移。

position 属性的值可以是以下几种。

- absolute：生成绝对定位的元素，相对于 static 定位以外的第一个父元素进行定位。元素的位置通过“left”“top”“right”以及“bottom”属性进行规定。
- fixed：生成绝对定位的元素，相对于浏览器窗口进行定位。元素的位置通过“left”

“top”“right”以及“bottom”属性进行规定。

- relative：生成相对定位的元素，相对于其正常位置进行定位。因此，“left:20”会向元素的 left 位置添加 20 像素。
- static：默认值。没有定位，元素出现在正常的流中（忽略 top, bottom, left, right 或者 z-index 声明）。
- inherit：规定应该从父元素继承 position 属性的值。

11.3.1 绝对定位

扫一扫，看视频

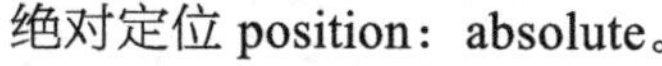

绝对定位 position：absolute。

元素框从文档流完全删除，并相对于其包含块定位。包含块可能是文档中的另一个元素或者是初始包含块。元素原先在正常文档流中所占的空间会关闭，就好像元素原来不存在一样。元素定位后生成一个块级框，而不论原来它在正常流中生成何种类型的框。

课堂练习

绝对定位的应用

下面我们通过案例来帮助大家理解绝对定位，效果如图 11-6 ~ 图 11-8 所示。

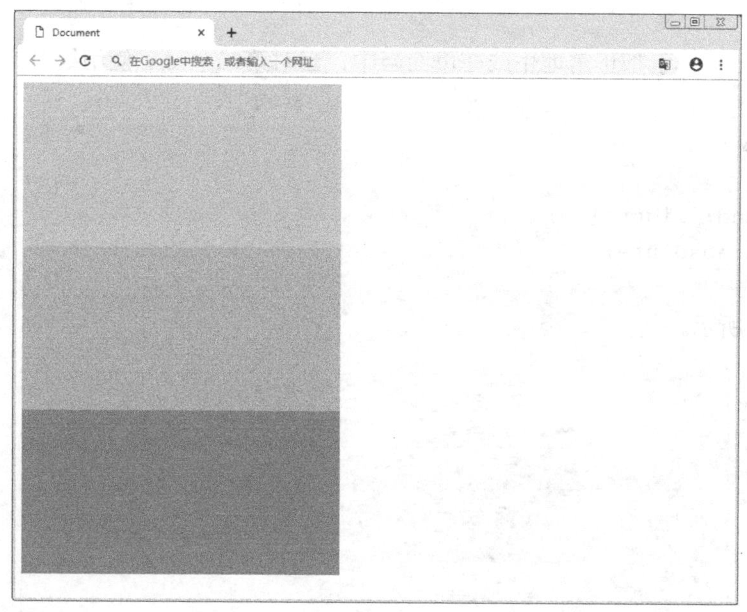

图 11-6

代码如下：

```
<!DOCTYPE html>
<html lang="en">
<head>
<meta charset="UTF-8">
<title>Document</title>
<style>
```

```
div{
    width:400px;
    height: 200px;
}
.d1{
    background: pink;
}
.d2{
    background: lightblue;
}
.d3{
    background: yellowgreen;
}
</style>
</head>
<body>
    <div class="d1"></div>
    <div class="d2"></div>
    <div class="d3"></div>
</body>
</html>
```

这时三个 div 元素都正常地生成在页面当中，当对第二个 div 使用绝对定位之后再看下结果如何。

代码如下：

```
.d2{
background: lightblue;
position:absolute;
}
```

如图 11-7 所示。

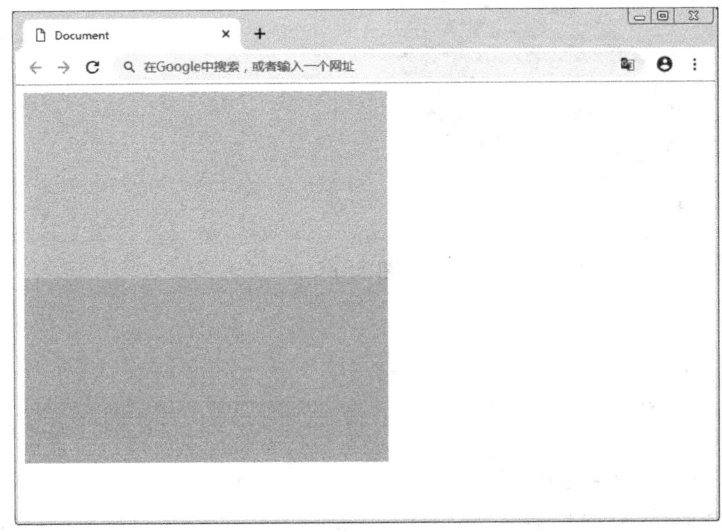

图 11-7

这时，原来的第三个 div“消失了”，其实并没有消失，它只是被第二个 div 遮挡住了而已，因为在对第二个 div 使用了绝对定位之后就会使得第二个 div 完全脱离当前的文档流，在页面中形成一个虚拟的 Z 轴，其自身所占的物理空间也会空出来，所以结果就是原来的第二个 div 所占空间空余出来被第三个 div 补上，但是第三个 div 又会被第二个 div 遮挡住，我们可以采取移动第二个 div 的方法来显示出被其遮挡住的元素。

代码如下：

```
.d2{
background: lightblue;
position:absolute;
left: 100px;
top :300px;
}
```

运行结果如图 11-8 所示。

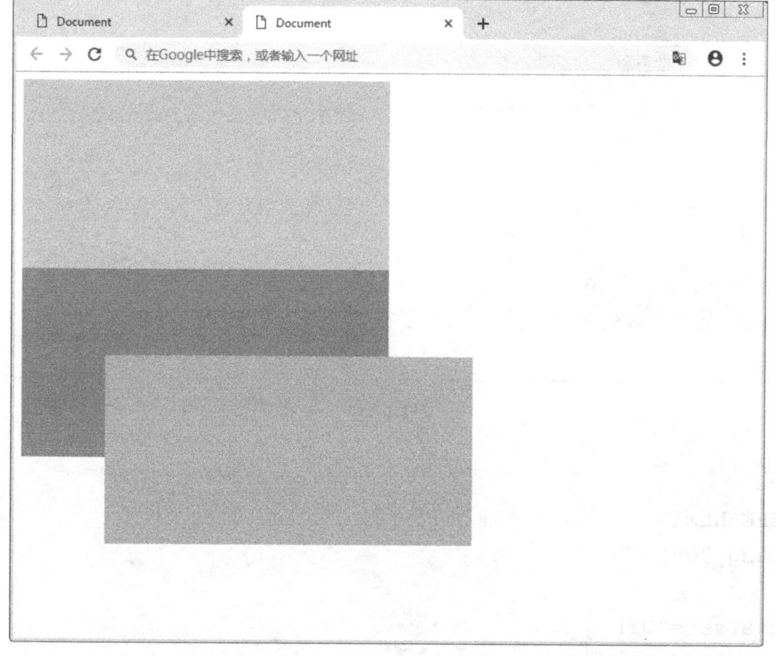

图 11-8

这里还需要注意一个细节，就是元素一般都是相对于页面进行定位的。如果对一个容器的内部元素进行定位，那么你需要对该容器也进行定位的设置，一般建议使用 position：relative。

11.3.2 相对定位

扫一扫，看视频

position：relative。元素框偏移某个距离，元素仍保持其未定位前的形状，它原本所占的空间仍保留。

相对定位相对于绝对定位所不同的是，元素并不会脱离其原来的文档流，从页面中看上去只是元素被移动了位置而已。

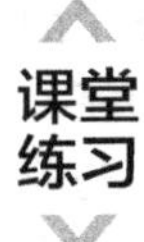

相对定位的应用

下面我们通过一个案例来帮助大家理解相对定位，效果如图 11-9 所示。

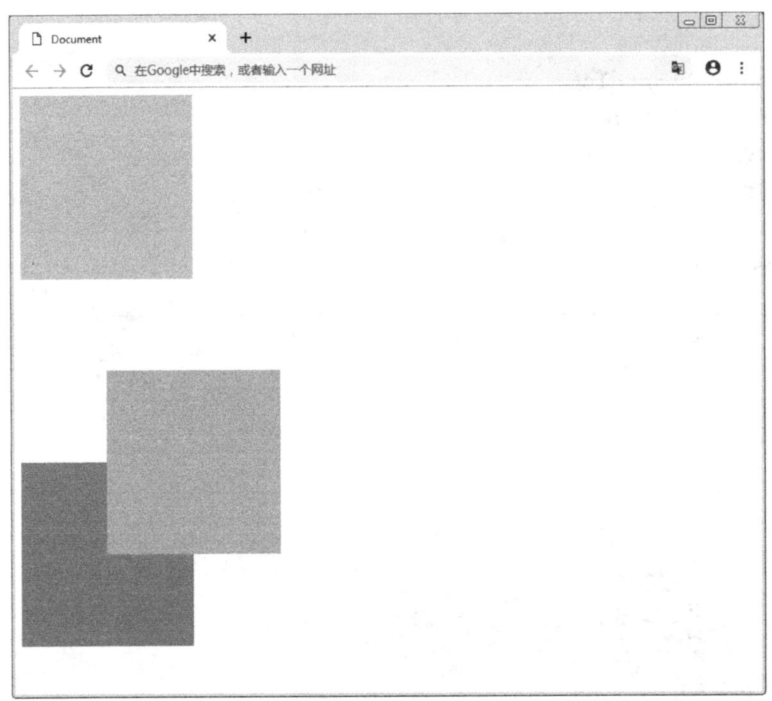

图 11-9

代码如下：

```
<!DOCTYPE html>
<html lang="en">
<head>
<meta charset="UTF-8">
<title>Document</title>
<style>
div{
    width: 200px;
    height: 200px;
}
.d1{
    background: pink;
}
.d2{
    background: lightblue;
    position:relative;
    left: 100px;
```

```
        top :100px;
    }
    .d3{
        background: yellowgreen;
    }
    </style>
    </head>
    <body>
        <div class="d1"></div>
        <div class="d2"></div>
        <div class="d3"></div>
    </body>
    </html>
```

从代码运行结果中可以看出，元素虽然已经产生了偏移，但是其所占的空间位置依然保留，这也是为什么第三个 div 没有上移的原因。

11.3.3 固定定位

position：fixed。元素框的表现类似于将 position 设置为 absolute，不过其包含块是视窗本身。把元素固定在浏览器窗口的某一位置，并且不会随着文档的其他元素进行移动。

我们在很多的地方都可以看见固定定位，例如淘宝等购物类网站，右边都会有一个导航的菜单。如图 11-10 所示。

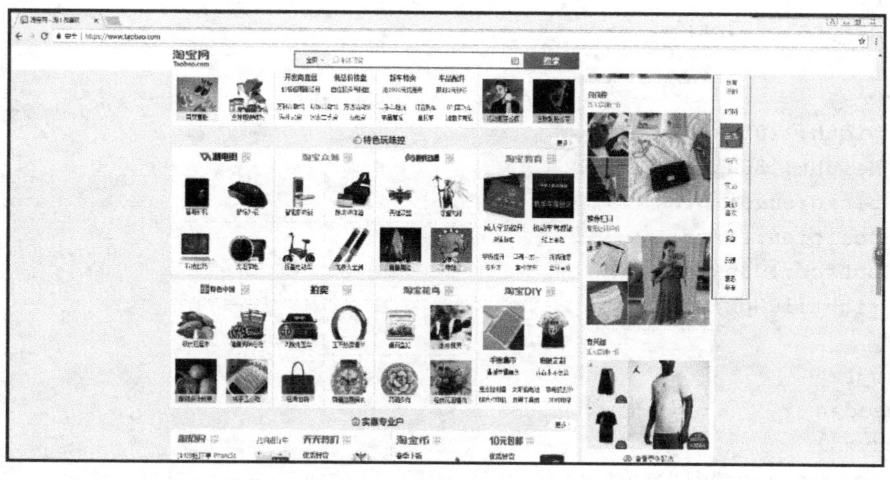

图 11-10

请注意图中右边用边框框起来的部分。这其实就是利用 CSS 的固定定位做的。下面我们通过一个案例来帮助大家理解固定定位的知识。

制作固定定位效果

将 position 的属性设置为 fixed 就可以进行固定定位效果，如图 11-11 所示。

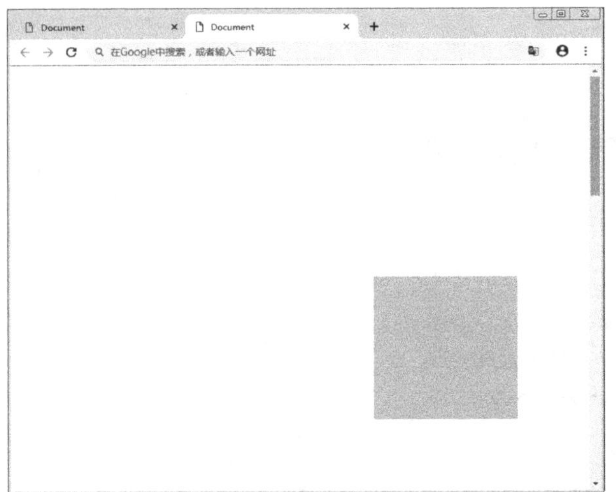

图 11-11

代码如下：

```
<!DOCTYPE html>
<html lang="en">
<head>
<meta charset="UTF-8">
<title>Document</title>
<style>
body{
    height:2000px;
}
.d1{
    width: 200px;
    height: 200px;
    background: pink;
    position:fixed;
    bottom:100px;
    right:100px;
}
</style>
</head>
<body>
    <div class="d1"></div>
</body>
</html>
```

以上代码中我们对 div 进行了固定定位的设置，所以在随意滚动浏览器的滚动条时，右下角的 div 都始终保持在距离浏览器右边以及底部分别为 100px 的位置。

11.4 z 轴索引的优先级设置

扫一扫，看视频

无论是绝对定位、固定定位还是相对定位，其实都会对页面中的其他元素进行遮挡，如果在开发中需要这些被定位过的元素被其他正常定位的元素遮挡的话，就可以使用 z-index 属性。

z-index 属性设置元素的堆叠顺序。拥有更高堆叠顺序的元素总是会处于堆叠顺序较低的元素的前面。

注意：元素可拥有负的 z-index 属性值。

注意：z-index 仅能在定位元素上奏效（例如 position:absolute;）!

该属性设置一个定位元素沿 z 轴的位置，z 轴定义为垂直延伸到显示区的轴。如果为正数，则离用户更近，为负数则表示离用户更远。

z-index 属性的值可以有以下几种：

- Auto：默认。堆叠顺序与父元素相等。
- Number：设置元素的堆叠顺序。
- Inherit：规定应该从父元素继承 z-index 属性的值。

设置 z 轴索引的优先级

下面通过一个案例来帮助大家理解 z-index 属性，效果如图 11-12 所示。

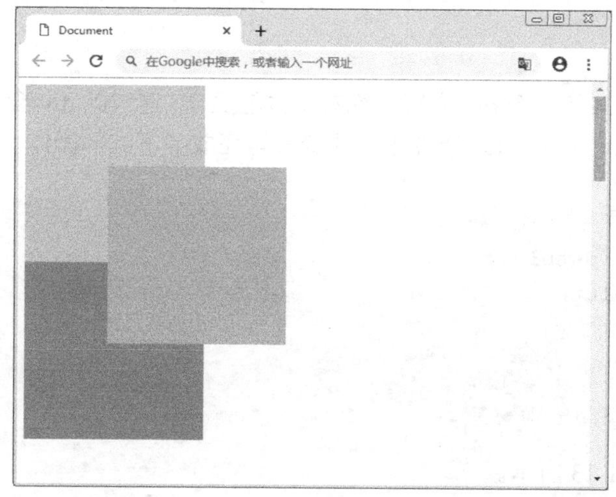

图 11-12

代码如下：

```
<!DOCTYPE html>
<html lang="en">
<head>
<meta charset="UTF-8">
<title>Document</title>
<style>
body{
    height:2000px;
}
div{
    width: 200px;
    height: 200px;
```

```
    }
    .d1{
        background: pink;
    }
    .d2{
        background: lightblue;
        position:absolute;
        top:100px;
        left:100px;
    }
    .d3{
        background:yellowgreen;
    }
    </style>
    </head>
    <body>
        <div class="d1"></div>
        <div class="d2"></div>
        <div class="d3"></div>
    </body>
    </html>
```

以上代码是我们对第二个 div 进行了绝对定位的操作，这时此 div 会对其他的 div 元素进行遮挡。我们把此 div 的 z-index 属性进行改变即可完成“下沉”操作。

代码如下：

```
.d2{
background: lightblue;
position:absolute;
top:100px;
left:100px;
z-index: -1;
}
```

运行结果如图 11-13 所示。

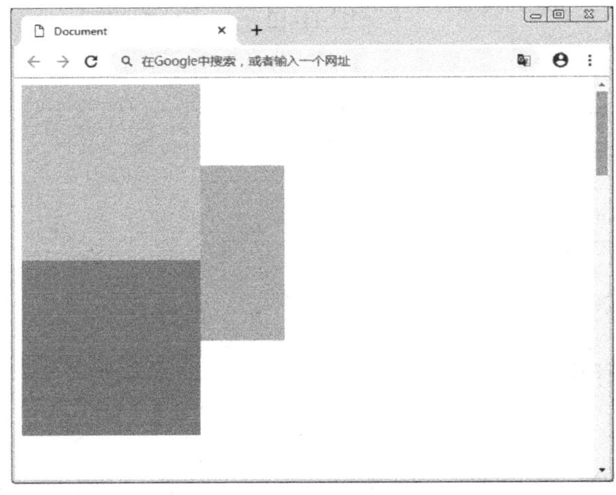

图 11-13

综合实战 制作导航栏效果

本节将带领大家做出两个经典的导航栏，所用的技术都是之前所学到的关于 CSS 布局的知识。在网页中经常会遇到横向导航栏，本案例将带领大家使用 div+css 布局完成一个横向导航栏的制作。

Step1 在 HTML 文档中新建一个 ul 列表作为导航栏的基础结构部分。

代码如下：

```
<ul id="nav">
<li>第 1 项</li>
<li>第 2 项</li>
<li>第 3 项</li>
<li>第 4 项</li>
</ul>
```

Step2 需要为导航栏添加新的结构，即为每一项添加二级导航。

代码如下：

```
<ul>
    <li>first</li>
    <li>second</li>
    <li>third</li>
    <li>fourth</li>
</ul>
</li>
<li>第 2 项
<ul>
    <li>first</li>
    <li>second</li>
    <li>third</li>
    <li>fourth</li>
</ul>
</li>
<li>第 3 项
<ul>
    <li>first</li>
    <li>second</li>
    <li>third</li>
    <li>fourth</li>
</ul>
</li>
<li>第 4 项
<ul>
    <li>first</li>
    <li>second</li>
    <li>third</li>
```

```
    <li>fourth</li>
</ul>
</li>
</ul>
```

这时就已经得到了所有导航栏的结构了。

代码运行结果如图 11-14 所示。

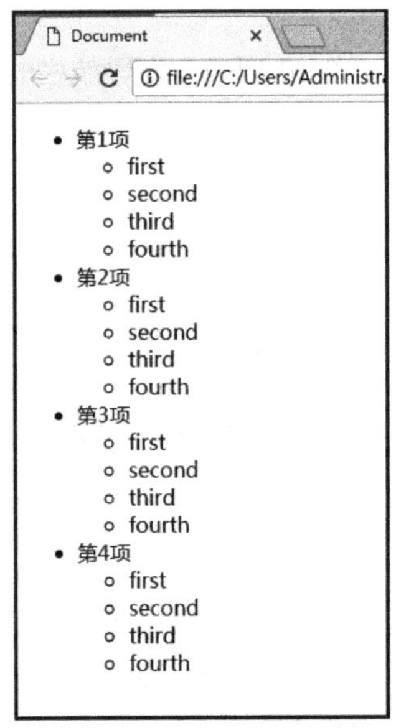

图 11-14

Step3 开始编写 CSS 样式，在页面中有一些元素是天生自带内外边距的，例如 body 元素和 p 元素拥有 8px 的 margin。Ul 元素同样也拥有这样的属性，所以在编写所有的 CSS 样式之前需要先对整个页面中的元素内外边距进行初始化操作。代码如下：

```
*{
margin:0;
padding:0;
}
```

Step4 开始正式编写 CSS 样式代码。先把所有列表标记属性消除（即消除列表标记的小圆点），然后给 id 为 nav 的列表一定的宽度，并且让其居中显示。

代码如下：

```
ul{
list-style: none;
}
#nav{
width: 800px;
height: 50px;
margin:20px auto;
}
```

Step5 接着对#nav 下面的子级 li 元素进行样式的编写，首先使它们左浮动，再设置它们的背景色，接着给一定的宽高属性。

代码如下：

```
#nav>li{
width: 25%;
height: 50px;
float:left;
background: #ccc;
}
```

这时就能得到一个基础的导航栏的样式，如图 11-15 所示。

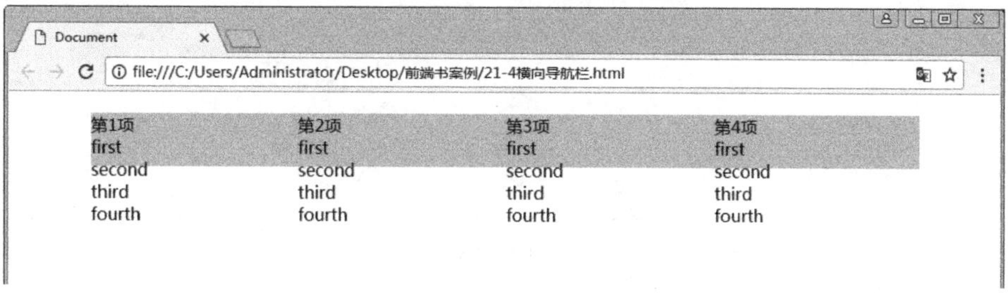

图 11-15

Step6 接下来需要对这些元素进行样式的美化和加工即可，详细操作不再赘述。

代码如下：

```
#nav>li{
width: 25%;
height: 50px;
float:left;
background: #ccc;
line-height: 50px;
text-align: center;
}
#nav>li ul{
width: 100%;
}
#nav>li ul li{
width: 100%;
height: 50px;
background: #ccc;
}
```

Step7 需要将这些二级菜单都隐藏起来，当鼠标放在一级菜单上时它们才会显示出来，代码如下：

```
#nav>li ul{
display:none;
}
/* 鼠标划过状态 */
#nav>li:hover ul{
display:block;
}
```

代码运行结果如图 11-16 所示。

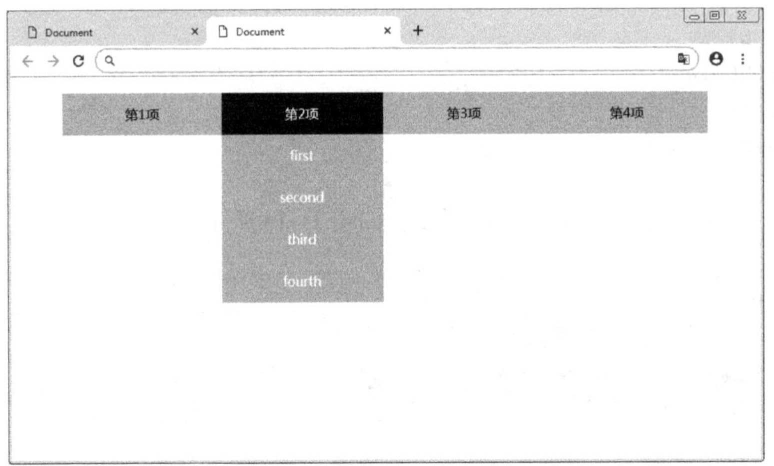

图 11-16

Step8 进行最后的美化操作，鼠标移入的菜单项进行背景色变换的操作。

整个案例代码如下：

```
<!DOCTYPE html>
<html lang="en">
<head>
<meta charset="UTF-8">
<title>Document</title>
<style>
*{
   margin:0;
   padding:0;
}
ul{
   list-style: none;
}
#nav{
   width: 800px;
   height: 50px;
   margin:20px auto;
}
#nav>li{
   width: 25%;
   height: 50px;
   float:left;
   background: #ccc;
   line-height: 50px;
   text-align: center;
}
#nav>li ul{
   width: 100%;
```

```
}
#nav>li ul li{
    width: 100%;
    height: 50px;
    background: #ccc;
}
#nav>li ul{
    display:none;
}
#nav>li:hover ul{
    display:block;
}
#nav li:hover{
    background: #333;
    color:#fff;
}
</style>
</head>
<body>
<ul id="nav">
<li>第 1 项
<ul>
    <li>first</li>
    <li>second</li>
    <li>third</li>
    <li>fourth</li>
</ul>
</li>
<li>第 2 项
<ul>
    <li>first</li>
    <li>second</li>
    <li>third</li>
    <li>fourth</li>
</ul>
</li>
<li>第 3 项
<ul>
    <li>first</li>
    <li>second</li>
    <li>third</li>
    <li>fourth</li>
</ul>
</li>
<li>第 4 项
<ul>
    <li>first</li>
    <li>second</li>
```

```
        <li>third</li>
        <li>fourth</li>
    </ul>
    </li>
    </ul>
    </body>
    </html>
```

代码运行结果如图 11-17 所示。

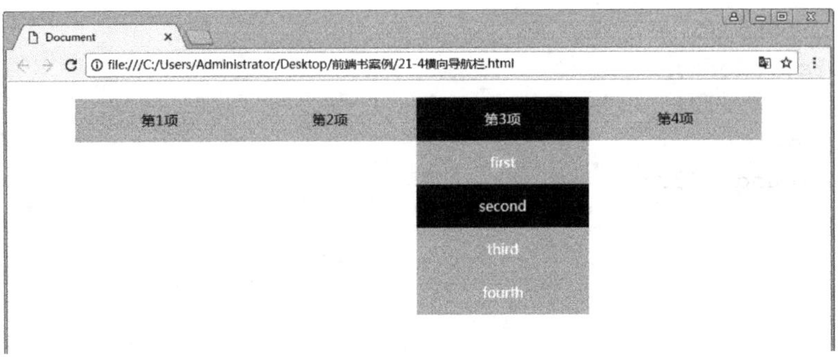

图 11-17

上面做了一个横向导航栏的案例，接着将模仿购物网站制作侧边导航栏。其实相对于横向导航栏，侧边导航栏的制作只是多了一些定位的运用，这里就不再赘述制作思路了，完整代码如下：

```
    <!DOCTYPE html>
    <html lang="en">
    <head>
    <meta charset="UTF-8">
    <title>Document</title>
    <style>
    *{
        margin:0;
        padding:0;
    }
    ul{
        list-style: none;
    }
    #nav{
        width:100px;
        position:fixed;
        top:100px;
        right:100px;
    }
    #nav>li{
        width: 100%;
        height: 100px;
        background:#FC0;
```

```
        position:relative;
        line-height: 50px;
        text-align: center;
    }
    #nav>li ul{
        width: 400px;
        position:absolute;
        top:0;
        right:100px;
    }
    #nav>li ul li{
        width: 100px;
        height: 100px;
        background:#990;
        float:left;
    }
    #nav>li ul{
        display:none;
    }
    #nav>li:hover ul{
        display:block;
    }
    #nav li:hover{
        background:#C90;
        color:#063;
    }
    </style>
    </head>
    <body>
    <ul id="nav">
    <li>第 1 项
        <ul>
        <li>first</li>
        <li>second</li>
        <li>third</li>
        <li>fourth</li>
        </ul>
    </li>
    <li>第 2 项
        <ul class="sec_nav">
        <li>first</li>
        <li>second</li>
        <li>third</li>
        <li>fourth</li>
        </ul>
    </li>
    <li>第 3 项
```

```
        <ul>
        <li>first</li>
        <li>second</li>
        <li>third</li>
        <li>fourth</li>
        </ul>
    </li>
    <li>第 4 项
        <ul>
        <li>first</li>
        <li>second</li>
        <li>third</li>
        <li>fourth</li>
        </ul>
    </li>
    </ul>
    </body>
    </html>
```

代码运行结果如图 11-18 所示。

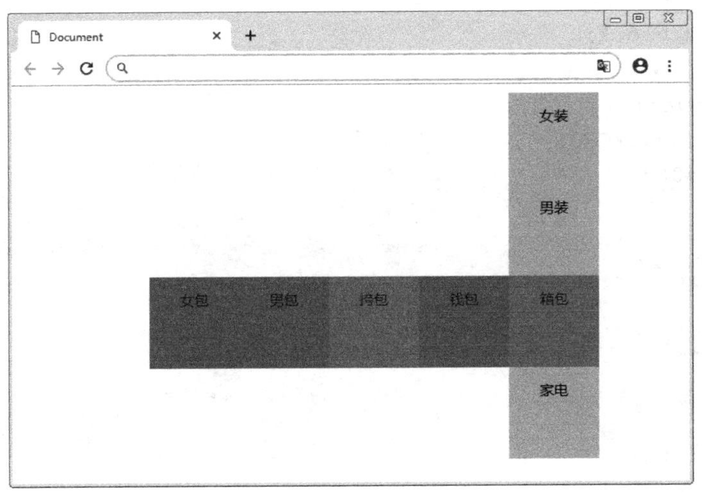

图 11-18

课后作业

使用定位制作动态效果

难度等级 ★★

本章主要为大家讲解了关于 CSS 定位的知识，其中包括了浮动定位、绝对定位、相对定位等定位方式，这些定位方式能够帮我们写出一些平时正常定位很难做到的页面效果。同时本章也是 CSS 中的一个难点部分，大家一定要多多练习以便达到熟练掌握的目的。

本章的课后作业为大家准备了使用 position 属性使照片放大的效果，如图 11-19 所示。

扫一扫，看答案

图 11-19

难度等级 ★★

接下来的课后作业是需要大家模仿网上商城的页面效果来制作商品展示信息，效果如图 11-20 所示。

扫一扫，看答案

图 11-20

第12章 网页常用的样式

内容导读

CSS样式可以使网页更加美观和直观，想要正确流利地使用这些样式就需要好好学习本章的内容。CSS样式包括字体样式、段落样式、边框样式、外轮廓样式、列表样式等。本章我们就来具体讲解这些样式的应用基础。

通过本章的学习你可以学会如何设置字体样式、段落样式、边框样式、外轮廓样式以及列表的相关属性效果。

12.1 字体样式

网页中包含了大量的文字信息，所有的文字构成的网页元素都是网页文本，文本的样式由字体样式和段落样式组成。使用 CSS 修改和控制文字的大小、颜色、粗细和下划线等，在修改时只需要修改 CSS 文本样式即可。下面将进行详细介绍。

12.1.1 字体 font-family

在 CSS 中，有两种类型的字体系列名称：

- 通用字体系列：拥有相似外观的字体系统组合（如“Serif”或“Monospace”）。
- 特定字体系列：一个特定的字体系列（如“Times”或“Courier”）。

font-family 属性设置文本的字体系列。

font-family 属性应该设置几个字体名称作为一种“后备”机制，如果浏览器不支持第一种字体，将尝试下一种字体。

注意：如果字体系列的名称超过一个字，它必须用引号，如 Font Family: “宋体”。

多个字体系列使用一个逗号分隔指明：

```
p{font-family:"Times New Roman", Times, serif;}
```

12.1.2 字号 font-size

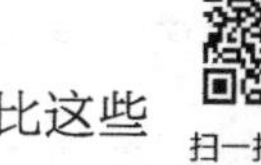
扫一扫，看视频

该属性设置元素的字体大小。

注意，实际上它设置的是字体中字符框的高度；实际的字符字形可能比这些框高或矮（通常会矮）。

各关键字对应的字体必须比一个最小关键字相应字体要高，并且要小于下一个最大关键字对应的字体。

我们可以在网页中随意设置字体大小，例如：

```
<p>检测文字大小！</p>
p{font-size: 20px;}
```

常用的 font-size 属性值的单位为以下几种：

- 像素（px）：根据显示器的分辨率来设置大小，Web 应用中常用次单位。
- 点数（pt）：根据 Windows 系统定义的字号大小来确定，pt 就是 point，是印刷行业常用的单位。
- 英寸（in）、厘米（cm）和毫米（mm）：根据实际的大小来确定。此类单位不会因为显示器的分辨率改变而改变。
- 倍数（em）：表示当前文本的大小。
- 百分比（%）：以当前文本的百分比定义大小。

下面就用一个小的案例来实验下这些单位的用法。

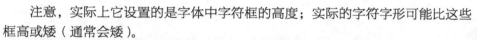

课堂练习 设置字号效果

在网页中经常使用设置文字字号的效果，如图 12-1 所示。

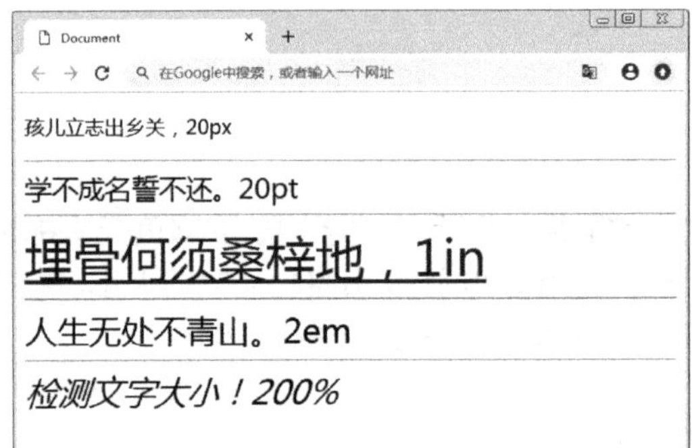

图 12-1

代码如下：

```
<!DOCTYPE html>
<html lang="en">
<head>
<meta charset="UTF-8">
<title>Document</title>
<style>
p{
    font-size: 20px;
}
div{
    font-size: 20pt;
}
a{
    font-size: 0.5in;
}
span{
    font-size: 2em;
}
em{
    font-size: 200%;
}
</style>
</head>
<body>
    <p>孩儿立志出乡关，20px</p>
    <hr/>
    <div>学不成名誓不还。20pt</div>
    <hr/>
    <a href="">埋骨何须桑梓地，1in</a>
    <hr/>
    <span>人生无处不青山。2em</span>
    <hr/>
    <em>检测文字大小！200%</em>
</body>
</html>
```

12.1.3 字重 font-weight

扫一扫，看视频

该属性用于设置显示元素的文本中所用的字体加粗。数字值 400 相当于关键字 normal，700 等价于 bold。每个数字值对应的字体加粗必须至少与下一个最小数字一样细，而且至少与下一个最大数字一样粗。

该属性的值可分为两种写法：

- 由 100 ~ 900 的数值组成，但是不能写成 856，只能写整百的数字。
- 可以是关键字：normal（默认值），bold（加粗），bolder（更粗），lighter（更细），inherit（继承父级）。

课堂练习　设置字体的粗细

设置网页字体的粗细有几种方法，图 12-2 所示就是不同属性设置字体的粗细效果。

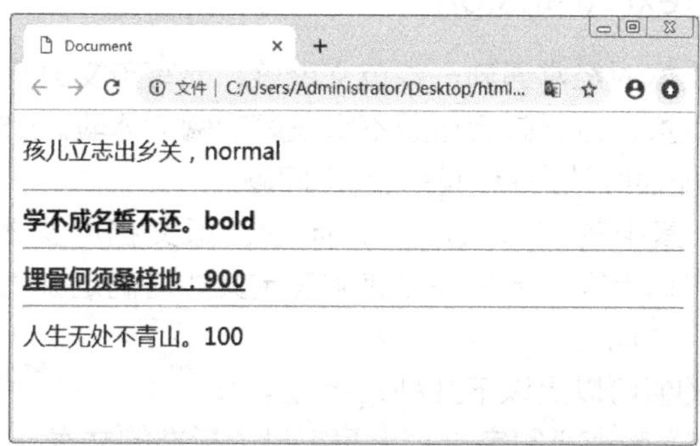

图 12-2

代码如下：

```
<!DOCTYPE html>
<html lang="en">
<head>
<meta charset="UTF-8">
<title>Document</title>
<style>
body{
    font-size: 20px;
}
p{
    font-weight: normal;
}
div{
    font-weight: bold;
}
a{
    font-weight: 900;
}
```

```
    span{
        font-weight: 100;
    }
    </style>
    </head>
    <body>
        <p>孩儿立志出乡关，normal</p>
        <hr/>
        <div>学不成名誓不还。bold</div>
        <hr/>
        <a href="">埋骨何须桑梓地，900</a>
        <hr/>
        <span>人生无处不青山。100</span>
    </body>
    </html>
```

12.1.4 文本转换 text-transform

扫一扫，看视频

我们在网页中编写文本时经常遇到一些英文段落，而写英文时我们一般不会注意一些大小写的变换，这样就会造成不太友好的阅读体验。CSS 的文本 text-transform 属性就能很好地为我们解决这个问题。

这个属性会改变元素中的字母大小写，而不管源文档中文本的大小写。如果值为 capitalize，则要对某些字母大写，但是并没有明确定义如何确定哪些字母要大写，这取决于用户代理如何识别出各个“词”。

text-transform 属性的值可以是以下几种：

- none：默认。定义带有小写字母和大写字母的标准的文本。
- capitalize：文本中的每个单词以大写字母开头。
- uppercase：定义仅有大写字母。
- lowercase：定义无大写字母，仅有小写字母。
- inherit：规定应该从父元素继承 text-transform 属性的值。

设置英文字母大小写

使用 text-transform 属性制作网页中各种英文字母的表现形式如图 12-3 所示。

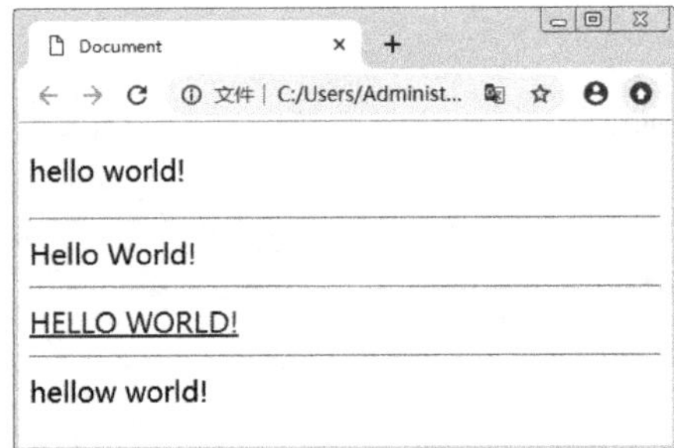

图 12-3

代码如下：

```
<!DOCTYPE html>
<html lang="en">
<head>
<meta charset="UTF-8">
<title>Document</title>
<style>
body{
    font-size: 20px;
}
p{
    text-transform: none;
}
div{
    text-transform: capitalize;
}
a{
    text-transform: uppercase;
}
span{
    text-transform: lowercase;
}
</style>
</head>
<body>
    <p>hello world!</p>
    <hr/>
    <div>hello world!</div>
    <hr/>
    <a href="">hello world!</a>
    <hr/>
    <span>HELLOW WORLD!</span>
</body>
</html>
```

12.1.5 字体风格 font-style

扫一扫，看视频

该属性设置使用斜体、倾斜或正常字体。斜体字体通常定义为字体系列中的一个单独的字体。理论上讲，用户代理可以根据正常字体计算一个斜体字体。

font-style 属性的值可以使以下几种：

- normal：默认值。浏览器显示一个标准的字体样式。
- italic：浏览器会显示一个斜体的字体样式。
- oblique：浏览器会显示一个倾斜的字体样式。
- inherit：规定应该从父元素继承字体样式。

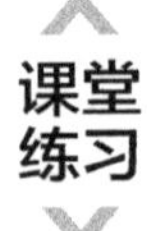

课堂练习　设置倾斜字体

使用 font-style 设置几种倾斜字体的效果，如图 12-4 所示。

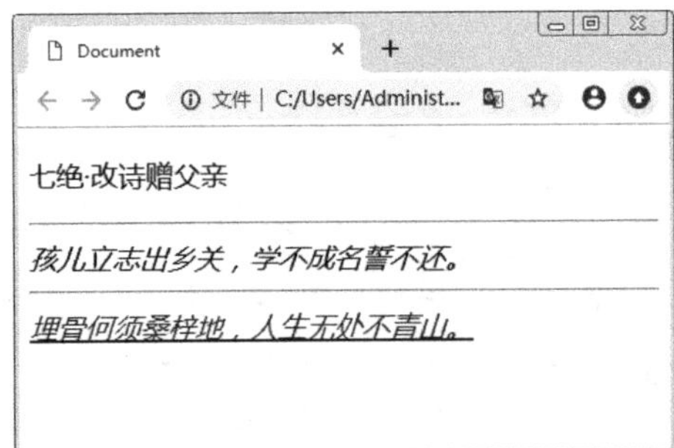

图 12-4

代码如下：

```
<!DOCTYPE html>
<html lang="en">
<head>
<meta charset="UTF-8">
<title>Document</title>
<style>
body{
    font-size: 20px;
}
p{
    font-style: normal;
}
div{
    font-style: italic;
}
a{
    font-style: oblique;
}
</style>
</head>
<body>
    <p>七绝·改诗赠父亲</p>
    <hr/>
    <div>孩儿立志出乡关，学不成名誓不还。</div>
    <hr/>
    <a href="">埋骨何须桑梓地，人生无处不青山。</a>
</body>
</html>
```

12.1.6 字体颜色 color

扫一扫，看视频

color 属性规定文本的颜色。

这个属性设置了一个元素的前景色（在 HTML 表现中，就是元素文本的颜色）；这个颜色还会应用到元素的所有边框，但是和 border-color 属性颜色冲突时会被 border-color 或另外某个边框颜色属性覆盖。

要设置一个元素的前景色，最容易的方法是使用 color 属性。

color 属性的值可以是以下几种：

- color_name：规定颜色值为颜色名称的颜色（比如 red）。
- hex_number：规定颜色值为十六进制值的颜色（比如 #ff0000）。
- rgb_number：规定颜色值为 rgb 代码的颜色［比如 rgb(255,0,0)］。
- inherit：规定应该从父元素继承颜色。

课堂练习

设置字体颜色

字体颜色的设置可以有下面的几种样式和写法，效果如图 12-5 所示。

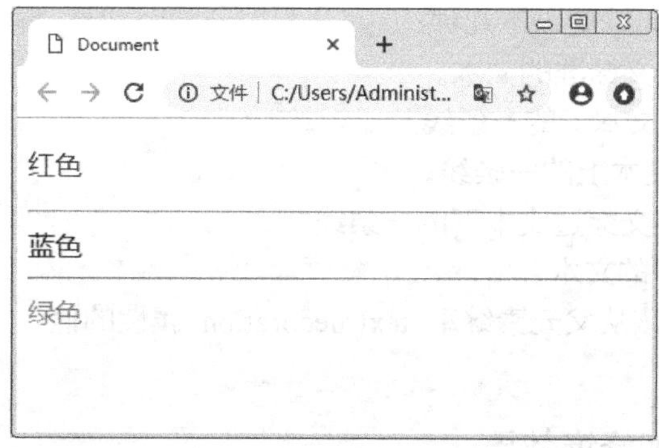

图 12-5

代码如下：

```
<!DOCTYPE html>
<html lang="en">
<head>
<meta charset="UTF-8">
<title>Document</title>
<style>
body{
      font-size: 20px;
}
p{
   color:red;
}
div{
```

```
        color:#0000ff;
    }
    span{
        color:rgb(0,255,0);
    }
    </style>
    </head>
    <body>
        <p>红色</p>
    <hr/>
        <div>蓝色</div>
    <hr/>
        <span>绿色</span>
    </body>
    </html>
```

12.1.7 文本修饰 text-decoration

这个属性允许对文本设置某种效果，如加下划线。如果后代元素没有自己的装饰，祖先元素上设置的装饰会“延伸”到后代元素中。不要求用户代理支持 blink。

text-decoration 的值可以使以下几种：

- none：默认。定义标准的文本。
- underline：定义文本下的一条线。
- overline：定义文本上的一条线。
- line-through：定义穿过文本下的一条线。
- blink：定义闪烁的文本。
- inherit：规定应该从父元素继承 text-decoration 属性的值。

给文本添加修饰效果

通过 text-decoration 属性可以给文本添加线条效果，如图 12-6 所示。

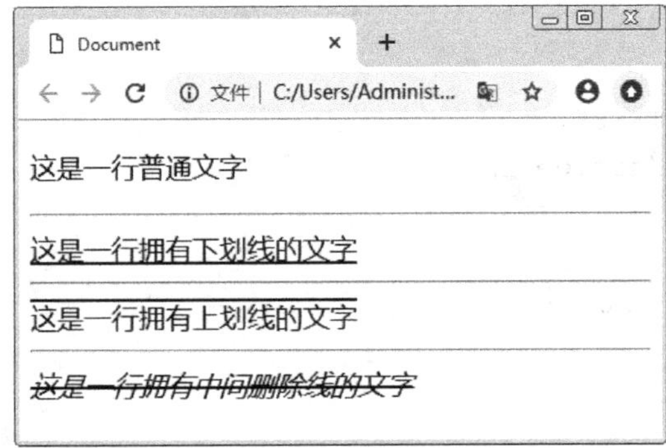

图 12-6

代码如下：

```
<!DOCTYPE html>
<html lang="en">
<head>
<meta charset="UTF-8">
<title>Document</title>
<style>
body{
    font-size: 20px;
}
p{
    text-decoration: none;
}
div{
    text-decoration: underline;
}
span{
    text-decoration: overline;
}
em{
    text-decoration: line-through;
}
</style>
</head>
<body>
    <p>这是一行普通文字</p>
    <hr/>
    <div>这是一行拥有下划线的文字</div>
    <hr/>
    <span>这是一行拥有上划线的文字</span>
    <hr/>
    <em>这是一行拥有中间删除线的文字</em>
</body>
</html>
```

12.1.8 简写 font

这个简写属性用于一次设置元素字体的两个或更多方面。使用 icon 等关键字可以适当地设置元素的字体，使之与用户计算机环境中的某个方面一致。注意，如果没有使用这些关键词，至少要指定字体大小和字体系列。

可以按顺序设置如下属性：

- font-style
- font-variant
- font-weight
- font-size/line-height
- font-family

可以不设置其中的某个值，比如 font:100% verdana; 也是允许的。未设置的属性会使用其默认值。

课堂练习　简写 font 效果

简写 font 属性用于一次设置元素字体的两个或更多方面的效果，比如大小和字体，效果如图 12-7 所示。

图 12-7

代码如下：

```
<!DOCTYPE html>
<html lang="en">
<head>
<meta charset="UTF-8">
<title>Document</title>
<style>
p{
    font:15px arial,sans-serif;
}
div{
    font:italic bold 12px/30px Georgia,serif;
}
</style>
</head>
<body>
    <p>font 属性可以涵括以上所有的 CSS 属性</p>
    <hr/>
    <div>font 属性可以涵括以上所有的 CSS 属性</div>
</body>
</html>
```

12.2 段落样式

CSS 中关于段落的样式主要有行高、缩进、段落对齐、文字间距、文字溢出、段落换行等。这些段落样式也是控制页面中文本段落美观的关键。下面就将为大家一一进行讲解。

12.2.1 字符间隔 letter-spacing

扫一扫，看视频

letter-spacing 属性增加或减少字符间的空白（字符间距）。

该属性定义了在文本字符框之间插入多少空间。由于字符字形通常比其字符框要窄，指定长度值时，会调整字母之间通常的间隔。因此，normal 就相当于值为 0。

注意：允许使用负值，这会让字母之间挤得更紧。

letter-spacing 属性的值可以是以下几种：

- normal：默认。规定字符间没有额外的空间。
- length：定义字符间的固定空间（允许使用负值）。
- inherit：规定应该从父元素继承 letter-spacing 属性的值。

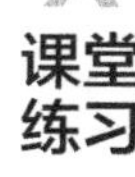

设置字符间隔效果

使用 letter-spacing 字符间距效果如图 12-8 所示。

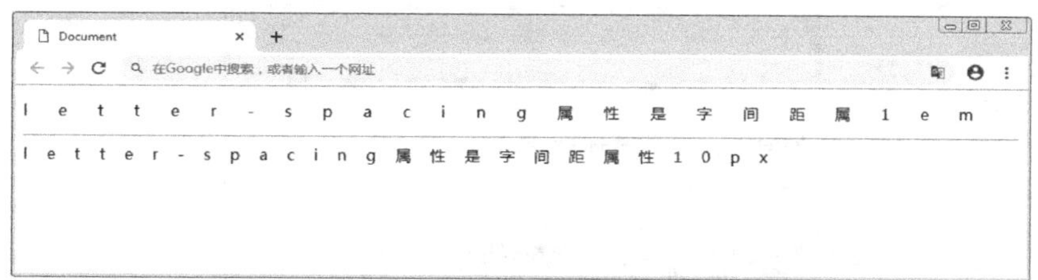

图 12-8

代码如下：

```
<!DOCTYPE html>
<html lang="en">
<head>
<meta charset="UTF-8">
<title>Document</title>
<style>
p{
    letter-spacing: 1em;
}
div{
    letter-spacing: 10px;
}
</style>
</head>
<body>
    <p>letter-spacing 属性是字间距属 1em</p>
    <hr/>
    <div>letter-spacing 属性是字间距属性 10px</div>
</body>
</html>
```

12.2.2 单词间隔 word-spacing

扫一扫，看视频

word-spacing 属性可以增加或减少单词间的空白（即字间隔）。

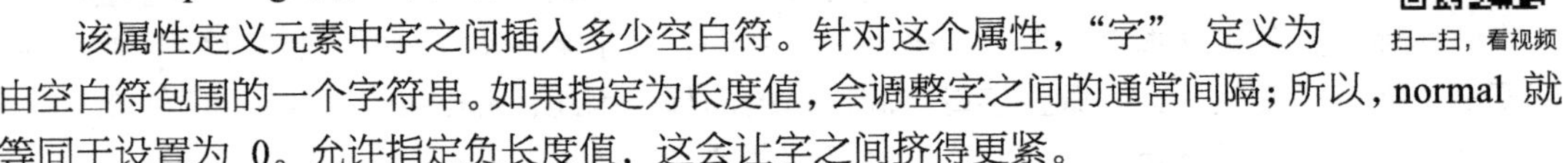

该属性定义元素中字之间插入多少空白符。针对这个属性，“字” 定义为由空白符包围的一个字符串。如果指定为长度值，会调整字之间的通常间隔；所以，normal 就等同于设置为 0。允许指定负长度值，这会让字之间挤得更紧。

word-spacing 的值可以是：

- normal：默认。定义单词间的标准空间。
- length：定义单词间的固定空间。
- inherit：规定应该从父元素继承 word-spacing 属性的值。

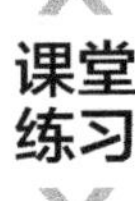

课堂练习

字符间隔的设置

设置字符间隔需要用到 word-spacing 属性，效果如图 12-9 所示。

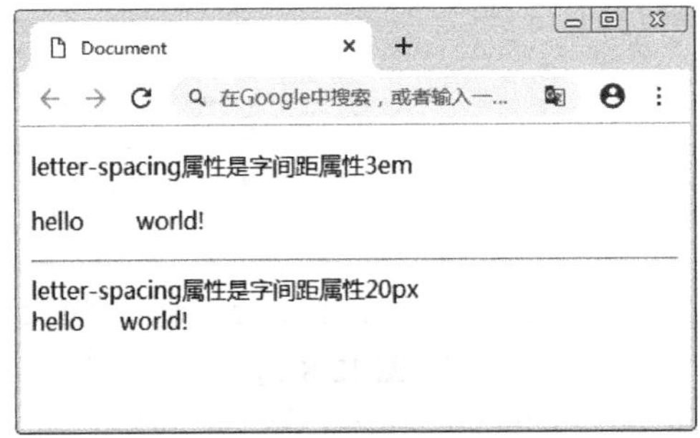

图 12-9

代码如下：

```
<!DOCTYPE html>
<html lang="en">
<head>
<meta charset="UTF-8">
<title>Document</title>
<style>
p{
   word-spacing: 3em;
}
div{
   word-spacing: 20px;
}
</style>
</head>
<body>
   <p>letter-spacing 属性是字间距属性 3em</p>
   <p>hello world!</p>
```

```
    <hr/>
    <div>letter-spacing 属性是字间距属性 20px</div>
    <div>hello world!</div>
</body>
</html>
```

12.2.3 段落缩进 text-indent

扫一扫，看视频

text-indent 属性用于定义块级元素中第一个内容行的缩进。这最常用于建立一个“标签页”效果。允许指定负值，这会产生一种“悬挂缩进”的效果。

text-indent 的值可以是以下几种：

- length：定义固定的缩进，默认值为 0。
- %：定义基于父元素宽度的百分比的缩进。
- inherit：规定应该从父元素继承 text-indent 属性的值。

课堂练习

段落缩进效果

段落缩进效果需要使用 text-indent 属性制作，效果如图 12-10 所示。

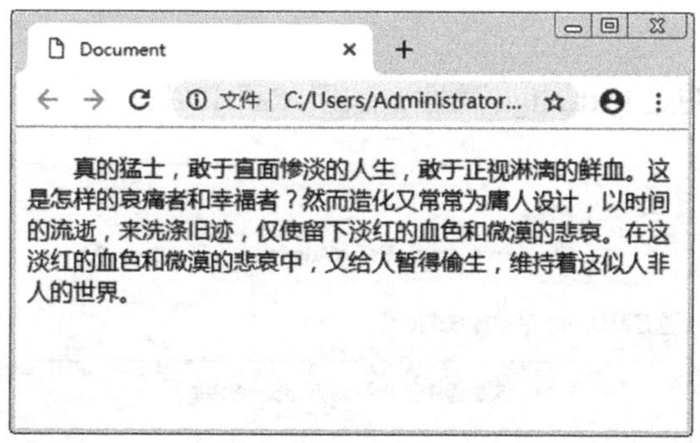

图 12-10

代码如下：

```
<!DOCTYPE html>
<html lang="en">
<head>
<meta charset="UTF-8">
<title>Document</title>
<style>
p{
    text-indent: 2em;
}
</style>
</head>
<body>
    <p>真的猛士，敢于直面惨淡的人生，敢于正视淋漓的鲜血。这是怎样的哀痛者和幸福者？
```

```
然而造化又常常为庸人设计，以时间的流逝，来洗涤旧迹，仅使留下淡红的血色和微漠的悲哀。在这淡红的血色和微漠的悲哀中，又给人暂得偷生，维持着这似人非人的世界。</p>
</body>
</html>
```

12.2.4 横向对齐方式 text-align

text-align 属性规定元素中的文本的水平对齐方式。

该属性通过指定行框与哪个点对齐，从而设置块级元素内文本的水平对齐方式。通过允许用户代理调整行内容中字母和字之间的间隔，可以支持值 justify；不同用户代理可能会得到不同的结果。

text-align 属性的值可以是以下几种：

- left：把文本排列到左边。默认值由浏览器决定。
- right：把文本排列到右边。
- center：把文本排列到中间。
- justify：实现两端对齐文本效果。
- inherit：规定应该从父元素继承 text-align 属性的值。

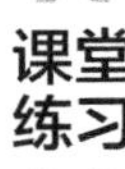

文字对齐效果

文字对齐效果使用的是 text-align 属性，效果如图 12-11。

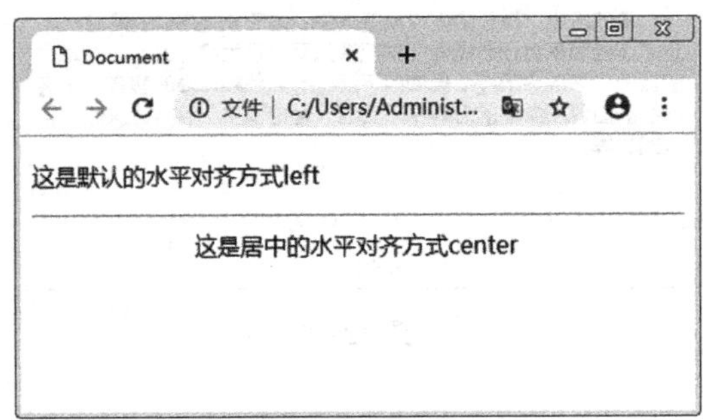

图 12-11

代码如下：

```
<!DOCTYPE html>
<html lang="en">
<head>
<meta charset="UTF-8">
<title>Document</title>
<style>
p{
    text-indent: left;
}
div{
```

```
    text-align: center;
}
</style>
</head>
<body>
    <p>这是默认的水平对齐方式 left</p>
    <hr>
    <div>这是居中的水平对齐方式 center</div>
</body>
</html>
```

最后一个水平对齐属性是 justify，它会带来自己的一些问题。

值 justify 可以使文本的两端都对齐。在两端对齐文本中，文本行的左右两端都放在父元素的内边界上。然后，调整单词和字母间的间隔，使各行的长度恰好相等。你也许已经注意到了，两端对齐文本在打印领域很常见。不过在 CSS 中，还需要多做些考虑。

要由用户代理（而不是 CSS）来确定两端对齐文本如何拉伸，以填满父元素左右边界之间的空间。例如，有些浏览器可能只在单词之间增加额外的空间，而另外一些浏览器可能会平均分布字母间的额外空间（不过 CSS 规范特别指出，如果 letter-spacing 属性指定为一个长度值，用户代理不能进一步增加或减少字符间的空间）。还有一些用户代理可能会减少某些行的空间，使文本挤得更紧密。所有这些做法都会影响元素的外观，甚至改变其高度，这取决于用户代理的对齐选择影响了多少文本行。

CSS 也没有指定应当如何处理连字符（注 1）。大多数两端对齐文本都使用连字符将长单词分开放在两行上，从而缩小单词之间的间隔，改善文本行的外观。不过，由于 CSS 没有定义连字符行为，用户代理不太可能自动加连字符。因此，在 CSS 中，两端对齐文本看上去没有打印出来好看，特别是元素可能太窄，以至于每行只能放下几个单词。当然，使用窄设计元素是可以的，不过要当心相应的缺点。

【知识点拨】

CSS 中没有说明如何处理连字符，因为不同的语言有不同的连字符规则。规范没有尝试去调和这样一些很可能不完备的规则，而是干脆不提这个问题。

12.2.5 纵向对齐方式 vertical-align

vertical-align 属性设置元素的垂直对齐方式。

该属性定义行内元素的基线相对于该元素所在行的基线的垂直对齐。允许指定负长度值和百分比值。负值会使元素降低。在表单元格中，这个属性会设置单元格框中的单元格内容的对齐方式。

vertical-align 属性的值可以是以下几种：

- baseline：元素放置在父元素的基线上。
- sub：垂直对齐文本的下标。
- super：垂直对齐文本的上标。
- top：把元素的顶端与行中最高元素的顶端对齐。
- text-top：把元素的顶端与父元素字体的顶端对齐。
- middle：把此元素放置在父元素的中部。
- bottom：把元素的顶端与行中最低的元素的顶端对齐。

- text-bottom：把元素的底端与父元素字体的底端对齐。
- length：使用“line-height”属性的百分比值来排列此元素。允许使用负值。
- inherit：规定应该从父元素继承 vertical-align 属性的值。

课堂练习 设置文字纵向对齐方式

使用 vertical-align 属性设置文字纵向对齐方式，效果如图 12-12 所示。

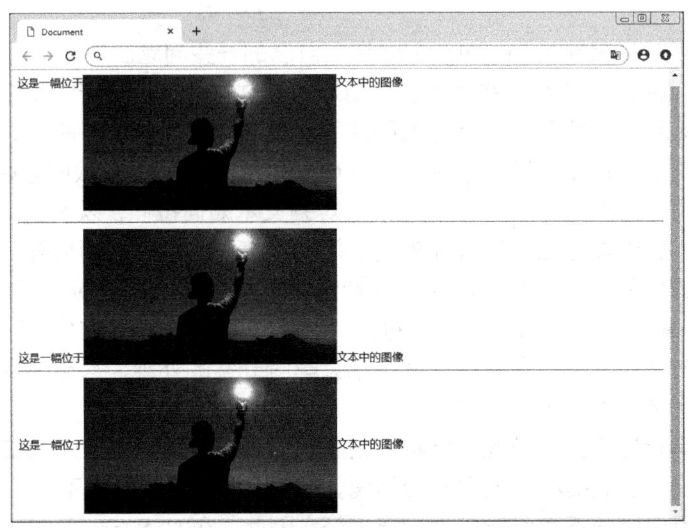

图 12-12

代码如下：

```
<!DOCTYPE html>
<html lang="en">
<head>
<meta charset="UTF-8">
<title>Document</title>
<style>
.top{
    vertical-align: top;
}
.bottom{
    vertical-align: bottom;
}
.middle{
    vertical-align: middle;
}
</style>
</head>
<body>
    <p>这是一幅位于<img class="top" src="img.png" alt="">文本中的图像</p>
```

```
        <hr>
        <div>这是一幅位于<img class="bottom" src="img.png" alt="">文本中的图像
</div>
        <hr>
        <span>这是一幅位于<img class="middle" src="img.png" alt="">文本中的图像
</span>
    </body>
    </html>
```

12.2.6 文本行间距 line-height

扫一扫，看视频

line-height 属性设置行间的距离（行高）。

注意：不允许使用负值。

该属性会影响行框的布局。在应用到一个块级元素时，它定义了该元素中基线之间的最小距离而不是最大距离。

line-height 与 font-size 的计算值之差（在 CSS 中称为“行间距”）分为两半，分别加到一个文本行内容的顶部和底部。可以包含这些内容的最小框就是行框。

原始数字值指定了一个缩放因子，后代元素会继承这个缩放因子而不是计算值。

line-height 属性的值可以是以下几种：

- normal：设置合理的行间距。
- number：设置数字，此数字会与当前的字体尺寸相乘来设置行间距。
- length：设置固定的行间距。
- %：基于当前字体尺寸的百分比设置行间距。
- Inherit：规定应该从父元素继承 line-height 属性的值。

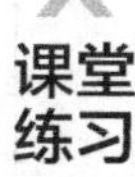
课堂练习

设置行与行之间的间距

想要设置网页中文字行与行之间的文字效果就需要用到 line-height 属性了，使用的效果如图 12-13 所示。

图 12-13

代码如下：

```
<!DOCTYPE html>
<html lang="en">
```

```
<head>
<meta charset="UTF-8">
<title>Document</title>
<style>
.d1{
   line-height: 50px;
}
</style>
</head>
<body>
   <div class="d1">这是行高为 50px 的文字</div>
   <div>这是默认行高的文字</div>
   <div>这是默认行高的文字</div>
   <div>这是默认行高的文字</div>
   <div class="d1">这是行高为 50px 的文字</div>
   <div>这是默认行高的文字</div>
</body>
</html>
```

※ 知识拓展 ※

我们可以利用上面所学的 CSS 属性来简单地做出按钮的效果，如图 12-14 所示。

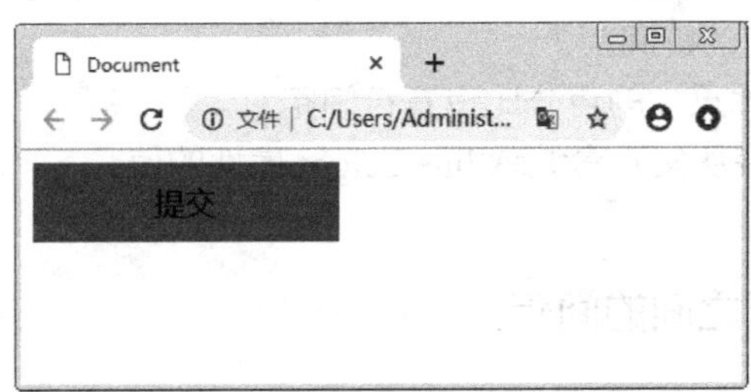

图 12-14

代码如下：

```
<!DOCTYPE html>
<html lang="en">
<head>
<meta charset="UTF-8">
<title>Document</title>
<style>
.btn{
   width: 200px;
   height: 50px;
   font-size:20px;
   line-height: 50px;
   text-align: center;
   /*letter-spacing: 2em;*/
   background:#09F;
```

```
}
</style>
</head>
<body>
    <div class="btn">提交</div>
</body>
</html>
```

12.3 边框样式

边框在 CSS 中属于非常重要的样式属性，我们可以为一些元素添加上宽和高属性，让元素在网页中占有固定的位置，但是普通元素都是没有颜色或者是透明的，这时我们可以让元素拥有边框，以便于更加方便地将它们识别出来。

12.3.1 边框线型 border-style

border-style 属性用于设置元素所有边框的样式，或者单独为各边设置边框样式。

只有当这个值不是 none 时边框才可能出现。

请看下面的例子：

例 1：

```
border-style:dotted solid double dashed;
```

上边框是点状

右边框是实线

下边框是双线

左边框是虚线

例 2：

```
border-style:dotted solid double;
```

上边框是点状

右边框和左边框是实线

下边框是双线

例 3：

```
border-style:dotted solid;
```

上边框和下边框是点状

右边框和左边框是实线

例 4：

```
border-style:dotted;
```

所有 4 个边框均是点状

border-style 的值可以是以下几种：

- none：定义无边框。
- hidden：与“none”相同。不过应用于表时除外，对于表，hidden 用于解决边框冲突。
- dotted：定义点状边框。在大多数浏览器中呈现为实线。
- dashed：定义虚线。在大多数浏览器中呈现为实线。

- solid：定义实线。
- double：定义双线。双线的宽度等于 border-width 的值。
- groove：定义 3D 凹槽边框。其效果取决于 border-color 的值。
- ridge：定义 3D 垄状边框。其效果取决于 border-color 的值。
- inset：定义 3D inset 边框。其效果取决于 border-color 的值。
- outset：定义 3D outset 边框。其效果取决于 border-color 的值。
- inherit：规定应该从父元素继承边框样式。

12.3.2 边框颜色 border-color

border-color 属性设置四条边框的颜色。此属性可设置 1 ~ 4 种颜色。

border-color 属性是一个简写属性，可设置一个元素的所有边框中可见部分的颜色，或者为 4 个边分别设置不同的颜色。

请看下面的例子：

例 1：

```
border-color:red green blue pink;
```

上边框是红色

右边框是绿色

下边框是蓝色

左边框是粉色

例 2：

```
border-color:red green blue;
```

上边框是红色

右边框和左边框是绿色

下边框是蓝色

例 3：

```
border-color:red green;
```

上边框和下边框是红色

右边框和左边框是绿色

例 4：

```
border-color:red;
```

所有 4 个边框都是红色

border-color 属性的值可以是以下几种：

- color_name：规定颜色值为颜色名称的边框颜色（比如 red）。
- hex_number：规定颜色值为十六进制值的边框颜色（比如 #ff0000）。
- rgb_number：规定颜色值为 rgb 代码的边框颜色 [比如 rgb(255,0,0)]。
- transparent：默认值。边框颜色为透明。
- inherit：规定应该从父元素继承边框颜色。

12.3.3 边框宽度 border-width

border-width 简写属性为元素的所有边框设置宽度，或者单独为各边框设置宽度。

只有当边框样式不是 none 时才起作用。如果边框样式是 none，边框宽度实际上会重置为 0。不允许指定负长度值。

请看下面例子：

例 1：

```
border-width:thin medium thick 10px;
```

上边框是细边框
右边框是中等边框
下边框是粗边框
左边框是 10px 宽的边框

例 2：

```
border-width:thin medium thick;
```

上边框是细边框
右边框和左边框是中等边框
下边框是粗边框

例 3：

```
border-width:thin medium;
```

上边框和下边框是细边框
右边框和左边框是中等边框

例 4：

```
border-width:thin;
```

所有 4 个边框都是细边框

border-width 属性的值可以是以下几种：

- thin：定义细的边框。
- medium：默认。定义中等的边框。
- thick：定义粗的边框。
- length：允许您自定义边框的宽度。
- inherit：规定应该从父元素继承边框宽度。

12.3.4 制作边框效果

扫一扫，看视频

border 简写属性在一个声明设置所有的边框属性。

可以按顺序设置如下属性：

- border-width
- border-style
- border-color

如果不设置其中的某个值，也不会出问题，比如 border:solid #ff0000; 也是允许的，但是这样并不会显示边框，因为少了宽度。宽度为 0 的情况下边框是不会显现出来的。

下面我们使用两种方法实现边框效果。

课堂练习

简单的边框效果

上面三节讲的是边框的效果，下面为大家做一个简单的案例，如图 12-15 所示。

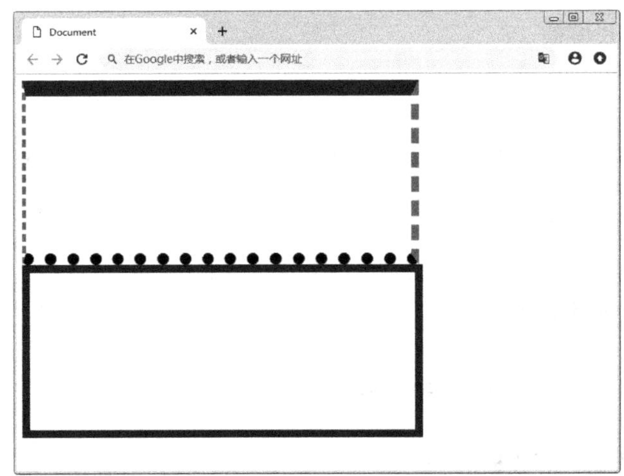

图 12-15

代码如下：

```
<!DOCTYPE html>
<html lang="en">
<head>
<meta charset="UTF-8">
<title>Document</title>
<style>
.border1{
    width: 500px;
    height: 200px;
    border-width: 20px 10px 15px 5px;
    border-style:solid dashed dotted;
    border-color:red #00ff00 rgb(0,0,255);
}
.border2{
    width: 500px;
    height: 200px;
    border:solid green 10px;
}
</style>
</head>
<body>
    <div class="border1"></div>
    <div class="border2"></div>
</body>
</html>
```

12.4 外轮廓样式

outline（轮廓）是绘制于元素周围的一条线，位于边框边缘的外围，可起到突出元素的作用。轮廓线不会占据空间，也不一定是矩形。

12.4.1 轮廓线型 outline-style

outline-style 属性用于设置元素的整个轮廓的样式。样式不能是 none，否则轮廓不会出现。

注意：请始终在 outline-color 属性之前声明 outline-style 属性。元素只有获得轮廓以后才能改变其轮廓的颜色。

注意：轮廓线不会占据空间，也不一定是矩形。

outline-style 属性的值可以是以下几种：

- none：默认。定义无轮廓。
- dotted：定义点状的轮廓。
- dashed：定义虚线轮廓。
- solid：定义实线轮廓。
- double：定义双线轮廓。双线的宽度等同于 outline-width 的值。
- groove：定义 3D 凹槽轮廓。此效果取决于 outline-color 值。
- ridge：定义 3D 凸槽轮廓。此效果取决于 outline-color 值。
- inset：定义 3D 凹边轮廓。此效果取决于 outline-color 值。
- outset：定义 3D 凸边轮廓。此效果取决于 outline-color 值。
- inherit：规定应该从父元素继承轮廓样式的设置。

12.4.2 轮廓颜色 outline-color

outline-color 属性设置一个元素整个轮廓中可见部分的颜色。要记住，轮廓的样式不能是 none，否则轮廓不会出现。

outline-color 属性的值可以是以下几种：

- color_name：规定颜色值为颜色名称的轮廓颜色（比如 red）。
- hex_number：规定颜色值为十六进制值的轮廓颜色（比如#ff0000）。
- rgb_number：规定颜色值为 rgb 代码的轮廓颜色［比如 rgb(255,0,0)］。
- invert：默认。执行颜色反转（逆向的颜色）。可使轮廓在不同的背景颜色中都可见。
- inherit：规定应该从父元素继承轮廓颜色的设置。

12.4.3 轮廓宽度 outline-width

outline-width 属性设置元素整个轮廓的宽度，只有当轮廓样式不是 none 时，这个宽度才会起作用。如果样式为 none，宽度实际上会重置为 0。不允许设置负长度值。

注意：请始终在 outline-width 属性之前声明 outline-style 属性。元素只有获得轮廓以后才能改变其轮廓的颜色。

outline-width 属性的值可以是以下几种：

- thin：规定细轮廓。
- medium：默认。规定中等的轮廓。
- thick：规定粗的轮廓。
- length：允许规定轮廓粗细的值。
- inherit：规定应该从父元素继承轮廓宽度的设置。

12.4.4 外轮廓 outline 简写练习

outline 简写属性在一个声明设置所有的轮廓属性。

可以按顺序设置如下属性：

- outline-width
- outline-style
- outline-color

如果不设置其中的某个值，也不会出问题，比如 outline:solid #ff0000; 也是允许的，但是这样并不会显示轮廓，因为少了宽度。宽度为 0 的情况下轮廓是不会显现出来的。

课堂练习　外轮廓效果

下面我们使用两种方法实现外轮廓的效果，如图 12-16 所示。

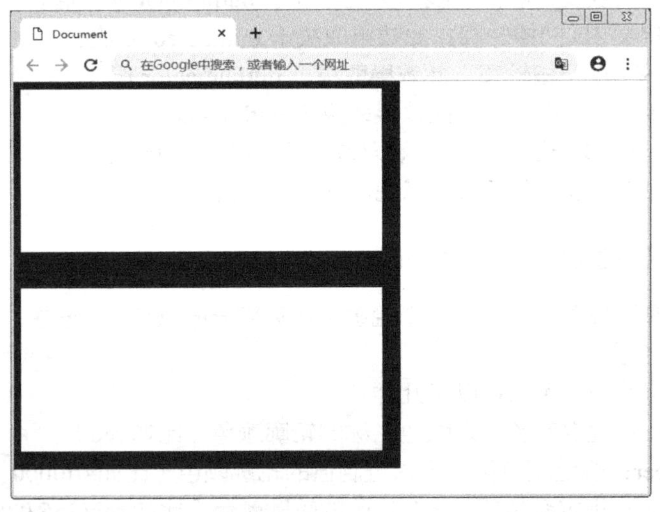

图 12-16

代码如下：

```
<!DOCTYPE html>
<html lang="en">
<head>
<meta charset="UTF-8">
<title>Document</title>
<style>
.outline1{
    width: 400px;
    height: 200px;
    outline-width: 20px ;
    outline-style:solid ;
    outline-color:red ;
}
.outline2{
    width: 400px;
    height: 200px;
```

```
    outline:solid green 20px;
}
</style>
</head>
<body>
    <div class="outline1"></div>
    <div class="outline2"></div>
</body>
</html>
```

12.4.5 边框与外轮廓的异同点

在 CSS 样式中边框（border）与轮廓（outline）从页面显示上看起来几乎一样，但是它们之间的区别还是很大的。它们之间的异同点，大致上可以分为以下几种。

相同点：

- 都是围绕在元素外围显示；
- 都可以设置宽度、样式和颜色属性；
- 在写法上也都可以采用简写格式（即把三个属性值写在一个属性当中）。

不同点：

- outline 是不占空间的，即不会增加额外的 width 或者 height，而 border 会增加盒子的宽度和高度；
- outline 不能进行上下左右单独设置，而 border 可以；
- border 可应用于几乎所有有形的 html 元素，而 outline 是针对链接、表单控件和 ImageMap 等元素设计；
- outline 的效果将随元素的 focus 而自动出现，相应的由 blur 而自动消失；
- 当 outline 和 border 同时存在时，outline 会围绕在 border 的外围。

课堂练习　边框与外轮廓的差异

下面我们用一个小案例来看两者的异同点，最终效果如图 12-17 所示。

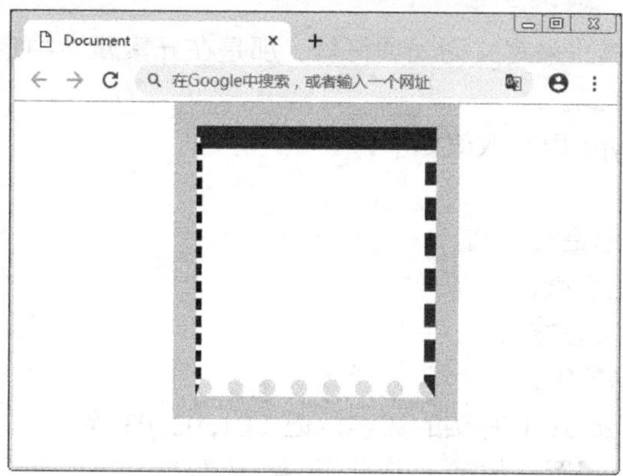

图 12-17

代码如下：

```
<!DOCTYPE html>
<html lang="en">
<head>
<meta charset="UTF-8">
<title>Document</title>
<style>
.div1{
    width: 200px;
    height: 200px;
    margin:20px auto;
    border-width:20px 10px 15px 5px;
    border-color: red green yellow blue;
    border-style: solid dashed dotted;
    outline-width: 20px ;
    outline-style:solid ;
    outline-color:pink ;
}
</style>
</head>
<body>
    <div class="div1"></div>
</body>
</html>
```

12.5 列表相关属性

列表相关属性描述了如何在可视化介质中格式化，CSS 列表属性允许用户放置和改变列表项标志，或者将图像作为列表项标志。下面我们就来一一介绍。

12.5.1 列表样式 list-style-type

list-style-type，是指在 CSS 中，不管是有序列表还是无序列表，都统一使用 list-style-type 属性来定义列表项符号。

在 HTML 中，type 属性来定义列表项符号，那是在元素属性中定义的。但是不建议使用 type 属性来定义元素的样式。

有序列表 list-style-type 属性取值如下：

- none：无标记。
- disc：默认。标记是实心圆。
- circle：标记是空心圆。
- square：标记是实心方块。
- decimal：标记是数字。
- decimal-leading-zero：0 开头的数字标记（01, 02, 03 等）。
- lower-roman：小写罗马数字（ i , ii , iii , iv , v 等）。
- upper-roman：大写罗马数字（ I , II , III , IV , V 等）。

- lower-alpha：小写英文字母 The marker is lower-alpha（a, b, c, d, e 等）。
- upper-alpha：大写英文字母 The marker is upper-alpha（A, B, C, D, E 等）。
- lower-greek：小写希腊字母（alpha, beta, gamma 等）。
- lower-latin：小写拉丁字母（a, b, c, d, e 等）。
- upper-latin：大写拉丁字母（A, B, C, D, E 等)。
- hebrew：传统的希伯来编号方式。
- armenian：传统的亚美尼亚编号方式。
- georgian：传统的乔治亚编号方式（an, ban, gan 等)。
- cjk-ideographic：简单的表意数字。
- hiragana：标记是 a, i, u, e, o, ka, ki（日文片假名）等。
- katakana：标记是 A, I, U, E, O, KA, KI（日文片假名）等。
- hiragana-iroha：标记是 i, ro, ha, ni, ho, he, to（日文片假名）等。
- katakana-iroha：标记是 I, RO, HA, NI, HO, HE, TO（日文片假名）等。

使用 CSS 制作列表样式

下面我们通过一个案例来熟悉下 list-style-type 属性的用法，相信大家对图 12-18 的效果都不陌生，因为前面 HTML 部分已经有所涉及，不过我们现在是使用 CSS 来实现效果的。

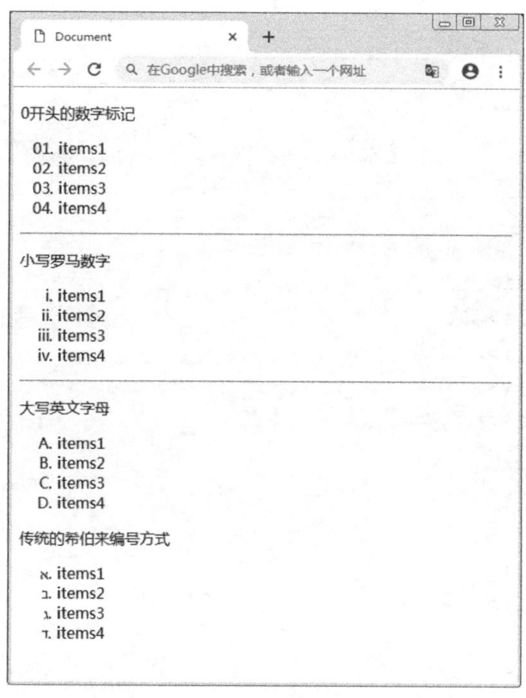

图 12-18

代码如下：

```
<!DOCTYPE html>
<html lang="en">
```

```
<head>
<meta charset="UTF-8">
<title>Document</title>
<style>
.u1{
   list-style-type: decimal-leading-zero;
}
.o1{
   list-style-type:lower-roman;
}
.u2{
   list-style-type: upper-alpha;
}
.o2{
   list-style-type: hebrew;
}
</style>
</head>
<body>
<p>0 开头的数字标记</p>
<ul class="u1">
   <li>items1</li>
   <li>items2</li>
   <li>items3</li>
   <li>items4</li>
</ul>
<hr/>
<p>小写罗马数字</p>
<ol class="o1">
   <li>items1</li>
   <li>items2</li>
   <li>items3</li>
   <li>items4</li>
</ol>
<hr/>
<p>大写英文字母</p>
<ul class="u2">
   <li>items1</li>
   <li>items2</li>
   <li>items3</li>
   <li>items4</li>
</ul>
<hr/>
<p>传统的希伯来编号方式</p>
<ol class="o2">
   <li>items1</li>
```

```
        <li>items2</li>
        <li>items3</li>
        <li>items4</li>
    </ol>
    </body>
    </html>
```

通过以上案例我们知道可以在 CSS 中任意地改变 HTML 中的列表标记的样式，这样可以让传统无序列表和有序列表拥有各种各样的标记样式。

12.5.2 列表标记的图像 list-style-image

平时开发中会经常用到列表，虽然 CSS 已经为我们预设了很多列表标记的样式，但是有时候我们还会想要一些自定义的样式，比如有时候会需要一张图片来作为列表的标记。CSS 列表样式为我们准备了一个可以自定义列表标记图案的属性：list-style-image。

语法：

```
list-style-image:url();
```

list-style-image 属性使用图像来替换列表项的标记。

这个属性指定作为一个有序或无序列表项标志的图像。图像相对于列表项内容的放置位置通常使用 list-style-position 属性控制。

注意：请始终规定一个“list-style-type”属性以防图像不可用。

想要使用这个属性首先需要一张可以作为列表标记的图片，之后只需要按照此属性的语法正常引入图片的路径即可。

课堂练习

使用图像设置列表的标记效果

下面我们通过一个案例来了解 list-style-image 属性，效果如图 12-19 所示。

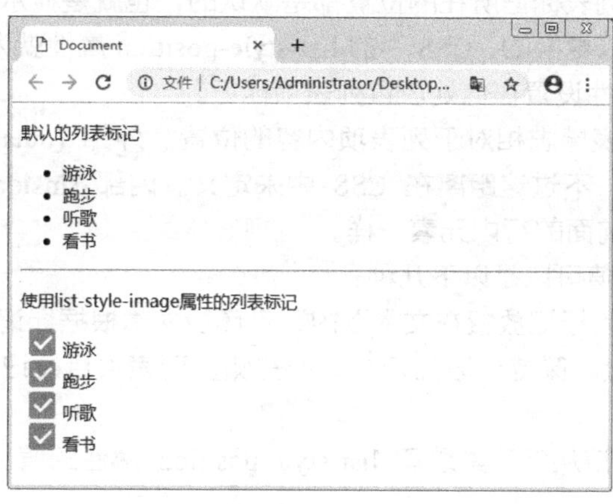

图 12-19

代码如下：

```
<!DOCTYPE html>
<html lang="en">
```

```
<head>
<meta charset="UTF-8">
<title>Document</title>
<style>
.ol{
    list-style-image:url(icon.png);
}
</style>
</head>
<body>
<p>默认的列表标记</p>
    <ul class="ul">
        <li>游泳</li>
        <li>跑步</li>
        <li>听歌</li>
        <li>看书</li>
    </ul>
<hr/>
<p>使用 list-style-image 属性的列表标记</p>
    <ol class="ol">
        <li>游泳</li>
        <li>跑步</li>
        <li>听歌</li>
        <li>看书</li>
    </ol>
</body>
</html>
```

12.5.3 列表标记的位置 list-style-position

之前我们所看见的列表标记所在的位置都是默认的，也就是显示在元素之外的。其实列表标记图案的位置是可以更换的，CSS 中的 list-style-position 属性就为我们提供了这个功能。

list-style-position 属性设置在何处放置列表项标记。

该属性用于声明列表标志相对于列表项内容的位置。外部 (outside) 标志会放在离列表项边框边界一定距离处，不过这距离在 CSS 中未定义。内部 (inside) 标志处理为好像它们是插入在列表项内容最前面的行内元素一样。

list-style-position 的值可以是以下几种：

- inside：列表项目标记放置在文本以内，且环绕文本根据标记对齐。
- outside：默认值。保持标记位于文本的左侧。列表项目标记放置在文本以外，且环绕文本不根据标记对齐。
- inherit：规定应该从父元素继承 list-style-position 属性的值。

设置列表位置效果

下面我们通过一个案例来学习这个属性，效果如图 12-20 所示。

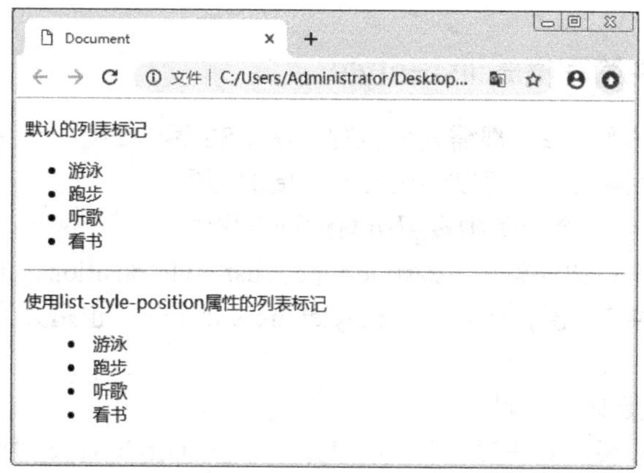

图 12-20

代码如下：

```
<!DOCTYPE html>
<html lang="en">
<head>
<meta charset="UTF-8">
<title>Document</title>
<style>
.ul{
   list-style-position:inside;
}
</style>
</head>
<body>
<p>默认的列表标记</p>
   <ul >
      <li>游泳</li>
      <li>跑步</li>
      <li>听歌</li>
      <li>看书</li>
   </ul>
<hr/>
<p>使用 list-style-position 属性的列表标记</p>
   <ul class="ul">
      <li>游泳</li>
      <li>跑步</li>
      <li>听歌</li>
      <li>看书</li>
   </ul>
</body>
</html>
```

从以上代码的运行结果可以很轻松地看出来，使用了 list-style-position 属性的列表标记明显有右移的情况，其实是列表的标记转移到了元素内部来。

12.5.4 列表属性简写格式 list-style

如果以上三个列表属性每个都需要设置写三次 CSS 属性的话，太麻烦，那么可以选择把这些属性的值写在一个声明中，可以使用 list-style 简写属性。

list-style 简写属性在一个声明中设置所有的列表属性。

可以设置的属性有（按顺序）：list-style-type，list-style-position，list-style-image。

可以不设置其中的某个值，比如“list-style:circle inside;”也是允许的。未设置的属性会使用其默认值。

list-style 的值可以是以下几种：

- list-style-type：设置列表项标记的类型。参阅 list-style-type 中可能的值。
- list-style-position：设置在何处放置列表项标记。参阅 list-style-position 中可能的值。
- list-style-image：使用图像来替换列表项的标记。参阅 list-style-image 中可能的值。
- initial：将这个属性设置为默认值。参阅 initial 中可能的值。
- inherit：规定应该从父元素继承 list-style 属性的值。参阅 inherit 中可能的值。

综合实战

制作阴影效果

本章主要介绍了 CSS 样式的属性，通过本章的学习，我们应该熟练掌握这些样式的属性，因为做网页设计的时候需要用到的就是这些样式。课后还需要大家经常训练这些样式的使用方法。

本章的综合实战为大家准备了图片的一些效果，如图 12-21 所示。

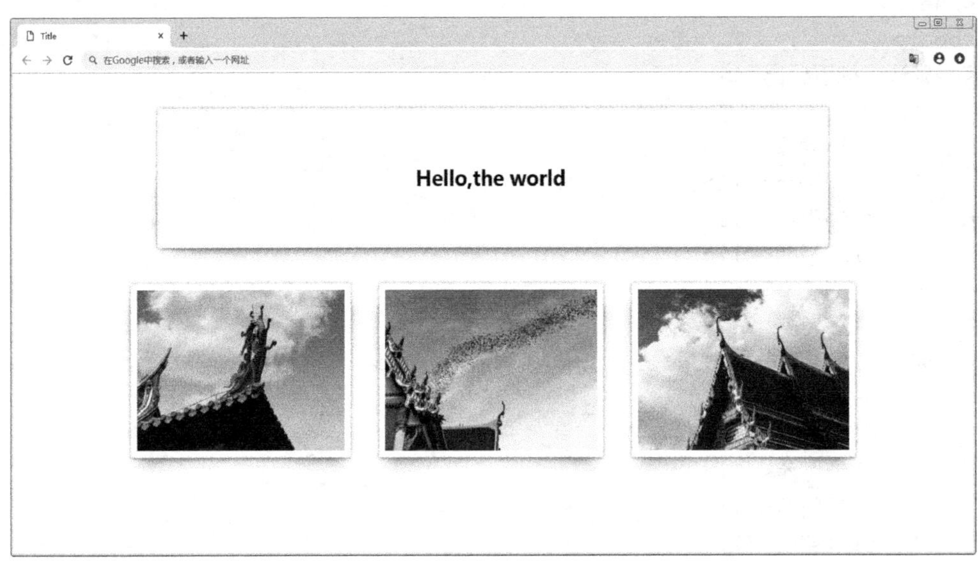

图 12-21

代码如下：

```
<!DOCTYPE html>
<html lang="en">
```

```
    <head>
    <meta charset="UTF-8">
    <title>Title</title>
    </head>
    <style>
        *{
            margin:0;
            padding:0;
        }
        /* 制作阴影 */
        .wrapper{
            width:70%;
            height:200px;
            margin:50px auto;
            text-align:center;
            line-height:200px;
            background-color:#fff;
        }
        .wrapper h2{
            font-size:30px;
        }
        /* 制作阴影样式和浏览器兼容 */
        .effect{
            box-shadow:0 0 4px rgba(0,0,0,0.3),0 0 10px rgba(0,0,0,0.1) inset;
            -webkit-box-shadow: 0 0 4px rgba(0,0,0,0.3),0 0 10px rgba(0,0,0,0.1)
inset;
            -moz-box-shadow: 0 0 4px rgba(0,0,0,0.3),0 0 10px rgba(0,0,0,0.1)
inset;
            -o-box-shadow: 0 0 4px rgba(0,0,0,0.3),0 0 10px rgba(0,0,0,0.1)
inset;
            position:relative;
        }
        .effect:after,.effect:before{
            content:'';
            position:absolute;
            background-color:red;
            top:50%;
            bottom:0;
            left:10px;
            right:10px;
            box-shadow:0 0 20px rgba(0,0,0,0.3);
            -webkit-box-shadow: 0 0 20px rgba(0,0,0,0.3);
            -moz-box-shadow: 0 0 20px rgba(0,0,0,0.3);
```

```
    -o-box-shadow: 0 0 20px rgba(0,0,0,0.3);
    border-radius:100px/10px;
    z-index:-1;
}
ul{
    margin:20px auto;
    width:80%;
    text-align:center;
}
ul li{
    margin:0 20px;
    list-style: none;
    position:relative;
    display:inline-block;
    width:350px;
    height:250px;
    background-color:#fff;
    box-shadow:0 1px 5px rgba(0,0,0,0.27),0 0 5px rgba(0,0,0,0.1) inset;
}
ul li img{
    width:330px;
    height:230px;
    margin:10px;
}
ul li:after{
    content:'';
    position:absolute;
    z-index:-1;
    width:90%;
    height:80%;
    left:10px;
    bottom:15px;
    background-color:transparent;
    transform:skew(10deg) rotate(5deg);
    box-shadow:0 10px 20px rgba(0,0,0,0.3);
}
ul li:before{
    content:'';
    position:absolute;
    z-index:-1;
    width:90%;
    height:80%;
    right:10px;
```

```
        bottom:15px;
        background-color:transparent;
        transform:skew(-10deg) rotate(-5deg);
        box-shadow:0 10px 20px rgba(0,0,0,0.3);
    }
</style>
<body>
    <div class="wrapper effect">
        <h2>Hello,the world</h2>
    </div>
    <ul>
        <li><img src="text1.png"></li>
        <li><img src="text2.png"></li>
        <li><img src="text3.png"></li>
    </ul>
</body>
</html>
```

课后作业　制作网页各种样式

难度等级 ★

本章的课后作业为大家准备了一个动态的效果，打开网页，出现打字效果，如图 12-22 所示。

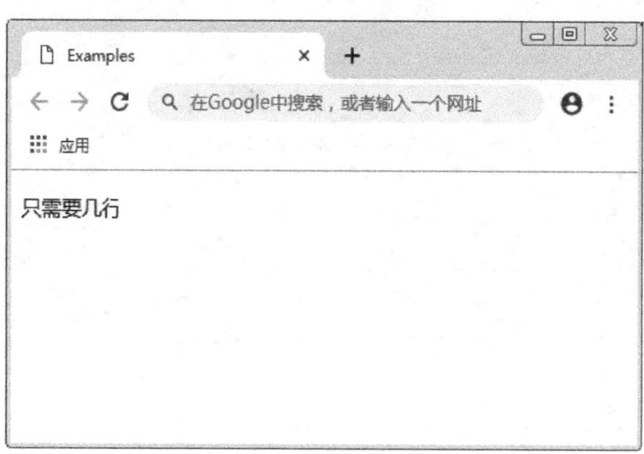

扫一扫，看答案

图 12-22

难度等级 ★★

本章的课后作业还为大家精心准备了网页中经常出现的样式，根据图 12-23 所示的效果多加练习。

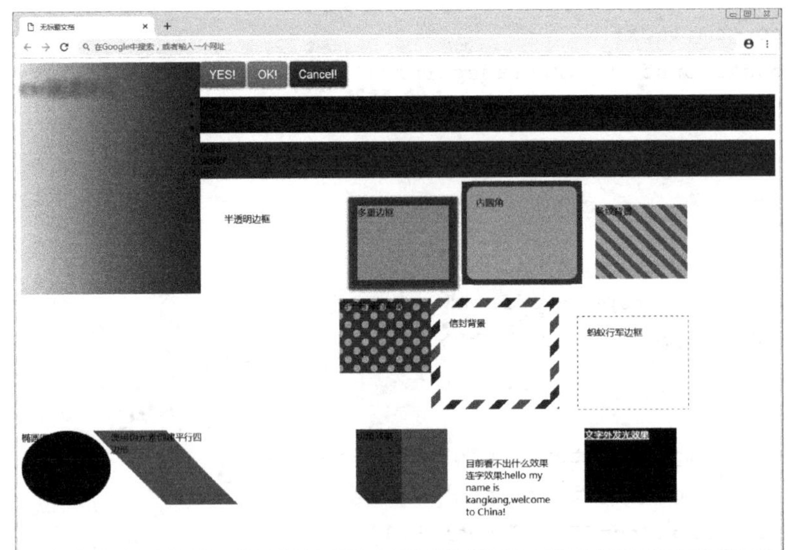

图 12-23

扫一扫，看答案

第13章 盒子模型详解

内容导读

盒子模型使得 div+CSS 布局在 web 页面当中如鱼得水，传统的盒子模型几乎可以满足任何 PC 端的页面布局需求。可是在今天的移动互联网时代，传统的 div+CSS 布局已经不能很好地满足在移动端的页面需求了。CSS3 带来了弹性盒子，这种盒子模型不仅可以在 PC 端完成布局，还可以在移动端得到想要的布局。

学习目标

学习完本章你会了解到 CSS 中的盒子简介和边距设置，CSS3 弹性盒子对浏览器的支持情况，弹性盒子的内容及对子父集容器的设置。

13.1 盒子模型

对盒子模型最常用的操作就是使用内外边距，同时这也是 div+CSS 布局中最经典的操作。

13.1.1 CSS 中的盒子简介

网页设计中常听的属性名有：内容(content)、填充(padding)、边框(border)、边界(margin)，CSS 盒子模型都具备这些属性。

这些属性可以用日常生活中的常见事物——盒子作一个比喻来理解，所以叫它盒子模型。

CSS 盒子模型就是在网页设计中经常用到的 CSS 技术所使用的一种思维模型。

俯视这个盒子，它有上下左右四条边，所以每个属性除了内容（content），都包括四个部分：上下左右；这四部分可同时设置，也可分别设置；内边距可以理解为盒子里装的东西和边框的距离；而边框就是盒子本身，有厚薄和颜色之分；内容就是盒子中间装的东西，外边距就是边框外面自动留出的一段空白；而填充（padding）就是怕盒子里装的东西（贵重的）损坏而添加的泡沫或者其他抗振的辅料；至于边界（margin）则说明盒子摆放的时候不能全部堆在一起，要留一定空隙保持通风，同时也为了方便取出。

在网页设计上，内容常指文字、图片等元素，但是也可以是小盒子（div 嵌套），与现实生活中不同的是，现实生活中的东西一般不能大于盒子，否则盒子会被撑坏的；而 CSS 盒子具有弹性，里面的东西大过盒子本身最多把它撑大，但它不会损坏的。

填充只有宽度属性，每个 HTML 标记都可看作一个盒子。

图 13-1 是盒子模型的示意图。

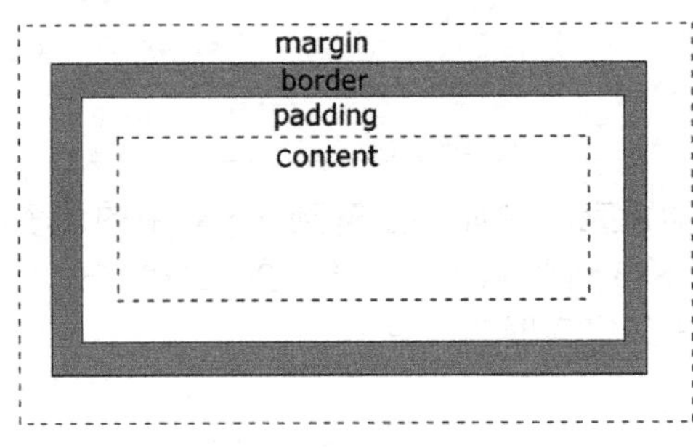

图 13-1

13.1.2 外边距设置

设置外边距最简单的方法就是使用 margin 属性。margin 边界环绕在该元素的 content 区域四周，如果 margin 的值为 0，则 margin 边界与 border 边界重合。这个简写属性设置一个元素所有外边距的宽度，或者设置各边上外边距的宽度。

该属性接收任何长度单位，可以使像素、毫米、厘米和 em 等，也可以设置为 auto（自动）。常见做法是为外边距设置长度值，允许使用负值。

表 13-1 所示为外边距属性。

表 13-1　外边距属性

属性	定义
margin	简写属性。在一个声明中设置所有的外边距属性
margin-top	设置元素的上边距
margin-right	设置元素的右边距
margin-bottom	设置元素的下边距
margin-left	设置元素的左边距

示例（1）：

```
margin:10px 5px 15px 20px;
```

上外边距是 10px

右外边距是 5px

下外边距是 15px

左外边距是 20px

以上代码 margin 的值是按照上、右、下、左顺序进行设置的，即从上边距开始按照顺时针方向旋转。

示例（2）：

```
margin:10px 5px 15px;
```

上外边距是 10px

右外边距和左外边距是 5px

下外边距是 15px

示例（3）：

```
margin:10px 5px;
```

上外边距和下外边距是 10px

右外边距和左外边距是 5px

示例（4）：

```
margin:10px;
```

上下左右边距都是 10px

下面我们通过一个实例更加直观地了解 margin 属性。

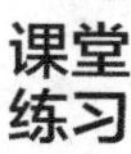

课堂练习

margin 属性效果

下面的第二个方形设置 margin 属性，效果如图 13-2 所示。

代码如下：

```
<!DOCTYPE html>
<html lang="en">
<head>
<meta charset="UTF-8">
<title>Document</title>
<style>
div{
    width: 200px;
```

```
        height: 100px;
        border:2px green solid;
        background-color:#9C6;
    }
    .d2{
        margin-top: 20px;
        margin-right: auto;
        margin-bottom: 40px;
        margin-left: 10px;
    }
    </style>
    </head>
    <body>
        <div class="d1"></div>
        <div class="d2"></div>
        <div class="d3"></div>
    </body>
    </html>
```

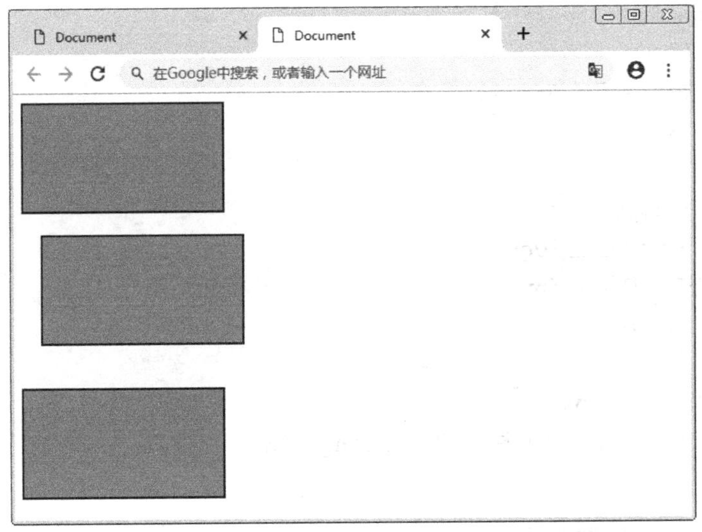

图 13-2

以上设置了第二个 div 的外边距为上：20px，右：自动，下：40px，左：10px；这种写法我们可以简写为：

```
.d2{
margin:20px auto 40px 10px;
}
```

※ 知识拓展 ※

除了这样简单的应用之外，还可以利用外边距让块级元素进行水平居中的操作。具体实现思路就是不管上下边距，只需要让左右边距自动即可。

代码如下：

```
<!DOCTYPE html>
<html lang="en">
<head>
<meta charset="UTF-8">
<title>Document</title>
<style>
div{
   width: 100px;
   height: 100px;
   border:2px green solid;
}
.d2{
   margin:20px auto;
}
.d3{
   width: 400px;
   height: 300px;
}
.d4{
   margin:10px auto;
}
</style>
</head>
<body>
   <div class="d1"></div>
   <div class="d2"></div>
   <div class="d3">
   <div class="d4"></div>
</div>
</body>
</html>
```

代码运行结果如图 13-3 所示。

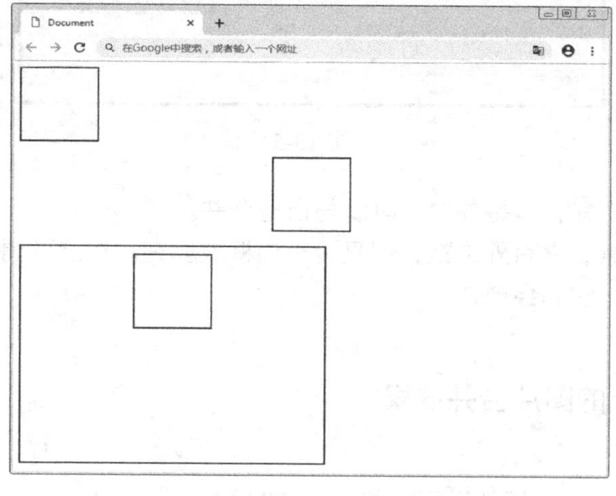

图 13-3

以上这段代码我们设置了第二个 div 进行页面的居中显示，在第三个 div 中又嵌套了一个 div，并且也设置了居中的操作。

13.1.3 外边距合并

外边距合并（叠加）是一个相当简单的概念。但是，在实践中对网页进行布局时，它会造成许多混淆。

简单地说，外边距合并指的是，当两个垂直外边距相遇时，它们将形成一个外边距。合并后的外边距的高度等于两个发生合并的外边距的高度中的较大者。

当一个元素出现在另一个元素上面时，第一个元素的下外边距与第二个元素的上外边距会合并，见图 13-4。

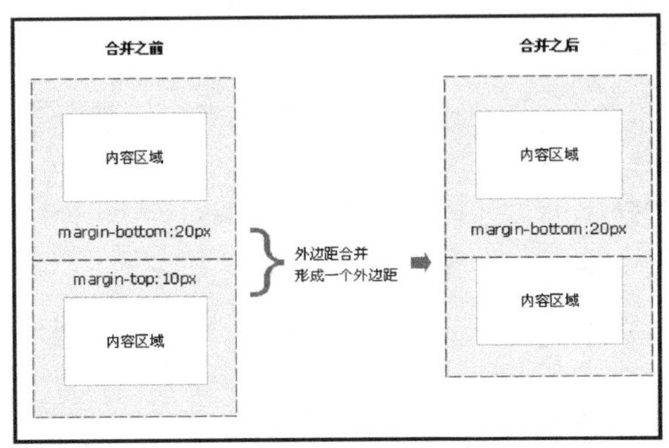

图 13-4

当一个元素包含在另一个元素中时（假设没有内边距或边框把外边距分隔开），它们的上/下外边距也会合并，见图 13-5。

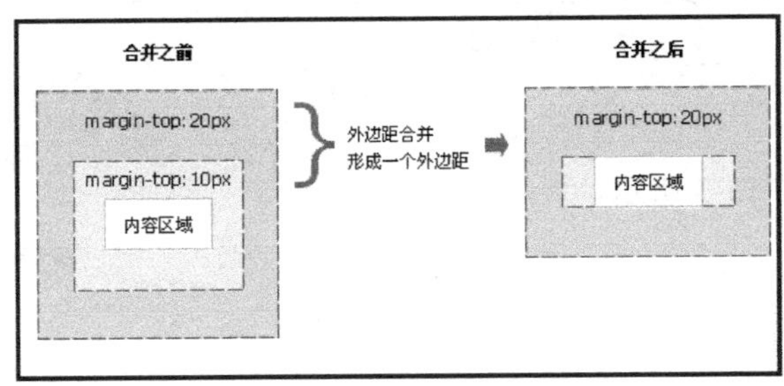

图 13-5

尽管看上去有些奇怪，但是外边距可以与自身合并。

假设有一个空元素，它有外边距，但是没有边框或填充。在这种情况下，上外边距与下外边距就碰到了一起，它们会合并。

margin 的图片合并效果

合并效果是使用 margin 属性进行控制的，如图 13-6 所示。

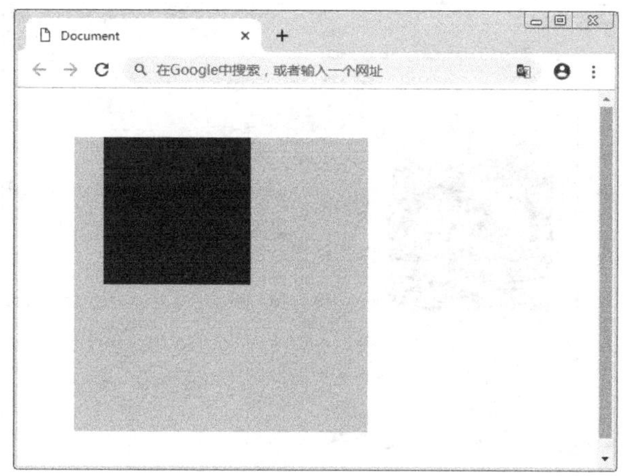

图 13-6

代码如下：

```
<!DOCTYPE html>
<html lang="en">
<head>
<meta charset="UTF-8">
<title>Document</title>
<style>
.container{
    width: 300px;
    height: 300px;
    margin:50px;
    background: pink;
}
.content{
    width: 150px;
    height: 150px;
    margin:30px;
    background: green;
}
</style>
</head>
<body>
    <div class="container">
    <div class="content"></div>
</div>
</body>
</html>
```

以上代码中我们对容器 div 和内容 div 分别设置了外边距，但是父级 div 的边距要大于子级 div 的边距，这时它们的外边距也产生了合并的现象。其实在页面布局当中有时候是不希望发生外边距合并这种现象的，尤其是父级元素与子级元素产生外边距合并。通过一个很简单的小技巧即可消除外边距合并带来的困扰。效果如图 13-7 所示。

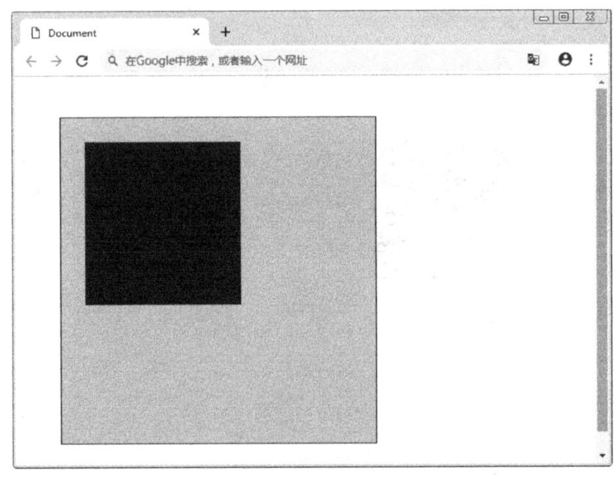

图 13-7

代码如下：

```
<!DOCTYPE html>
<html lang="en">
<head>
<meta charset="UTF-8">
<title>Document</title>
<style>
.container{
    width: 500px;
    height: 500px;
    margin:50px;
    background: pink;
    border:1px solid blue;
}
.content{
    width: 200px;
    height: 200px;
    margin:30px;
    background: green;
}
</style>
</head>
<body>
    <div class="container">
    <div class="content"></div>
</div>
</body>
</html>
```

上面这段代码只是对父级容器添加了一个 1px 的边框，即可解决外边距合并的问题，是不是感觉非常简单？

外边距合并其实也是有其必要性的。p 标签段落元素与生俱来就是拥有上下 8px 的外边距的，外边距的合并也是使得一系列的段落元素占用空间非常小的原因，因为它们的所有外边距都合并到一起，形成了一个小的外边距。

以由几个段落组成的典型文本页面为例。第一个段落上面的空间等于段落的上外边距。如果没有外边距合并，后续所有段落之间的外边距都将是相邻上外边距和下外边距的和。这意味着段落之间的空间是页面顶部的两倍。如果发生外边距合并，段落之间的上外边距和下外边距就合并在一起，这样各处的距离就一致了。

如图 13-8 所示。

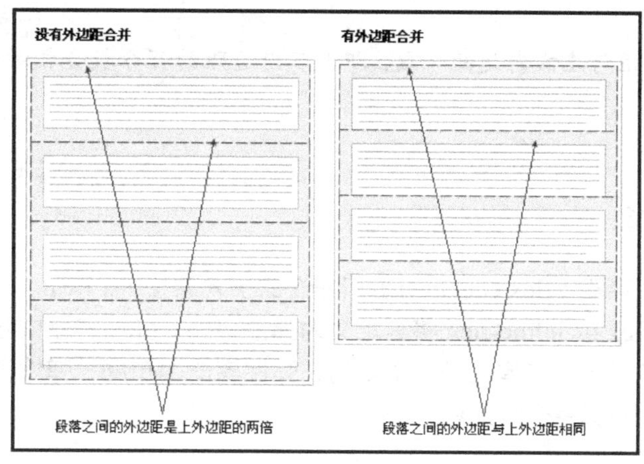

图 13-8

13.1.4 内边距设置

元素的内边距在边框和内容区之间。控制该区域最简单的属性是 padding 属性。

CSS padding 属性定义元素的内边距。padding 属性接受长度值或百分比值，但不允许使用负值。

例如，如果希望所有 h1 元素的各边都有 10 像素的内边距，只需要这样：

```
h1 {padding: 10px;}
```

还可以按照上、右、下、左的顺序分别设置各边的内边距，各边均可以使用不同的单位或百分比值：

```
h1 {padding: 10px 0.25em 2ex 20%;}
```

也通过使用下面四个单独的属性，分别设置上、右、下、左内边距：

- padding-top
- padding-right
- padding-bottom
- padding-left

也许你已经想到了，下面的规则实现的效果与上面的简写规则是完全相同的：

```
h1 {
padding-top: 10px;
padding-right: 0.25em;
padding-bottom: 2ex;
padding-left: 20%;
}
```

前面提到过，可以为元素的内边距设置百分数值。百分数值是相对于其父元素的 width 计算的，这一点与外边距一样。所以，如果父元素的 width 改变，它们也会改变。

下面这条规则把段落的内边距设置为父元素 width 的 10%：

```
p {padding: 10%;}
```

例如：如果一个段落的父元素是 div 元素，那么它的内边距要根据 div 的 width 计算。

```
<div style="width: 200px;">
<p>This paragragh is contained within a DIV that has a width of 200 pixels.
</p>
</div>
```

注意：上下内边距与左右内边距一致；即上下内边距的百分数会相对于父元素宽度设置，而不是相对于高度。

13.2 弹性盒子

弹性盒子由弹性容器（flex container）和弹性盒子元素（flex item）组成，它是通过设置 display 属性的值为 flex 或 inline-flex 将其定义为弹性容器。弹性容器内包含了一个或多个弹性子元素。弹性盒子只定义了弹性子元素如何在弹性容器内布局，弹性子元素通常在弹性盒子内一行显示，默认情况每个容器只有一行。

13.2.1 弹性盒子基础

弹性盒子是 CSS3 的一种新的布局模式，是一种当页面需要适应不同的屏幕大小以及设备类型时确保元素拥有恰当的行为的布局方式。

引入弹性盒布局模型的目的是提供一种更加有效的方式来对一个容器中的子元素进行排列、对齐和分配空白空间。

传统的 div+CSS 布局方案是依赖于盒子模型的，基于 display 属性，如果需要的话还会用上 position 属性和 float 属性。但是这些属性想要应用于特殊布局非常困难，比如垂直居中，还有就是这些属性对于新手来说也是极其不友好，很多新手都弄不清楚 absolute 和 relative 的区别，以及它们应用于元素时这些元素的 top、left 等值到底是相对于页面还是父级元素来进行定位的。

而在 2009 年，W3C 提出了一种新的方案——flex 布局。flex 布局可以更加简便地完整地实现各种页面布局方案。flex，单从单词的字面上来看是收缩的意思，但是在 CSS3 当中却有弹性的意思。Flex-box：弹性盒子，用于给盒子模型以最大的灵活性。而任何一个容器我们都可以设置成一个弹性盒子，但是需要注意的是，设为 flex 布局以后，子元素的 float、clear 和 vertical-align 属性将失效。

13.2.2 浏览器支持情况

目前所有的主流浏览器都已经支持了 CSS3 弹性盒子，IE 从 IE11 版本开始也支持了，这意味着其实在很多的浏览器中使用 flex-box 布局都是安全可靠的。

表 13-2 是各大浏览器厂商对 flex-box 布局的支持情况。表格中的数字表示支持该属性的第一个浏览器的版本号。紧跟在数字后面的 -webkit- 或 -moz- 为指定浏览器的前缀。

表 13-2　各浏览器对 flex-box 布局的支持情况

属性	Chrome	IE	Firefox	Safrai	Opera
Basic support (single-line flexbox)	29.0 21.0-webkit-	11.0	22.0 18.0-moz-	6.1-webkit-	12.1-webkit-
Multi-line flexbox	29.0 21.0-webkit-	11.0	28.0	6.1-webkit-	17.0 15.0-webkit- 12.1

13.2.3 对父级容器的设置

可以通过对父级元素进行一系列的设置从而起到约束子级元素排列布局的目的。可以对父级元素设置的属性有以下几种：

（1）flex-direction

flex-direction 属性规定灵活项目的方向。这里需要注意的是：如果元素不是弹性盒子对象的元素，则 flex-direction 属性不起作用。

CSS 语法：

```
flex-direction: row|row-reverse|column|column-reverse|initial|inherit;
```

flex-direction 属性的值见表 13-3。

表 13-3　flex-direction 属性

值	描述
row	默认值。灵活的项目将水平显示，正如一个行一样
row-reverse	与 row 相同，但是以相反的顺序
column	灵活的项目将垂直显示，正如一个列一样
column-reverse	与 column 相同，但是以相反的顺序
initial	设置该属性为它的默认值
inherit	从父元素继承该属性

课堂练习

flex-direction 属性应用

flex-direction 属性用于规定项目的方向，效果如图 13-9 所示。

代码如下：

```
<!DOCTYPE html>
<html lang="en">
<head>
<meta charset="UTF-8">
<title>Document</title>
<style>
.container{
    width: 1200px;
    height: 200px;
    border:5px green solid;
}
```

```
.content{
    width: 100px;
    height: 100px;
    background: lightpink;
    color:#fff;
    font-size: 50px;
    text-align: center;
    line-height: 100px;
}
</style>
</head>
<body>
    <div class="container">
    <div class="content">语文</div>
    <div class="content">数学</div>
    <div class="content">英语</div>
    <div class="content">历史</div>
    <div class="content">地理</div>
</div>
</body>
</html>
```

此时，并没有对父级 div 元素做任何关于弹性盒子布局的设置，所以得到的结果也是正常结果，如图 13-9 所示。

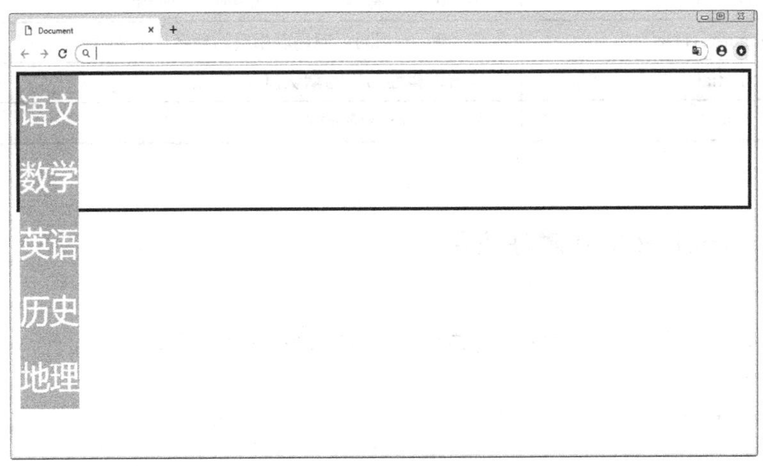

图 13-9

在传统的布局中如果需要粉色的子级 div 进行横向排列，大多都会使用 float 属性，但是 float 属性会改变元素的文档流，有时甚至会造成“高度塌陷”的后果，所以使用起来其实不是很方便。如果使用了 flex-direction 属性来布局的话，则会变得非常简单。

CSS 代码如下：

```
display: flex;
```

代码运行结果如图 13-10 所示。

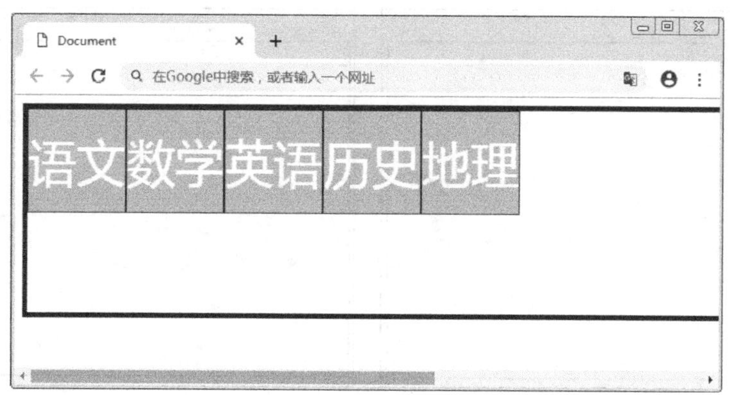

图 13-10

（2）justify-content

内容对齐(justify-content)属性应用在弹性容器上，把弹性项沿着弹性容器的主轴线(main axis) 对齐。

语法：

```
justify-content: flex-start | flex-end | center | space-between | space-around
```

justify-content 属性的值可以是以下几种：

- flex-start：默认值。项目位于容器的开头。弹性项目向行头紧挨着填充。第一个弹性项的 main-start 外边距边线被放置在该行的 main-start 边线，而后续弹性项依次平齐摆放。
- flex-end：项目位于容器的结尾。弹性项目向行尾紧挨着填充。第一个弹性项的 main-end 外边距边线被放置在该行的 main-end 边线，而后续弹性项依次平齐摆放。
- center：项目位于容器的中心。弹性项目居中紧挨着填充。如果剩余的自由空间是负的，则弹性项目将在两个方向上同时溢出。
- space-between：项目位于各行之间留有空白的容器内。弹性项目平均分布在该行上。如果剩余空间为负或者只有一个弹性项，则该值等同于 flex-start；否则，第一个弹性项的外边距和行的 main-start 边线对齐，而最后一个弹性项的外边距和行的 main-end 边线对齐，然后剩余的弹性项分布在该行上，相邻项目的间隔相等。
- space-around：项目位于各行之前、之间、之后都留有空白的容器内。弹性项目平均分布在该行上，两边留有一半的间隔空间。如果剩余空间为负或者只有一个弹性项，则该值等同于 center；否则，弹性项目沿该行分布，且彼此间隔相等（比如是 20px），同时首尾两边和弹性容器之间留有一半的间隔（1/2*20px=10px）。
- initial：设置该属性为它的默认值。
- inherit：从父元素继承该属性应用

通过案例来帮助大家理解 justify-content 属性各个值的区别。

justify-content 属性应用

下面为大家展示 justify-content 属性各个属性值的效果，更直观地显示其作用，如图 13-11 ~ 图 13-15 所示。

（默认值 flex-start）

图 13-11

（flex-end）

图 13-12

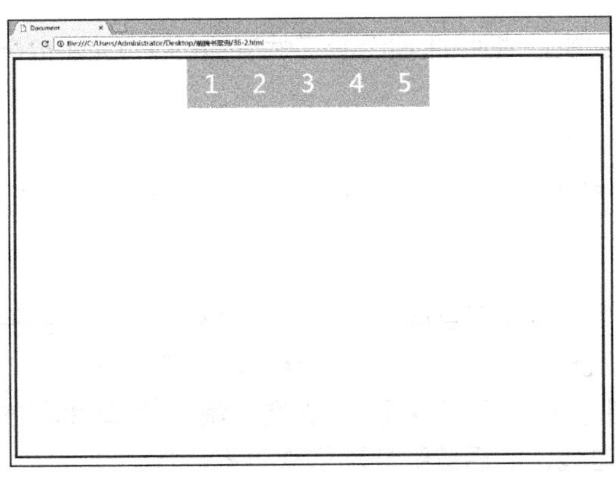

（center）

图 13-13

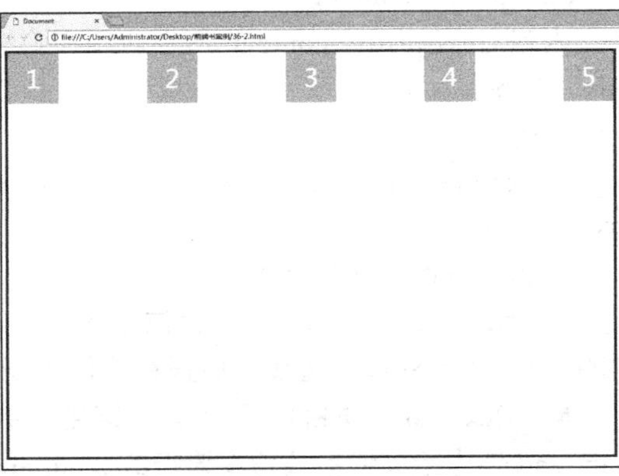

（space-between）

图 13-14

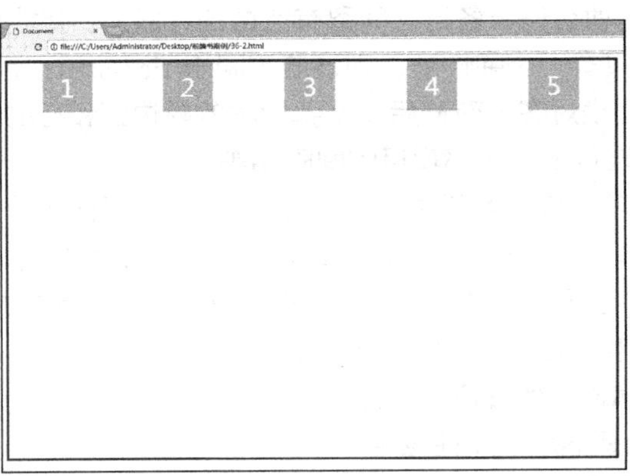

（space-around）

图 13-15

代码如下：

```
<!DOCTYPE html>
<html lang="en">
<head>
<meta charset="UTF-8">
```

```
<title>Document</title>
<style>
.container{
    width: 1200px;
    height: 800px;
    border:5px red solid;
    display:flex;
    justify-content: flex-start;
    justify-content: flex-end;
    justify-content: center;
    justify-content: space-between;
    justify-content: space-around;
}
.content{
    width: 100px;
    height: 100px;
    background: lightpink;
    color:#fff;
    font-size: 50px;
    text-align: center;
    line-height: 100px;
}
</style>
</head>
<body>
    <div class="container">
      <div class="content">1</div>
      <div class="content">2</div>
      <div class="content">3</div>
      <div class="content">4</div>
      <div class="content">5</div>
    </div>
</body>
</html>
```

（3）align-items

align-items 设置或检索弹性盒子元素在侧轴（纵轴）方向上的对齐方式。

语法：

```
align-items: flex-start | flex-end | center | baseline | stretch
```

各个值解析：

- **flex-start**：弹性盒子元素的侧轴（纵轴）起始位置的边界紧靠住该行的侧轴起始边界。
- **flex-end**：弹性盒子元素的侧轴（纵轴）起始位置的边界紧靠住该行的侧轴结束边界。
- **center**：弹性盒子元素在该行的侧轴（纵轴）上居中放置。如果该行的尺寸小于弹性盒子元素的尺寸，则会向两个方向溢出相同的长度。
- **baseline**：如弹性盒子元素的行内轴与侧轴为同一条，则该值与 flex-start 等效。其他情况下，该值将参与基线对齐。

● stretch：如果指定侧轴大小的属性值为 auto，则其值会使项目的边距盒的尺寸尽可能接近所在行的尺寸，但同时会遵循 min/max-width/height 属性的限制。

下面将通过案例来帮助大家理解 align-items 属性各个值之间的区别。

align-items 属性应用

使用 align-items 属性制作对齐效果，如图 13-16 ~ 图 13-20 所示。

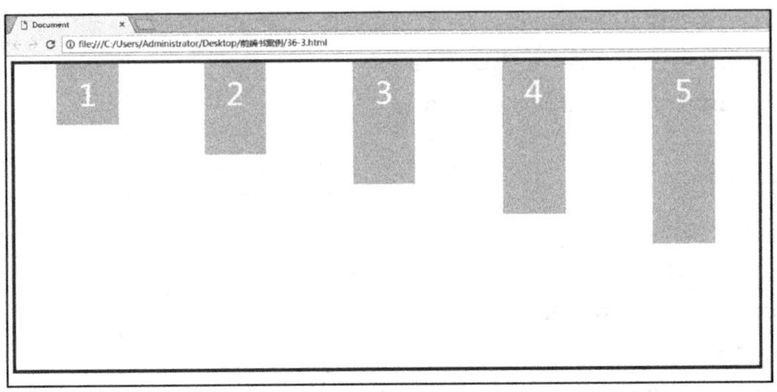

（默认值 flex-start）

图 13-16

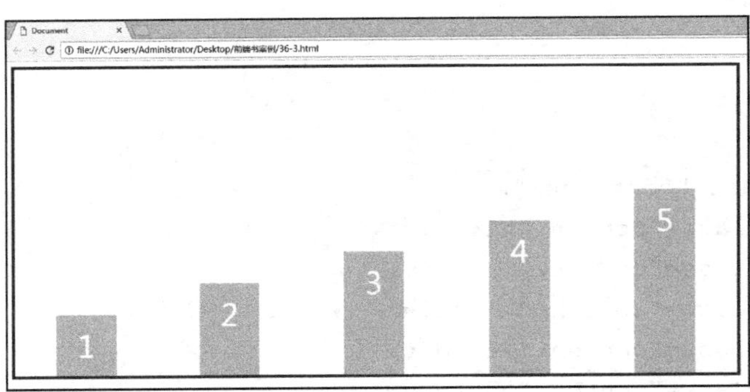

（flex-end）

图 13-17

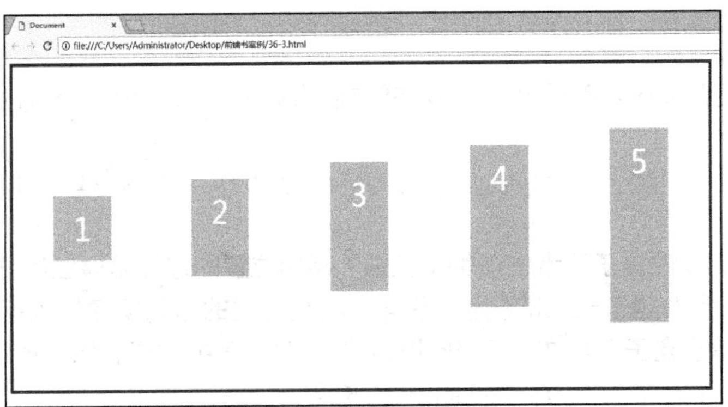

（center）

图 13-18

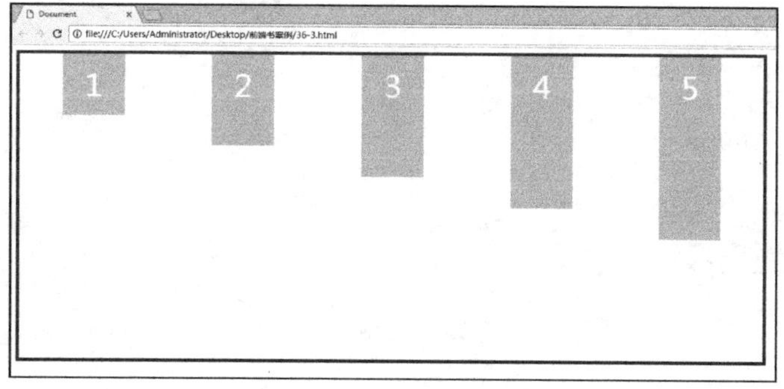

(baseline)

图 13-19

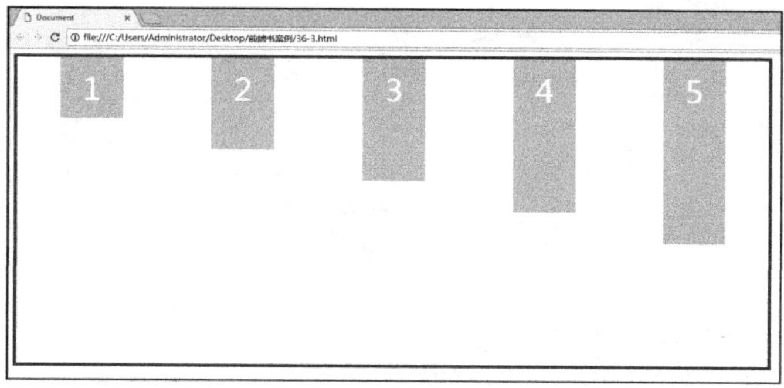

(stretch)

图 13-20

代码如下：

```
<!DOCTYPE html>
<html lang="en">
<head>
<meta charset="UTF-8">
<title>Document</title>
<style>
.container{
    width: 1200px;
    height: 500px;
    border:5px red solid;
    display:flex;
    justify-content: space-around;
    align-items: flex-start;
}
.content{
    width: 100px;
    height: 100px;
    background: lightpink;
    color:#fff;
    font-size: 50px;
    text-align: center;
```

```
    line-height: 100px;
}
.c1{
    height: 100px;
}
.c2{
    height: 150px;
}
.c3{
    height: 200px;
}
.c4{
    height: 250px;
}
.c5{
    height: 300px;
}
</style>
</head>
<body>
    <div class="container">
    <div class="content c1">1</div>
    <div class="content c2">2</div>
    <div class="content c3">3</div>
    <div class="content c4">4</div>
    <div class="content c5">5</div>
</div>
</body>
</html>
```

（4）flex-wrap

flex-wrap 属性规定 flex 容器是单行或者多行，同时横轴的方向决定了新行堆叠的方向。如果元素不是弹性盒对象的元素，则 flex-wrap 属性不起作用。

语法：

```
flex-wrap: nowrap|wrap|wrap-reverse|initial|inherit;
```

各个值解析：

- nowrap-：默认，弹性容器为单行。该情况下弹性子项可能会溢出容器。
- wrap-：弹性容器为多行。该情况下弹性子项溢出的部分会被放置到新行，子项内部会发生断行。
- wrap-reverse-：反转 wrap 排列。

下面将通过案例来帮助大家理解 flex-wrap 属性。

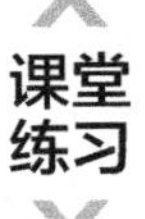

flex-wrap 属性应用

使用 flex-wrap 属性制作元素溢出部分放置到新的一行，效果如图 13-21、图 13-22 所示。

代码如下：

```
<!DOCTYPE html>
<html lang="en">
<head>
<meta charset="UTF-8">
<title>Document</title>
<style>
.container{
    width: 500px;
    height: 500px;
    border:5px red solid;
    display:flex;
    justify-content: space-around;
    flex-wrap: wrap;
}
.content{
    width: 100px;
    height: 100px;
    background:#993;
    color:#FCF;
    font-size: 50px;
    text-align: center;
    line-height: 100px;
}
</style>
</head>
<body>
    <div class="container">
    <div class="content">1</div>
    <div class="content">2</div>
    <div class="content">3</div>
    <div class="content">4</div>
    <div class="content">5</div>
    <div class="content">6</div>
    <div class="content">7</div>
    <div class="content">8</div>
    <div class="content">9</div>
    <div class="content">10</div>
</div>
</body>
</html>
```

代码运行结果如图 13-21 所示。

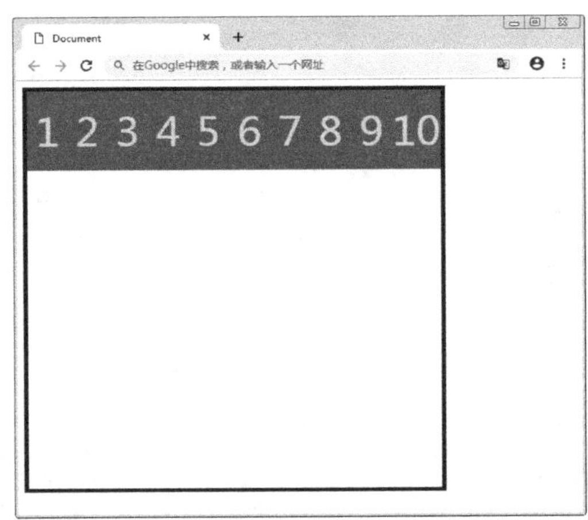

图 13-21

通过以上代码运行结果可以看出，在默认属性值 nowrap 的作用下，即便是内容已经完全被压缩了也不会进行换行操作，所以希望内容正常显示在容器内的话可以添加 CSS 代码。

添加的 CSS 代码如下所示：

```
flex-wrap: wrap;
```

代码运行结果如图 13-22 所示。

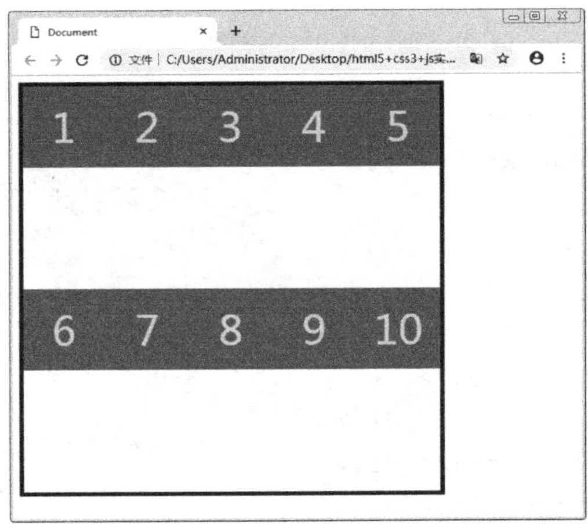

图 13-22

（5）align-content

align-content 属性用于修改 flex-wrap 属性的行为。类似于 align-items，但它不是设置弹性子元素的对齐，而是设置各个行的对齐。

语法：

```
align-content: flex-start | flex-end | center | space-between | space-around | stretch
```

各个值解析：

- stretch：默认。各行将会伸展以占用剩余的空间。
- flex-start：各行向弹性盒容器的起始位置堆叠。
- flex-end：各行向弹性盒容器的结束位置堆叠。
- center：各行向弹性盒容器的中间位置堆叠。

- space-between：各行在弹性盒容器中平均分布。
- space-around：各行在弹性盒容器中平均分布，两端保留子元素与子元素之间间距大小的一半。

13.2.4 对子级内容的设置

flex-box 布局不仅仅是对父级容器的设置而已，对于子级元素也可以设置它们的属性。本节要为大家介绍的属性有 flex（属性用于指定弹性子元素如何分配空间）和 order（用整数值来定义排列顺序，数值小的排在前面）。

（1）flex

flex 属性用于设置或检索弹性盒模型对象的子元素如何分配空间。

flex 属性是 flex-grow、flex-shrink 和 flex-basis 属性的简写属性。

提示： 如果元素不是弹性盒模型对象的子元素，则 flex 属性不起作用。

语法：

```
flex: flex-grow flex-shrink flex-basis|auto|initial|inherit;
```

flex 属性的值可以是以下几种:

- flex-grow：一个数字，规定项目将相对于其他灵活的项目进行扩展的量。
- flex-shrink：一个数字，规定项目将相对于其他灵活的项目进行收缩的量。
- flex-basis：项目的长度。合法值："auto""inherit"或一个后跟"%""px""em"或任何其他长度单位的数字。
- auto：与 1 1 auto 相同。
- none：与 0 0 auto 相同。
- initial：设置该属性为它的默认值，即为 0 1 auto。
- inherit：从父元素继承该属性。

下面通过一个案例帮助大家理解 flex 属性。

flex 属性效果

使用 flex 属性来检测和分配空间，效果如图 13-23 所示。

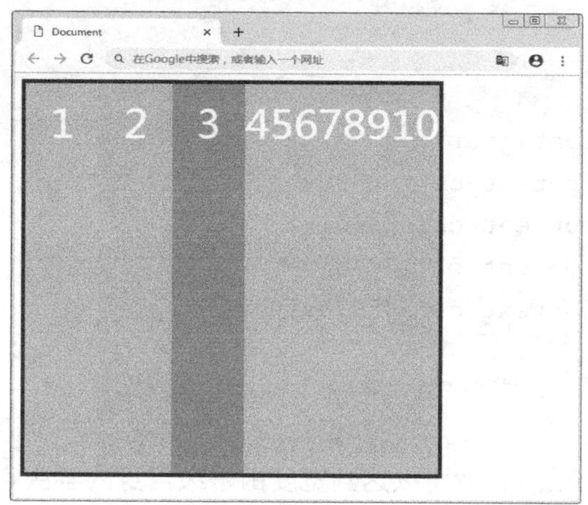

图 13-23

代码如下：

```
<!DOCTYPE html>
<html lang="en">
<head>
<meta charset="UTF-8">
<title>Document</title>
<style>
.container{
    width: 500px;
    height: 500px;
    border:5px green solid;
    display:flex;
    /*justify-content: space-around;*/
    flex-wrap: wrap;

}
.content{
    height: 100%;
    background: lightpink;
    color:#fff;
    font-size: 50px;
    text-align: center;
    line-height: 100px;
    flex: 1;
}
.c2{
    background: lightblue;
}
.c3{
    background: yellowgreen;
}
</style>
</head>
<body>
    <div class="container">
    <div class="content c1">1</div>
    <div class="content c2">2</div>
    <div class="content c3">3</div>
    <div class="content c4">45678910</div>
    </div>
</body>
</html>
```

上述代码中添加了 flex:1，就可以达到宽度由子级自身内容决定的效果。如果代码中不添加 flex:1，结果如图 13-24 所示。

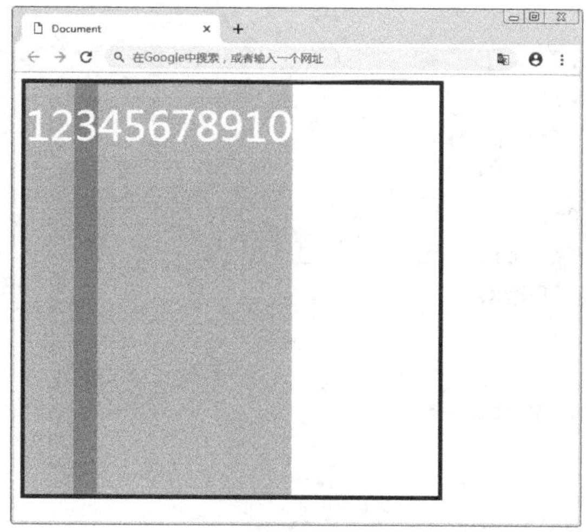

图 13-24

（2）order

order 属性设置或检索弹性盒模型对象的子元素出现的顺序。

提示：如果元素不是弹性盒对象的元素，则 order 属性不起作用。

语法：

```
order: number|initial|inherit;
```

order 属性的值可以是以下几种：

- number：默认值是 0。规定灵活项目的顺序。
- Initial：设置该属性为它的默认值。
- Inherit：从父元素继承该属性。

通过案例来帮助大家来理解 order 属性。

课堂练习　order 属性

使用 order 属性来制作子元素出现的顺序，效果如图 13-25、图 13-26 所示。

代码如下：

```
<!DOCTYPE html>
<html lang="en">
<head>
<meta charset="UTF-8">
<title>Document</title>
<style>
.container{
    width: 500px;
    height: 500px;
    border:5px red solid;
    display:flex;
    justify-content: space-around;
}
```

```
.content{
    width: 100px;
    height: 100px;
    background: lightpink;
    color:#fff;
    font-size: 50px;
    text-align: center;
    line-height: 100px;
}
.c2{
    background: lightblue;
}
.c3{
    background: yellowgreen;
}
.c4{
    background: coral;
}
</style>
</head>
<body>
    <div class="container">
    <div class="content c1">1</div>
    <div class="content c2">2</div>
    <div class="content c3">3</div>
    <div class="content c4">4</div>
    </div>
</body>
</html>
```

代码运行结果如图 13-25 所示。

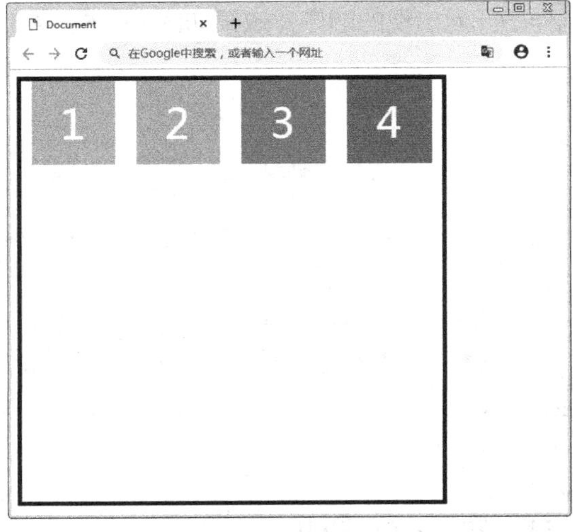

图 13-25

以上代码未对子级 div 设置 order 属性，现在也是正常显示在页面中，当对子级 div 加入了 CSS 代码 order 属性之后，再看一下它们的排列顺序。

代码如下：

```
.c1{
order:3;
}
.c2{
background: lightblue;
order:1;
}
.c3{
background: yellowgreen;
order:4;
}
.c4{
background: coral;
order:2;
}
```

代码运行结果如图 13-26 所示。

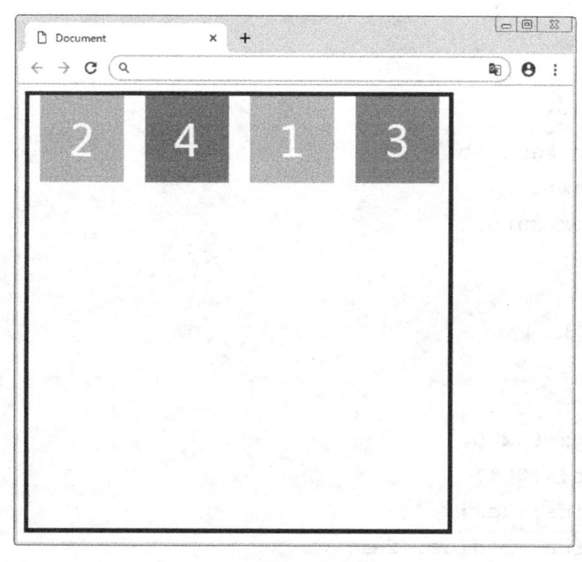

图 13-26

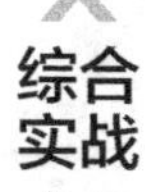

制作三级菜单

多级菜单的设计方法有很多种，一般使用 JavaScript 来实现效果，也可以使用 CSS2 设计多级菜单，但是兼容性比较差，实战时使用比较少。下面完全使用 CSS3 来设计一个比较经典的下拉菜单。

练习的设计效果如图 13-27 所示。

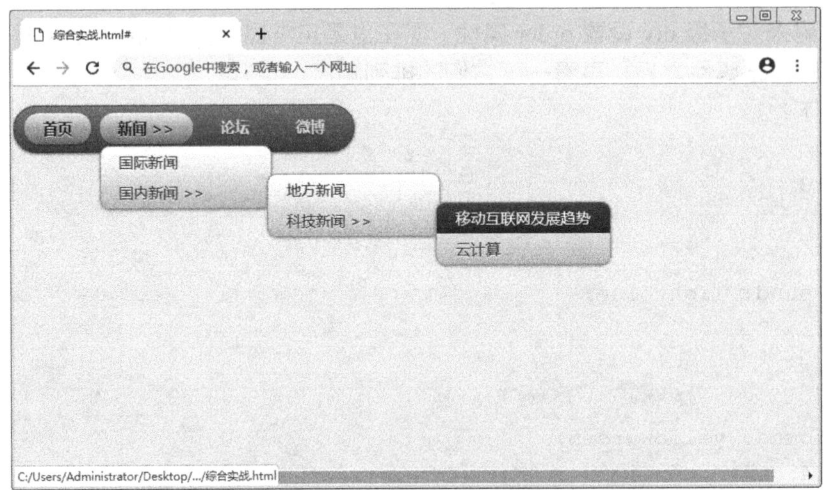

图 13-27

代码如下：

```
<!DOCTYPE>
<html lang="en">
<head>
<meta charset="UTF-8">
<title></title>
<style type="text/css">
body {
    background: #ebebeb;
    width: 900px;
    margin: 20px auto;
    color: #666;
}
a { color: #333; }
#nav {
    margin: 0;
    padding: 7px 6px 0;
    line-height: 100%;
    border-radius: 2em;
    -webkit-border-radius: 2em;
    -moz-border-radius: 2em;
    -webkit-box-shadow: 0 1px 3px rgba(0, 0, 0, .4);
    -moz-box-shadow: 0 1px 3px rgba(0, 0, 0, .4);
    background: #8b8b8b; /* for non-css3 browsers */
    filter:   progid:DXImageTransform.Microsoft.gradient(startColorstr=
'#a9a9a9', endColorstr='#7a7a7a'); /* for IE */
    background: -webkit-gradient(linear, left top, left bottom, from(#a9a9a9),
to(#7a7a7a)); /* for webkit browsers */
    background: -moz-linear-gradient(top, #a9a9a9, #7a7a7a); /* for firefox
3.6+ */
```

```
        border: solid 1px #6d6d6d;
    }
    #nav li {
        margin: 0 5px;
        padding: 0 0 8px;
        float: left;
        position: relative;
        list-style: none;
    }
    /* main level link */
    #nav a {
        font-weight: bold;
        color: #e7e5e5;
        text-decoration: none;
        display: block;
        padding:  8px 20px;
        margin: 0;
        -webkit-border-radius: 1.6em;
        -moz-border-radius: 1.6em;
        text-shadow: 0 1px 1px rgba(0, 0, 0, .3);
    }
    /* main level link hover */
    #nav .current a, #nav li:hover > a {
        background: #d1d1d1; /* for non-css3 browsers */
     filter:    progid:DXImageTransform.Microsoft.gradient(startColorstr='#ebebeb',
endColorstr='#a1a1a1'); /* for IE */
        background: -webkit-gradient(linear, left top, left bottom, from(#ebebeb),
to(#a1a1a1)); /* for webkit browsers */
        background: -moz-linear-gradient(top, #ebebeb, #a1a1a1); /* for firefox
3.6+ */
        color: #444;
        border-top: solid 1px #f8f8f8;
        -webkit-box-shadow: 0 1px 1px rgba(0, 0, 0, .2);
        -moz-box-shadow: 0 1px 1px rgba(0, 0, 0, .2);
        box-shadow: 0 1px 1px rgba(0, 0, 0, .2);
        text-shadow: 0 1px 0 rgba(255, 255, 255, .8);
    }
    /* sub levels link hover */
    #nav ul li:hover a, #nav li:hover li a {
        background: none;
        border: none;
        color: #666;
        -webkit-box-shadow: none;
        -moz-box-shadow: none;
    }
    #nav ul a:hover {
```

```
        background: #0399d4 !important; /* for non-css3 browsers */
        filter:  progid:DXImageTransform.Microsoft.gradient(startColorstr='#04acec',
endColorstr='#0186ba'); /* for IE */
        background: -webkit-gradient(linear, left top, left bottom, from(#04acec),
to(#0186ba)) !important; /* for webkit browsers */
        background: -moz-linear-gradient(top, #04acec, #0186ba) !important; /*
for firefox 3.6+ */
        color: #fff !important;
        -webkit-border-radius: 0;
        -moz-border-radius: 0;
        text-shadow: 0 1px 1px rgba(0, 0, 0, .1);
    }
    /* level 2 list */
    #nav ul {
        background: #ddd; /* for non-css3 browsers */
        filter:  progid:DXImageTransform.Microsoft.gradient(startColorstr='#ffffff',
endColorstr='#cfcfcf'); /* for IE */
        background: -webkit-gradient(linear, left top, left bottom, from(#fff),
to(#cfcfcf)); /* for webkit browsers */
        background: -moz-linear-gradient(top, #fff, #cfcfcf); /* for firefox
3.6+ */
        display: none;
        margin: 0;
        padding: 0;
        width: 185px;
        position: absolute;
        top: 35px;
        left: 0;
        border: solid 1px #b4b4b4;
        -webkit-border-radius: 10px;
        -moz-border-radius: 10px;
        border-radius: 10px;
        -webkit-box-shadow: 0 1px 3px rgba(0, 0, 0, .3);
        -moz-box-shadow: 0 1px 3px rgba(0, 0, 0, .3);
        box-shadow: 0 1px 3px rgba(0, 0, 0, .3);
    }
    /* dropdown */
    #nav li:hover > ul { display: block; }
    #nav ul li {
        float: none;
        margin: 0;
        padding: 0;
    }
    #nav ul a {
        font-weight: normal;
```

```
    text-shadow: 0 1px 1px rgba(255, 255, 255, .9);
}
/* level 3+ list */
#nav ul ul {
    left: 181px;
    top: -3px;
}
/* rounded corners for first and last child */
#nav ul li:first-child > a {
    -webkit-border-top-left-radius: 9px;
    -webkit-border-top-right-radius: 9px;
}
#nav ul li:last-child > a {
    -webkit-border-bottom-left-radius: 9px;
    -moz-border-radius-bottomleft: 9px;
    -webkit-border-bottom-right-radius: 9px;
    -moz-border-radius-bottomright: 9px;
}
/* clearfix */
#nav:after {
    content: ".";
    display: block;
    clear: both;
    visibility: hidden;
    line-height: 0;
    height: 0;
}
#nav { display: inline-block; }
html[xmlns] #nav { display: block; }
* html #nav { height: 1%; }
</style>
</head>

<body>
<ul id="nav">
    <li class="current"><a href="#">首页</a></li>
    <li><a href="#">新闻  >></a>
        <ul>
            <li><a href="#">国际新闻</a></li>
            <li><a href="#">国内新闻 >></a>
                <ul>
                  <li><a href="#">地方新闻</a></li>
                   <li><a href="#">科技新闻  >></a>
                      <ul>
                        <li><a href="#">移动互联网发展趋势</a></li>
```

```
                    <li><a href="#">云计算</a></li>
                  </ul>
                </li>
            </ul>
        </li>
    </ul>
  </li>
  <li><a href="#">论坛</a></li>
  <li><a href="#">微博</a></li>
</ul>
</body>
</html>
```

课后作业 设置图片效果

本章为大家讲解了关于 CSS3 弹性盒子的知识，包括了对父级容器的属性和子级元素的设置，每个属性都对应着相应的 CSS 规则，相信大家通过本章的学习，在以后的布局当中能够拿出更多的方案和更好的解决手段。

难度等级 ★★

本章的课后作业为大家准备了一个翻页效果，单击翻页按钮就会出现翻页的效果，如图 13-28 所示。

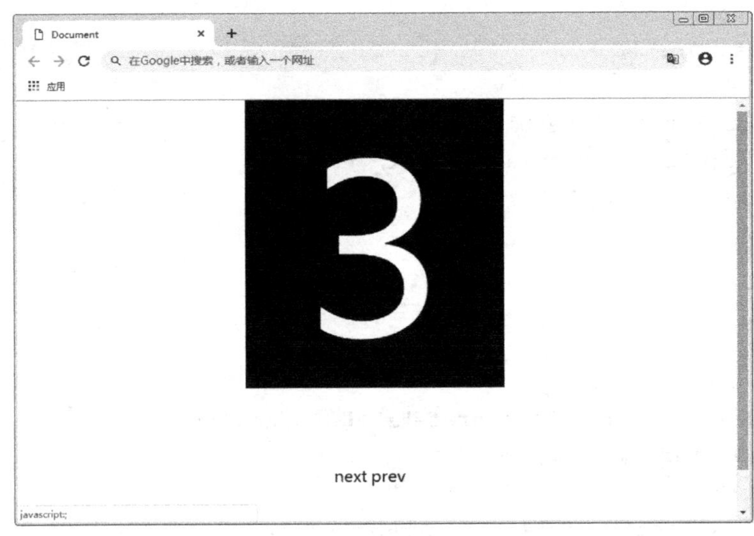

扫一扫，看答案

图 13-28

难度等级 ★★

利用所学知识，制作一张图片效果，当鼠标放在图片上，会出现边框效果，如图 13-29 所示。

图 13-29

扫一扫，看答案

第14章 新增选择器用法

内容导读

CSS3 是 CSS 技术的升级版本，CSS3 语言开发是朝着模块化发展的。以前的规范作为一个模块实在是太庞大而且比较复杂，所以，把它分解为一些小的模块，更多新的模块也被加入进来。

学习完本章之后我们将掌握 CSS3 浏览器的支持情况、CSS3 的新增属性和伪类的用法。

14.1 CSS3 基础知识

CSS 即层叠样式表（Cascading Style Sheet）。在网页制作时采用层叠样式表技术，可以有效地对页面的布局、字体、颜色、背景和其他效果实现更加精确的控制。只要对相应的代码做一些简单的修改，就可以改变同一页面的不同部分，或者页数不同的网页的外观和格式。CSS3 是 CSS 技术的升级版本，CSS3 语言开发是朝着模块化发展的。以前的规范作为一个模块实在是太庞大而且比较复杂，所以，把它分解为一些小的模块，更多新的模块也被加入进来。这些模块包括：盒子模型、列表模块、超链接方式、语言模块、背景和边框、文字特效、多栏布局等。

CSS3 与之前的版本相比，相同点它们都是网页样式的代码，都是通过对样式表的编辑达到美化页面的效果，它们都是实现页面内容和样式相分离的手段。CSS3 引入了更多的样式选择，加入了新的页面样式与动画等。

14.1.1 CSS3 浏览器的支持情况

现在基本上各大浏览器厂商已经能够很好地兼容 CSS3 新特性了，当然一些个别的浏览器低版本还是支持不了。

opera 是对新特性支持度最高的浏览器，其他的四大浏览器厂商的支持情况基本相同。当然在这里还是要提醒大家，在选择浏览器的时候还是尽量地使用各大浏览器厂商生产的最新的浏览器，因为一般来说，各大浏览器厂商新版的浏览器对 CSS3 的新特性都已经支持得很不错了。

在选用 IE 浏览器时一定不要选用 IE9 以下的浏览器，因为它们几乎不支持 CSS3 的新特性。

14.1.2 CSS3 新增的长度单位

rem 是 CSS3 中新增的长度单位。看见 rem 相信大家下意识就会想到 em 单位，没错它们都是表示倍数。那么 rem 到底是什么呢？

rem（font size of the root element）是指相对于根元素的字体大小的单位。简单地说它就是一个相对单位。但是它与 em 单位所不同的是，em（font size of the element）是指相对于父元素的字体大小的单位。它们之间其实很相似，只不过一个计算的规则是依赖根元素，另一个是依赖父元素计算。

rem 是相对根元素字体大小的单位，再直白点就是相对于 HTML 元素字体大小的单位。

这样在计算子元素有关的尺寸时，只要根据 HTML 元素字体大小计算就好。不再像使用 em 时，得来回地找父元素字体大小，频繁地计算，根本就离不开计算器。

HTML 的字体大小设置为 font-size:62.5%原因：浏览器默认字体大小是 16px，rem 与 px 关系为：1rem = 10px，10/16=0.625=62.5%，为了子元素相关尺寸计算方便，这样写最合适不过了。只要将设计稿中量到的 px 尺寸除 10 就得到了相应的 rem 尺寸，方便极了。

下面通过一个小案例来带领大家领略下 rem 的风采。

新的尺寸单位

使用新增的单位设置字体的大小，效果如图 14-1 所示。

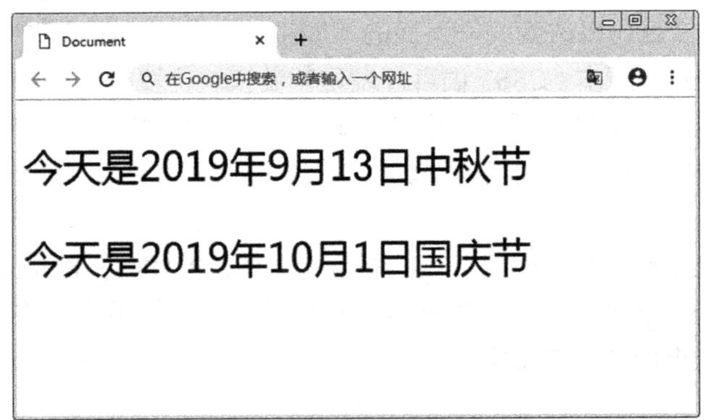

图 14-1

代码如下：

```
<!DOCTYPE html>
<html lang="en">
<head>
<meta charset="UTF-8">
<title>Document</title>
<style>
    html{font-size: 75.6%;}
    p{font-size: 3rem;}
    div{font-size: 3em;}

</style>
</head>
<body>
    <p>今天是<span>2019 年 9 月 13 日</span>中秋节</p>
    <div>今天是<span>2019 年 10 月 1 日</span>国庆节</div>
</body>
</html>
```

从以上代码看起来好像两种单位并没有什么区别，因为在页面中文字大小是完全相同的，如果分别对 p 标签和 div 标签中的 span 元素进行字体大小的设置，我们看看它们会发生什么变化。

代码如下：

```
p span{font-size: 2rem;}
div span{font-size: 2em;}
```

代码运行结果如图 14-2 所示。

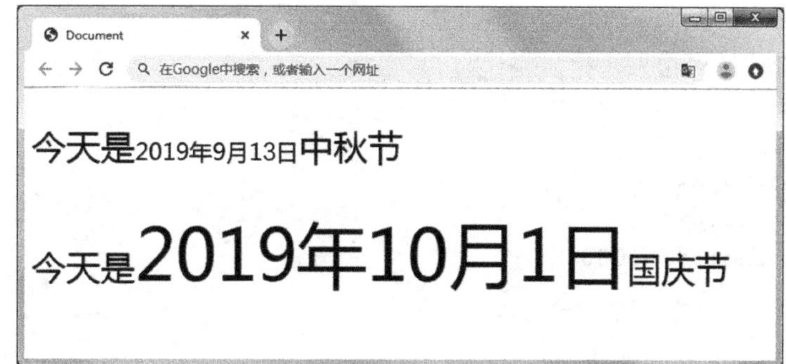

图 14-2

这里可以看出，p 标签中的 span 元素采用了 rem 为单位，元素内的文本并没有任何变化，而在 div 中的 span 元素采用了 em 单位，其内的文本大小已经产生了二次计算的结果。这也是我们在写页面时经常会遇到的问题，经常会因为子级的不小心导致文本大小被二次计算，结果就是回头再去改以前的代码，很影响工作效率。

14.1.3 CSS3 新增结构性伪类

扫一扫，看视频

CSS3 新增了一些新的伪类，它们的名字叫做结构性伪类。结构性伪类选择器的公共特征是允许开发者根据文档结构来指定元素的样式。下面就为大家一一讲解这些新的结构性伪类。

（1）:root

匹配文档的根元素。在 HTML 中，根元素永远是 HTML。

（2）:empty

匹配没有任何子元素（包括 text 节点）的元素 E。

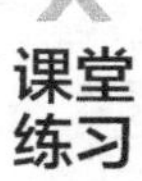

指定没有子元素的元素样式

使用:empty 的效果如图 14-3 所示。

图 14-3

代码如下：

```
<!DOCTYPE html>
<html lang="en">
<head>
```

```
<meta charset="UTF-8">
<title>Document</title>
<style>
div:empty{
    width: 100px;
    height: 100px;
    background: #f0f000;
}
</style>
</head>
<body>
    <div>我是 div 的子级，我是文本</div>
    <div></div>
    <div>
        <span>我是 div 的子级，我是 span 标签</span>
    </div>
</body>
</html>
```

（3）:nth-child(n)

:nth-child(n) 选择器匹配属于其父元素的第 n 个子元素，不论元素的类型。n 可以是数字、关键词或公式。

课堂练习

选择匹配父元素的第 N 个子元素

选择的这个元素可以是公式或者是具体的位置，下面的代码中 3n 就是设置 3 的倍数为样式，效果如图 14-4 所示。

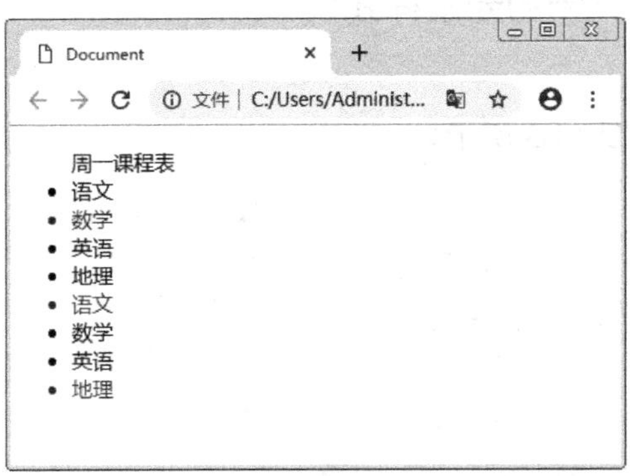

图 14-4

代码如下：

```
<!DOCTYPE html>
<html lang="en">
<head>
<meta charset="UTF-8">
```

```
<title>Document</title>
<style>
    ul li:nth-child(3n){
    color:red;
}
</style>
</head>
<body>
<ul>
    <div>周一课程表</div>
    <li>语文</li>
    <li>数学</li>
    <li>英语</li>
    <li>地理</li>
    <li>语文</li>
    <li>数学</li>
    <li>英语</li>
    <li>地理</li>
</ul>
</body>
</html>
```

※ 知识拓展 ※

奇偶选择

```
:nth-child(odd) 匹配序号为奇数的元素，等同于:nth-child(2n+1)
:nth-child(even)匹配序号为偶数的元素，等同于:nth-child(2n)
```

（4）:nth-of-type(n)

:nth-of-type(n) 选择器匹配属于父元素的特定类型的第 n 个子元素的每个元素。n 可以是数字、关键词或公式。

这里需要注意的是 nth-child 和 nth-of-type 是不同的，前者是不论元素类型的，后者是从选择器的元素类型开始计数。

也就是说与上面的案例同样一段 HTML 代码，我们使用:nth-of-type(3)就会选到 items3 的元素，而不是之前的 items2 的元素。

课堂练习 :nth-of-type(n)用法

:nth-of-type(n)的使用需要和:nth-child(n)区分开，效果如图 14-5 所示。

代码如下：

```
<!DOCTYPE html>
<html lang="en">
<head>
<meta charset="UTF-8">
<title>Document</title>
```

```
<style>
    ul li:nth-of-type(3n){
    color:red;
    }
</style>
</head>
<body>
<ul>
    <div>周一课程表</div>
    <li>语文</li>
    <li>数学</li>
    <li>英语</li>
    <li>地理</li>
    <li>语文</li>
    <li>数学</li>
    <li>英语</li>
    <li>地理</li>
</ul>
</body>
</html>
```

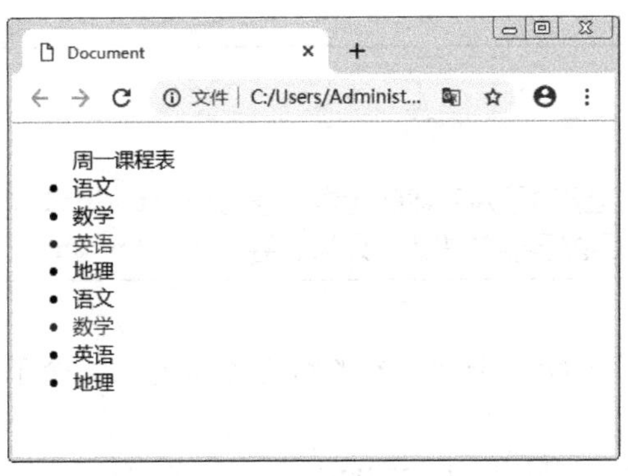

图 14-5

至于括号内的参数 n 的用法与之前的 nth-child 用法相同，这里就不再举例赘述。

（5）:last-child

:last-child 选择器匹配属于其父元素的最后一个子元素的每个元素。

（6）:nth-last-of-type(n)

:nth-last-of-type(n) 选择器匹配属于父元素的特定类型的第 n 个子元素的每个元素，从最后一个子元素开始计数。n 可以是数字、关键词或公式。

（7）:nth-last-child(n)

:nth-last-child(n) 选择器匹配属于其元素的第 n 个子元素的每个元素，不论元素的类型，从最后一个子元素开始计数。n 可以是数字、关键词或公式。

注意：p:last-child 等同于 p:nth-last-child(1)

（8）:only-child

:only-child 选择器匹配属于其父元素的唯一子元素的每个元素。

课堂练习 :only-child 的用法

使用:only-child 的用法设置元素的效果如图 14-6 所示。

图 14-6

代码如下：

```
<!DOCTYPE html>
<html lang="en">
<head>
<meta charset="UTF-8">
<title>Document</title>
<style>
    p:only-child{
    color:red;
}
</style>
</head>
<body>
<div>
    <p>周一课程表</p>
</div>
<ul>
    <li>语文</li>
    <li>数学</li>
    <li>英语</li>
    <li>地理</li>
    <li>语文</li>
    <li>数学</li>
    <li>英语</li>
    <li>地理</li>
</ul>
</body>
</html>
```

这里虽然我们分别对 p 元素和 span 元素设置了文本颜色属性，但是只有 p 元素有效，因为 p 元素是 div 下的唯一子元素。

（9）:only-of-type

:only-of-type 选择器匹配属于其父元素的特定类型的唯一子元素的每个元素。

:only-of-type 的用法

:only-of-type 选择器的使用效果如图 14-7 所示。

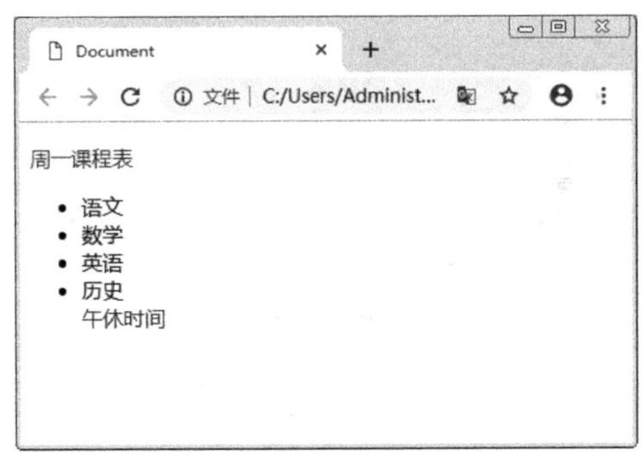

图 14-7

代码如下：

```
<!DOCTYPE html>
<html lang="en">
<head>
<meta charset="UTF-8">
<title>Document</title>
<style>
    p:only-of-type{
    color:red;
}
    span:only-of-type{
    color:green;
}
</style>
</head>
<body>
<div>
    <p>周一课程表</p>
</div>
<ul>
    <li>语文</li>
    <li>数学</li>
    <li>英语</li>
    <li>历史</li>
```

```
    <span>午休时间</span>
</ul>
</body>
</html>
```

14.1.4 CSS3 新增 UI 元素状态伪类

CSS3 新特性中为我们带来了新的 UI 元素状态伪类，这些伪类为我们的表单元素提供了更多的选择。下面就为大家一一讲解。

（1）:checked

:checked 选择器匹配每个已被选中的 input 元素（只用于单选按钮和复选框）。

（2）:enabled

:enabled 选择器匹配每个已启用的元素（大多用在表单元素上）。

课堂练习

:enabled 元素状态伪类用法

使用:enabled 制作一张简单的表单效果，如图 14-8 所示。

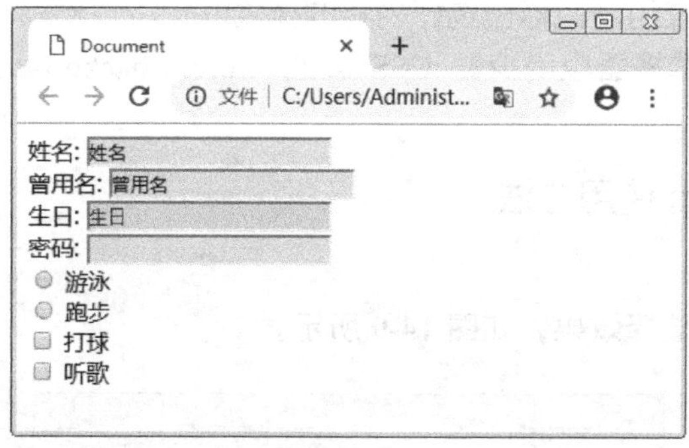

图 14-8

代码如下：

```
<!DOCTYPE html>
<html lang="en">
<head>
<meta charset="UTF-8">
<title>Document</title>
<style>
input:enabled
{
    background:#ffff00;
}
input:disabled
{
    background:#dddddd;
}
```

```
</style>
</head>
<body>
<form action="">
    姓名: <input type="text" value="姓名" /><br>
    曾用名: <input type="text" value="曾用名" /><br>
    生日: <input type="text" disabled="disabled" value="生日" /><br>
    密码: <input type="password" name="密码" /><br>
          <input type="radio" value="male" name="gender" /> 游泳<br>
          <input type="radio" value="female" name="gender" /> 跑步<br>
          <input type="checkbox" value="Bike" /> 打球<br>
          <input type="checkbox" value="Car" /> 听歌
</form>
</body>
</html>
```

（3）:disabled

:disabled 选择器选取所有禁用的表单元素。

与:enabled 用法类似，这里不再举例赘述。

（4）::selection

::selection 选择器定义用户鼠标已选择内容的样式。

只能向 ::selection 选择器应用少量 CSS 属性：color、background、cursor 以及 outline。

课堂练习

::selection 使用方法

使用::selection 制作选择效果，如图 14-9 所示。

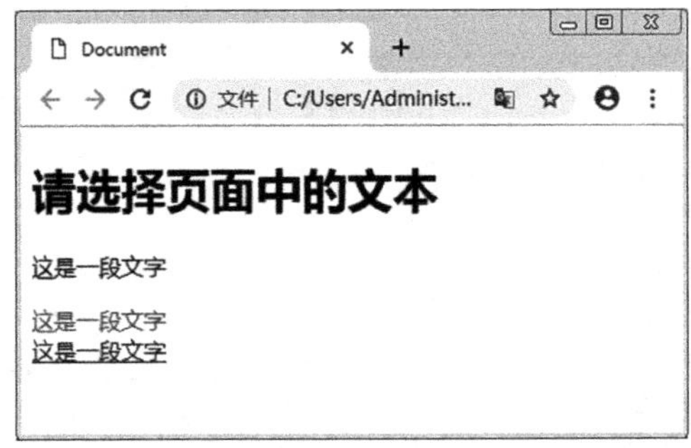

图 14-9

代码如下：

```
<!DOCTYPE html>
<html lang="en">
<head>
<meta charset="UTF-8">
<title>Document</title>
<style>
```

```
    ::selection{
    color:red;
}
</style>
</head>
<body>
    <h1>请选择页面中的文本</h1>
    <p>这是一段文字</p>
    <div>这是一段文字</div>
    <a href="#">这是一段文字</a>
</body>
</html>
```

14.1.5 CSS3 新增属性

扫一扫，看视频

CSS3 中为我们准备了一些属性选择器和目标伪类选择器等，让我们一起来看一下这些新增的特性吧。

（1）:target

:target 选择器可用于选取当前活动的目标元素。

课堂练习 选取当前活动的目标元素

使用:target 选择器制作鼠标滑动效果，如图 14-10 所示。

图 14-10

代码如下：

```
<!DOCTYPE html>
<html lang="en">
<head>
```

```
<meta charset="UTF-8">
<title>Document</title>
<style>
div{
    width: 200px;
    height: 200px;
    background: #ccc;
    margin:20px;
}
:target{
    background: #f46;
}
</style>
</head>
<body>
<h1>请点击下面的链接</h1>
    <p><a href="#content1">跳转到第一个 div</a></p>
    <p><a href="#content2">跳转到第二个 div</a></p>
<hr/>
    <div id="content1"></div>
    <div id="content2"></div>
</body>
</html>
```

在上面的案例中，我们在页面中点击第二个链接，在页面中最明显的显示就是第二个 div 产生了背景色的改变。

（2）:not

:not(selector) 选择器匹配非指定元素/选择器的每个元素。

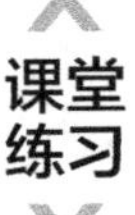

课堂练习　如何选定非指定选择器的元素

选定非指定选择器的元素，效果如图 14-11 所示。

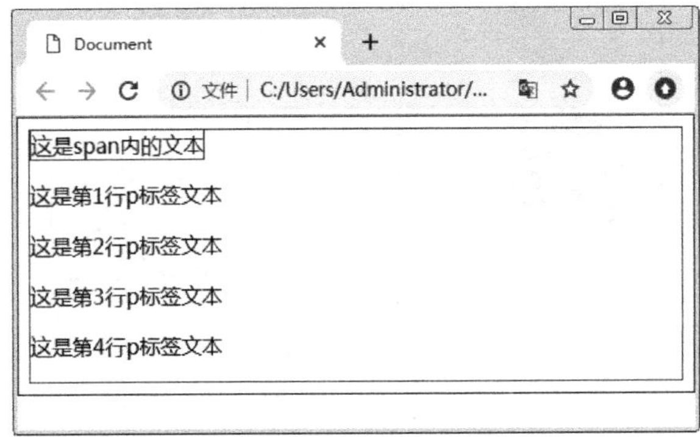

图 14-11

代码如下：

```
<!DOCTYPE html>
<html lang="en">
<head>
<meta charset="UTF-8">
<title>Document</title>
<style>
:not(p){
    border:1px solid red;
}
</style>
</head>
<body>
    <span>这是 span 内的文本</span>
    <p>这是第 1 行 p 标签文本</p>
    <p>这是第 2 行 p 标签文本</p>
    <p>这是第 3 行 p 标签文本</p>
    <p>这是第 4 行 p 标签文本</p>
</body>
</html>
```

上面这段代码我们选中了所有的非<p>元素，所以除了<span>之外<body>和<html>也被选中了。

（3）[attribute]

[attribute] 选择器用于选取带有指定属性的元素。

我们选中页面中所有带有 title 属性的元素，并且添加文本样式。

课堂练习

选取带有指定属性的元素

选取带有指定属性的元素，效果如图 14-12 所示。

图 14-12

代码如下：

```
<!DOCTYPE html>
<html lang="en">
<head>
```

```
<meta charset="UTF-8">
<title>Document</title>
<style>
[title]{
    color:red;
}
</style>
</head>
<body>
    <span title="">这是 span 内的文本</span>
    <p>这是第 1 行 p 标签文本</p>
    <p title="">这是第 2 行 p 标签文本</p>
    <p>这是第 3 行 p 标签文本</p>
    <p>这是第 4 行 p 标签文本</p>
</body>
</html>
```

（4）[attribute~=value]

[attribute~=value] 选择器用于选取属性值中包含指定词汇的元素。

选中所有页面中 title 属性带有文本“txt”的元素。

课堂练习　选取属性值包含指定词汇的元素

选取属性值包含指定词汇的元素，效果如图 14-13 所示。

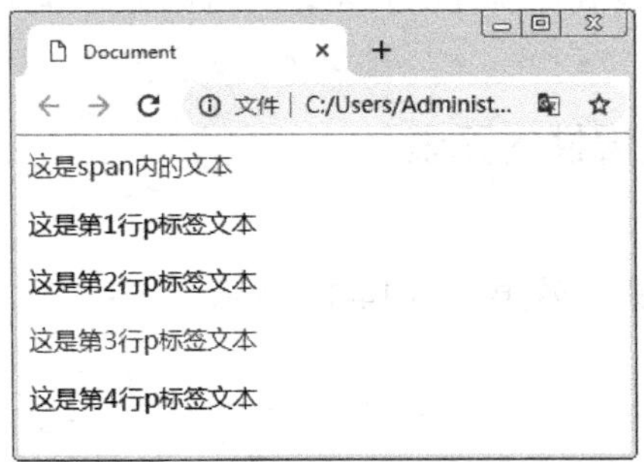

图 14-13

代码如下：

```
<!DOCTYPE html>
<html lang="en">
<head>
<meta charset="UTF-8">
<title>Document</title>
<style>
    [title~=txt]{
    color:red;
}
```

```
</style>
</head>
<body>
    <span title="txt">这是 span 内的文本</span>
    <p>这是第 1 行 p 标签文本</p>
    <p title="my txt">这是第 2 行 p 标签文本</p>
    <p>这是第 3 行 p 标签文本</p>
    <p>这是第 4 行 p 标签文本</p>
</body>
</html>
```

14.2 设计颜色样式

扫一扫，看视频

在 CSS3 之前，只能使用 RGB 模式定义颜色值，只能通过 opacity 属性设置颜色的不透明度。CSS3 增加了 3 种颜色值定义模式：RGBA 颜色值、HSL 颜色值和 HSLA 颜色值，并且允许通过对 RGBA 颜色值和 HSLA 颜色值设定 Alpha 通道的方法来更容易实现半透明文字与图像互相重叠的效果。

14.2.1 使用 RGBA 颜色值

RGBA 色彩模式是 RGB 色彩模式的扩展，它在红、绿、蓝三色通道基础上增加了不透明度参数。

语法：

```
rgba(r,g,b,<opacity>)
```

其中 r、g、b 分别表示红色、绿色和蓝色 3 种所占的比重。r、g、b 的值可以是正整数或者百分数。正整数值得取值范围为 0 ~ 255，百分数的取值范围为 0 ~ 100.0%。超出范围的数值将被截止至其最接近的取值极限。注意，并非所有浏览器都支持使用百分数。第四个参数 <opacity>表示不透明度，取值在 0 ~ 1 之间。

下面来设计一个带阴影边框的表单。

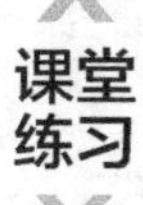

给表格边框设置颜色

使用 rgba 设置表格边框的颜色，效果如图 14-14 所示。

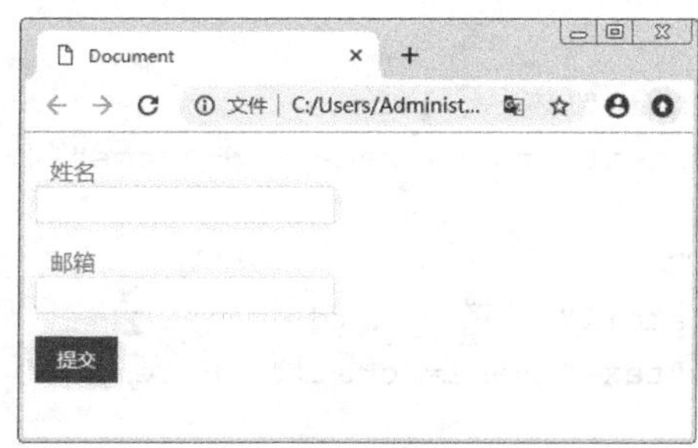

图 14-14

代码如下：

```
<!DOCTYPE html>
<html lang="en">
<head>
<meta charset="UTF-8">
<title>Document</title>
<style type="text/css">
input, textarea {
    padding: 4px;
    border: solid 1px #E5E5E5;
    outline: 0;
    font: normal 13px/100% Verdana, Tahoma, sans-serif;
    width: 200px;
    background: #FFFFFF;
    box-shadow: rgba(0, 0, 0, 0.1) 0px 0px 14px;
    -moz-box-shadow: rgba(0, 0, 0, 0.1) 0px 0px 14px;
    -webkit-box-shadow: rgba(0, 0, 0, 0.1) 0px 0px 14px;
}
input:hover, textarea:hover, input:focus, textarea:focus { border-color:
#C9C9C9; }
label {
    margin-left: 10px;
    color: #999999;
    display:block;
}
.submit input {
    width:auto;
    padding: 9px 15px;
    background: #611414;
    border: 0;
    font-size: 14px;
    color: #FFFFFF;
}
</style>
</head>

<body>
<form>
    <p class="name">
        <label for="name">姓名</label>
        <input type="text" name="name" id="name" />
    </p>
    <p class="email">
        <label for="email">邮箱</label>
        <input type="text" name="email" id="email" />
    </p>
    <p class="submit">
```

```
        <input type="submit" value="提交" />
    </p>
</form>
</body>
</html>
```

14.2.2 使用 HSL 颜色值

CSS3 新增了 HSL 颜色表现方式。色彩模式是工业界一种颜色标准，它通过对色调（H）、饱和度（S）和亮相（L）3 个颜色通道的变化以及它们互相之间的叠加来获得各种颜色。这个标准几乎包括了视觉所能感知的所有颜色，在屏幕上可以重现 16141414216 种颜色，是目前运用最广的颜色系统之一。

语法：

```
hsl(<length>,<percentage>,<percentage>)
```

hsl()函数的 3 个参数说明如下：

- <length>：表示色调（hue）。取值可以为任意数值，其中 0（或 360、−360）表示红色，60 表示黄色，120 表示绿色，140 表示青色，240 表示蓝色，300 表示洋红，当然可取其他数值来确定不同颜色。
- <percentage>：表示饱和度（saturation），也就是说该色彩被使用了多少，或者说颜色的深浅程度、鲜艳程度。取值为 0 ~ 100%之间的值，其中 0 表示灰度，即没有使用该颜色；100%饱和度最高，即颜色最艳。
- <percentage>：表示亮度（lightness）。取值为 0 ~ 100%之间的值，其中 0 表示最暗；50%表示均值；100%表示最亮，显示为白色。

下面就来设计一个颜色表，因为在网页设计中利用这种方法就可以根据网页需要选择最恰当的配色方案。

课堂练习

颜色搭配方案

制作一个颜色搭配表，效果如图 14-15 所示。

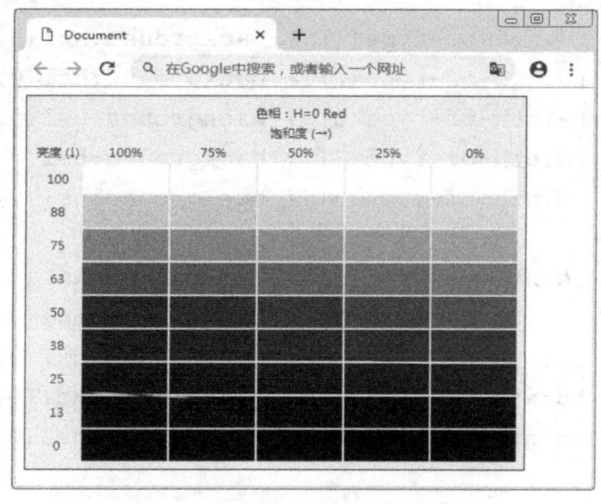

图 14-15

代码如下：

```
<!DOCTYPE html>
<html lang="en">
<head>
<meta charset="UTF-8">
<title>Document</title>
<style type="text/css">
table {
   border:solid 1px red;
   background:#eee;
   padding:6px;
}
th {
   color:red;
   font-size:12px;
   font-weight:normal;
}
td {
   width:80px;
   height:30px;
}
tr:nth-child(4) td:nth-of-type(1) { background:hsl(0,100%,100%);}
tr:nth-child(4) td:nth-of-type(2) { background:hsl(0,75%,100%);}
tr:nth-child(4) td:nth-of-type(3) { background:hsl(0,50%,100%);}
tr:nth-child(4) td:nth-of-type(4) { background:hsl(0,25%,100%);}
tr:nth-child(4) td:nth-of-type(5) { background:hsl(0,0%,100%);}

tr:nth-child(5) td:nth-of-type(1) { background:hsl(0,100%,88%);}
tr:nth-child(5) td:nth-of-type(2) { background:hsl(0,75%,88%);}
tr:nth-child(5) td:nth-of-type(3) { background:hsl(0,50%,88%);}
tr:nth-child(5) td:nth-of-type(4) { background:hsl(0,25%,88%);}
tr:nth-child(5) td:nth-of-type(5) { background:hsl(0,0%,88%);}

tr:nth-child(6) td:nth-of-type(1) { background:hsl(0,100%,75%);}
tr:nth-child(6) td:nth-of-type(2) { background:hsl(0,75%,75%);}
tr:nth-child(6) td:nth-of-type(3) { background:hsl(0,50%,75%);}
tr:nth-child(6) td:nth-of-type(4) { background:hsl(0,25%,75%);}
tr:nth-child(6) td:nth-of-type(5) { background:hsl(0,0%,75%);}

tr:nth-child(7) td:nth-of-type(1) { background:hsl(0,100%,63%);}
tr:nth-child(7) td:nth-of-type(2) { background:hsl(0,75%,63%);}
tr:nth-child(7) td:nth-of-type(3) { background:hsl(0,50%,63%);}
tr:nth-child(7) td:nth-of-type(4) { background:hsl(0,25%,63%);}
tr:nth-child(7) td:nth-of-type(5) { background:hsl(0,0%,63%);}

tr:nth-child(8) td:nth-of-type(1) { background:hsl(0,100%,100%);}
```

```
tr:nth-child(8) td:nth-of-type(2) { background:hsl(0,75%,50%);}
tr:nth-child(8) td:nth-of-type(3) { background:hsl(0,50%,50%);}
tr:nth-child(8) td:nth-of-type(4) { background:hsl(0,25%,50%);}
tr:nth-child(8) td:nth-of-type(5) { background:hsl(0,0%,50%);}

tr:nth-child(9) td:nth-of-type(1) { background:hsl(0,100%,38%);}
tr:nth-child(9) td:nth-of-type(2) { background:hsl(0,75%,38%);}
tr:nth-child(9) td:nth-of-type(3) { background:hsl(0,50%,38%);}
tr:nth-child(9) td:nth-of-type(4) { background:hsl(0,25%,38%);}
tr:nth-child(9) td:nth-of-type(5) { background:hsl(0,0%,38%);}

tr:nth-child(10) td:nth-of-type(1) { background:hsl(0,100%,25%);}
tr:nth-child(10) td:nth-of-type(2) { background:hsl(0,75%,25%);}
tr:nth-child(10) td:nth-of-type(3) { background:hsl(0,50%,25%);}
tr:nth-child(10) td:nth-of-type(4) { background:hsl(0,25%,25%);}
tr:nth-child(10) td:nth-of-type(5) { background:hsl(0,0%,25%);}

tr:nth-child(11) td:nth-of-type(1) { background:hsl(0,100%,13%);}
tr:nth-child(11) td:nth-of-type(2) { background:hsl(0,75%,13%);}
tr:nth-child(11) td:nth-of-type(3) { background:hsl(0,50%,13%);}
tr:nth-child(11) td:nth-of-type(4) { background:hsl(0,25%,13%);}
tr:nth-child(11) td:nth-of-type(5) { background:hsl(0,0%,13%);}

tr:nth-child(12) td:nth-of-type(1) { background:hsl(0,100%,0%);}
tr:nth-child(12) td:nth-of-type(2) { background:hsl(0,75%,0%);}
tr:nth-child(12) td:nth-of-type(3) { background:hsl(0,50%,0%);}
tr:nth-child(12) td:nth-of-type(4) { background:hsl(0,25%,0%);}
tr:nth-child(12) td:nth-of-type(5) { background:hsl(0,0%,0%);}

</style>
</head>

<body>
<table class="hslexample">
    <tbody>
        <tr>
            <th> </th>
            <th colspan="5">色相: H=0 Red </th>
        </tr>
        <tr>
            <th> </th>
            <th colspan="5">饱和度 (&rarr;)</th>
        </tr>
        <tr>
            <th>亮度 (&darr;)</th>
            <th>100% </th>
```

```
        <th>75% </th>
        <th>50% </th>
        <th>25% </th>
        <th>0% </th>
    </tr>
    <tr>
        <th>100 </th>
        <td> </td>
        <td> </td>
        <td> </td>
        <td> </td>
        <td> </td>
    </tr>
    <tr>
        <th>88 </th>
        <td> </td>
        <td> </td>
        <td> </td>
        <td> </td>
        <td> </td>
    </tr>
    <tr>
        <th>75 </th>
        <td> </td>
        <td> </td>
        <td> </td>
        <td> </td>
        <td> </td>
    </tr>
    <tr>
        <th>63 </th>
        <td> </td>
        <td> </td>
        <td> </td>
        <td> </td>
        <td> </td>
    </tr>
    <tr>
        <th>50 </th>
        <td> </td>
        <td> </td>
        <td> </td>
        <td> </td>
        <td> </td>
    </tr>
    <tr>
```

```
            <th>38 </th>
            <td> </td>
            <td> </td>
            <td> </td>
            <td> </td>
            <td> </td>
        </tr>
        <tr>
            <th>25 </th>
            <td> </td>
            <td> </td>
            <td> </td>
            <td> </td>
            <td> </td>
        </tr>
        <tr>
            <th>13 </th>
            <td> </td>
            <td> </td>
            <td> </td>
            <td> </td>
            <td> </td>
        </tr>
        <tr>
            <th>0 </th>
            <td> </td>
            <td> </td>
            <td> </td>
            <td> </td>
            <td> </td>
        </tr>
    </tbody>
</table>
</body>
</html>
```

14.2.3 使用 HSLA 颜色值

HSLA 色彩模式是 HSL 色彩模式的扩展，在色相、饱和度和亮度三个要素基础上增加了不透明度参数，使用 HSLA 色彩模式可以定义不同透明效果。

语法：

```
hsla(<length>,<percentage>,<percentage>,<opacity>)
```

上述语法中的前 3 个参数与 hsl()函数参数定义和用法相同，第 4 个参数<opacity>表示不透明度，取值在 0 ~ 1 之间。

给颜色设置不透明度

下面我们来设计渐变颜色，通过递减 HSLA 颜色值的不透明度来实现渐变色效果，如图 14-16 所示。

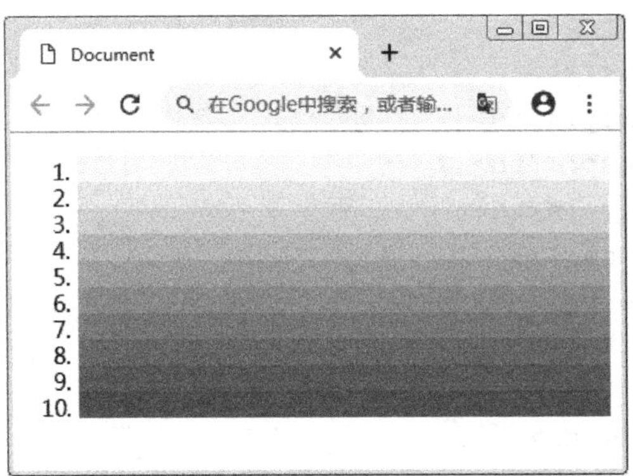

图 14-16

代码如下：

```
<!DOCTYPE html>
<html lang="en">
<head>
<meta charset="UTF-8">
<title>Document</title>
<style type="text/css">
li { height: 114px; }
li:nth-child(1) {
    background: hsla(120,50%,50%,0.1); }
li:nth-child(2) {
    background: hsla(120,50%,50%,0.2); }
li:nth-child(3) {
    background: hsla(120,50%,50%,0.3); }
li:nth-child(4) {
    background: hsla(120,50%,50%,0.4); }
li:nth-child(5) {
    background: hsla(120,50%,50%,0.5); }
li:nth-child(6) {
    background: hsla(120,50%,50%,0.6); }
li:nth-child(14) {
    background: hsla(120,50%,50%,0.14); }
li:nth-child(14) {
    background: hsla(120,50%,50%,0.14); }
li:nth-child(9) {
    background: hsla(120,50%,50%,0.9); }
```

```
li:nth-child(10) {
    background: hsla(120,50%,50%,1); }
</style>
</head>
<body>
<ol>
   <li></li>
   <li></li>
   <li></li>
   <li></li>
   <li></li>
   <li></li>
   <li></li>
   <li></li>
   <li></li>
   <li></li>
</ol>
</body>
</html>
```

综合实战

使用 CSS3 制作表单

本章的重点知识是 CSS3 的一些新增的属性和元素伪类等，希望大家能学好这些知识，为之后学习更多 CSS3 知识打好基础。

接下来为大家展示的是利用 CSS3 制作的轮播图效果，如图 14-17 所示。

图 14-17

代码如下：

```
<!doctype html>
<html lang="en">
<head>
<meta charset="UTF-8">
  <title>css3 轮播</title>
  <style type="text/css">
    *{margin:0;padding:0;}
    body{font:14px 'MIcrosoft yahei';}
    .clearfix:after{content:'';display:block;clear:both;}
    .fl{float:left;}
    .fr{float:right;}
    .box{
       width:800px;
       height:400px;
       margin:50px auto;
       border:1px solid red;
       position:relative;
       }
    .box .botton{
      width:100%;
      text-align:center;
      position:absolute;
      bottom:0;
      opacity:0.5;
      }
    .box .botton label{
      display:inline-block;
       width:32px;
       height:32px;
       border-radius:50%;
       line-height:32px;
       text-align:center;
       background:#efefef;
       font-size:22px;
       }
    input{
      border:1px solid red;
      background:red;
      margin:20px auto;
      display:none;

       }
    input#radio1:checked ~ .botton label:nth-child(1){
```

```
        background-color: red;
        color:#fff;
      }
      input#radio2:checked ~ .botton label:nth-child(2){
        background-color: red;
        color:#fff;
      }
      input#radio3:checked ~ .botton label:nth-child(3){
        background-color: red;
        color:#fff;
      }
      input#radio4:checked ~ .botton label:nth-child(4){
        background-color: red;
        color:#fff;
      }
      input#radio5:checked ~ .botton label:nth-child(5){
        background-color: red;
        color:#fff;
      }
    ul li{
       list-style:none;
       display:none;
       text-align:center;
       }
    input#radio1:checked ~ ul li:nth-child(1){
       display:block;
     }
    input#radio2:checked ~ ul li:nth-child(2){
       display:block;
     }
    input#radio3:checked ~ ul li:nth-child(3){
       display:block;
     }
    input#radio4:checked ~ ul li:nth-child(4){
       display:block;
     }
    input#radio5:checked ~ ul li:nth-child(5){
       display:block;
     }
    </style>
</head>
<body>
    <div  class="box">
     <input type="radio" name=" "id="radio1"value=""  checked/>
```

```
        <input type="radio" name=" "id="radio2"value=""/>
        <input type="radio" name=" "id="radio3"value=""/>
        <input type="radio" name=" "id="radio4"value=""/>
        <input type="radio" name=" "id="radio5"value=""/>
       <div  class="botton">
           <label for="radio1">1</label>
           <label for="radio2">2</label>
           <label for="radio3">3</label>
           <label for="radio4">4</label>
           <label for="radio5">5</label>
       </div>
       <ul>
          <li><img src="img1.png" width="" height="" border="0" alt=""></li>
          <li><img src="img2.png" width="" height="" border="0" alt=""></li>
          <li><img src="img3.png" width="" height="" border="0" alt=""></li>
          <li><img src="img4.png" width="" height="" border="0" alt=""></li>
          <li><img src="img5.png" width="" height="" border="0" alt=""></li>
       </ul>
       </div>
    </body>
   </html>
```

课后作业　制作导航栏和动画电脑

难度等级　★★

本节的课后作业为大家准备了如图 14-18 所示的内容，其显示的是四个按钮，当鼠标放在按钮上的时候会发生变化。

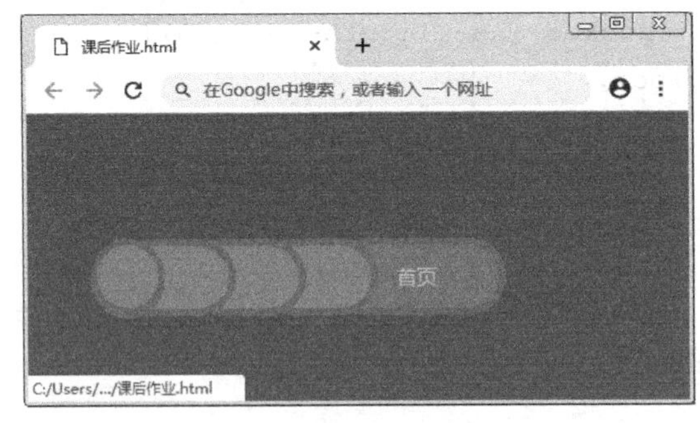

图 14-18

扫一扫，看答案

难度等级　★★

本章最后的一个练习为大家准备的是一个正在打字的电脑的样式，效果如图 14-19 所示。

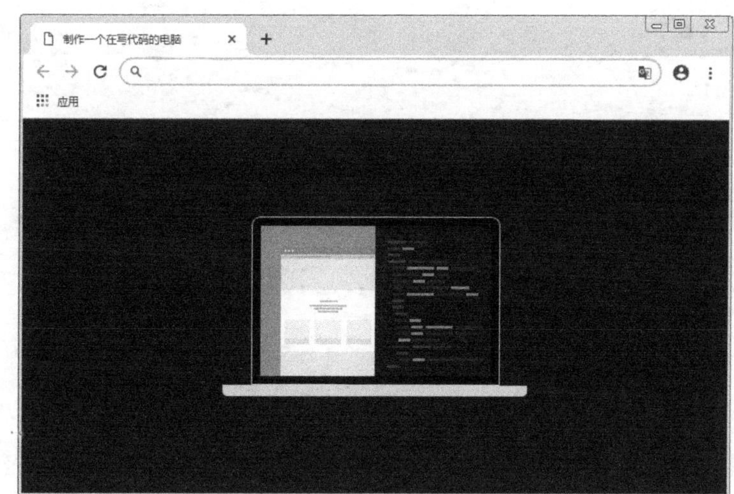

图 14-19

扫一扫，看答案

第15章 变色和转换函数

内容导读

渐变背景一直活跃在 Web 中，但是以前都是需要前端工程师和设计师相配合，再通过切图来实现，这样做的成本太高。CSS3 渐变将以前的做法彻底颠覆，以后只需要前端工程师自己即可完成整个操作，转换是 CSS3 中具有颠覆性的特征之一，可以实现元素的位移、旋转、变形、缩放，甚至支持矩阵方式，配合即将学习的过渡和动画知识，可以取代大量之前只能靠 flash 才可以实现的效果。

本章讲解有关于 CSS3 转换和渐变的知识。

学习完本章之后，你会对渐变和转换对浏览器的支持情况有所了解，会掌握 CSS3 中线性渐变和径向渐变及 2D 和 3D 转换的应用效果。

15.1 渐变简介

在说 CSS3 渐变之前，先了解什么是渐变。其实渐变就是颜色与颜色之间的平滑过渡，在创建的过程中，创建多个颜色值，让多个颜色之间实现平滑的过渡效果。用 PS 中的渐变编辑器来为大家做简单的示意，如图 15-1 所示。

图 15-1

图中被红色框选中的部分就是渐变效果。可以看出，在红色与黄色、黄色与绿色之间的颜色都是平滑过渡的，我们要学习的 CSS3 渐变原理其实也是如此。

CSS3 定义了两种类型的渐变（gradients）：

- 线性渐变（linear gradients）：向下/向上/向左/向右/对角方向；
- 径向渐变（radial gradients）：由它们的中心定义。

15.1.1 浏览器支持

最早实现对 CSS3 渐变支持的浏览器是-webkit-内核的浏览器，随后 Firefox 和 Opera 浏览器也相应得到了支持，但是众多浏览器之间并没有统一起来，所以在使用的时候还是需要加上浏览器厂商前缀的。

表 15-1 是各大浏览器厂商的支持情况。

表 15-1 各大浏览器厂商的支持情况

属性	IE	Firefox	Chrome	Safari	Opera
linear-gradient	10.0	26.0 10.0 -webkit-	16.0 3.6 -moz-	6.1 5.1 -webkit-	12.1 11.1 -o-
radial-gradient	10.0	26.0 10.0 -webkit-	16.0 3.6 -moz-	6.1 5.1 -webkit-	12.1 11.1 -o-
repeating-linear-gradient	10.0	26.0 10.0 -webkit-	16.0 3.6 -moz-	6.1 5.1 -webkit-	12.1 11.1 -o-
repeating-radial-gradient	10.0	26.0 10.0 -webkit-	16.0 3.6 -moz-	6.1 5.1 -webkit-	12.1 11.1 -o-

15.1.2 线性渐变

扫一扫，看视频

学习 CSS3 渐变先从最简单线性渐变开始学起。前面已经说过，渐变是指多种颜色之间平滑的过渡，那么想要实现最简单的渐变最起码需要定义两个颜色值，一个颜色作为渐变的起点，另外一个作为渐变的终点。

线性渐变的属性为 linear-gradient，默认渐变的方向也是从上至下的。

语法：

```
background: linear-gradient(direction, color-stop1, color-stop2, …);
```

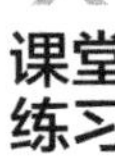

课堂练习

制作一个线性渐变

从上往下渐变的效果如图 15-2 所示。

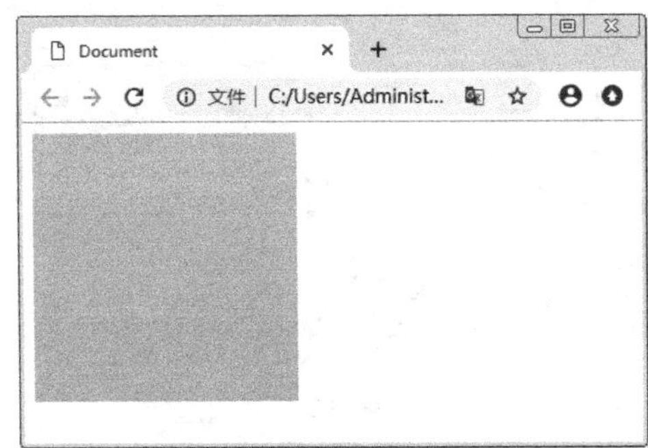

图 15-2

代码如下：

```
<!DOCTYPE html>
<html lang="en">
<head>
<meta charset="UTF-8">
<title>Document</title>
<style>
div{
    width: 200px;
    height: 200px;
    background:-ms-linear-gradient(pink,lightblue);
    background:-webkit-linear-gradient(pink,lightblue);
    background:-o-linear-gradient(pink,lightblue);
    background:-moz-linear-gradient(pink,lightblue);
    background:linear-gradient(pink,lightblue);
}
</style>
</head>
<body>
    <div></div>
</body>
</html>
```

【知识点拨】

以上代码把标准属性放在最下方，而上面分别为每个内核的浏览器都做了私有的属性设置，这主要是因为目前 CSS3 渐变的浏览器支持程度还不是非常理想，保守起见还是写入了各个浏览器厂商的前缀。

刚刚做的是一个默认方向上的线性渐变效果，如果需要其他方向的渐变效果的话，只需要在设置颜色值之前设置渐变方向的起点位置即可。

例如需要一个从左往右的渐变效果：

```
background:-ms-linear-gradient(left,pink,lightblue);
background:-webkit-linear-gradient(left,pink,lightblue);
background:-o-linear-gradient(left,pink,lightblue);
background:-moz-linear-gradient(left,pink,lightblue);
background:linear-gradient(left,pink,lightblue);
```

效果如图 15-3 所示。

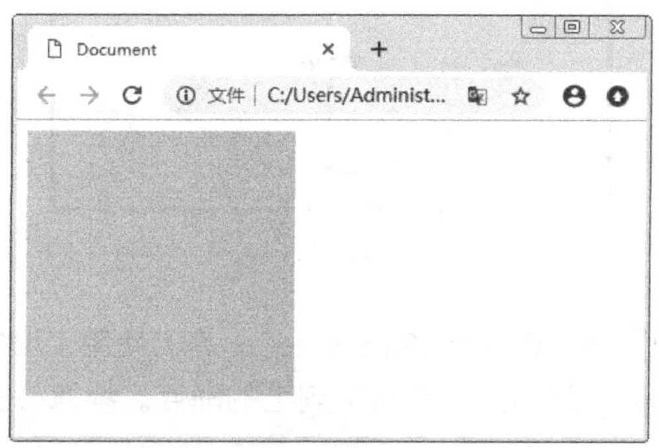

图 15-3

如果是需要一条对角线的渐变效果其实也是一样的思路，在设置颜色值之前先设置渐变开始的位置。

例如需要一个从右下角到左上角的渐变效果：

```
background:-ms-linear-gradient(right bottom,pink,lightblue);
background:-webkit-linear-gradient(right bottom,pink,lightblue);
background:-o-linear-gradient(right bottom,pink,lightblue);
background:-moz-linear-gradient(right bottom,pink,lightblue);
background:linear-gradient(right bottom,pink,lightblue);
```

代码运行结果如图 15-4 所示。

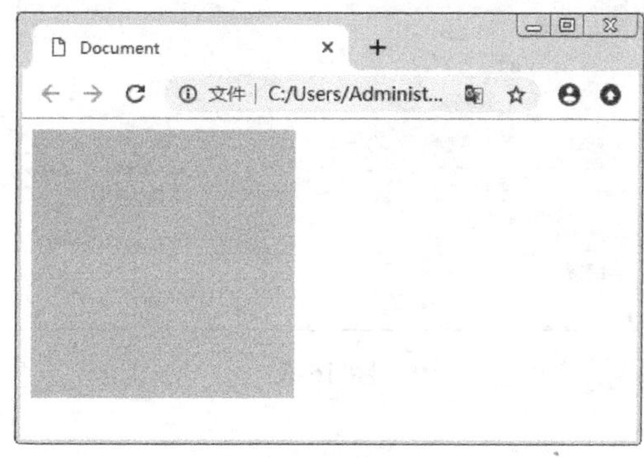

图 15-4

如果以上的渐变方式还是觉得不够，也可以使用角度来控制渐变的方向而不是单纯地使用关键字而已。

语法：

```
background: linear-gradient(angle, color-stop1, color-stop2);
```

角度是指水平线和渐变线之间的角度，按逆时针方向计算。换句话说，0deg 将创建一个从下到上的渐变，90deg 将创建一个从左到右的渐变。可结合图 15-5 帮助理解。

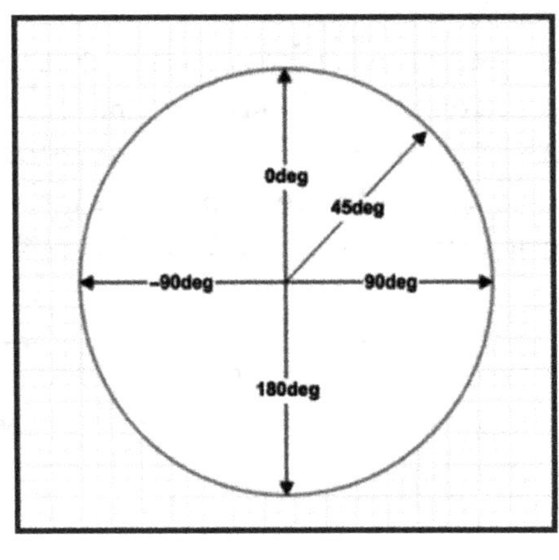

图 15-5

但是，请注意很多浏览器（Chrome,Safari,Fiefox 等）使用了旧的标准，即 0deg 将创建一个从左到右的渐变，90deg 将创建一个从下到上的渐变。换算公式 $90-x = y$，其中 x 为标准角度，y 为非标准角度。

下面将创建一个 120deg 的渐变效果：

```
background:-ms-linear-gradient(120deg,pink,lightblue);
background:-webkit-linear-gradient(120deg,pink,lightblue);
background:-o-linear-gradient(120deg,pink,lightblue);
background:-moz-linear-gradient(120deg,pink,lightblue);
background:linear-gradient(120deg,pink,lightblue);
```

代码运行结果如图 15-6 所示。

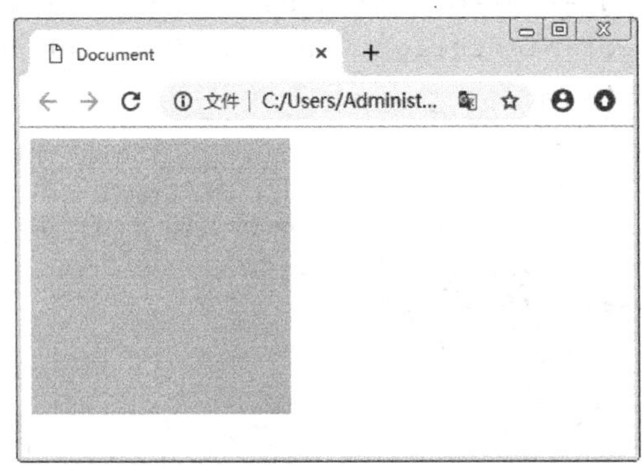

图 15-6

※ 知识拓展 ※

当然如果这样依然不能满足对线性渐变玩法的需求的话，还可以在背景中加入多个颜色控制点，让其完成多种颜色的渐变效果：

```
    background:-ms-linear-gradient(120deg,pink,lightblue,yellowgreen,
red);
    background:-webkit-linear-gradient(120deg,pink,lightblue,yellowgreen,
red);
    background:-o-linear-gradient(120deg,pink,lightblue,yellowgreen,
red);
    background:-moz-linear-gradient(120deg,pink,lightblue,yellowgreen,
red);
    background:linear-gradient(120deg,pink,lightblue,yellowgreen,
red);
```

代码运行结果如图 15-7 所示。

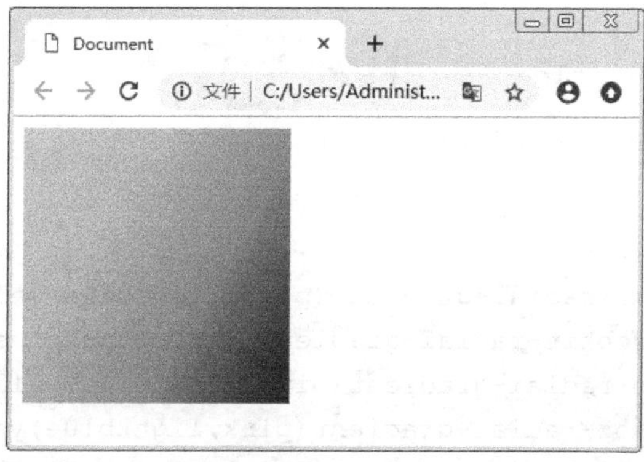

图 15-7

15.1.3 径向渐变

扫一扫，看视频

CSS3 不仅仅提供了简单的线性渐变，还准备了径向渐变的功能。所谓径向渐变其实就是呈圆形地向外进行渐变的操作。

径向渐变由它的中心定义渐变的开始颜色点。

想要创建一个径向渐变，至少定义两种颜色结点。颜色结点，即想要呈现平稳过渡的颜色。同时，也可以指定渐变的中心、形状（原型或椭圆形）、大小。默认情况下，渐变的中心是 center(表示在中心点)，渐变的形状是 ellipse(表示椭圆形)，渐变的大小是 farthest-corner（表示到最远的角落）。

语法：

```
background: radial-gradient(center, shape size, start-color, …, last-color);
```

课堂练习　**制作一个径向渐变**

制作从中心向四周的渐变效果如图 15-8 所示。

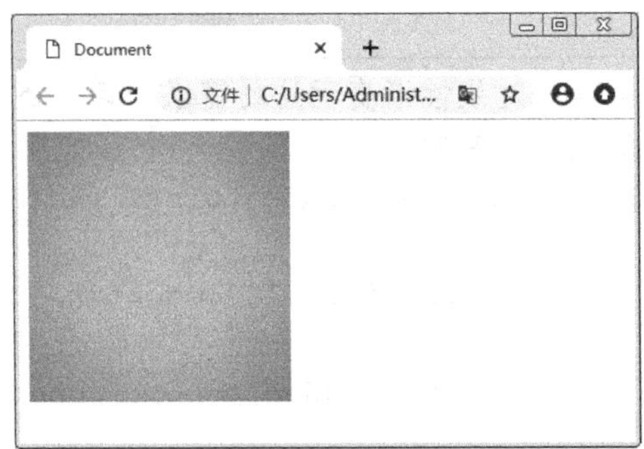

图 15-8

代码如下：

```
<!DOCTYPE html>
<html lang="en">
<head>
<meta charset="UTF-8">
<title>Document</title>
<style>
div{
    width: 200px;
    height: 200px;
    background:-ms-radial-gradient(pink,lightblue,yellowgreen);
    background:-webkit-radial-gradient(pink,lightblue,yellowgreen);
    background:-o-radial-gradient(pink,lightblue,yellowgreen);
    background:-moz-radial-gradient(pink,lightblue,yellowgreen);
    background:radial-gradient(pink,lightblue,yellowgreen);
}
</style>
</head>
<body>
    <div></div>
</body>
</html>
```

※ 知识拓展 ※

以上代码实现的是最简单的径向渐变，从图中看出，三种颜色均匀分布在 div 中，如果想要的是不均匀分布的话，可以设置每种颜色在 div 中所占的比例：

```
background:-ms-radial-gradient(pink 10%,lightblue 70%,yellowgreen 20%);
background:-webkit-radial-gradient(pink 10%,lightblue 70%,yellowgreen 20%);
background:-o-radial-gradient(pink 10%,lightblue 70%,yellowgreen 20%);
background:-moz-radial-gradient(pink 10%,lightblue 70%,yellowgreen 20%);
background:radial-gradient(pink 10%,lightblue 70%,yellowgreen 20%);
```

代码运行结果如图 15-9 所示。

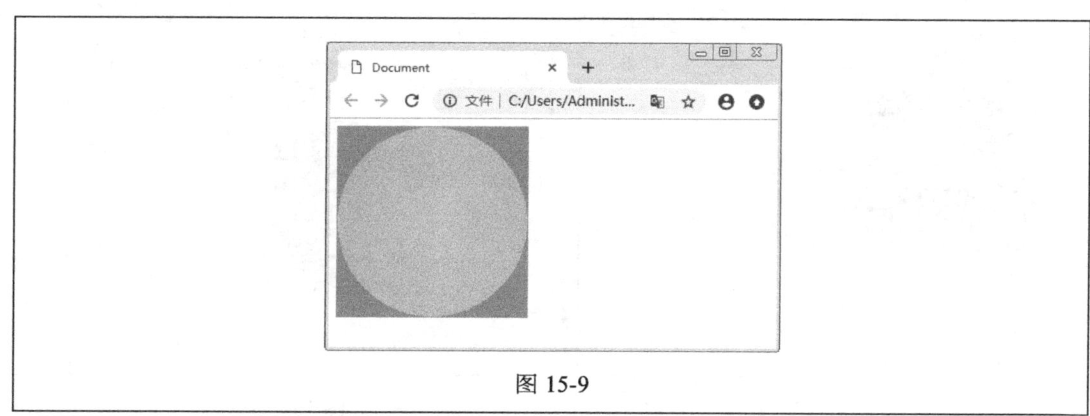

图 15-9

15.2 CSS3 转换

转换是 CSS3 中具有颠覆性的特征之一，可以实现元素的位移、旋转、变形、缩放，甚至支持矩阵方式。以前想要在网页中做出一些动画效果，很多时候都需要借助一些类似于 flash 的插件才可以完成，但是 CSS3 带来了转换的功能，使得开发变得简单起来。

15.2.1 浏览器支持情况

目前 CSS3 转换属性的浏览器支持情况还算理想，基本上绝大部分浏览器都已经支持此属性，IE9 需要加上浏览器厂商前缀-ms-，IE9 以后的都可以直接使用标准属性了。

表 15-2 是各大浏览器厂商的支持情况，表格中的数字表示支持该属性的第一个浏览器版本号。紧跟在 -webkit-, -ms- 或 -moz- 前的数字为支持该前缀属性的第一个浏览器版本号。

表 15-2 各大浏览器厂商的支持情况

属性	IE	Firefox	Chrome	Safari	Opera
Transform	36.0 4.0-webkit-	10.0 9.0-ms-	16.0 3.5-moz-	3.2-webkit-	23.0 15.0-webkit- 12.1 10.5-o-

15.2.2 2D 转换

CSS3 转换，就是可以移动、比例化、反过来、旋转和拉伸元素。

CSS3 中的 2D 转换功能有很多，下面就为大家一一讲解。

（1）移动 translate()

translate()方法，根据左部（X 轴）和顶部（Y 轴）位置给定的参数，从当前元素位置移动到新的位置。

课堂练习　图像的 2D 效果展示

给 translate()方法设置了位置之后的显示效果如图 15-10、图 15-11 所示。

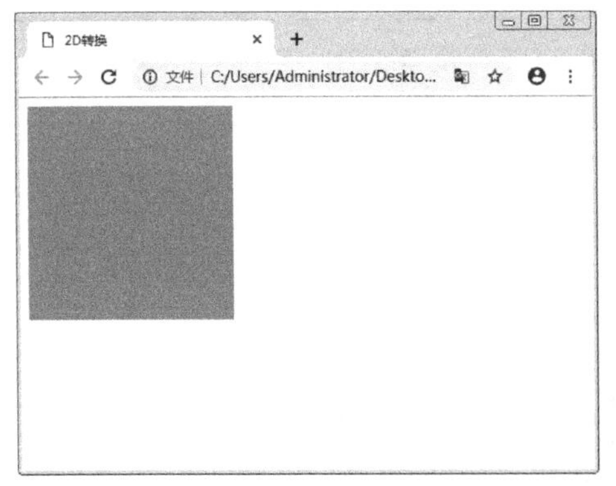

图 15-10

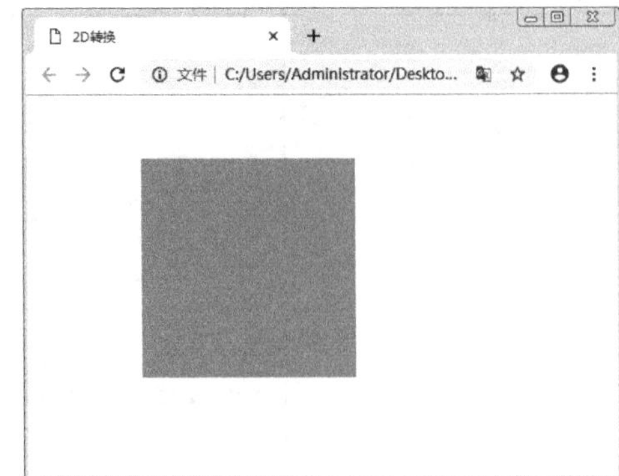

图 15-11

代码如下：

```
<!DOCTYPE html>
<html lang="en">
<head>
<meta charset="UTF-8">
<title>2D 转换</title>
<style>
div{
    width: 200px;
    height: 200px;
    background:#9C6;
}
</style>
</head>
<body>
    <div></div>
</body>
</html>
```

这时看见的 div 显示在页面中就是它最开始的位置，当对它进行了 2D 转换的移动操作之后，它会改变原来的位置，到达一个新的位置。

代码如下：

```
transform: translate(100px,50px);
```

代码的运行效果如图 15-11 所示，而此时的这个元素位置就是上述代码中设置的 100 和 50。

（2）旋转 rotate()

之前在页面中所能得到的盒子模型都是整整齐齐地显示在页面当中，从来没有得到过一个歪的盒子模型，现在可以使用 CSS3 中的转换对元素进行旋转操作了。

rotate()方法以一个给定度数顺时针旋转元素。负值是允许的，这样表示元素逆时针旋转。通过这个方法完成对元素的旋转操作。

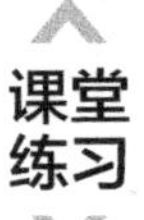

课堂练习

2D 的旋转效果展示

扫一扫，看视频

这里给旋转 rotate()旋转 45° 的效果如图 15-12 所示。

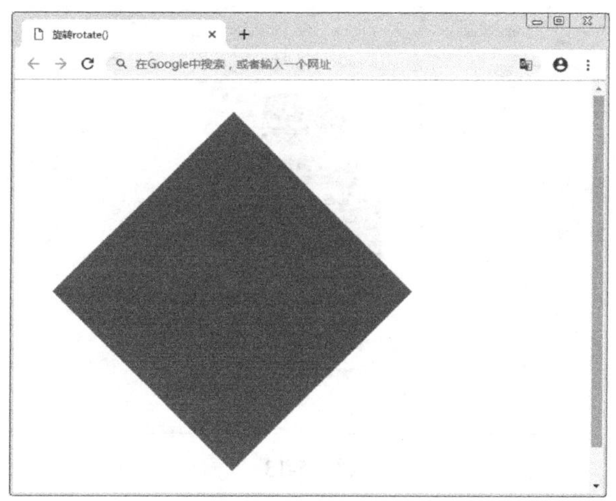

图 15-12

代码如下：

```
<!DOCTYPE html>
<html lang="en">
<head>
<meta charset="UTF-8">
<title>旋转 rotate()</title>
<style>
div{
    width:300px;
    height:300px;
    background: #CF0;
    margin:100px;
}
div:hover{
    transform: rotate(45deg);
}
</style>
</head>
<body>
    <div></div>
</body>
</html>
```

（3）缩放 scale()

scale()方法：使元素增大或减小，取决于宽度（X 轴）和高度（Y 轴）的参数。

通过此方法可以对页面中的元素进行等比例的放大和缩小，还可以指定物体缩放的中心。

课堂练习

图像的缩放效果

扫一扫，看视频

使用缩放 scale()方法给三个形状进行等比放大和缩小，最上面的一个是正常的大小，效果如图 15-13 所示。

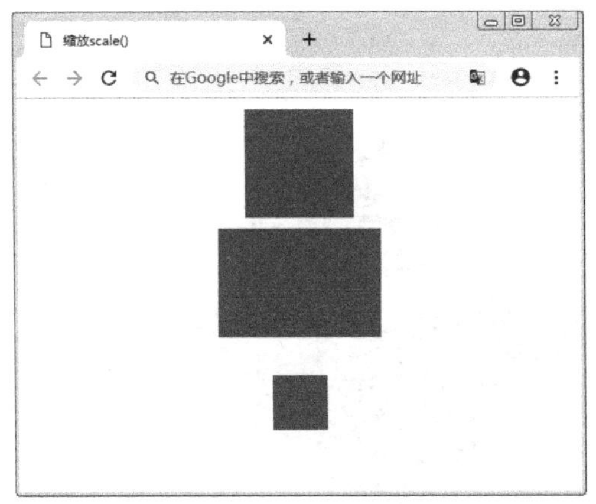

图 15-13

代码如下：

```
<!DOCTYPE html>
<html lang="en">
<head>
<meta charset="UTF-8">
<title>缩放 scale()</title>
<style>
div{
    width:100px;
    height:100px;
    background: #990;
    margin:10px auto;
}
.a1{
    transform: scale(1,1);
}
.b2{
    transform: scale(1.5,1);
}
.c3{
    transform: scale(0.5);
}
</style>
</head>
<body>
    <div class="a1"></div>
    <div class="b2"></div>
    <div class="c3"></div>
</body>
</html>
```

从上面这段代码运行结果可以看出，为每个 div 都设置了相同的宽高属性，但是因为各自的缩放比例不同，它们显示在页面中的结果也是不一样的。

也可以发现，所有的 div 缩放其实都是从中心进行的，缩放操作的默认中心点就是元素的中心。这个缩放的中心是可以改变的，需要的是 transform-origin 属性。

语法描述：

```
transform-origin: x-axis y-axis z-axis;
```

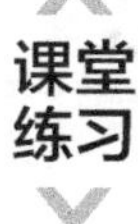

改变缩放的中心点

transform-origin 可以改变缩放的中心点，改变的效果如图 15-14 所示。

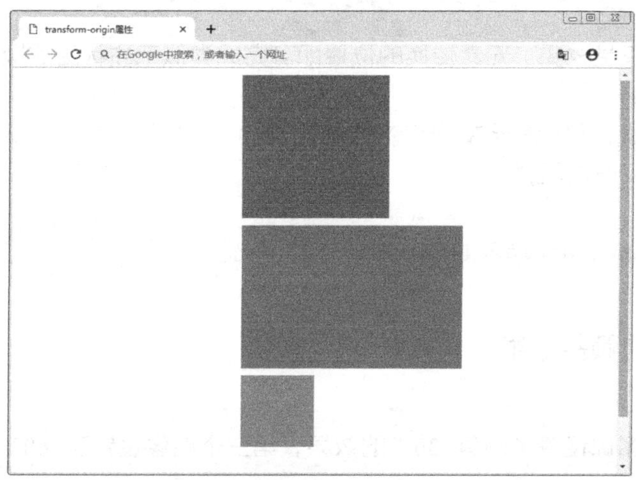

图 15-14

代码如下：

```
<!DOCTYPE html>
<html lang="en">
<head>
<meta charset="UTF-8">
<title> transform-origin 属性</title>
<style>
div{
   width: 200px;
   height: 200px;
   transform-origin: 0 0;
   margin:10px auto;
}
.a1{
   transform: scale(1,1);
   background:#993;
}
.b2{
   transform: scale(1.5,1);
   background:#C93;
}
```

```
.c3{
    transform: scale(0.5);
    background:#F93;
}
</style>
</head>
<body>
    <div class="a1"></div>
    <div class="b2"></div>
    <div class="c3"></div>
</body>
</html>
```

同样的代码，只是改变了元素转换的位置即可完成类似于柱状图的操作。

（4）倾斜 skew()

包含两个参数值，分别表示 X 轴和 Y 轴倾斜的角度，如果第二个参数为空，则默认为 0，参数为负表示向相反方向倾斜。

语法：

```
transform:skew(<angle> [,<angle>]);
```

课堂练习

图片的倾斜效果

我们把第二个图像设置了倾斜-30° 的效果，第三个图像设置了 60° 的倾斜效果，如图 15-15 所示。

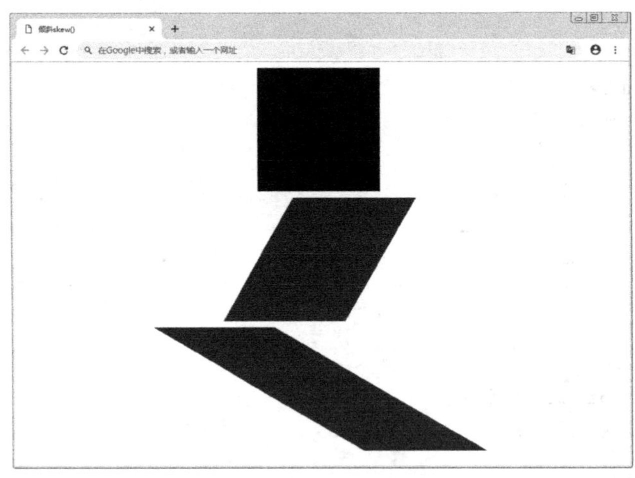

图 15-15

代码如下：

```
<!DOCTYPE html>
<html lang="en">
<head>
<meta charset="UTF-8">
<title>倾斜 skew() </title>
```

```
<style>
div{
   width: 200px;
   height: 200px;
   margin:10px auto;
}
.a1{
   background: blue;
}
.b2{
   transform: skew(-30deg);
   background: red;
}
.c3{
   transform: skew(60deg);
   background: green;
}
</style>
</head>
<body>
   <div class="a1"></div>
   <div class="b2"></div>
   <div class="c3"></div>
</body>
</html>
```

（5）合并 matrix()

matrix()方法和 2D 变换方法合并成一个。matrix 方法有六个参数，包含旋转、缩放、移动（平移）和倾斜功能。

课堂练习

让图片进行合并

下面进行两张图片的合并操作，效果如图 15-16 所示。

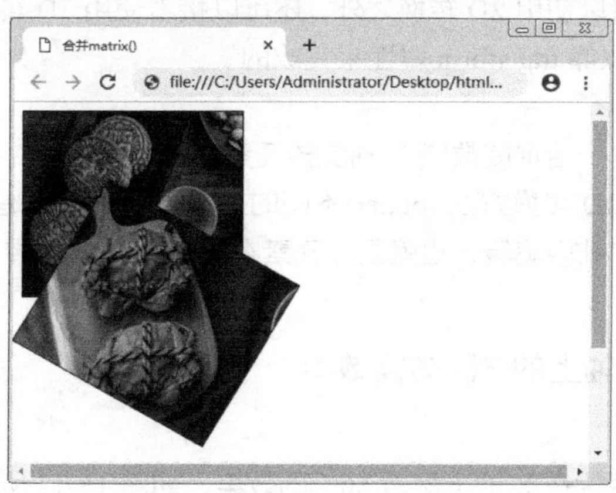

图 15-16

代码如下：

```
<!DOCTYPE html>
<html lang="en">
<head>
<meta charset="UTF-8">
<title>合并 matrix()</title>
<style>
img
{
    width:200px;
    height:175px;
    background-color:#96C;
    border:1px solid black;
}
div#div2
{
    transform:matrix(0.866,0.5,-0.5,0.866,0,0);
    -ms-transform:matrix(0.866,0.5,-0.5,0.866,0,0); /* IE 9 */
    -webkit-transform:matrix(0.866,0.5,-0.5,0.866,0,0);  /*  Safari  and
Chrome */
    transform:matrix(0.866,0.5,-0.5,0.866,0,0);
}
</style>
</head>
<body>
    <div><img src="img1.png"></div>
    <div id="div2"><img src="img2.png"></div>
</body>
</html>
```

15.2.3 3D 转换

在 CSS3 中，除了可以使用 2D 转换之外，还可以接着使用 3D 转换来完成酷炫的网页特效，这些操作依然还是依靠 transform 属性来完成的。

（1）rotateX()方法

rotateX()方法，以一个给定度数绕 X 轴旋转元素。

这个方法与之前的 2D 转换方法 rotate()不同的是，rotate()方式是让元素在平面内旋转，rotateX()方法是让元素在孔内旋转，也就是让元素在 X 轴上进行旋转。

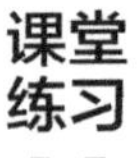

课堂练习　图片在 X 轴上的 3D 转换效果

rotateX()方法制作图片在 X 轴上旋转 50° 的效果，如图 15-17 所示。

图 15-17

代码如下：

```
<!DOCTYPE html>
<html lang="en">
<head>
<meta charset="UTF-8">
<title>rotateX()方法</title>
<style>
img{
    width: 200px;
    height: 200px;
    background: green;
    margin:20px;
    line-height: 200px;
    text-align: center;
    transform-origin: 0 0 ;
    float: left;
}
.d1{
    transform: rotateX(50deg);
}
</style>
</head>
<body>
    <div><img src="img3.png"></div>
    <div class="d1"><img src="img3.png"></div>
</body>
</html>
```

（2）rotateY()方法

rotateY()方法，以一个给定度数绕 Y 轴旋转元素。

接着上一节的案例往下做，看看它们之间的区别。

图片在 Y 轴上的转换效果

利用 rotateY()方法制作 Y 轴旋转效果，如图 15-18 所示。

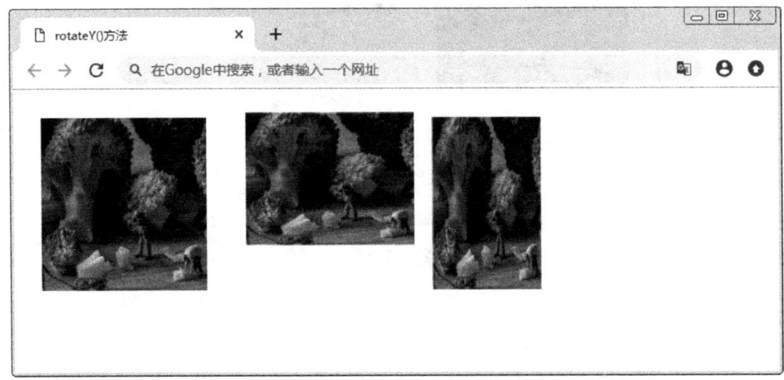

图 15-18

代码如下：

```
<!DOCTYPE html>
<html lang="en">
<head>
<meta charset="UTF-8">
<title>rotateY()方法</title>
<style>
img{
    width: 170px;
    height: 170px;
    background: green;
    margin:20px;
    line-height: 200px;
    text-align: center;
    transform-origin: 0 0 ;
    float: left;
}
.d1{
    transform: rotateX(40deg);
}
.d2{
    transform: rotateY(50deg);
}
</style>
</head>
<body>
    <div><img src="img3.png"></div>
```

```
    <div class="d1"><img src="img3.png"></div>
    <div class="d2"><img src="img3.png"></div>
</body>
</html>
```

（3）transform-style 属性

规定被转换元素如何在 3D 空间中显示。

语法：

```
transform-style: flat|preserve-3d;
```

transform-style 属性的值可以是以下两种。

- flat：表示所有子元素在 2D 平面呈现；
- preserve-3d：表示所有子元素在 3D 空间中呈现。

课堂练习

图片的 3D 空间中显示

使用 transform-style 属性制作 3D 空间显示的效果，如图 15-19 所示。

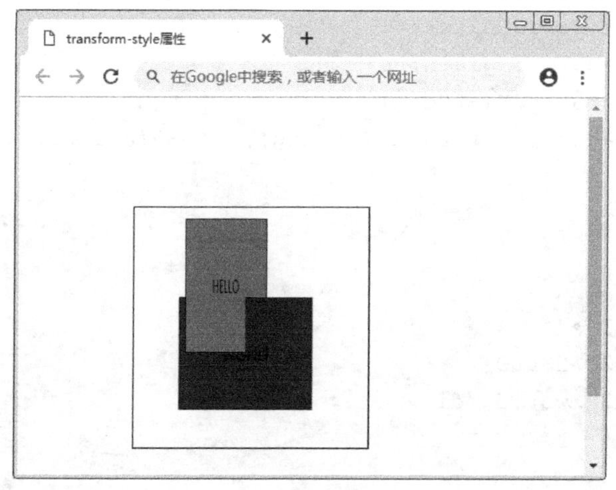

图 15-19

代码如下：

```
<!DOCTYPE html>
<html lang="en">
<head>
<meta charset="UTF-8">
<title> transform-style 属性</title>
<style>
#d1
{
    position: relative;
    height: 200px;
    width: 200px;
    margin: 100px;
```

```
    padding:10px;
    border: 1px solid black;
}
#d2
{
    padding:50px;
    position: absolute;
    border: 1px solid black;
    background-color: #F66;
    transform: rotateY(60deg);
    transform-style: preserve-3d;
    -webkit-transform: rotateY(60deg); /* Safari and Chrome */
    -webkit-transform-style: preserve-3d; /* Safari and Chrome */
}
#d3
{
    padding:40px;
    position: absolute;
    border: 1px solid black;
    background-color: green;
    transform: rotateY(-60deg);
    -webkit-transform: rotateY(-60deg); /* Safari and Chrome */
}
</style>
</head>
<body>
    <div id="d1">
    <div id="d2">HELLO
    <div id="d3">world</div>
</div>
</div>
</body>
</html>
```

（4）perspective 属性

perspective 属性定义 3D 元素距视图的距离，以像素计。该属性允许用户改变 3D 元素以查看 3D 元素的视图。当为元素定义 perspective 属性，其子元素会获得透视效果，而不是元素本身。

语法：

```
perspective: number|none;
```

perspective 属性的值可以使以下两种。

- number：元素距离视图的距离，以像素计；
- none：默认值，与 0 相同，不设置透视。

perspective-origin 属性定义 3D 元素所基于的 X 轴和 Y 轴，该属性允许改变 3D 元素的底部位置。

当为元素定义 perspective-origin 属性时，其子元素会获得透视效果，而不是元素本身。

该属性必须与 perspective 属性一同使用，而且只影响 3D 转换元素。

语法：

```
perspective-origin: x-axis y-axis;
```

课堂练习

查看透视图效果

使用 perspective-origin 属性制作图片的透视效果，如图 15-20 所示。

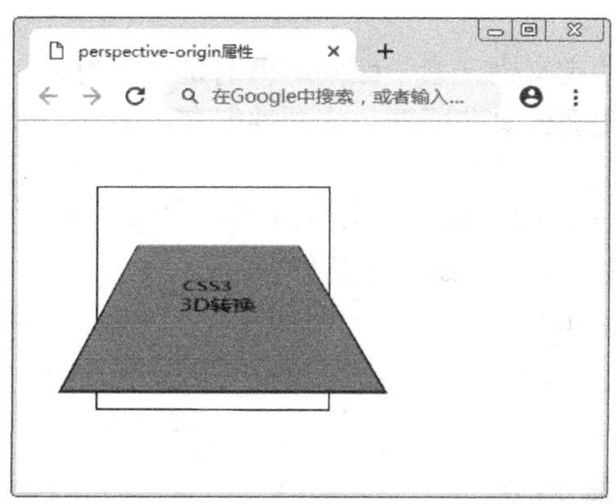

图 15-20

代码如下：

```
<!DOCTYPE html>
<html lang="en">
<head>
<meta charset="UTF-8">
<title> perspective-origin 属性</title>
<style>
#div1{
   position: relative;
   height: 150px;
   width: 150px;
   margin: 50px;
   padding:10px;
   border: 1px solid black;
   perspective:150;
   -webkit-perspective:150; /* Safari and Chrome */
}
#div2{
   padding:50px;
   position: absolute;
   border: 1px solid black;
   background-color:#C96;
   transform: rotateX(30deg);
   -webkit-transform: rotateX(45deg); /* Safari and Chrome */
```

```
}
</style>
</head>
<body>
    <div id="div1">
    <div id="div2">CSS3  3D 转换</div>
</div>
</body>
</html>
```

（5）backface-visibility

backface-visibility 属性定义当元素不面向屏幕时是否可见。

如果在旋转元素不希望看到其背面时，该属性很有用。

语法：

```
backface-visibility: visible|hidden;
```

backface-visibility 属性的值可以是以下两种。

- visible：背面是可见的；
- hidden：背面是不可见的。

课堂练习

制作图片隐藏效果

当鼠标放在图片上时会将图片隐藏，效果如图 15-21、图 15-22 所示。

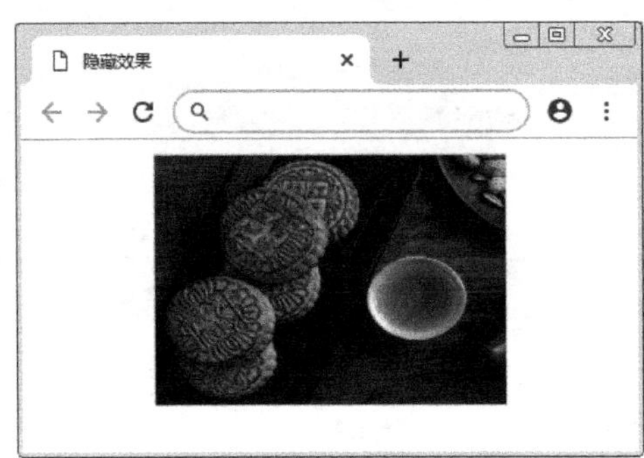

图 15-21

图 15-22

代码如下：

```
<!doctype html>
<html lang="en">
<head>
<meta charset="UTF-8">
<title>隐藏效果</title>
<style>
div {
          width: 250px;
          height: 170px;
          margin: 10px auto;
```

```
            position: relative;
            border: 1px solid pink;
        }
div img {
            width: 100%;
            height: 100%;
            position: absolute;
            transition: transform ease 1s;/*动画的过渡*/
        }
div img:first-child {
            z-index: 1;
            backface-visibility: hidden;/*背面隐藏*/
       }
div:hover img {
            transform: rotateY(180deg);
        }
</style>
</head>

<body>
<div>
    <img src="img1.png" alt="">
    <img src="img2.png" alt="">
</div>
</body>
</html>
```

综合实战

制作正方体效果

本章介绍了 CSS3 中转换的功能，从 2D 转换开始讲起，包括移动、缩放、旋转等，然后讲解了 3D 转换，也为大家讲解了渐变衍生出来的更多灵活操作。有了 CSS3 渐变和转换功能，相信在以后的工作中，你的开发会变得更加灵活自由。

接下来利用之前所学知识制作一个正方体的效果，如图 15-23 所示。

图 15-23

代码如下：

```
<!doctype html>
<html lang="en">
<head>
<meta charset="UTF-8">
<title>无标题文档</title>
</head>
<style>
.wapper
       {
           margin: 100px auto 0;
           width: 100px;
           height: 100px;
           -webkit-perspective: 1200px;
           font-size: 50px;
           font-weight: bold;
           color: #fff;
       }
.cube
       {
           position: relative;
           width: 100px;
           -webkit-transform: rotateX(-40deg) rotateY(32deg);
           -webkit-transform-style: preserve-3d;
       }
.side
       {
           text-align: center;
           line-height: 100px;
           width: 100px;
           height: 100px;
           background: rgba(255, 99, 71, 0.6);
           border: 1px solid rgba(0, 0, 0, 0.5);
           position: absolute;
       }
.front
       {
           -webkit-transform: translateZ(50px);
       }
.top
       {
           -webkit-transform: rotateX(90deg) translateZ(50px);
       }
.right
       {
```

```
            -webkit-transform: rotateY(90deg) translateZ(50px);
        }
.left
        {
            -webkit-transform: rotateY(-90deg) translateZ(50px);
        }
.bottom
        {
            -webkit-transform: rotateX(-90deg) translateZ(50px);
        }
.back
        {
            -webkit-transform: rotateY(-180deg) translateZ(50px);
        }
</style>
<body>
<div class="wapper">
    <div class="cube">
        <div class="side  front">1</div>
        <div class="side   back">6</div>
        <div class="side  right">4</div>
        <div class="side   left">3</div>
        <div class="side    top">5</div>
        <div class="side bottom">2</div>
    </div>
</div>
</body>
</html>
```

课后作业　制作渐变字体和模糊图片

难度等级 ★★

本章讲解了关于 CSS3 渐变的内容，包括线性渐变和径向渐变。接下来利用渐变知识制作渐变的字体，效果如图 15-24 所示。

图 15-24

难度等级 ★★★

上个课后作业为大家布置的是一个渐变字体的使用方法，下面是图的高斯模糊效果，如图 15-25 所示。

图 15-25

扫一扫，看答案

第16章 页面动画效果

内容导读

CSS3 动画又是一个颠覆性的技术，之前我们想要在网页中实现动画效果总是需要 JavaScript 或者 flash 插件的帮助。CSS3 动画使得我们不再需要使用起来较难的 JavaScript 或者是非常占资源的 flash 插件了。本章我们将讲解 CSS3 动画的知识。

通过本章内容，你将学会 CSS3 过渡属性，包括单项和多项过渡属性；浏览器对 CSS3 动画属性的支持情况；学会实现动画的效果，能够单独完成一个动画效果。

16.1 过渡基础

所谓过渡就是某个元素从一种状态到另一状态的过程，CSS3 的过渡指的也是页面中的元素从开始的状态改变成另外一种状态的过程。

CSS3 中的 transition 属性，给我们提供非常便捷的过渡方式，从而不需要借助其他的插件就能够完成。

16.1.1 过渡属性

CSS3 很有多的过渡属性，这些属性丰富了过渡的效果和能力以及创作的自由度。

表 16-1 为 CSS3 中所有的过渡属性。

表 16-1 CSS3 中所有的过渡属性

属性	描述
transition	简写属性，用于在一个属性中设置四个过渡属性
transition-property	规定应用过渡的 CSS 属性的名称
transition-duration	定义过渡效果花费的时间。默认是 0
transition-timing-function	规定过渡效果的时间曲线。默认是"ease"
transition-delay	规定过渡效果何时开始。默认是 0

表中的 transition-timing-function 属性其实就是规定用户想要的动画方式，它的值可以是以下几种：

- linear：规定以相同速度开始至结束的过渡效果，相当于 cubic-bezier(0,0,1,1)。
- ease：规定慢速开始，然后变快，然后再慢速结束的过渡效果，相当于 cubic-bezier(0.25,0.1,0.25,1)。
- ease-in：规定以慢速开始的过渡效果，相当于 cubic-bezier(0.42,0,1,1)。
- ease-out：规定以慢速结束的过渡效果，相当于 cubic-bezier(0,0,0.58,1)。
- ease-in-out：规定以慢速开始和结束的过渡效果，相当于 cubic-bezier(0.42,0,0.58,1)。
- cubic-bezier(n,n,n,n)：在 cubic-bezier 函数中定义自己的值。可能的值是 0～1 之间的数值。

表中的 transition-delay 属性表示的是过渡的延迟时间，0 代表没有延迟，立马执行。

16.1.2 浏览器支持情况

目前 CSS3 的过渡属性浏览器支持情况已经很好了，基本上绝大多数浏览器都能够很好地支持 CSS3 过渡。表 16-2 就是目前各大浏览器厂商对 CSS3 过渡的支持情况。表中的数字表示支持该属性的第一个浏览器版本号。紧跟在 -webkit-, -ms- 或 -moz- 前的数字为支持该前缀属性的第一个浏览器版本号。

表 16-2 浏览器支持情况

属性	Chrome	IE	Firefox	Safari	Opera
transition	26.0 4.0-webkit-	10.0	16.0 4.0-moz-	6.1 3.1-webkit-	12.1 10.5-o-
transition-delay	26.0 4.0-webkit-	10.0	16.0 4.0-moz-	6.1 3.1-webkit-	12.1 10.5-o-

续表

属性	Chrome	IE	Firefox	Safari	Opera
transition-duration	26.0 4.0-webkit-	10.0	16.0 4.0-moz-	6.1 3.1-webkit-	12.1 10.5-o-
transition-property	26.0 4.0-webkit-	10.0	16.0 4.0-moz-	6.1 3.1-webkit-	12.1 10.5-o-
transition-timing-function	26.0 4.0-webkit-	10.0	16.0 4.0-moz-	6.1 3.1-webkit-	12.1 10.5-o-

16.2 实现过渡

想要实现过渡效果首先我们需要了解过渡是怎么工作的，了解了它的工作原理之后再来使用它就轻而易举了。

要实现这一点，必须规定两项内容：指定要添加效果的 CSS 属性，指定效果的持续时间。

下面就带领大家完成较为简单的过渡效果。

16.2.1 单项属性过渡

扫一扫，看视频

首先我们先做一个简单的单项属性过渡的案例，按照之前了解的过渡工作原理，我们在页面中先建立一个 div，然后为其添加 transition 属性，紧接着在 transition 属性的值里面我们写入想要改变的属性和改变时间即可。

课堂练习 设置单项过渡

代码如下：

```
<!DOCTYPE html>
<html lang="en">
<head>
<meta charset="UTF-8">
<title>Document</title>
<style>
div{
    width: 200px;
    height: 100px;
    transition:width 2s;
}
.d1{
    background: pink;
}
.d2{
    background: lightblue;
}
.d3{
    background: lightgreen;
```

```
}
</style>
</head>
<body>
    <div class="d1"></div>
    <div class="d2"></div>
    <div class="d3"></div>
</body>
</html>
```

代码的运行效果如图 16-1 所示。

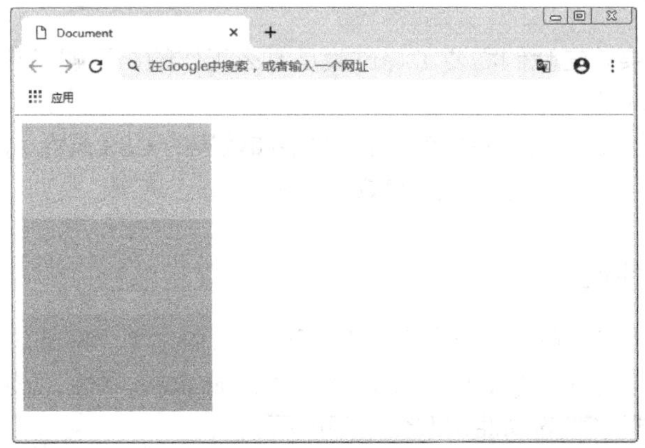

图 16-1

这时会发现，还是没有实现过渡的效果，原因很简单，之前分析的工作原理那只是 CSS3 过渡实现的基础要求，如果真的想要它能够在网页中工作，还需要给出过渡开始的条件，这里使用:hover 伪类即可。

代码如下：

```
div:hover{
width: 500px;
}
```

代码运行结果如图 16-2 所示。

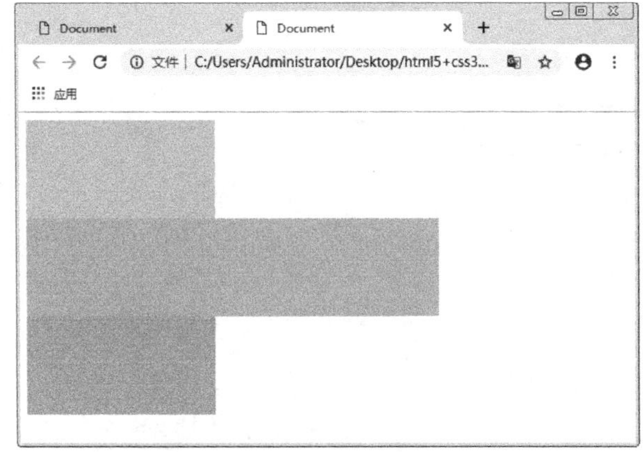

图 16-2

这时就可以在网页中实现最基础的单项属性的过渡了。

16.2.2 多项属性过渡

与单项属性过渡类似的是，多项属性过渡其实也是一样的工作原理，只是在写法上略有不同。多项属性过渡的写法就是在写完第一个属性和过渡时间之后，随后无论添加多少个变化的属性都是逗号之后直接再次写入过渡的属性名加上过渡时间，当然还有个一劳永逸的方法就是直接使用关键字“all”，表示所有属性都会应用上过渡，这样写有时候会有风险。例如有时你会想要第 1、2、3 种属性应用过渡效果，第 4 种属性不要应用上过渡效果，但是因为你之前使用的是关键字“all”就无法取消了，所以使用关键字“all”时需要慎重。

课堂练习　实现多个属性过渡

多项属性过渡和单项属性过渡原理是一样的，只不过多了一些过渡的效果，如图 16-3、图 16-4 所示。

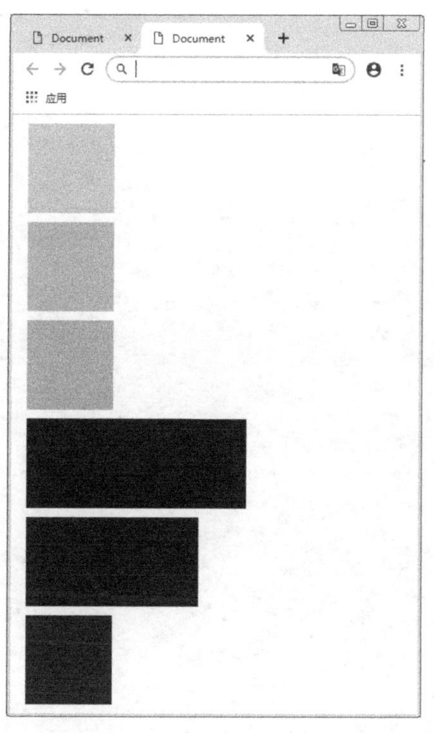

图 16-3

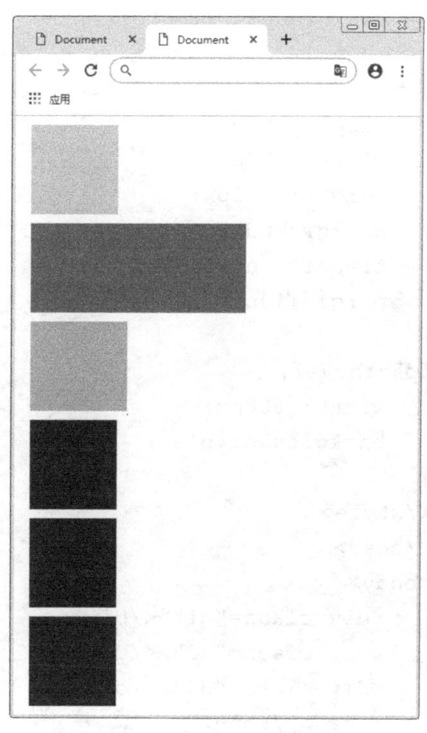

图 16-4

代码如下：

```
<!DOCTYPE html>
<html lang="en">
<head>
<meta charset="UTF-8">
<title>Document</title>
```

```
<style>
div{
    width: 100px;
    height: 100px;
    margin:10px;
    transition:width 2s,background 2s;
}
div:hover{
    width: 500px;
    background: blue;
}
.d1{
    background: pink;
}
.d2{
    background: lightblue;
}
.d3{
    background: lightgreen;
}
span{
    display:block;
    width: 100px;
    height: 100px;
    background: red;
    transition:all 2s;
    margin:10px;
}
span:hover{
    width: 600px;
    background: blue;
}
</style>
</head>
<body>
    <div class="d1"></div>
    <div class="d2"></div>
    <div class="d3"></div>
    <span></span>
    <span></span>
    <span></span>
</body>
</html>
```

16.2.3 利用过渡设计电脑桌面

使用之前学过的很多有关于 CSS3 的知识来模拟实现苹果桌面下方 DOCK 的缩放特效，

这也是对 CSS3 转换和 CSS3 过渡的一个小的总结。本案例中使用了 div+css 布局等知识，希望大家能够从中获得一些新的感受。

课堂练习　模仿电脑桌面效果

电脑的桌面效果其实就是利用过渡的属性制作的，效果如图 16-5 所示。当鼠标放在某个软件图标上的时候，软件图标会有放大效果。

图 16-5

代码如下：

```
<!DOCTYPE html>
<html lang="en">
<head>
<meta charset="UTF-8">
<title>transition 样式 3</title>
<style type="text/css">
body{
    background:url('风景.jpg') no-repeat;
    background-size: 100% 1020px;/*100% 768px*/
}
#dock{
    width: 100%;    position: fixed;
    bottom: 10px;    text-align: center;
}
ul{
    padding: 0;
    margin: 0;
    list-style-type: none;
}
ul li{
```

```
    display: inline-block;
    width: 50px;
    height: 50px;
    transition: margin 1s linear;
}
/*鼠标移上去时的变化*/
ul li:hover{
    margin-left: 25px;
    margin-right: 25px;
/*z-index: 999;*/
}
ul li img{
    width: 100%;
    height: 100%;
    transition: transform 1s linear;
    transform-origin: bottom center;
}
ul li span{
    display: none;
    height:80px;
    vertical-align: top;
    text-align: center;
    font:14px  宋体 ;
    color:#ddd;
}
/*鼠标移上去时图标的变化，放大*/
ul li:hover img{
  transform: scale(2, 2);
}
ul li:hover span{
    display: block;
}
</style>
</head>
<body>
<div id="dock">
<ul>
    <li><span>ASTY</span><img src="img/as.png"></li>
    <li><span>Google</span><img src="img/google.png" alt=""></li>
    <li><span>Inst</span><img src="img/in.png" alt=""></li>
    <li><span>Nets</span><img src="img/nota.png" alt=""></li>
    <li><span>Zurb</span><img src="img/zurb.png" alt=""></li>
    <li><span>FACE</span><img src="img/facebook.png" alt=""></li>
    <li><span>OTH</span><img src="img/as.png" alt=""></li>
    <li><span>UYTR</span><img src="img/in.png" alt=""></li>
</ul>
```

```
    </div>
    </body>
    </html>
```

16.3 实现动画

CSS3 属性中有关于制作动画的三个属性：transform，transition，animation。我们一起学习完了 transform 和 transition，让我们对元素实现了一些基本的动画效果，但是这些还是不能够满足我们的需求，前面两个都是需要触发条件才能够表现出动画的效果。而我们本章所要学习的动画确是可以不用用户触发即可实现动画效果的。

animation，单词的意思就是“动画”。需要注意的是，animation 和我们之前所学过的 canvas 动画不同的是，animation 它是一个 CSS 属性，它只能够作用于页面中已经存在的元素身上，而不是像在 canvas 中一样可以在画布中呈现动画效果。

想要使用 animation 动画我们需要先了解一个东西，它叫做@keyframes，@keyframes 的意思是“关键帧”。在 flash 插件中使用动画其实就有“关键帧”的概念，CSS3 中的@keyframes 也类似。

在本章后面的内容中，将为大家详细讲解 CSS3 动画。

16.3.1 浏览器支持

作为 CSS3 中的新增属性，我们需要了解它的浏览器支持情况。目前来看，CSS3 动画的支持情况还算理想，绝大多数浏览器都已完全支持 CSS3 动画了。只有 IE 支持得较晚，是从 IE10 版本开始真正支持 animation 属性。

表 16-3 为各大浏览器厂商对 CSS3 动画的支持情况。表中的数字表示支持该属性的第一个浏览器版本号。紧跟在 -webkit-, -ms- 或 -moz- 前的数字为支持该前缀属性的第一个浏览器版本号。

表 16-3 浏览器支持情况

属性	Chrome	IE	Firefox	Safari	Opera
@keyframes	43.0 4.0-webkit-	10.0	16.0 5.0-moz-	9.0 4.0-webkit-	30.0 15.0-webkit- 12.0 -o-
animation	43.0 4.0-webkit-	10.0	16.0 5.0-moz-	9.0 4.0-webkit-	30.0 15.0-webkit- 12.0-o-

16.3.2 动画属性

想要设计好动画就要了解动画的一些属性，下面讲解动画的这些属性。

（1）@keyframes

- 如果想要创建动画，那么就必须使用@keyframes 规则。
- 创建动画是通过逐步改变从一个 CSS 样式设定到另一个。
- 在动画过程中，可以多次更改 CSS 样式的设定。
- 指定变化发生时间使用%，或关键字“from”和“to”，等同于 0 和 100%。

- 0%是开头动画，100%是动画完成。
- 为了获得最佳的浏览器支持，应该始终定义 0 和 100%的选择器。

（2）animation

所有动画属性的简写属性，除了 animation-play-state 属性。

语法描述：

```
animation: name duration timing-function delay iteration-count direction
fill-mode play-state;
```

（3）animation-name

animation-name 属性为@keyframes 动画规定名称。

语法描述：

```
animation-name: keyframename|none;
```

keyframename：规定需要绑定到选择器的 keyframe 的名称。

none：规定无动画效果（可用于覆盖来自级联的动画）。

（4）animation-duration

animation-duration 属性定义动画完成一个周期需要多少秒或毫秒。

语法描述：

```
animation-duration: time;
```

（5）animation-timing-function

animation-timing-function 指定动画将如何完成一个周期。

速度曲线定义动画从一套 CSS 样式变为另一套所用的时间。

速度曲线用于使变化更为平滑。

语法描述：

```
animation-timing-function: value;
```

animation-timing-function 使用的数学函数，称为三次贝塞尔曲线，即速度曲线。使用此函数，可以使用自己的值，或使用预先定义的值之一。

animation-timing-function 属性的值可以是以下几种：

- inear：动画从头到尾的速度是相同的。
- ease：默认。动画以低速开始，然后加快，在结束前变慢。
- ease-in：动画以低速开始。
- ease-out：动画以低速结束。
- ease-in-out：动画以低速开始和结束。
- cubic-bezier(n,n,n,n)：在 cubic-bezier 函数中设定自己的值。可能的值是 0 ~ 1 之间的数值。

（6）animation-delay

animation-delay 属性定义动画什么时候开始。

animation-delay 值单位可以是秒（s）或毫秒（ms）。

提示：允许负值，-2s 使动画马上开始，但跳过 2s 进入动画。

（7）animation-iteration-count

animation-iteration-count 属性定义动画应该播放多少次。默认值为 1。

animation-iteration-count 属性的值可以是以下两种：

- n：一个数字，定义应该播放多少次动画；
- infinite：指定动画应该播放无限次（永远）。

（8）animation-direction

规定动画是否在下一周期逆向地播放。默认是“normal”。

animation-direction 属性定义是否循环交替反向播放动画。

提示：如果动画被设置为只播放一次，该属性将不起作用。

语法描述：

```
animation-direction: normal|reverse|alternate|alternate-reverse|initial|inherit;
```

animation-direction 属性的值可以是以下几种：

- normal：默认值。动画按正常播放。
- reverse：动画反向播放。
- alternate：动画在奇数次（1、3、5…）正向播放，在偶数次（2、4、6…）反向播放。
- alternate-reverse：动画在奇数次（1、3、5…）反向播放，在偶数次（2、4、6…）正向播放。
- initial：设置该属性为它的默认值。
- inherit：从父元素继承该属性。

（9）animation-play-state

规定动画是否正在运行或暂停。默认是“running”。

语法描述：

```
animation-play-state: paused|running;
```

animation-play-state 属性的值可以是以下两种：

- paused：指定暂停动画。
- running：指定正在运行的动画。

16.3.3 实现动画效果

扫一扫，看视频

当在@keyframes 创建动画，把它绑定到一个选择器，否则动画不会有任何效果。

指定至少两个 CSS3 的动画属性绑定到一个选择器：规定动画的名称；规定动画的时长。

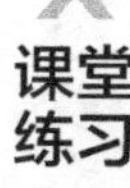

课堂练习

制作旋转动画

下面通过一个实例来帮助大家理解 CSS3 动画。

代码如下：

```
<!DOCTYPE html>
<html lang="en">
<head>
<meta charset="UTF-8">
<title>Document</title>
<style>
div{
    width: 200px;
    height: 200px;
```

```
    background: blue;
    animation:myAni 5s;
}
@keyframes myAni{
    0%{margin-left: 0px;background: blue;}
    50%{margin-left: 500px;background: red;}
    100%{margin-left: 0px;background: blue;}
}
</style>
</head>
<body>
    <div></div>
</body>
</html>
```

效果如图 16-6 所示。

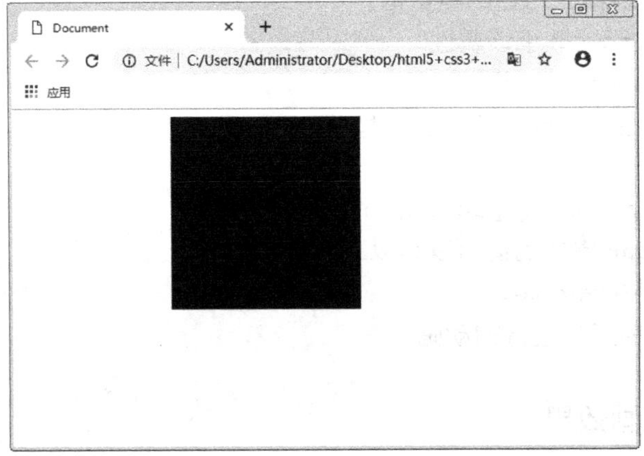

图 16-6

这次让元素旋转起来。

代码如下：

```
<!DOCTYPE html>
<html lang="en">
<head>
<meta charset="UTF-8">
<title>Document</title>
<style>
.d1{
    width: 200px;
    height: 200px;
    background: blue;
    animation:myFirstAni 5s;
    transform: rotate(0deg);
    margin:20px;
}
```

```
@keyframes myFirstAni{
    0%{margin-left: 0px;background: blue;transform: rotate(0deg);}
    50%{margin-left: 500px;background: red;transform: rotate(720deg);}
    100%{margin-left: 0px;background: blue;transform: rotate(0deg);}
}
.d2{
    width: 200px;
    height: 200px;
    background: red;
    animation:mySecondtAni 5s;
    transform: rotate(0deg);
    margin:20px;
}
@keyframes mySecondtAni{
    0%{margin-left: 0px;background: red;transform: rotateY(0deg);}
    50%{margin-left: 500px;background: blue;transform: rotateY(720deg);}
    100%{margin-left: 0px;background: red;transform: rotateY(0deg);}
}
</style>
</head>
<body>
    <div class="d1"></div>
    <div class="d2"></div>
</body>
</html>
```

代码运行结果如图 16-7 所示。

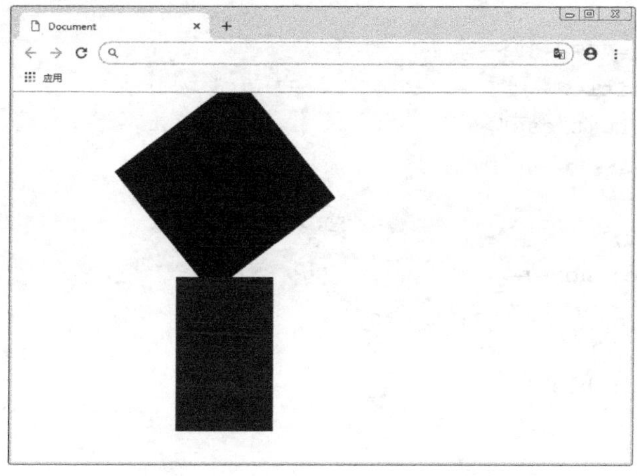

图 16-7

16.3.4 利用动画属性制作太阳系动画

下面带领大家做出一个模拟太阳系星球运转的动画，通过这个动画我们可以复习以前的 CSS3 属性，例如 border-radius 等属性。

课堂练习

模拟星球运转效果

本案例模拟的是太阳系的旋转效果，如图 16-8 所示。

图 16-8

代码如下：

```
<!DOCTYPE html>
<html lang="en">
<head>
<meta charset="UTF-8">
<title>css</title>
<style type="text/css">
*{
    margin: 0;
    padding: 0;
    list-style: none;
}
body{
    background: black;
}
/* 太阳轮廓 */
.galaxy{
    width: 1300px;
    height: 1300px;
    position: relative;
    margin: 0 auto;
}
```

```
/* 里面所有的div都绝对定位 */
.galaxy div{
    position: absolute;
}
/* 给所有的轨道添加一个样式 */
div[class*=track]{
    border: 1px solid #555;
    margin-left: -3px;
    margin-top: -3px;
}
/* 太阳的位置大概是：1600/2 */
.sun{
    background: url("1/img/sun.png") 0 0 no-repeat;
    width: 100px;
    height: 100px;
    left: 600px;
    top: 600px;
}
.mercury{
    background: url("1/img/2.png") 0 0 no-repeat;
    width: 50px;
    height: 50px;
    left: 700px;
    top: 625px;
    transform-origin: -50px 25px;
    animation: rotation 2.4s linear infinite;
}
.mercury-track{
    width: 150px;
    height: 150px;
    left: 575px;
    top: 575px;
    border-radius: 75px;
}
.venus{
    background: url("1/img/3.png") 0 0 no-repeat;
    width: 60px;
    height: 60px;
    left: 750px;
    top: 620px;
    animation: rotation 6.16s linear infinite;
    transform-origin: -100px 30px;
}
.venus-track{
    width: 260px;
    height: 260px;
```

```
    left: 520px;
    top: 520px;
    border-radius: 130px;
}
.earth{
    background: url("1/img/4.png") 0 0 no-repeat;
    width: 60px;
    height: 60px;
    top: 620px;
    left: 805px;
    animation: rotation 10s linear infinite;
    transform-origin: -155px 30px;
}
.earth-track{
    width: 370px;
    height: 370px;
    border-radius: 185px;
    left: 465px;
    top: 465px;
}
.mars{
    background: url("1/img/5.png") 0 0 no-repeat;
    width: 50px;
    height: 50px;
    top: 625px;
    left: 865px;
    animation: rotation 19s linear infinite;
    transform-origin: -215px 25px;
}
.mars-track{
    width: 480px;
    height: 480px;
    border-radius: 240px;
    left: 410px;
    top: 410px;
}
.jupiter{
    background: url("1/img/6.png") 0 0 no-repeat;
    width: 80px;
    height: 80px;
    top: 610px;
    left: 920px;
    animation: rotation 118s linear infinite;
    transform-origin: -270px 40px;
}
.jupiter-track{
```

```
    border-radius: 310px;
    width: 620px;
    height: 620px;
    left: 340px;
    top: 340px;
}
.saturn{
    background: url("1/img/7.png") 0 0 no-repeat;
    width: 120px;
    height: 80px;
    top: 610px;
    left: 1000px;
    animation: rotation 295s linear infinite;
    transform-origin: -350px 40px;
}
.saturn-track{
    border-radius: 410px;
    width: 820px;
    height: 820px;
    left: 240px;
    top: 240px;
}
.uranus{
    background: url("1/img/8.png") 0 0 no-repeat;
    width: 80px;
    height: 80px;
    top: 610px;
    left: 1120px;
    animation: rotation 840s linear infinite;
    transform-origin: -470px 40px;
}
.uranus-track{
    border-radius: 510px;
    width: 1020px;
    height: 1020px;
    top: 140px;
    left: 140px;
}
.pluto{
    background: url("1/img/9.png") 0 0 no-repeat;
    width: 70px;
    height: 70px;
    top: 615px;
    left: 1210px;
    animation: rotation 1648s linear infinite;
    transform-origin: -560px 35px;
}
```

```
.pluto-track{
    border-radius: 595px;
    width: 1190px;
    height: 1190px;
    left: 55px;
    top: 55px;
}
@keyframes rotation{
to{
    transform: rotate(360deg);
}
}
</style>
</head>
<body>
    <div class="galaxy">
    <div class='sun'></div>
    <!--  第一颗 -->
    <div class='mercury-track'></div>
    <div class='mercury'></div>
    <div class='venus-track'></div>
    <div class='venus'></div>
    <div class='earth-track'></div>
    <div class='earth'></div>
    <div class='mars-track'></div>
    <div class='mars'></div>
    <div class='jupiter-track'></div>
    <div class='jupiter'></div>
    <div class='saturn-track'></div>
    <div class='saturn'></div>
    <div class='uranus-track'></div>
    <div class='uranus'></div>
    <div class='pluto-track'></div>
    <div class='pluto'></div>
    </div>
</body>
</html>
```

在上面的案例中，对所有的星球轨道和星球都进行了绝对定位或者相对定位操作，星球轨道不是图片，是使用 CSS3 的新属性 border-radius 圆角边框得到的。希望大家在这个案例中能够得到新的启发。

制作光盘出仓效果

本章主要讲解了 CSS3 中的过渡属性和动画属性。CSS3 的过渡功能使得 web 开发更加方便，技术瓶颈和壁垒更少；CSS3 中的动画，使前端开发工作者终于摆脱了以前非常麻烦的 javascript 和 flash 插件了。CSS 并不是编程语言，只是样式语言而已，因此写 CSS 的时候是不需要逻辑运算。

本章综合案例模拟光盘旋转出仓的动画效果，如图 16-9 所示。

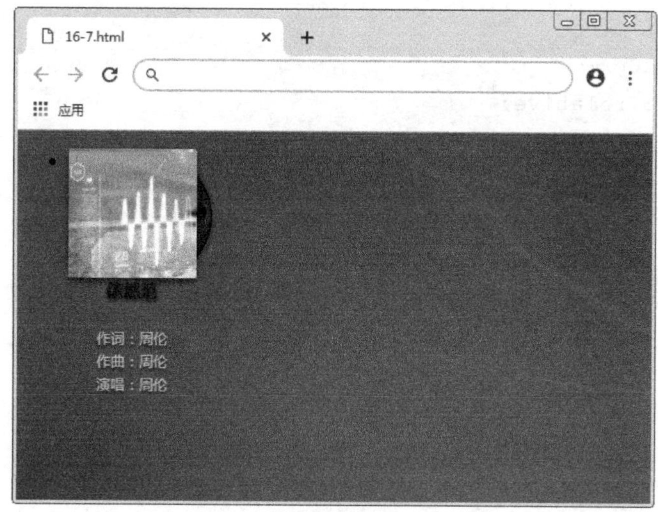

图 16-9

部分提示代码如下所示：

```
<!DOCTYPE html>
<html lang="en">
<head>
<meta charset="UTF-8">
<title></title>
<style type="text/css">
body { background: #fff url(images/aple.jpg); }
ul.tunes { margin-left: -20px; }
ul.tunes li {
    position: relative;
    width: 200px;
    height: 190px;
    float: left;
    margin-left: 20px;
}
ul.tunes li div.album {
    margin: 0 0 48px 0;
    display: inline;
    width: 200px;
    height: 120px;
    position: absolute;
    text-decoration: none;
```

```
    -webkit-transition: all .15s linear;
    color: #333;
    left: 0px;
    top: 0px;
}
ul.tunes img {
    width: 120px;
    position: relative;
    z-index: 30;
    float: left;
    -webkit-box-shadow: 0 3px 6px rgba(0, 0, 0, .5);
    -webkit-border-radius: 2px;
}
ul.tunes li div.album div {
    display: block;
    opacity: .95;
    text-align: center;
    -webkit-transition: all .25s linear;
    clear: left;
    width: 120px;
}
ul.tunes li div.album div h5 { text-align: center; }
ul.tunes li div.album:hover div { opacity: 1; }
ul.tunes li div.album span.vinyl {
    width: 116px;
    height: 116px;
    z-index: 1;
    display: block;
    -webkit-transition: all .25s linear;
    position: absolute;
    top: 2px;
    left: 2px;
    margin-left: 16px;
}
ul.tunes li div.album span.vinyl div {
    position: absolute;
    top: 2px;
    left: 2px;
    display: block;
    z-index: 10;
    width: 112px;
    height: 112px;
    -webkit-border-radius: 59px;
```

```
        -moz-border-radius: 59px;
        -webkit-box-shadow: 0 0 6px rgba(0, 0, 0, .5);
        -webkit-transition: all .25s linear;
        overflow: hidden;
        border: solid 1px black;
        background:
    -webkit-gradient( linear, left top, left bottom, from(transparent),
color-stop(0.1, transparent), color-stop(0.5, rgba(255, 255, 255, 0.25)),
color-stop(0.9, transparent), to(transparent)), -webkit-gradient( radial, 56
56, 10, 56 56, 114, from(transparent), color-stop(0.01, transparent),
color-stop(0.021, rgba(0, 0, 0, 1)), color-stop(0.09, rgba(0, 0, 0, 1)),
color-stop(0.1, rgba(28, 28, 28, 1)), to(rgba(28, 28, 28, 1)));
        border-top: 1px solid rgba(255, 255, 255, .25);
    }
    ul.tunes li div.album:hover span.vinyl { -webkit-transform: translateX
(60px); }
    ul.tunes li div.album:hover span.vinyl div {
        -webkit-transform: rotate(120deg);
        border-top: 0;
        border-left: 1px solid rgba(255, 255, 255, .25);
    }
    ul.tunes li span.gloss {
        display: block;
        position: absolute;
        top: 0;
        left: 0;
        width: 120px;
        height: 120px;
        background: url(images/sheen3.png) no-repeat;
        z-index: 100;
    }
    ul.tunes li div.album ul.actions {
        display: block;
        position: absolute;
        width: 60px;
        -moz-border-radius: 3px;
        -webkit-border-radius: 3px;
        left: 70px;
        top: 0px;
        height: 114px;
        z-index: 20;
        -webkit-transition: all 0.25s linear;
    }
    ul.tunes li div.album:hover ul.actions { -webkit-transform: translateX
```

```
(60px); }
    ul.tunes li div.album ul.actions li {
        display: block;
        position: absolute;
        height: 20px;
        width: 20px;
        left: 10px;
        top: 22px;
        background: -webkit-gradient(linear, left top, left bottom, from(black),
to(#333));
        -webkit-border-radius: 10px;
        -moz-border-radius: 10px;
        -webkit-box-shadow: 0 1px 0 rgba(255, 255, 255, .15);
    }
    ul.tunes li div.album ul.actions li:hover { background: -webkit-gradient
(linear, left top, left bottom, from(#333), to(black)); }
    ul.tunes li div.album ul.actions li.info {
        top: 48px;
        left: 19px;
    }
    ul.tunes li div.album ul.actions li a {
        display: block;
        width: 20px;
        height: 20px;
    }
    ul.tunes li div.album ul.actions li.play-pause a { background: url(images/
play-button.png) no-repeat center center; }
    ul.tunes li div.album ul.actions li.info a { background: url(images/
info.png) no-repeat center center; }
    ul.tunes li { text-shadow: 0 2px 3px rgba(0, 0, 0, .75); }
    ul.tunes h5 {
        padding-top: 8px;
        color: #fff;
    }
    ul.tunes small {
        color: #fff;
        opacity: .75;
    }
    </style>
    </head>
    <body>
    <ul class="tunes">
        <li>
            <div class="album"> <a href=""><img src="images/222.png" /></a>
```

```
<span class="vinyl">
            <div></div>
            </span>
            <ul class="actions">
               <li class="play-pause"><a href=""></a></li>
               <li class="info"><a href=""></a></li>
            </ul>
            <div>
               <h4>依然范</h4>
               <small>作词：周伦<br />作曲：周伦<br />演唱：周伦</small></div>
            <span class="gloss"></span></div>
      </li>
   </ul>
   </body>
   </html>
```

课后作业　制作经典的动态效果

难度等级 ★★

本章的第一个课后作业为大家带来的是一个鼠标悬停 3D 效果，如图 16-10 所示。

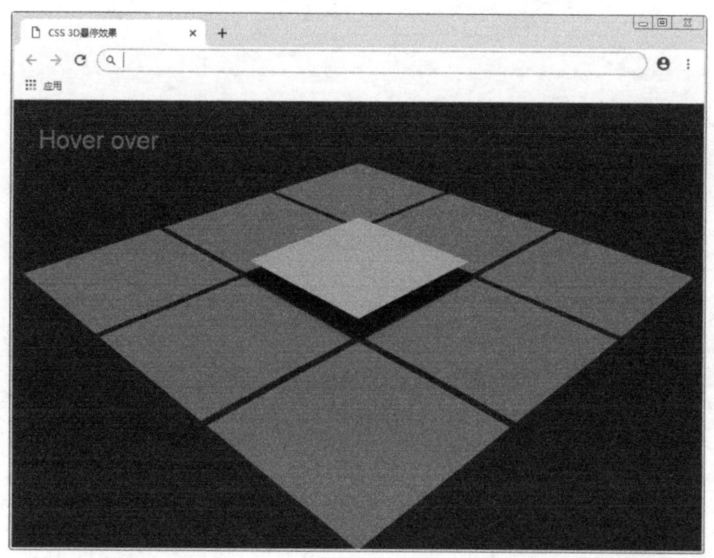

图 16-10

扫一扫，看答案

难度等级 ★★★

本章的最后一个课后作业为大家准备了如何制作一个简单的骰子。此案例利用了 3D 变形转换的元素设置 3D 场景：transform-style: preserve-3d;，最终效果如图 16-11。

图 16-11

扫一扫，看答案

第17章 制作网页自适应

内容导读

无论是 HTML5 还是 CSS3 都是非常注重用户体验的，随着移动互联网的日新月异，CSS3 还提供了多媒体查询的功能。以前的 Web 页面中，可由用户操作的部分其实很少，CSS3 的新特性中专门分出了一块用于处理用户界面的操作。

学习目标

学习完本章，你将会掌握多媒体查询的语法和方法，多媒体查询能做什么，用户的界面调整尺寸、方框大小调整和外形修饰方法，多列布局的使用方法。

17.1 多媒体查询

@media 规则在 CSS2 中就有介绍，针对不同媒体类型可以定制不同的样式规则。例如：你可针对不同的媒体类型（包括显示器、便携设备、电视机等）设置不同的样式规则，但这些多媒体类型在很多设备上支持还不够友好。

目前针对很多苹果手机、Android 手机、平板电脑等设备都用得到多媒体查询。

@media 可以针对不同的屏幕尺寸设置不同的样式，特别是如果你需要设计响应式的页面，@media 是非常有用的。

当你重置浏览器大小的过程中，也会根据浏览器的宽度和高度重新渲染页面。

扫一扫，看视频

17.1.1 多媒体查询能做什么

多媒体查询最大作用就是使得 Web 页面能够很好地适配 PC 端与移动端的浏览器窗口。

CSS3 多媒体查询根据设置自适应显示。媒体查询可用于检测很多事情，例如：

- viweport（视窗）的宽度与高度。@media 能够轻松得到用户的浏览器视口的宽度和高度。
- 设备的高度与宽度。@media 也可以得到用户的设备的宽度和高度。
- 朝向（智能手机横屏与竖屏）。@media 为智能手机用户也提供了便利，它会根据用户手机的朝向为您正确地展示 Web 页面，保证用户浏览的流畅性。
- 分辨率。@media 也可以读取用户设备的分辨率，以展示适合用户设备显示的 Web 页面。

17.1.2 多媒体查询语法

多媒体查询的推荐语法为：

```
@media mediatype and|not|only (media feature) {
CSS-Code;
}
```

也可以通过不同的媒体使用不同的 CSS 样式表：

```
<link rel="stylesheet" media="mediatype and|not|only (media feature)" href=
"mystylesheet.css">
```

17.1.3 多媒体查询方法

扫一扫，看视频

下面通过一个小的案例来帮助大家理解多媒体查询的用法。对浏览器窗口进行了三次判断，分别是窗口大于 800px 时，窗口大于 500px 并且小于 800px 时，窗口小于 500px 时，对于这三种情况我们都进行了相应的样式处理。

课堂练习

简单自适应效果

自适应是把网页元素合理地显示在浏览器中，效果如图 17-1 ~ 图 17-3 所示。

窗口大于 800px 时的显示效果如图 17-1 所示。

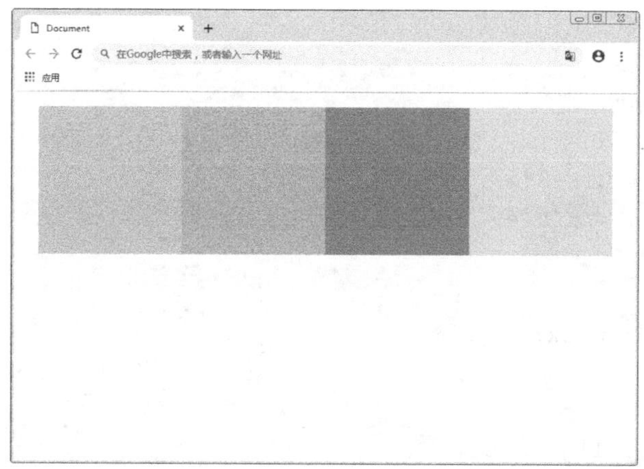

图 17-1

窗口大于 500px 并且小于 800px 时显示效果如图 17-2 所示。

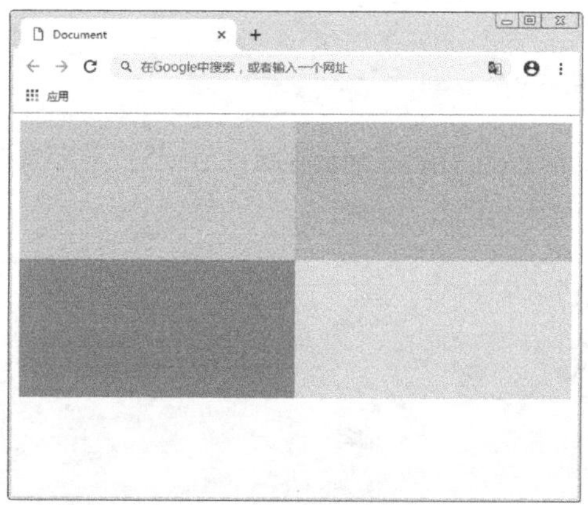

图 17-2

窗口小于 500px 时显示效果如图 17-3 所示。

图 17-3

代码如下：

```
<!DOCTYPE html>
<html lang="en">
<head>
<meta charset="UTF-8">
<title>Document</title>
<style>
.d1{
    background: pink;
}
.d2{
    background: lightblue;
}
.d3{
    background: yellowgreen;
}
.d4{
    background: yellow;
}
@media screen and (min-width: 800px){
.content{
    width: 800px;
    margin:20px auto;
}
.box{
    width: 200px;
    height: 200px;
    float:left;
}
}
@media screen and (min-width: 500px) and (max-width: 800px){
.content{
    width: 100%;
    column-count: 1;
}
.box{
    width: 50%;
    height: 150px;
    float:left;
}
}
@media screen and (max-width: 500px){
.content{
    width: 100%;
    column-count: 1;
}
```

```
.box{
    width: 100%;
    height: 100px;
}
}
</style>
</head>
<body>
    <div class="content">
    <div class="box d1"></div>
    <div class="box d2"></div>
    <div class="box d3"></div>
    <div class="box d4"></div>
    </div>
</body>
</html>
```

17.1.4 制作一个自适应的导航栏

下面带领大家实现一个在 CSS3 的网页中常见的自适应导航栏的案例。通过制作自适应导航栏，我们可以深度掌握 CSS3 中的@media 规则，希望大家能够从这个案例中得到新的启发。

课堂练习 导航栏的制作

代码如下：

```
<!DOCTYPE html>
<html lang="en">
<head>
<meta charset="UTF-8">
    <title>滑动菜单</title>
    <link rel="stylesheet" media="screen and (min-width:800px)" href=
"CSS/style1.css">
    <link rel="stylesheet" media="screen and (min-width:500px) and (max-width:
800px)" href="CSS/style2.css">
    <link rel="stylesheet" media="screen and (max-width:500px)" href=
"CSS/style3.css">
    <style>
    *{margin:0;padding:0;}
    body{}
    nav{
        width:90%;
        min-width: 400px;
        height:300px;
```

```
    margin:0px auto;
    display:flex;
    flex-wrap: wrap;
}
div{
    width:100%;
    height: 100px;
    padding:15px;
    background: red;
    /*float:left;*/
    text-align:center;
    box-sizing: border-box;
}
span{
    display:block;
    width: 70px;
    height: 70px;
    background-color: #eee;
    border-radius: 35px;
    float:left;
    /* position:absolute; */
}
.home{
    background-color: #ee4499;
}
.services{
    background-color: #ffaa99;
}
.portfolio{
    background-color: #44ff88;
}
.blog{
    background-color: #77ddbb;
}
.team{
    background-color: #55ccff;
}
.contact{
    background-color: #99ccff;
}
</style>
</head>
<body>
<nav>
    <div class="home">
        <i></i>
```

```
            <span></span>
            企业首页
        </div>
        <div class="services">
            <i></i>
            <span></span>
            企业历史
        </div>
        <div class="portfolio">
            <i></i>
            <span></span>
            企业简介
        </div>
        <div class="blog">
            <i></i>
            <span></span>
            联系我们
        </div>
        <div class="team">
            <i></i>
            <span></span>
            企业团队
        </div>
        <div class="contact">
            <i></i>
            <span></span>
            企业新闻
        </div>
    </nav>
</body>
</html>
```

这次并没有把 CSS 样式直接写在<style>标签内，而是通过三个<link>标签引入了三个外部样式表，这三个外部样式表分别对应了浏览器里窗口的三种状态，它们分别是当浏览器窗口大于 800px 时引用，当浏览器窗口大于 500px 且小于 800px 时引用，当浏览器窗口小于 500px 时引用。这三种外部样式表的内容分别如下。

浏览器窗口大于 800px 时引用的样式表：

```
*{margin:0;padding:0;}
nav{
width:80%;
max-width: 1200px;
height:200px;
margin:20px auto;
}
div{
width: 16.6%;
```

```
max-width: 200px;
height:200px;
background-color: #ccc;
float:left;
font-size: 20px;
color:#fff;
text-align: center;
text-transform: capitalize;
line-height: 320px;
transition:all 1s;
}
span{
display:block;
width: 70px;
height: 70px;
background-color: #eee;
margin:-100px auto;
border-radius: 35px;
}
i{
display:block;
width: 130px;
height: 130px;
background-color: rgba(255,255,255,0);
margin:0px auto;
border-radius: 65px;
transition:all 1s;
}
div:hover{
height:220px;
}
div:hover i{
transform:scale(0.5);
background-color: rgba(255,255,255,0.5)
}
.home{
background-color: #ee4499;
}
.services{
background-color: #ffaa99;
}
.portfolio{
background-color: #44ff88;
}
.blog{
background-color: #77ddbb;
```

```
}
.team{
background-color: #55ccff;
}
.contact{
background-color: #99ccff;
}
```

代码运行结果如图 17-4 所示。

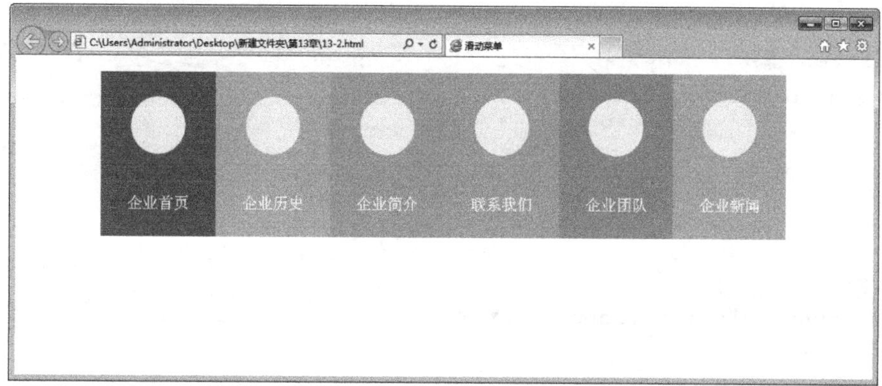

图 17-4

浏览器窗口大于 500px 且小于 800px 时引用的样式表：

```
*{margin:0;padding:0;}
body{}
nav{
width:90%;
min-width: 400px;
height:300px;
margin:0px auto;
/*min-width: 1000px;*/
}
div{
width:50%;
/* max-width: 300px;
min-width: 100px; */
height: 100px;
padding:15px;
background: red;
float:left;
text-align:center;
box-sizing: border-box;
}
span{
display:block;
```

```
width: 70px;
height: 70px;
background-color: #eee;
border-radius: 35px;
float:left;
/* position:absolute; */
}
.home{
background-color: #ee4499;
}
.services{
background-color: #ffaa99;
}
.portfolio{
background-color: #44ff88;
}
.blog{
background-color: #77ddbb;
}
.team{
background-color: #55ccff;
}
.contact{
background-color: #99ccff;
}
```

代码运行结果如图 17-5 所示。

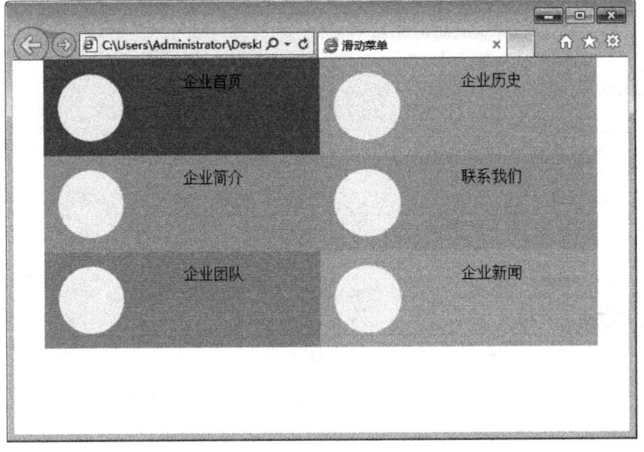

图 17-5

浏览器窗口小于 500px 时引用的样式表：

```
*{margin:0;padding:0;}
body{}
nav{
```

```
width:90%;
min-width: 400px;
height:300px;
margin:0px auto;
display:flex;
flex-wrap: wrap;
}
div{
width:100%;
height: 100px;
padding:15px;
background: red;
/*float:left;*/
text-align:center;
box-sizing: border-box;
}
span{
display:block;
width: 70px;
height: 70px;
background-color: #eee;
border-radius: 35px;
float:left;
/* position:absolute; */
}
.home{
background-color: #ee4499;
}
.services{
background-color: #ffaa99;
}
.portfolio{
background-color: #44ff88;
}
.blog{
background-color: #77ddbb;
}
.team{
background-color: #55ccff;
}
.contact{
background-color: #99ccff;
}
```

代码运行结果如图 17-6 所示。

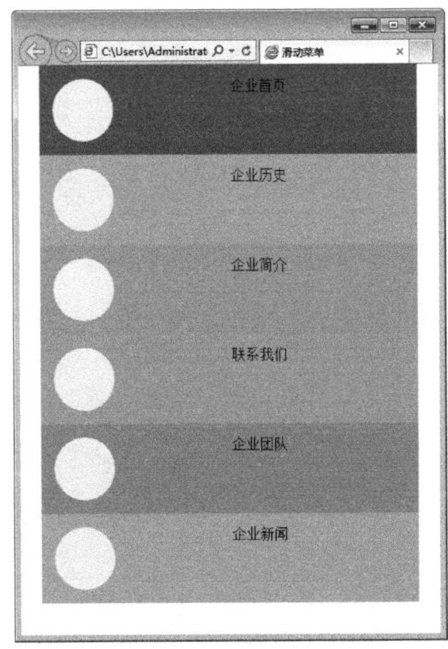

图 17-6

相信通过这个示例大家对媒体的查询有了一定的了解。本节讲解了多媒体查询能做什么，以及多媒体查询的语法，这些知识会在网页的设计上起很大的作用，都是需要我们了解消化的。

17.2 用户界面简介

想要学习 CSS3 用户界面先要了解什么是用户界面。传统的用户界面（User Interface）是指实现人机交互、操作逻辑、界面美观等目的的整体设计。好的 UI 设计不仅能让软件变得有个性有品位，还能让软件的操作变得舒适、简单、自由，充分体现软件的定位和特点。

用户界面是系统和用户之间进行交互和信息交换的媒介，它实现信息的内部形式与人类可以接受的形式之间的转换。

所以用户界面更多的是照顾用户的使用感受而存在的。其实我们要学习的 CSS3 用户界面也是肩负着一样的使命而诞生的。

在 CSS3 中，新的用户界面特性包括重设元素尺寸、盒尺寸以及轮廓等。

在本章中，我们将学到以下用户界面属性：

- resize
- box-sizing
- outline-offset

扫一扫，看视频

17.2.1 调整尺寸 resize

在原生的 HTML 元素当中很少有元素能够让用户自主地去调节元素的尺寸（除了 textarea 元素）。这样其实是对用户进行了很大的限制，用户不是专业开发人员，如果让他们随意变动页面的尺寸很容易发生布局错乱等问题，但是有时候如果需要用户自己去调节某些元素尺寸时，该如何做呢？答案就是通过 JavaScript 来实现，这样做的坏处在于对开发人员不够友好

（代码很长，代码交互逻辑也很复杂），同时用户那一端其实也不够灵活，这样就出现了两边都不友好的情况。但是 CSS3 提供了 resize 属性，就可以解决这种尴尬的问题。

在 SS3，resize 属性规定是否可由用户调整元素尺寸。

语法描述：

```
resize: none|both|horizontal|vertical;
```

resize 属性的值可以是以下几种：

- none：用户无法调整元素的尺寸。
- both：用户可调整元素的高度和宽度。
- horizontal：用户可调整元素的宽度。
- vertical：用户可调整元素的高度。

课堂练习 尺寸调整效果

在网页中经常涉及与用户的交互效果，如图 17-7 所示。

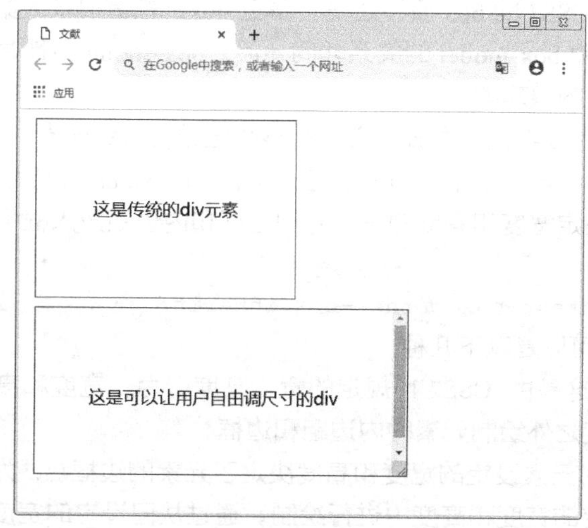

图 17-7

代码如下：

```
<!DOCTYPE html>
<html lang="en">
<head>
<meta charset="UTF-8">
<title>Document</title>
<style>
div{
    width: 300px;
    height: 200px;
    border:1px solid red;
    text-align: center;
    font-size: 20px;
```

```
        line-height: 200px;
        margin:10px;
    }
    .d2{
        resize: both;
        overflow:auto;
    }
    </style>
    </head>
    <body>
        <div class="d1">这是传统的 div 元素</div>
        <div class="d2">这是可以让用户自由调尺寸的 div</div>
    </body>
    </html>
```

17.2.2 方框大小调整 box-sizing

box-sizing 属性是 CSS3 的 box 属性之一。看见 box，相信很多人第一反应是 box model。没错，box-sizing 属性和 box-model 的关系非同一般。box-sizing 属性是 box 属性之一，所以它也是遵循了盒子模型的原理的。

box-sizing 属性允许以特定的方式定义匹配某个区域的特定元素。

例如，假如需要并排放置两个带边框的框，可将 box-sizing 设置为“border-box”。这可令浏览器呈现出带有指定宽度和高度的框，并把边框和内边距放入框中。

语法描述：

```
box-sizing: content-box|border-box|inherit;
```

box-sizing 的属性可以是以下几种：

- content-box：这是由 CSS2.1 规定的宽度高度行为。宽度和高度分别应用到元素的内容框。在宽度和高度之外绘制元素的内边距和边框。
- border-box：为元素设定的宽度和高度决定了元素的边框盒。为元素指定的任何内边距和边框都将在已设定的宽度和高度内进行绘制。通过从已设定的宽度和高度分别减去边框和内边距才能得到内容的宽度和高度。
- inherit：规定应从父元素继承 box-sizing 属性的值。

主要需要关注的是第二个值 border-box 值的用法。举例说明，当在页面中需要手动画出一个按钮 div（200×50），在按钮中间有一个圆形的 div（30×30），现在需要让这个圆形的 div 于方形的按钮上居中。传统的做法只能去设置圆形 div 的 margin 还要考虑到它的父级是否也有 margin 值，因为会产生外边距合并的问题，这样做起来不方便。

或者换一种思路，不对圆形 div 进行操作，而是让方形按钮拥有内边距，是不是也可以解决这个问题呢？

课堂练习　制作按钮效果

按钮是表单中很重要的元素，如何把按钮做得好看很重要，效果如图 17-8 所示。

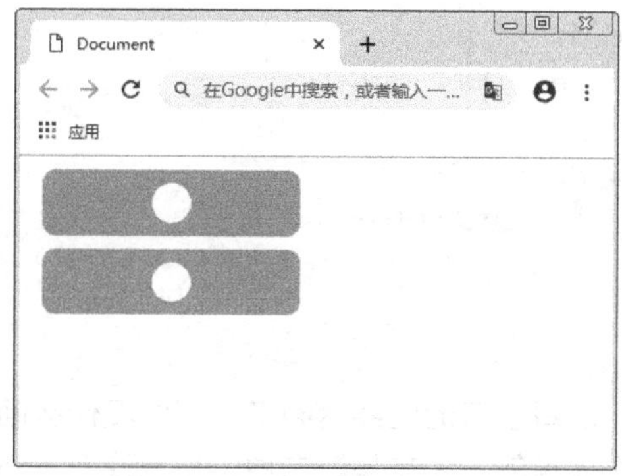

图 17-8

代码如下：

```
<!DOCTYPE html>
<html lang="en">
<head>
<meta charset="UTF-8">
<title>Document</title>
<style>
.btn{
    width: 200px;
    height: 50px;
    border-radius: 10px;
    background:#F99;
    margin:10px;
    position:relative;
}
.d2{
    padding:10px 85px;
    width: 30px;
    height: 30px;
}
.circle{
    width: 30px;
    height: 30px;
    border-radius: 15px;
    background: #fff;
}
.c1{
    top:10px;
    left:85px;
    position:absolute;
}
</style>
</head>
```

```
<body>
    <div class="btn d1">
    <div class="circle c1"></div>
</div>
    <div class="btn d2">
    <div class="circle c2"></div>
</div>
</body>
</html>
```

从以上代码运行结果可以看出目的已经达到了，好像没什么问题了。但要知道，以上两种做法其实都是经过了二次计算的，尤其是第二种，甚至改变了外部 div 的宽高属性值才得到一个想要的按钮，显然这两种做法都不够友好。但是如果使用 CSS3 用户界面新特性来做这个案例将会非常简单，不需要做二次计算，也不需要改变父级 div 的宽高属性，就可以达到想要的效果了。

代码如下：

```
<!DOCTYPE html>
<html lang="en">
<head>
<meta charset="UTF-8">
<title>Document</title>
<style>
.btn{
    width: 200px;
    height: 50px;
    border-radius: 10px;
    background: #f46;
    margin:10px;
    position:relative;
}
.d2{
    padding:10px 85px;
    width: 30px;
    height: 30px;
}
.circle{
    width: 30px;
    height: 30px;
    border-radius: 15px;
    background: #fff;
}
.c1{
    top:10px;
    left:85px;
    position:absolute;
}
```

```
.d3{
    box-sizing: border-box;
    padding:10px 85px;
}
</style>
</head>
<body>
    <div class="btn d1">
    <div class="circle c1"></div>
</div>
    <div class="btn d2">
    <div class="circle"></div>
</div>
    <div class="btn d3">
    <div class="circle"></div>
</div>
</body>
</html>
```

代码运行结果如图 17-9 所示。

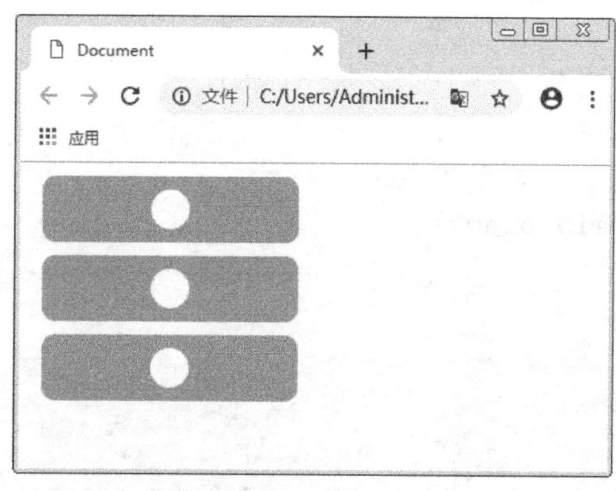

图 17-9

使用了 box-sizing 属性之后所得到的结果就是我们为外部的 div 设置了 padding 属性，但是这样做并没有改变外部 div 的宽高属性，并且也成功地让内部的圆形 div 居中了。

17.2.3 外形修饰 outline-offset

outline-offset 属性对轮廓进行偏移，并在边框边缘进行绘制。轮廓在两方面与边框不同：轮廓不占用空间；轮廓可能是非矩形。

修饰外边框效果

下面的外轮廓是被偏移了的，效果如图 17-10 所示。

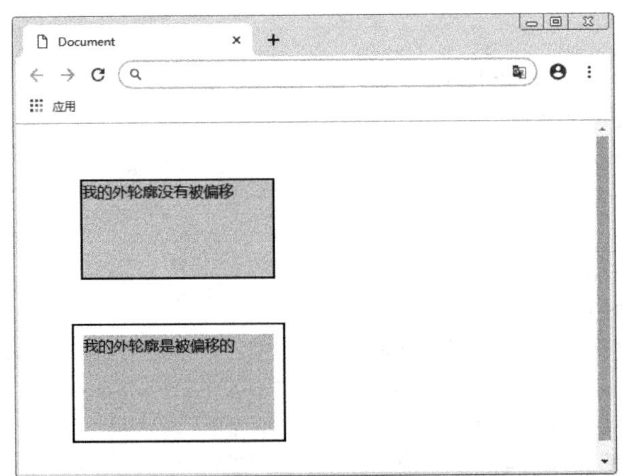

图 17-10

代码如下：

```
<!DOCTYPE html>
<html lang="en">
<head>
<meta charset="UTF-8">
<title>Document</title>
<style>
div{
    width: 200px;
    height: 100px;
    outline:2px solid black;
    margin:60px;
}
.d1{
    background: pink;
}
.d2{
    background: greenyellow;
    outline-offset: 10px;
}
</style>
</head>
<body>
    <div class="d1">我的外轮廓没有被偏移</div>
    <div class="d2">我的外轮廓是被偏移的</div>
</body>
</html>
```

17.2.4 界面的多列布局

扫一扫，看视频

CSS3 提供了个新属性 columns 用于多列布局。在这之前，有些大家习以为常的排版，要用 CSS 动态实现其实是比较困难的，如竖版报纸布局，比较稳妥的方法也是通过 JavaScript 来实现，但是操作非常烦琐。拥有了 CSS3 的 columns 属性之后一切将会变得非常容易，这就是 CSS3 带来的多列布局。

多列布局在 web 页面中使用其实很频繁，常见的如瀑布流的照片背景墙，移动端的响应式布局等都能用到。

CSS3 提供了多列布局，在多列布局当中拥有众多的属性，本节就来学习 CSS3 多列布局的相关属性。

（1）column-count

column-count 属性规定元素应该被划分的列数。

课堂练习　**制作多列布局效果**

文字的多列布局在网页中经常用到，效果如图 17-11 所示。

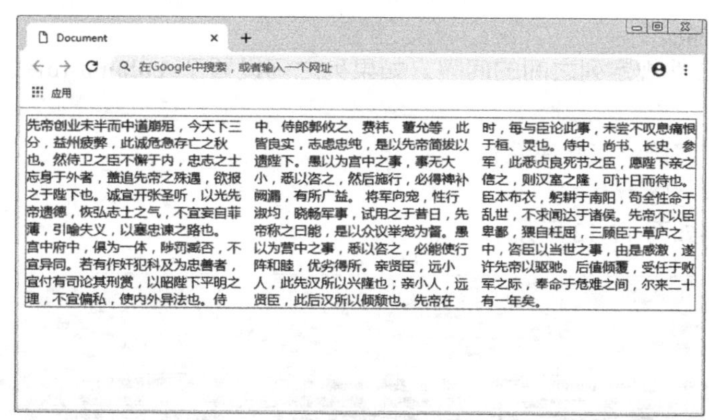

图 17-11

代码如下：

```
<!DOCTYPE html>
<html lang="en">
<head>
<meta charset="UTF-8">
<title>Document</title>
<style>
div{
   width: 800px;
   border:1px solid red;
   column-count: 3;
}
</style>
</head>
<body>
   <div>
   先帝创业未半而中道崩殂，今天下三分，益州疲弊，此诚危急存亡之秋也。然侍卫之臣不懈
于内，忠志之士忘身于外者，盖追先帝之殊遇，欲报之于陛下也。诚宜开张圣听，以光先帝遗德，
```

```
恢弘志士之气，不宜妄自菲薄，引喻失义，以塞忠谏之路也。
    宫中府中，俱为一体，陟罚臧否，不宜异同。若有作奸犯科及为忠善者，宜付有司论其刑赏，以昭陛下平明之理，不宜偏私，使内外异法也。侍中、侍郎郭攸之、费祎、董允等，此皆良实，志虑忠纯，是以先帝简拔以遗陛下。愚以为宫中之事，事无大小，悉以咨之，然后施行，必得裨补阙漏，有所广益。
    将军向宠，性行淑均，晓畅军事，试用之于昔日，先帝称之曰能，是以众议举宠为督。愚以为营中之事，悉以咨之，必能使行阵和睦，优劣得所。
    亲贤臣，远小人，此先汉所以兴隆也；亲小人，远贤臣，此后汉所以倾颓也。先帝在时，每与臣论此事，未尝不叹息痛恨于桓、灵也。侍中、尚书、长史、参军，此悉贞良死节之臣，愿陛下亲之信之，则汉室之隆，可计日而待也。 臣本布衣，躬耕于南阳，苟全性命于乱世，不求闻达于诸侯。先帝不以臣卑鄙，猥自枉屈，三顾臣于草庐之中，咨臣以当世之事，由是感激，遂许先帝以驱驰。后值倾覆，受任于败军之际，奉命于危难之间，尔来二十有一年矣。
    </div>
</body>
</html>
```

（2）column-gap

column-gap 属性规定列之间的间隔。如果列之间设置了 column-rule，它会在间隔中间显示。

我们为之前的案例添加此属性：

```
column-gap: 40px;
```

代码运行结果如图 17-12 所示。

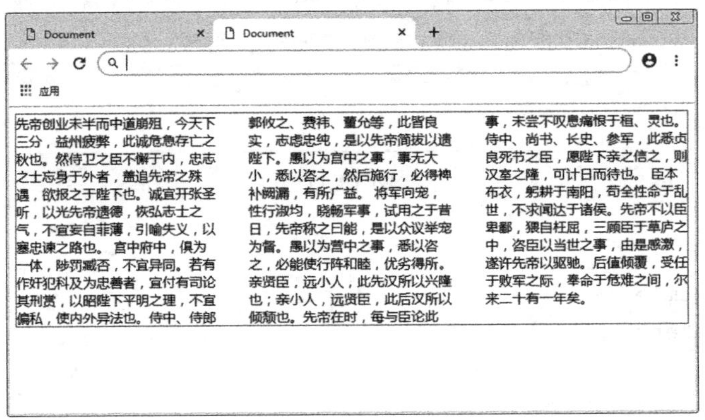

图 17-12

（3）column-rule-style

column-rule-style 属性规定列之间的样式规则，类似于 border-style 属性。

column-rule-style 属性的值可以是以下几种：

- none：定义没有规则。
- hidden：定义隐藏规则。
- dotted：定义点状规则。
- dashed：定义虚线规则。
- solid：定义实线规则。
- double：定义双线规则。
- groove：定义 3D grooved 规则。该效果取决于宽度和颜色值。

- ridge：定义 3D ridged 规则。该效果取决于宽度和颜色值。
- inset：定义 3D inset 规则。该效果取决于宽度和颜色值。
- outset：定义 3D outset 规则。该效果取决于宽度和颜色值。

（4）column-rule-width

column-rule-width 属性规定列之间的宽度规则，类似于 border-width 属性。

column-rule-width 属性的值可以是以下几种：

- thin：定义纤细规则。
- medium：定义中等规则。
- thick：定义宽厚规则。
- length：规定规则的宽度。

（5）column-rule-color

column-rule-color 属性规定列之间的颜色规则，类似于 border-color 属性。

通过这三个属性为我们的案例中添加列与列的分割线：

```
column-rule-color: red;
column-rule-width: 5px;
column-rule-style: dotted;
```

代码运行结果如图 17-13 所示。

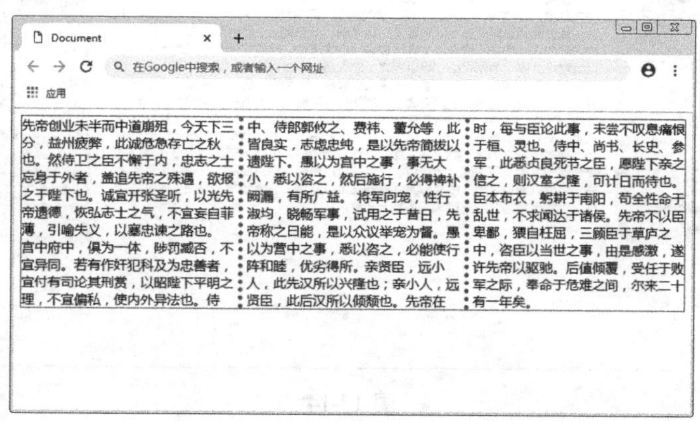

图 17-13

（6）column-rule

column-rule 属性是一个简写属性，用于设置所有 column-rule-*属性。

column-rule 属性设置列之间的宽度、样式和颜色规则，类似于 border 属性。

（7）column-span

column-span 属性规定元素应横跨多少列。

column-span 的值可以是以下两种：

- 1：元素应横跨一列。
- all：元素应横跨所有列。

（8）column-width

column-width 属性规定列的宽度。

column-width 属性的值可以是以下两种：

- auto：由浏览器决定列宽。
- length：规定列的宽度。

（9）columns

columns 属性是一个简写属性，用于设置列宽和列数。

语法描述：

```
columns: column-width column-count;
```

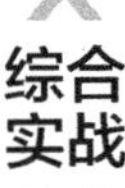

制作网页效果

学完本章之后大家可以看出本章的知识点很重要，因为如今的网页设计都需要设计出的网页拥有自适应性，所以本章的强化练习来做简单的自适应页面。

效果如图 17-14 所示。

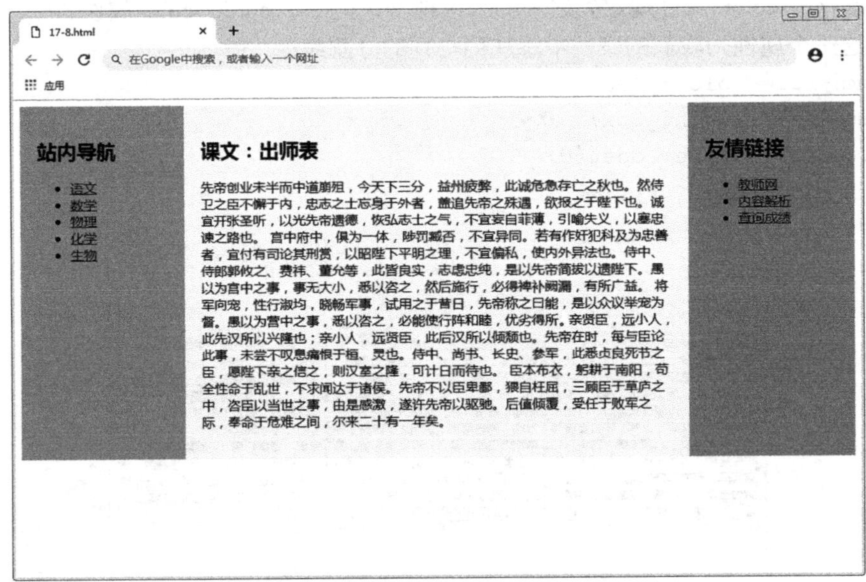

图 17-14

代码如下：

```
<!DOCTYPE html>
<html lang="en">
<head>
<meta charset="UTF-8">
<title></title>
<style type="text/css">
#container{
    display: -moz-box;
    display: -webkit-box;
}
#left-sidebar{
    width: 200px;
    padding: 20px;
    background-color: orange;
```

```
}
#contents{
    -moz-box-flex:1;
    -webkit-box-flex:1;
    padding: 20px;
    background-color: yellow;
}
#right-sidebar{
    width: 200px;
    padding: 20px;
    background-color: limegreen;
}
#left-sidebar, #contents, #right-sidebar{
    -moz-box-sizing: border-box;
    -webkit-box-sizing: border-box;
}
</style>
</head>
<body>
<div id="container">
    <div id="left-sidebar">
        <h2>站内导航</h2>
        <ul>
            <li><a href="">语文</a></li>
            <li><a href="">数学</a></li>
            <li><a href="">物理</a></li>
            <li><a href="">化学</a></li>
            <li><a href="">生物</a></li>
        </ul>
    </div>
    <div id="contents">
        <h2>课文：出师表</h2>
        <p> 先帝创业未半而中道崩殂，今天下三分，益州疲弊，此诚危急存亡之秋也。然侍卫之臣不懈于内，忠志之士忘身于外者，盖追先帝之殊遇，欲报之于陛下也。诚宜开张圣听，以光先帝遗德，恢弘志士之气，不宜妄自菲薄，引喻失义，以塞忠谏之路也。
        宫中府中，俱为一体，陟罚臧否，不宜异同。若有作奸犯科及为忠善者，宜付有司论其刑赏，以昭陛下平明之理，不宜偏私，使内外异法也。侍中、侍郎郭攸之、费祎、董允等，此皆良实，志虑忠纯，是以先帝简拔以遗陛下。愚以为宫中之事，事无大小，悉以咨之，然后施行，必得裨补阙漏，有所广益。
        将军向宠，性行淑均，晓畅军事，试用之于昔日，先帝称之曰能，是以众议举宠为督。愚以为营中之事，悉以咨之，必能使行阵和睦，优劣得所。
        亲贤臣，远小人，此先汉所以兴隆也；亲小人，远贤臣，此后汉所以倾颓也。先帝在时，每与臣论此事，未尝不叹息痛恨于桓、灵也。侍中、尚书、长史、参军，此悉贞良死节之臣，愿陛下亲之信之，则汉室之隆，可计日而待也。 臣本布衣，躬耕于南阳，苟全性命于乱世，不求闻达于诸侯。先帝不以臣卑鄙，猥自枉屈，三顾臣于草庐之中，咨臣以当世之事，由是感激，遂许先
```

```
帝以驱驰。后值倾覆，受任于败军之际，奉命于危难之间，尔来二十有一年矣。 </p>
    </div>
    <div id="right-sidebar">
        <h2>友情链接</h2>
        <ul>
            <li><a href="">教师网</a></li>
            <li><a href="">内容解析</a></li>
            <li><a href="">查询成绩</a></li>
        </ul>
    </div>
</div>
</body>
</html>
```

课后作业　自适应的表单

难度等级 ★★

通过本章的学习相信大家对媒体的查询和用户界面的设计有了一定的了解，本章讲解了多媒体查询能做什么，多媒体查询的语法和用户界面设计，最后又通过示例来具体讲解了这些知识的应用。希望大家能多加练习，掌握这些知识。

课后作业为大家准备了自适应表单，如图 17-15 所示。

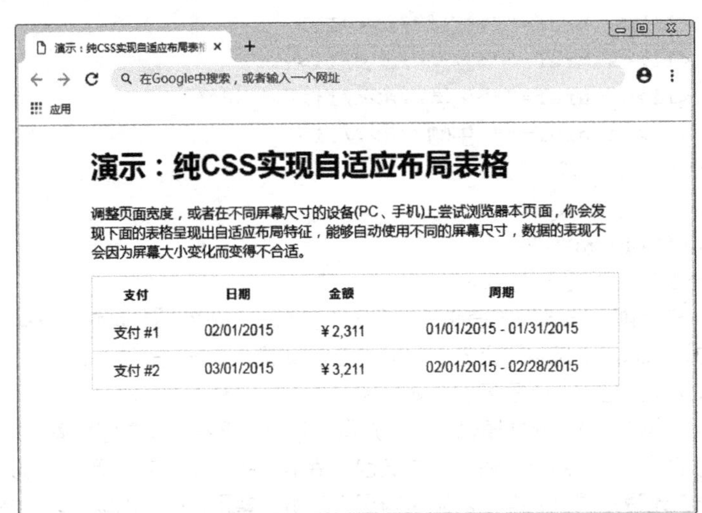

图 17-15

扫一扫，看答案

难度等级 ★★★

自适应效果在制作网页时候会经常遇到，所以一定要记住用法。本章的最后一个作业是制作网页中搜索框的效果，如图 17-16 所示。

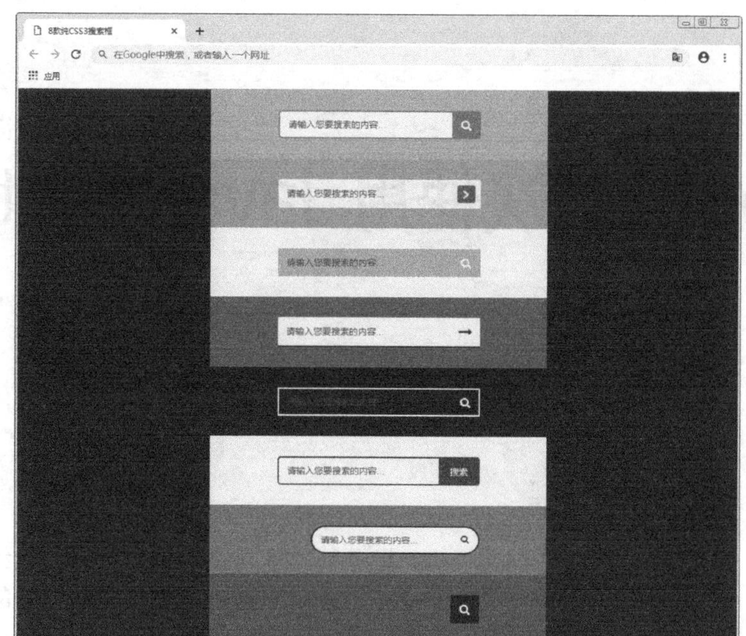

图 17-16

扫一扫，看答案

第18章 初次使用 JavaScript

内容导读

JavaScript 是一种属于网络的脚本语言，已经被广泛用于 Web 开发，常用来为网页添加各式各样的动态功能，为用户提供更流畅美观的浏览效果。通常 JavaScript 脚本是通过嵌入在 HTML 中来实现自身的功能的。

学习完本章你将会掌握 JavaScript 的基础知识、应用方向，JavaScript 函数的应用方法等知识点。

18.1 JavaScript 入门

扫一扫，看视频

JavaScript 是一种直译式脚本语言，一种动态类型、弱类型、基于原型的语言，内置支持类型。它的解释器被称为 JavaScript 引擎，为浏览器的一部分，广泛用于客户端的脚本语言，最早是在 HTML 网页上使用，用来给 HTML 网页增加动态功能。

18.1.1 JavaScript 的发展

最初由 Netscape 的 Brendan Eich 设计。JavaScript 是甲骨文公司的注册商标。Ecma 国际以 JavaScript 为基础制定了 ECMAScript 标准。JavaScript 也可以用于其他场合，如服务器端编程。完整的 JavaScript 实现包含三个部分：ECMAScript，文档对象模型，浏览器对象模型。

Netscape 在最初将其脚本语言命名为 LiveScript，后来 Netscape 在与 Sun 合作之后将其改名为 JavaScript。JavaScript 最初受 Java 启发而开始设计，目的之一就是"看上去像 Java"，因此语法上有类似之处，一些名称和命名规范也借自 Java。但 JavaScript 的主要设计原则源自 Self 和 Scheme。JavaScript 与 Java 名称上的近似，是当时 Netscape 为了营销考虑与 Sun 微系统达成协议的结果。为了取得技术优势，微软推出了 JScript 来迎战 JavaScript 的脚本语言。两者都属于 ECMAScript 的实现。尽管 JavaScript 作为给非程序人员的脚本语言来推广和宣传，但是 JavaScript 仍具有非常丰富的特性。

发展初期，JavaScript 的标准并未确定，同期有 Netscape 的 JavaScript、微软的 JScript 和 CEnvi 的 ScriptEase 三足鼎立。1997 年，在 ECMA（欧洲计算机制造商协会）的协调下，由 Netscape、Sun、微软、Borland 组成的工作组确定统一标准：ECMA-262。

18.1.2 JavaScript 的特点

JavaScript 脚本语言同其他语言一样，有自身的基本数据类型，表达式和算术运算符及程序的基本程序框架。JavaScript 提供了四种基本的数据类型和两种特殊数据类型用来处理数据和文字。而变量提供存放信息的地方，表达式则可以完成较复杂的信息处理。

JavaScript 脚本语言具有以下特点：

① 脚本语言：JavaScript 是一种解释型的脚本语言，C、C++等语言先编译后执行，而 JavaScript 是在程序的运行过程中逐行进行解释。

② 基于对象：JavaScript 是一种基于对象的脚本语言，它不仅可以创建对象，也能使用现有的对象。

③ 简单：JavaScript 语言中采用的是弱类型的变量类型，对使用的数据类型未做出严格的要求,是基于 Java 基本语句和控制的脚本语言，其设计简单紧凑。

④ 动态性：JavaScript 是一种采用事件驱动的脚本语言,它不需要经过 Web 服务器就可以对用户的输入做出响应。在访问一个网页时，鼠标在网页中进行点击或上下移、窗口移动等操作，JavaScript 都可直接对这些事件给出相应的响应。

⑤ 跨平台性：JavaScript 脚本语言不依赖于操作系统,仅需要浏览器的支持。因此一个 JavaScript 脚本在编写后可以带到任意机器上使用，前提是机器上的浏览器支持 JavaScript 脚

本语言，目前 JavaScript 已被大多数的浏览器所支持。

不同于服务器端脚本语言，例如 PHP 与 ASP，JavaScript 主要被作为客户端脚本语言在用户的浏览器上运行，不需要服务器的支持。所以早期程序员比较青睐于 JavaScript 以减少对服务器的负担，而与此同时也带来另一个问题——安全性。

随着服务器的完善，虽然程序员更喜欢运行于服务端的脚本以保证安全，但 JavaScript 仍然以其跨平台、容易上手等优势被广泛应用。同时，有些特殊功能（如 AJAX）必须依赖 JavaScript 在客户端进行支持。随着引擎（如 V8）和框架（如 Node.js）的发展，及其事件驱动及异步 IO 等特性，JavaScript 逐渐被用来编写服务器端程序。

18.1.3 JavaScript 应用方向

JavaScript 的作用主要有以下几个方面。

- 嵌入动态文本于 HTML 页面。
- 对浏览器事件做出响应。
- 读写 HTML 元素。
- 在数据被提交到服务器之前验证数据。
- 检测访客的浏览器信息。
- 控制 cookies，包括创建和修改等。
- 基于 Node.js 技术进行服务器端编程。

扫一扫，看视频

18.1.4 JavaScript 的用法

如果在 HTML 页面中插入 JavaScript，需要使用<script>标签。HTML 中的脚本必须位于<script>与</script>标签之间。<script> 和</script>之间的代码行包含了 JavaScript:

```
<script>
   alert("我的第一个 JavaScript");
</script>
```

浏览器会解释并执行位于<script>和</script>之间的 JavaScript 代码。

以前的实例可能会在<script>标签中使用 type="text/javascript"。现在已经不必这样做了。JavaScrip 是所有现代浏览器以及 HTML5 中的默认脚本语言。可以在 HTML 文档中放入不限数量的脚本。脚本可位于 HTML 的 <body> 或 <head> 部分中，或者同时存在于两个部分中。

通常的做法是把函数放入<head>部分中，或者放在页面底部。这样就可以把它们安置到同一处位置，不会干扰页面的内容。

（1）<head>中的 JavaScript

把一个 JavaScript 函数放置到 HTML 页面的<head>部分。该函数会在点击按钮时被调用。

课堂练习

在<head>中使用函数

在 head 中使用 JavaScript 的效果如图 18-1 所示。

图 18-1

代码如下：

```
<!DOCTYPE html>
<html>
<title>javascript</title>
<head>
<script>
function myFunction()
{
   document.getElementById("demo").innerHTML="我的第一个 JavaScript 函数";
}
</script>
</head>
<body>
   <h1>我的 Web 页面</h1>
   <p id="demo">一个段落</p>
   <button type="button" onclick="myFunction()">尝试一下</button>
</body>
</html>
```

（2）<body> 中的 JavaScript 函数

把一个 JavaScript 函数放置到 HTML 页面的<body> 部分。该函数会在点击按钮时被调用。

课堂练习

在<body>中使用函数

在 body 中使用函数的效果如图 18-2 所示。

图 18-2

代码如下：

```
<!DOCTYPE html>
<html>
<title>javascript</title>
<body>
   <h1>我的 Web 页面</h1>
   <p id="demo">一个段落</p>
   <button type="button" onclick="myFunction()">尝试一下</button>
<script>
function myFunction()
{
   document.getElementById("demo").innerHTML="我的第一个 JavaScript 函数";
}
</script>
</body>
</html>
```

点击上图按钮时会出现和图 18-1 一样的效果。

（3）外部的 JavaScript

也可以把脚本保存到外部文件中。外部文件通常包含被多个网页使用的代码。外部 JavaScript 文件的文件扩展名是.js。如需使用外部文件，请在 <script> 标签的 "src" 属性中设置该.js 文件。

示例代码如下所示：

```
<!DOCTYPE html>
<html>
<body>
<script src="myScript.js"></script>
</body>
</html>
```

【操作提示】

可以将脚本放置于 <head> 或者 <body>中 实际运行效果与在 <script> 标签中编写脚本完全一致。外部脚本不能包含<script>标签。

18.2 JavaScript 函数

扫一扫，看视频

18.2.1 JavaScript 函数定义

JavaScript 函数就是包裹在花括号中的代码块。JavaScript 使用关键字 function 定义函数。函数可以通过声明定义，也可以是一个表达式。

JavaScript 函数语法描述：

```
function functionname()
{
执行代码
}
```

当调用该函数时，会执行函数内的代码。可以在某事件发生时直接调用函数（比如当用户点击按钮时），并且可由 JavaScript 在任何位置进行调用。

课堂练习 调用函数

在浏览网页的时候经常会出现一些提示性的信息，这些信息都是靠 JavaScript 函数来定义的，效果如图 18-3 所示。

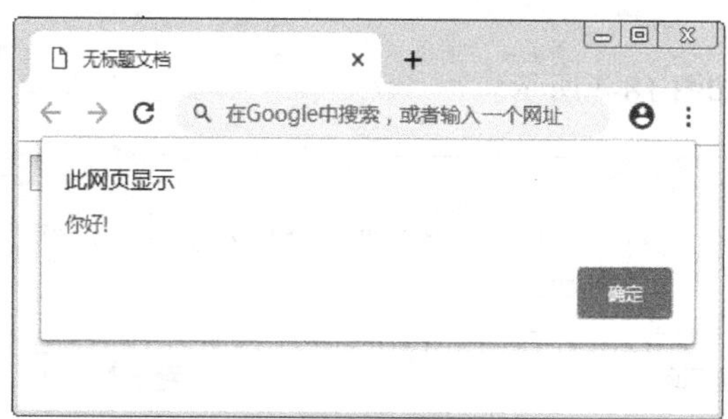

图 18-3

代码如下：

```
<!DOCTYPE html>
<html>
<head>
<script>
function myFunction()
{
alert("你好!");
}
</script>
</head>
<body>
<button onclick="myFunction()">试一试</button>
</body>
</html>
```

【知识点拨】

Function 中的花括号是必需的，即使函数体内只包含一条语句，仍然必须使用花括号将其括起来。

（1）调用带参数的函数

在调用函数时，可以向其传递值，这些值被称为参数。这些参数可以在函数中使用。可以发送任意多的参数，由逗号(,)分隔：

语法格式如下所示：

```
myFunction(argument1,argument2)
当声明函数时，请把参数作为变量来声明
```

```
function myFunction(var1,var2)
{
代码
}
```

变量和参数必须以一致的顺序出现。第一个变量就是第一个被传递的参数的给定值，以此类推。

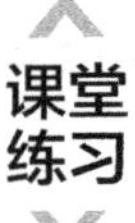

课堂练习　制作欢迎页

制作欢迎页的效果如图 18-4 所示。

图 18-4

代码如下：

```
<!DOCTYPE html>
<html>
<head>
<meta charset="utf-8">
<title>欢迎</title>
</head>
<body>
    <p>点击下面这个按钮，来调用带参数的函数。</p>
    <button onclick="myFunction('光临','网页')">点击这里</button>
<script>
function myFunction(name,job)
{
    alert("欢迎" + name + ",此" + job);
}
</script>
</body>
</html>
```

（2）带有返回值的函数

如果希望函数将值返回调用它的地方，可以使用 return 语句来实现。在使用 return 语句时，函数会停止执行，并返回指定的值。

其语法为：

```
function myFunction()
{
var x=5;
return x;
}
```

上面的函数会返回值 5。整个 JavaScript 并不会停止执行，JavaScript 从调用函数的地方继续执行代码。

函数调用将被返回值取代：

```
var myVar=myFunction();
```

函数 myFunction()所返回的值 myVar 的变量值是 5。

课堂练习　制作返回函数

返回函数的制作效果如图 18-5 所示。

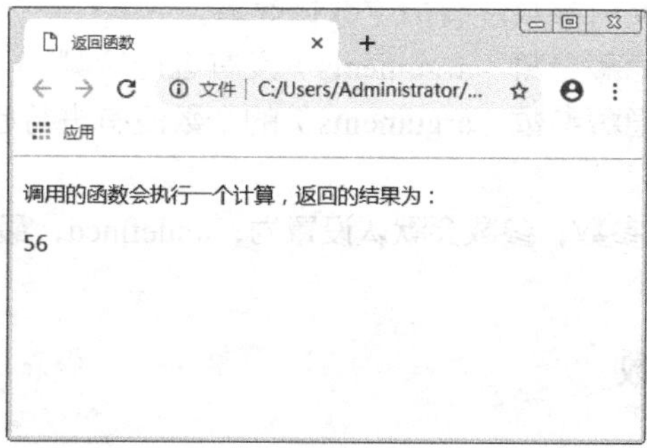

图 18-5

代码如下：

```
<!DOCTYPE html>
<html>
<head>
<meta charset="utf-8">
<title>返回函数</title>
</head>
<body>
    <p>调用的函数会执行一个计算，返回的结果为：</p>
    <p id="demo"></p>
<script>
function myFunction(a,b){
return a*b;
}
```

```
    document.getElementById("demo").innerHTML=myFunction(8,7);
</script>
</body>
</html>
```

如果希望退出函数时，也可使用 return 语句。

其语法为:

```
function myFunction(a,b)
{
if (a>b)
  {
  return;
  }
x=a+b
}
```

上述语法中，如果 a>b，则上面的代码将退出函数，并不会计算 a 和 b 的总和。

18.2.2 JavaScript 函数参数

JavaScript 函数对参数的值(arguments)没有进行任何的检查。其参数与大多数其他语言的函数参数的区别在于：它不会关注有多少个参数被传递，不关注传递的参数的数据类型。

JavaScript 参数的规则如下：

- JavaScript 函数定义时参数没有指定数据类型。
- JavaScript 函数对隐藏参数（arguments）没有进行检测。
- JavaScript 函数对隐藏参数（arguments）的个数没有进行检测。

（1）默认参数

如果函数在调用时缺少参数，参数会默认设置为：undefined，最好为参数设置一个默认值。

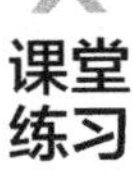

使用函数参数

函数的参数使用方法如下面代码所示，效果如图 18-6 所示。

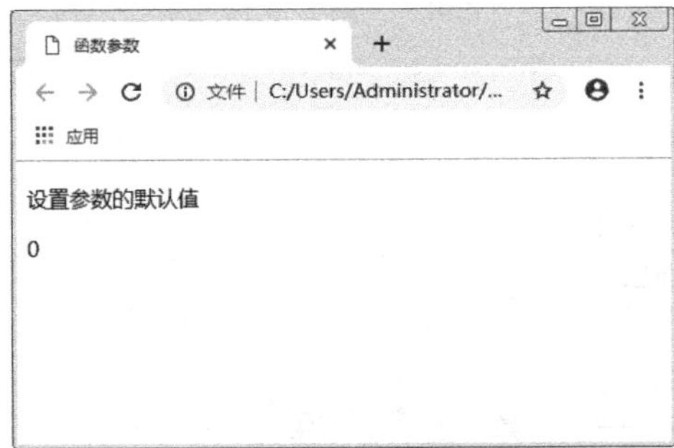

图 18-6

示例代码如下所示：

```
<!DOCTYPE html>
<html>
```

```
<head>
<meta charset="utf-8">
<title>函数参数</title>
</head>
<body>
    <p>设置参数的默认值</p>
    <p id="demo"></p>
<script>
function myFunction(x, y) {
    if (y === undefined) {
        y = 0;
    }
    return x * y;
}
document.getElementById("demo").innerHTML = myFunction(4);
</script>
</body>
</html>
也可以这样设置默认参数:
function myFunction(x, y) {
    y = y || 0;
}
```

此段代码表示如果 y 已经定义，y||0 返回 y,因为 y 是 true，否则返回 0，因为 undefined 为 false。

（2）arguments 对象

JavaScript 函数有个内置的对象 arguments，如果函数调用时设置了过多的参数，参数将无法被引用，因为无法找到对应的参数名。只能使用 arguments 对象来调用。

Argument 对象包含了函数调用的参数数组，通过这种方式可以很方便地找到最后一个参数的值。

查找最大数

查找最大数需要使用 arguments 对象，使用效果如图 18-7 所示。

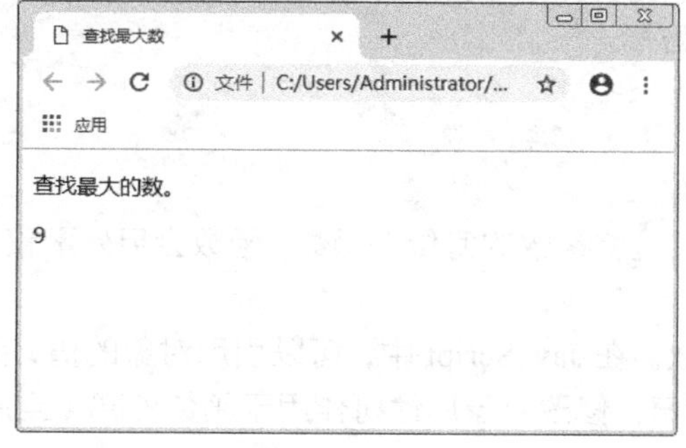

图 18-7

代码如下：

```
<!DOCTYPE html>
<html>
<head>
<meta charset="utf-8">
<title>查找最大数</title>
</head>
<body>
<p>查找最大的数。</p>
<p id="demo"></p>
<script>
   x = findMax(1, 123, 500, 115, 44, 88);
   function findMax() {
   var i, max = arguments[0];
   if(arguments.length < 2){
   return max;
}
for (i = 1; i < arguments.length; i++) {
   if (arguments[i] > max) {
   max = arguments[i];
}
}
   return max;
}
   document.getElementById("demo").innerHTML = findMax(4, 5, 8, 9);
</script>
</body>
</html>
```

① 通过值传递参数。在函数中调用的参数是函数的参数，如果函数修改参数的值，将不会修改参数的初始值（在函数外定义）。

代码如下：

```
var x = 1;
// 通过值传递参数
function myFunction(x) {
   x++; //修改参数 x 的值，将不会修改在函数外定义的变量 x
   console.log(x);
}
myFunction(x); // 2
console.log(x); // 1
```

JavaScript 函数传值只是将参数的值传入函数，函数会另外配置内存保存参数值，所以并不会改变原参数的值。

② 通过对象传递参数。在 JavaScript 中，可以引用对象的值，因此在函数内部修改对象的属性就会修改其初始的值，修改对象属性可作用于函数外部（全局变量）。

代码如下：

```
var obj = {x:1};
// 通过对象传递参数
function myFunction(obj) {
    obj.x++; //修改参数对象 obj.x 的值，函数外定义的 obj 也将会被修改
    console.log(obj.x);
}
myFunction(obj); // 2
console.log(obj.x); // 2
```

18.2.3 JavaScript 函数调用

在 JavaScript 中，函数的调用方法有四种分别是：函数模式、方法模式、构造器模式和上下文模式。

（1）函数模式

特征：一个简单的函数调用，函数名的前面没有任何引导内容。

其语法为：

```
function foo () {}
var func = function () {};
...
foo();
func();
 (function (){})();
```

（2）方法模式

特征：依附于一个对象，将函数赋值给对象的一个属性。

其语法为：

```
function f() {
this.method = function () {};
}
var o = {
method: function () {}
}
```

此语法中 this 的含义是：这个依附的对象。

（3）构造器模式

在创建对象的时候，构造函数做了什么呢?

由于构造函数只是给 this 添加成员，没有做其他事情，而方法模式也可以完成这个操作，就 this 而言，构造器模式与方法模式没有本质区别。

特征：

- 使用 new 关键字，来引导构造函数。
- 构造函数中 this 与方法模式中一样，表示对象，但是构造函数中的对象是刚刚创建出来的对象。
- 构造函数中不需要 return，就会默认地 return this。

如果手动添加 return：就相当于 return this。

如果手动添加 return 基本类型：无效，还是保留原来返回的 this。

如果手动添加 return null 或 return undefiend：无效。

如果手动添加 return 对象类型：那么原来创建的 this 就会被丢掉，返回的是 return 后面的对象。

（4）上下文模式

上下文就是环境，就是自定义设置 this 的含义。

语法描述：

```
函数名.apply(对象,[参数]);
函数名.call(对象,参数);
```

上述语法中函数名的含义：

- 函数名就是表示函数本身，使用函数进行调用的时候默认 this 是全局变量。
- 函数名也可以是方法提供的，使用方法调用的时候，this 是指当前对象。
- 使用 apply 进行调用后，无论是函数，还是方法都无效了。this 由 apply 的第一个参数决定。

【知识点拨】

如果函数或方法中没有 this 的操作，那么无论什么函数调用其实都一样。

如果是函数调用 foo()，就类似 foo.apply(window)。

如果是方法调用 o.method()，就类似 o.method.apply(o)。

综合实战　制作提示性表单

本章的综合实战为大家准备的是一个提交表单的效果，可以提示用户用正确的格式填写表单信息，填写格式不对或者不规范，在提交的时候会有提示，效果如图 18-8 所示。

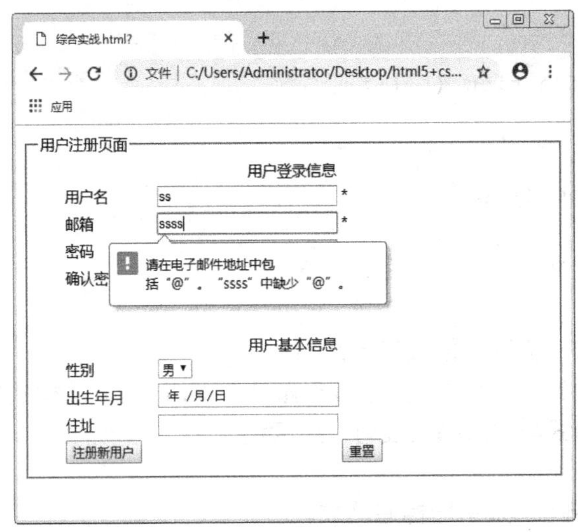

图 18-8

代码如下：

```
<!doctype html>
<html>
<head lang="en">
```

```
        <meta charset="UTF-8">
        <title></title>
        <style>
            td input[type="text"],td input[type="email"],td input[type="password"],
td input[type="date"]{
                width:98%;
            }

        </style>
        <script>
            function checkLength(){
                var pwd=document.getElementById("pwd").value;
                var spanLen=document.getElementById("spanLen");


                if(pwd.length<=3&&pwd.length>0)
                    spanLen.innerHTML="弱";
                else if(pwd.length<=6)
                    spanLen.innerText="中";
                else
                    spanLen.innerText="强";
            }

            function checkPSW(){
                var pwd1=document.getElementById("pwd").value;
                var pwd2=document.getElementById("pwd2").value;
                var pswInfo=document.getElementById("pswInfo");
                if(pwd1!=pwd2)
                    pswInfo.innerText="两次密码不同";    // alert("两次密码不同");
                else
                    pswInfo.innerText="";
            }
        </script>
    </head>
    <body>
    <form>
        <fieldset>
            <legend>
                用户注册页面
            </legend>

            <table align="center" width="500px" >
                <caption>用户登录信息</caption>
                <tr>
```

```
                <td width="20%" >用户名</td>
                <td width="40%"><input type="text" required="true" autofocus=
"true"></td>
                <td width="40%">*</td>
            </tr>
            <tr>
                <td>邮箱</td>
                <td><input type="email" required="true"></td>
                <td>*</td>
            </tr>
            <tr>
                <td>密码</td>
                <td><input type="password" id="pwd" required="true" onkeyup=
"checkLength()"></td>
                <td>* <span id="spanLen"></span></td>
                </td>
            </tr>
            <tr>
                <td>确认密码</td>
                <td><input type="password"  id="pwd2" required="true" onblur=
"checkPSW()"></td>
                <td align="left">* <span id="pswInfo" style="color: #c41a15;">
</span></td>

            </tr>
        </table>

        <br>
        <br>
        <table align="center" width="500px">
            <caption>用户基本信息</caption>
            <tr>
                <td width="20%">性别</td>
                <td width="40%">
                    <select size="1">
                        <option>男</option>
                        <option>女</option>
                    </select>
                </td>
                <td width="40%"></td>

            </tr>

            <tr>
```

```
                <td>出生年月</td>
                <td><input type="date"></td>
            </tr>
            <tr>
                <td>住址</td>
                <td><input type="text"></td>
            </tr>
            <tr>
                <td colspan="2">
                    <input type="submit" value="注册新用户">
                </td>
                <td>
                    <input type="reset" value="重置">
                </td>
            </tr>
        </table>
    </fieldset>
</form>
</body>
</html>
```

课后作业　实用的特效效果

难度等级 ★★

本章我们学习了 JavaScript 的基础知识和简单的函数，还有很多复杂的函数需要大家去研究和发现。本章的最后我们来制作一个五星评价的效果，如图 18-9 所示。

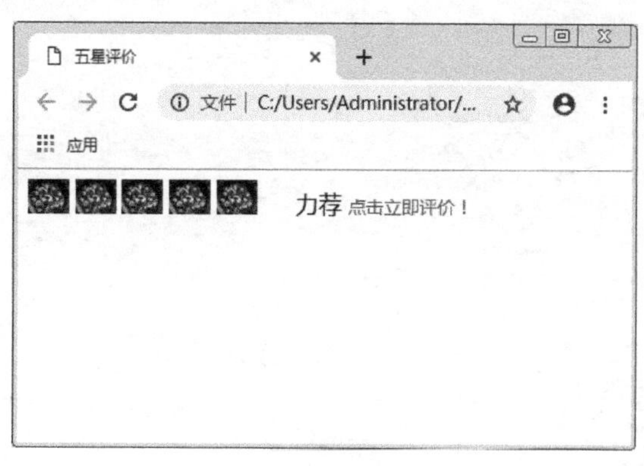

图 18-9

难度等级 ★★★

本章的最后一个作业是制作波浪显示的图片效果，如图 18-10 所示。

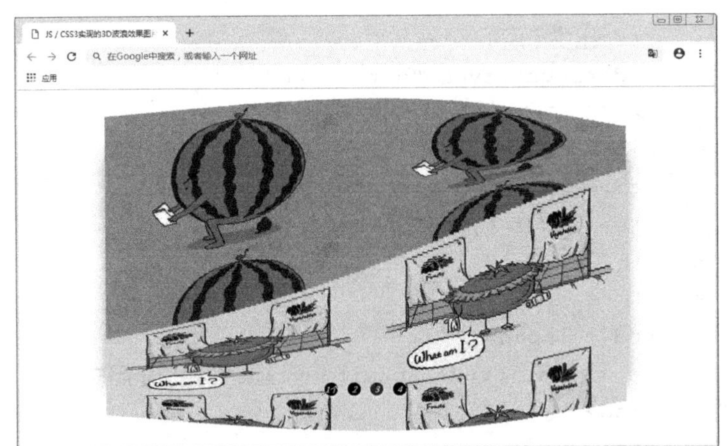

图 18-10

扫一扫，看答案

第19章 JavaScript 基础语法

内容导读

JavaScript 是一种基于网络的脚本语言,已经被广泛用于 Web 开发,常用来为网页添加各式各样的动态功能,为用户提供更流畅美观的浏览效果。本章将带领大家了解和学习 JavaScript 的基础语法和事件的分析。

学习完本章的知识，你将会了解到 JavaScript 的基础语法、数据类型、运算符和表达式以及事件的分析。

19.1 JavaScript 的基本语法

通过上面的介绍，大家了解了 JavaScript 的发展历史、基本特点、应用方向和用法，这一小节介绍一下 JavaScript 的基本元素。

19.1.1 数据类型

JavaScript 中有 5 种简单数据类型（也称为基本数据类型）：undefined、Null、Boolean、Number 和 String，还有 1 种复杂数据类型 Object，Object 本质上是由一组无序的名值对组成的。

（1）undefined 类型

undefined 类型只有一个值，即特殊的 undefined。在使用 var 声明变量但未对其加以初始化时，这个变量的值就是 undefined，例如：

```
var message;
alert(message == undefined) //true
```

（2）null 类型

null 类型是第二个只有一个值的数据类型，这个特殊的值是 null。从逻辑角度来看，null 值表示一个空对象指针，而这也正是使用 typeof 操作符检测 null 时会返回“object”的原因，例如：

```
var car = null;
alert(typeof car); // "object"
```

如果定义的变量将来准备用于保存对象，那么最好将该变量初始化为 null 而不是其他值。这样一来，只要直接检测 null 值就可以知道相应的变量是否已经保存了一个对象的引用了，例如：

```
if(car != null)
{
//对 car 对象执行某些操作
}
```

实际上，undefined 值是派生自 null 值的，因此 ECMA-262 规定对它们的相等性测试要返回 true。

```
alert(undefined == null); //true
```

（3）Boolean 类型

该类型只有两个字面值：true 和 false。这两个值与数字值不是一回事，因此 true 不一定等于 1，而 false 也不一定等于 0。

虽然 Boolean 类型的字面值只有两个，但 JavaScript 中所有类型的值都有与这两个 Boolean 值等价的值。要将一个值转换为其对应的 Boolean 值，可以调用类型转换函数 Boolean()，例如：

```
var message = 'Hello World';
var messageAsBoolean = Boolean(message);
```

在这个例子中，字符串 message 被转换成了一个 Boolean 值，该值被保存在 messageAsBoolean 变量中。可以对任何数据类型的值调用 Boolean()函数，而且总会返回一个 Boolean 值。至于返回的这个值是 true 还是 false，取决于要转换值的数据类型及其实际值。如表 19-1 所示给出了各种数据类型及其对象的转换规则。

表 19-1　数据类型及对象转换规则

数据类型	转换为 true 的值	转换为 false 的值
Boolean	true	false
String	任何非空字符串	空字符串
Object	任何对象	Null
undefined	n/a（不适用）	undefined

（4）Number 类型

这种类型用来表示整数和浮点数值，还有一种特殊的数值，即 NaN（非数值，Not a Number）。这个数值用于表示一个本来要返回数值的操作数未返回数值的情况（这样就不会报错了）。例如，在其他编程语言中，任何数值除以 0 都会导致错误，从而停止代码执行。但在 JavaScript 中，任何数值除以 0 会返回 NaN，因此不会影响其他代码的执行。

NaN 本身有两个非同寻常的特点。首先，任何涉及 NaN 的操作（例如 NaN/10）都会返回 NaN，这个特点在多步计算中有可能导致问题。其次，NaN 与任何值都不相等，包括 NaN 本身。例如，下面的代码会返回 false。

```
alert(NaN == NaN);    //false
```

JavaScript 中有一个 isNaN()函数，这个函数接受一个参数，该参数可以是任何类型，而函数会帮我们确定这个参数是否“不是数值”。isNaN()在接收一个值之后，会尝试将这个值转换为数值。某些不是数值的值会直接转换为数值，例如字符串“10”或 Boolean 值。而任何不能被转换为数值的值都会导致这个函数返回 true。例如：

```
alert(isNaN(NaN));           //true
alert(isNaN(10));            //false(10 是一个数值)
alert(isNaN("10"));          //false(可能被转换为数值 10)
alert(isNaN("blue"));        //true(不能被转换为数值)
alert(isNaN(true));          //false(可能被转换为数值 1)
```

有 3 个函数可以把非数值转换为数值：Number()、parseInt()和 parseFloat()。第一个函数，即转型函数 Number()可以用于任何数据类型，而另外两个函数则专门用于把字符串转换成数值。这 3 个函数对于同样的输入会返回不同的结果。

（5）String 类型

String 类型用于表示由零个或多个 16 位 Unicode 字符组成的字符序列，即字符串。字符串可以由单引号(')或双引号(")表示。

```
var str1 = "Hello";
var str2 = 'Hello';
```

任何字符串的长度都可以通过访问其 length 属性取得。

```
alert(str1.length);        //输出 5
```

要把一个值转换为一个字符串有两种方式。其中一种是使用几乎每个值都有的 toString()方法。

```
var age = 11;
var ageAsString = age.toString();          //字符串"11"
var found = true;
var foundAsString = found.toString();      //字符串"true"
```

数值、布尔值、对象和字符串值都有 toString()方法，但 null 和 undefined 值没有这个方法。

多数情况下，调用 toString()方法不必传递参数。但是，在调用数值的 toString()方法时，可以传递一个参数：输出数值的基数。

```
var num = 10;
alert(num.toString());         //"10"
alert(num.toString(2));        //"1010"
alert(num.toString(8));        //"12"
alert(num.toString(10));       //"10"
alert(num.toString(16));       //"a"
```

通过这个例子可以看出，通过指定基数，toString()方法会改变输出的值。而数值 10 根据基数的不同，可以在输出时被转换为不同的数值格式。

（6）Object 类型

对象其实就是一组数据和功能的集合。对象可以通过执行 new 操作符后跟要创建的对象类型的名称来创建。而创建 Object 类型的实例并为其添加属性和（或）方法，就可以创建自定义对象。

```
var o = new Object();
```

19.1.2 常量和变量

（1）常量

在声明和初始化变量时,在标识符的前面加上关键字 const,就可以把其指定为一个常量。顾名思义，常量是其值在使用过程中不会发生变化，实例代码如下：

```
const NUM=100;
```

NUM 标识符就是常量，只能在初始化的时候被赋值，我们不能再次给 NUM 赋值。

（2）变量

在 JavaScript 中声明变量，是在标识符的前面加上关键字 var，实例代码如下：

```
var scoreForStudent = 0.0;
```

该语句声明 scoreForStudent 是变量，并且初始化为 0.0。如果在一个语句中声明和初始化了多个变量，那么所有的变量都具有相同的数据类型：

```
var x = 10, y = 20;
```

在多个变量的声明中，也能指定不同的数据类型：

```
var x = 10, y = true;
```

其中 x 为整型，y 为布尔型。

19.1.3 运算符和表达式

运算符和表达式的具体情况如下所示。

19.1.3.1 运算符的类型

不同运算符对其处理的运算数存在类型要求，例如不能将两个由非数字字符组成的字符串进行乘法运算。JavaScript 会在运算过程中，按需要自动转换运算数的类型，例如由数字组成的字符串在进行乘法运算时将自动转换成数字。

运算数的类型不一定与表达式的结果相同，例如比较表达式中的运算数往往不是布尔型数据，而返回结果总是布尔型数据。

根据运算数的个数，可以将运算符分为三种类型：一元运算符、二元运算符和三元运算符。

● 一元运算符是指只需要一个运算数参与运算的运算符，一元运算符的典型应用是取反运算。

● 二元运算符即需要两个运算数参与运算，JavaScript 中的大部分运算符都是二元运算符，比如加法运算符、比较运算符等。

● 三元运算符（?:）是运算符中比较特殊的一种，它可以将三个表达式合并为一个复杂的表达式。

（1）赋值运算符 (=)

作用：给变量赋值。

语法描述：

```
result = expression
```

说明：= 运算符和其他运算符一样，除了把值赋给变量外，使用它的表达式还有一个值。这就意味着可以像下面这样把赋值操作连起来写：

```
j = k = l = 0;
```

执行完该例子语句后，j、k、l 的值都等于 0。

因为（=）被定义为一个运算符，所以可以将它运用于更复杂的表达式。如：

```
(a=b)==0  //先给 a 赋值 b,再检测 a 的值是否为 0。
```

赋值运算符的结合性是从右到左的，因此可以这样用：

```
a=b=c=d=100    //给多个变量赋同一个值
```

（2）加法赋值运算符 (+=)

作用：将变量值与表达式值相加，并将和赋给该变量。

语法描述：

```
result += expression
```

（3）加法运算符 (+)

作用：将数字表达式的值加到另一数字表达式上，或连接两个字符串。

语法描述：

```
result = expression1 + expression2
```

说明：如果“+”（加号）运算符表达式中一个是字符串，而另一个不是，则另一个会被自动转换为字符串；

如果加号运算符中一个运算数为对象，则这个对象会被转化为可以进行加法运算的数字或可以进行连接运算的字符串，这一转化是通过调用对象的 valueof()或 tostring()方法来实现的。

加号运算符有将参数转化为数字的功能，如果不能转化为数字则返回 NaN。

如 var a="100";　var b=+a　此时 b 的值为数字 100。

+运算符用于数字或字符串时，并不一定就都会转化成字符串进行连接，如：

```
    var a=1+2+"hello"     //结果为 3hello
    var b="hello"+1+2     //结果为 hello12
```

产生这种情况的原因是+运算符是从左到右进行运算的。

（4）减法赋值运算符（-=）

作用：从变量值中减去表达式值，并将结果赋给该变量。

语法描述：

```
result -= expression
```

使用-=运算符与使用下面的语句是等效的：

```
result = result - expression
```

（5）减法运算符（-）

作用：从一个表达式的值中减去另一个表达式的值，只有一个表达式时取其相反数。

语法 1：

```
result = number1 - number2
```

语法 2：

```
-number
```

在语法 1 中，- 运算符是算术减法运算符，用来获得两个数值之间的差。在语法 2 中，- 运算符被用作一元取负运算符，用来指出一个表达式的负值。

对于语法 2，和所有一元运算符一样，表达式按照下面的规则来求值：

- 如果应用于 undefined 或 null 表达式，则会产生一个运行时错误。
- 对象被转换为字符串。
- 如果可能，则字符串被转换为数值；如果不能，则会产生一个运行时错误。
- Boolean 值被当作数值（如果是 false 则为 0，如果是 true 则为 1）。

该运算符被用来产生数值。 在语法 2 中，如果生成的数值不是零，则 result 与生成的数值颠倒符号后是相等的。如果生成的数值是零，则 result 是零。

如果“-”减法运算符的运算数不是数字，那么系统会自动把它们转化为数字。也就是说加号运算数会被优先转化为字符串，而减号运算数会被优先转化为数字。以此类推，只能进行数字运算的运算符的运算数都将被转化为数字（比较运算符也会优先转化为数字进行比较）。

（6）递增 (++) 和递减 (--) 运算符

作用：变量值递增一或递减一。

语法 1：

```
result = ++variable
result = --variable
result = variable++
result = variable--
```

语法 2：

```
++variable
--variable
variable++
variable--
```

说明：递增和递减运算符，是修改存在变量中的值的快捷方式。包含其中一个这种运算符的表达式的值，依赖于该运算符是在变量前面还是在变量后面。

递增运算符（++），只能运用于变量，如果用在变量前则为前递增运算符，如果用于变量后面则为后递增运算符。前递增运算符会用递增后的值进行计算，而后递增运算符用递增前的值进行运算。

递减运算符（--）的用法与递增运算符的用法相同。

（7）乘法赋值运算符 (*=)

作用：变量值乘以表达式值，并将结果赋给该变量。

语法描述：

```
result *= expression
```

使用 *= 运算符和使用下面的语句是等效的：

```
result = result * expression
```

（8）乘法运算符 (*)

作用：两个表达式的值相乘。

语法描述：

```
result = number1*number2
```

（9）除法赋值运算符 (/=)

作用：变量值除以表达式值，并将结果赋给该变量。

语法描述：

```
result /= expression
```

使用 /= 运算符和使用下面的语句是等效的：

```
result = result / expression
```

（10）除法运算符 (/)

作用：将两个表达式的值相除。

语法描述：

```
result = number1 / number2
```

（11）逗号运算符 (,)

作用：顺序执行两个表达式。

语法描述：

```
expression1, expression2
```

说明：, 运算符使它两边的表达式以从左到右的顺序被执行，并获得右边表达式的值。运算符最普遍的用途是在 for 循环的递增表达式中使用。例如：

```
for (i = 0; i < 10; i++, j++)
{
   k = i + j;
}
```

每次通过循环的末端时， for 语句只允许单个表达式被执行。, 运算符允许多个表达式被当作单个表达式，从而规避该限制。

（12）取余赋值运算符 (%=)

作用：变量值除以表达式值，并将余数赋给变量。

语法描述：

```
result %= expression
```

使用 %= 运算符与使用下面的语句是等效的：

```
result = result % expression
```

（13）取余运算符 (%)

作用：一个表达式的值除以另一个表达式的值，返回余数。

语法描述：

```
result = number1 % number2
```

取余（或余数）运算符用 number1 除以 number2（把浮点数四舍五入为整数），然后只返回余数作为 result。例如，在下面的表达式中，A（即 result）等于 5。

```
A = 19 % 6.7
```

（14）比较运算符

作用：返回表示比较结果的 Boolean 值。

语法描述：

```
expression1 comparisonoperator expression2
```

说明：比较字符串时，JScript 使用字符串表达式的 Unicode 字符值。

（15）关系运算符（<、>、<=、>=）

- 试图将 expression1 和 expression2 都转换为数字。
- 如果两表达式均为字符串，则按字典序进行字符串比较。
- 如果其中一个表达式为 NaN，返回 false。
- 负零等于正零。
- 负无穷小于包括其本身在内的任何数。
- 正无穷大于包括其本身在内的任何数。

比较运算符（如大于、小于等）只能对数字或字符串进行比较，不是数字或字符串类型的，将被转化为数字或字符串类型。如果同时存在字符串和数字，则字符串优先转化为数字，如不能转化为数字，则转化为 NaN，此时表达式最后结果为 false。如果对象可以转化为数字或字符串，则它会被优先转化为数字。如果运算数都不能被转化为数字或字符串，则结果为 false。如果运算数中有一个为 NaN，或被转化为了 NaN，则表达式的结果总是为 false。当比较两个字符串时，是将逐个字符进行比较的，依照的是字符在 Unicode 编码集中的数字，因此字母的大小写也会对比较结果产生影响。

（16）相等运算符 （==、!=）

作用：如果两表达式的类型不同，则试图将它们转换为字符串、数字或 Boolean 量。

- NaN 与包括其本身在内的任何值都不相等。
- 负零等于正零。
- ull 与 null 和 undefined 相等。

说明：相同的字符串、数值上相等的数字、相同的对象、相同的 Boolean 值或者（当类型不同时）能被强制转化为上述情况之一，均被认为是相等的。

其他比较均被认为是不相等的。

关于（==），要想使等式成立，需满足的条件是：等式两边类型不同，但经过自动转化类型后的值相同，转化时如果有一边为数字，则另一边的非数字类型会优先转化为数字类型；布尔值始终是转化为数字进行比较的，不管等式两边中有没有数字类型，true 转化为 1，false 转化为 0。对象也会被转化。

```
null==undefined
```

（17）恒等运算符（===、!==）

作用：除了不进行类型转换，并且类型必须相同以外，这些运算符与相等运算符的作用是一样的。

说明：关于（===），要想使等式成立，需满足的条件是：等式两边值相同，类型也相同。

如果等式两边是引用类型的变量，如数组、对象、函数，则要保证两边引用的是同一个对象，否则，即使是两个单独的完全相同的对象也不会完全相等。

等式两边的值都是 null 或 undefined，但如果是 NaN 就不会相等。

（18）条件（三目）运算符 (?:)

作用：根据条件执行两个语句中的其中一个。

语法描述：

```
test ?语句 1 :语句 2
```

说明：当 test 是 true 或者 false 时执行的语句。可以是复合语句。

（19）delete 运算符

作用：从对象中删除一个属性，或从数组中删除一个元素。

语法描述：

```
delete expression
```

说明：expression 参数是一个有效的 JScript 表达式，通常是一个属性名或数组元素。

如果 expression 的结果是一个对象，且在 expression 中指定的属性存在，而该对象又不允许它被删除，则返回 false。在所有其他情况下，返回 true。

delete 是一个一元运算符，用来删除运算数指定的对象属性、数组元素或变量，如果删除成功返回 true，删除失败则返回 false。并不是所有的属性和变量都可以删除，比如用 var 声明的变量就不能删除，内部的核心属性和客户端的属性也不能删除。要注意的是，用 delete 删除一个不存在的属性时(或者说它的运算数不是属性、数组元素或变量时)，将返回 true。

delete 影响的只是属性或变量名，并不会删除属性或变量引用的对象（如果该属性或变量是一个引用类型时）

（20）in 运算符

作用：测试对象中是否存在该属性。

语法描述：

```
prop in objectName
```

说明：in 操作检查对象中是否有名为 property 的属性。也可以检查对象的原型，以便知道该属性是否为原型链的一部分。

in 运算符要求其左边的运算数是一个字符串或者可以被转化为字符串，右边的运算数是一个对象或数组，如果左边的值是右边对象的一个属性名，则返回 true。

（21）new 运算符

作用：创建一个新对象。

语法描述：

```
new constructor[(arguments)]
```

说明：new 运算符执行下面的任务：

- 一个没有成员的对象。
- 对象调用构造函数，传递一个指针给新创建的对象作为 this 指针。
- 构造函数根据传递给它的参数初始化该对象。

（22）typeof 运算符

作用：返回一个用来表示表达式的数据类型的字符串。

语法描述：

```
typeof[()expression[]] ;
```

说明：expression 参数是需要查找类型信息的任意表达式。

typeof 运算符把类型信息当作字符串返回。typeof 返回值有六种可能：“number”“string”“Boolean”“object”“function”和“undefined”。

typeof 语法中的圆括号是可选项。

typeof 也是一个运算符，用于返回运算数的类型，typeof 也可以用括号把运算数括起来。typeof 对对象和数组返回的都是 object,因此它只在用来区分对象和原始数据类型时才有用。

（23）instanceof 运算符

作用：返回一个 Boolean 值，指出对象是否是特定类的一个实例。

语法描述：

```
result = object instanceof class
```

说明：如果 object 是 class 的一个实例，则 instanceof 运算符返回 true。如果 object 不是指定类的一个实例，或者 object 是 null，则返回 false。

intanceof 运算符要求其左边的运算数是一个对象，右边的运算数是对象类的名字，如果运算符左边的对象是右边类的一个实例，则返回 true。在 js 中，对象类是由构造函数定义的，所以右边的运算数应该是一个构造函数的名字。注意，js 中所有对象都是 Object 类的实例。

（24）void 运算符

作用：避免表达式返回值。

语法描述：

```
void expression
```

expression 参数是任意有效的 JScript 表达式。

19.1.3.2 表达式

表达式是关键字、运算符、变量以及文字的组合，用来生成字符串、数字或对象。一个表达式可以完成计算、处理字符、调用函数或者验证数据等操作。

表达式的值是表达式运算的结果，常量表达式的值就是常量本身，变量表达式的值则是变量引用的值。

在实际编程中，可以使用运算数和运算符建立复杂的表达式，运算数是一个表达式内的变量和常量，运算符是表达式中用来处理运算数的各种符号。

如果表达式中存在多个运算符，那么它们总是按照一定的顺序被执行，表达式中运算符的执行顺序被称为运算符的优先级。

使用运算符()可以改变默认的运算顺序，因为括号运算符的优先级高于其他运算符的优先级。

赋值操作的优先级非常低，几乎总是最后才被执行。

19.1.4 基本语句

在 JavaScript 中主要有两种基本语句：一种是循环语句，如 for、while；一种是条件语句，如 if 等。另外还有一些其他的程序控制语句，下面就来详细介绍基本语句的使用。

条件语句用于基于不同的条件来执行不同的动作，在写代码时，总是需要为不同的决定来执行不同的动作。可以在代码中使用条件语句来完成该任务。

在 JavaScript 中，我们可使用以下条件语句：

- if 语句：只有当指定条件为 true 时，使用该语句来执行代码。
- if…else 语句：当条件为 true 时执行代码，当条件为 false 时执行其他代码。
- JavaScript 三目运算：当条件为 true 时执行代码，当条件为 false 时执行其他代码。
- if…else if…else 语句：使用该语句来选择多个代码块之一来执行。
- switch 语句：使用该语句来选择多个代码块之一来执行。

（1）if 语句

只有当指定条件为 true 时，该语句才会执行代码。

其语法格式为：

```
if (condition)
  {
 当条件为 true 时执行的代码
  }
```

需要注意的是请使用小写的 if。使用大写字母（IF）会生成 JavaScript 错误。

课堂练习

制作问候语

使用 if 语句制作基于时间的问候语，效果如图 19-1 所示。

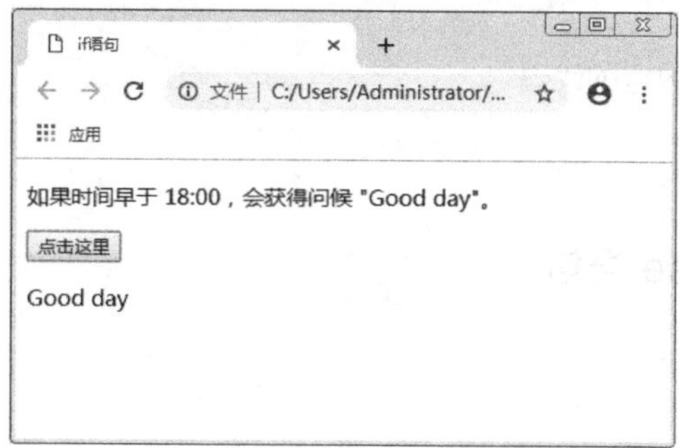

图 19-1

代码如下：

```
<!DOCTYPE html>
<html>
<head>
<meta charset="utf-8">
<title>if 语句</title>
</head>
<body>
   <p>如果时间早于 18:00，会获得问候 "Good day"。</p>
   <button onclick="myFunction()">点击这里</button>
   <p id="demo"></p>
<script>
function myFunction(){
   var x="";
   var time=new Date().getHours();
   if (time<18){
   x="Good day";
}
   document.getElementById("demo").innerHTML=x;
}
</script>
</body>
</html>
```

【知识点拨】

在这个语法中，没有 else。已经告诉浏览器只有在指定条件为 true 时才执行代码。

（2）if…else 语句

使用 if…else 语句在条件为 true 时执行代码，在条件为 false 时执行其他代码。

其语法为：

```
if (condition)
  {
  当条件为 true 时执行的代码
  }
else
  {
  当条件不为 true 时执行的代码
  }
```

课堂练习　使用 if…else 语句

代码如下：

```
<!DOCTYPE html>
<html>
<head>
<meta charset="utf-8">
<title> if…else 语句</title>
</head>
<body>
    <p>点击这个按钮，获得基于时间的问候。</p>
    <button onclick="myFunction()">点击这里</button>
    <p id="demo"></p>
<script>
function myFunction()
{
    var x="";
    var time=new Date().getHours();
if (time<20)
{
    x="Good day";
}
else
{
    x="Good evening";
}
    document.getElementById("demo").innerHTML=x;
}
</script>
</body>
</html>
```

代码的运行效果如图 19-2 所示。

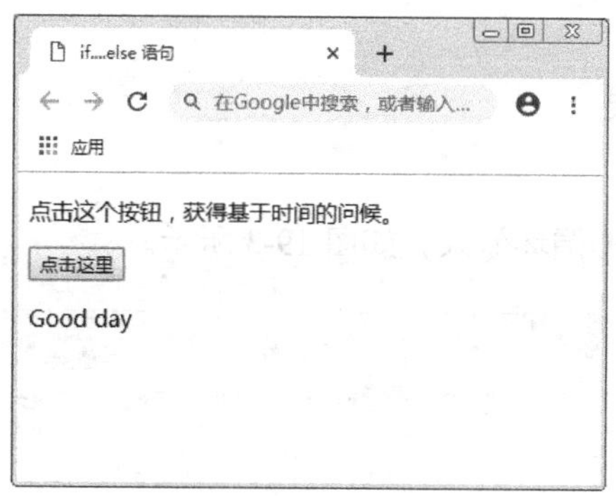

图 19-2

（3）for 语句

for 语句的作用是循环可以将代码块执行指定的次数。

如果希望一遍又一遍地运行相同的代码，并且每次的值都不同，那么使用循环是很方便的。

可以这样输出数组的值：

一般写法：

```
document.write(cars[0] + "<br>");
document.write(cars[1] + "<br>");
document.write(cars[2] + "<br>");
document.write(cars[3] + "<br>");
document.write(cars[4] + "<br>");
document.write(cars[5] + "<br>");
```

使用 for 循环：

```
for (var i=0;i<cars.length;i++)
{
document.write(cars[i] + "<br>");
}
```

下面是 for 循环的语法描述：

```
for (语句 1; 语句 2; 语句 3)
  {
  被执行的代码块
  }
```

语法解释：

语句 1：（代码块）开始前执行 starts；语句 2：定义运行循环（代码块）的条件；语句 3：在循环（代码块）已被执行之后执行。

通常会使用语句 1 初始化循环中所用的变量 (var i=0)，语句 1 是可选的，也就是说不使用语句 1 也可以，可以在语句 1 中初始化任意（或者多个）值。

语句 2 用于评估初始变量的条件，语句 2 同样是可选的，如果语句 2 返回 true，则循环再次开始，如果返回 false，则循环将结束。如果省略了语句 2，那么必须在循环内提供 break，否则循环就无法停下来，这样有可能令浏览器崩溃。

语句 3 会增加初始变量的值，语句 3 也是可选的，语句 3 有多种用法，增量可以是负数 (i--)，或者更大 (i=i+15)，语句 3 也可以省略（比如当循环内部有相应的代码时）。

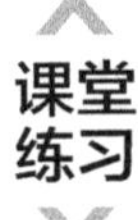

制作循环效果

使用 for 语句制作数字的循环效果，如图 19-3 所示。

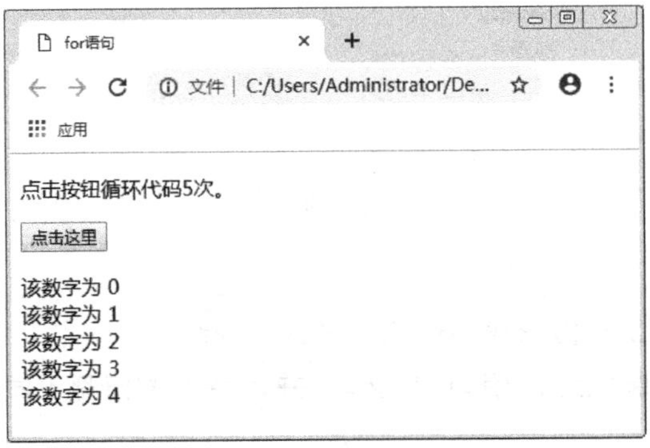

图 19-3

代码如下所示：

```
<!DOCTYPE html>
<html>
<head>
<meta charset="utf-8">
<title>for 语句 </title>
</head>
<body>
    <p>点击按钮循环代码 5 次。</p>
    <button onclick="myFunction()">点击这里</button>
    <p id="demo"></p>
<script>
function myFunction(){
    var x="";
    for (var i=0;i<5;i++){
    x=x + "该数字为 " + i + "<br>";
}
    document.getElementById("demo").innerHTML=x;
}
</script>
</body>
</html>
```

【知识点拨】

从上面的例子中，可以看到：

- 在循环开始之前设置变量 (var i=0)。
- 定义循环运行的条件（i 必须小于 5）。
- 在每次代码块已被执行后增加一个值 (i++)。

（4）while 语句

JavaScript 中的 while 循环的目的是为了反复执行语句或代码块。只要指定条件为 true，循环就可以一直执行代码块。

语法描述：

```
while (条件)
  {
  需要执行的代码
  }
```

课堂练习

使用 while 语句

这里使用的是 while 语句制作循环效果，如图 19-4 所示。

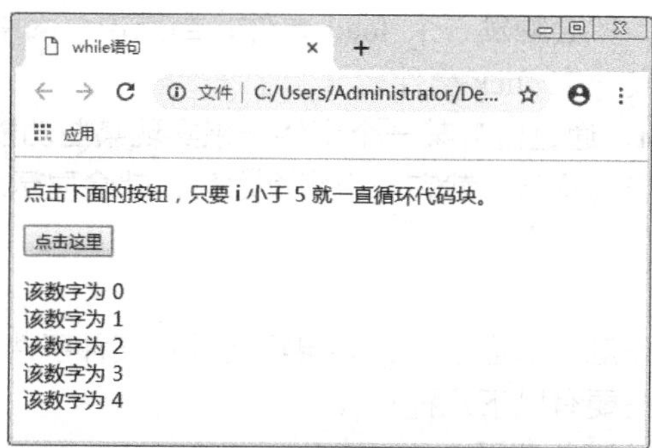

图 19-4

代码如下：

```
<!DOCTYPE html>
<html>
<head>
<meta charset="utf-8">
<title> while 语句</title>
</head>
<body>
    <p>点击下面的按钮，只要 i 小于 5 就一直循环代码块。</p>
    <button onclick="myFunction()">点击这里</button>
    <p id="demo"></p>
<script>
function myFunction(){
    var x="",i=0;
while (i<5){
    x=x + "该数字为 " + i + "<br>";
    i++;
}
    document.getElementById("demo").innerHTML=x;
}
```

```
</script>
</body>
</html>
```

本例中的循环将继续运行，只要变量 i 小于 5。

19.2 JavaScript 事件

HTML 事件可以是浏览器行为，也可以是用户行为。HTML 网页中的每个元素都可以产生某些可以触发 JavaScript 函数的事件。在事件触发时 JavaScript 可以执行一些代码。HTML 元素中可以添加事件属性，使用 JavaScript 代码来添加 HTML 元素。

19.2.1 事件类型

与浏览器进行交互的时候浏览器就会触发各种事件。比如当打开某一个网页的时候，浏览器加载完成了这个网页，就会触发一个 load 事件；当点击页面中的某一个“地方”，浏览器就会在那个“地方”触发一个 click 事件。

就可以编写 JavaScript，通过监听某一个事件，来实现某些功能扩展。例如监听 load 事件，显示欢迎信息，那么当浏览器加载完一个网页之后，就会显示欢迎信息。

下面就来介绍事件。

19.2.1.1 监听事件

浏览器会根据某些操作触发对应事件，如果需要针对某种事件进行处理，则需要监听这个事件。监听事件的方法主要有以下几种：

（1）HTML 内联属性（避免使用）

HTML 元素里面直接填写事件有关属性，属性值为 JavaScript 代码，即可在触发该事件的时候，执行属性值的内容。

例如：

```
<button onclick="alert('点击了这个按钮');">点击这个按钮</button>
```

onclick 属性表示触发 click，属性值的内容（JavaScript 代码）会在单击该 HTML 节点时执行。

显而易见，使用这种方法，JavaScript 代码与 HTML 代码耦合在了一起，不便于维护和开发。所以除非在必须使用的情况（例如统计链接点击数据）下，尽量避免使用这种方法。

（2）DOM 属性绑定

也可以直接设置 DOM 属性来指定某个事件对应的处理函数，这个方法比较简单：

```
element.onclick = function(event){
    alert('你点击了这个按钮');
};
```

上面代码就是监听 element 节点的 click 事件。它比较简单易懂，而且有较好的兼容性。但是也有缺陷，因为直接赋值给对应属性，如果你在后面代码中再次为 element 绑定一个回调函数，会覆盖掉之前回调函数的内容。

虽然也可以用一些方法实现多个绑定，但还是推荐下面的标准事件监听函数。

（3）使用事件监听函数

标准的事件监听函数如下：

```
element.addEventListener(<event-name>, <callback>, <use-capture>);
```

表示在 element 这个对象上面添加一个事件监听器，当监听到有<event-name>事件发生的时候，调用<callback>这个回调函数。至于<use-capture>这个参数，表示该事件监听是在“捕获”阶段中监听（设置为 true）还是在“冒泡”阶段中监听（设置为 false）。关于捕获和冒泡，会在下面讲解。

用标准事件监听函数改写上面的例子：

```
var btn = document.getElementsByTagName('button');
btn[0].addEventListener('click', function() {
    alert('你点击了这个按钮');
}, false);
```

这里最好是为 HTML 结构定义个 id 或者 class 属性，方便选择，在这里只作为演示使用。

课堂练习

制作阻止页面

制作页面的阻止效果如图 19-5 所示。

图 19-5

示例代码如下所示：

```
<html>
<meta charset="UTF-8">
  <body>
    <button id="btn">点击这里</button>
  </body>
</html>
<script type="text/javascript">
var btn = document.getElementById('btn');
btn.addEventListener('click', function(){
    alert('你点击了这里');
}, false);
</script>
```

19.2.1.2 移除事件监听

当为某个元素绑定了一个事件，每次触发这个事件的时候，都会执行事件绑定的回调函数。如果想解除绑定，需要使用 removeEventListener 方法：

```
element.removeEventListener(<event-name>, <callback>, <use-capture>);
```

需要注意的是，绑定事件时的回调函数不能是匿名函数，必须是一个声明的函数，因为解除事件绑定时需要传递这个回调函数的引用，才可以断开绑定。

课堂练习

移除监听事件

下面的图中按钮值支持点击一次效果，如图 19-6 所示。

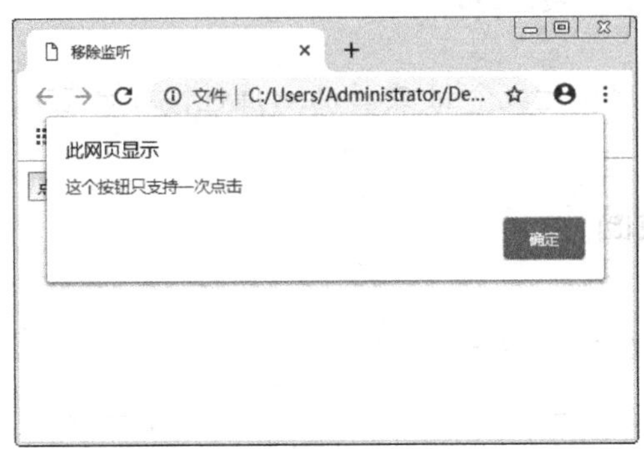

图 19-6

代码如下：

```
<html>
<body>
    <button id="btn">点击这里</button>
</body>
</html>
<script type="text/javascript">
    var btn = document.getElementById('btn');
    var fun = function(){
alert('这个按钮只支持一次点击');
    btn.removeEventListener('click', fun, false);
};
    btn.addEventListener('click', fun, false);
</script>
```

当关闭此弹窗后再次点击按钮，将不会弹出弹窗。

（1）捕获阶段（Capture Phase）

当在 DOM 树的某个节点发生了一些操作（例如单击、鼠标移动上去），就会有一个事件发射过去。这个事件从 Window 发出，不断经过下级节点直到目标节点。在到达目标节点之前的过程，就是捕获阶段（Capture Phase）。

所有经过的节点，都会触发这个事件。捕获阶段的任务就是建立这个事件传递路线，以便后面冒泡阶段顺着这条路线返回 Window。

监听某个在捕获阶段触发的事件，需要在事件监听函数传递第三个参数 true。

```
element.addEventListener(<event-name>, <callback>, true);
```

但一般使用时我们往往传递 false，会在后面说明原因。

（2）目标阶段（Target Phase）

当事件跑到了事件触发目标节点那里，最终在目标节点上触发这个事件，就是目标阶段。

需要注意的时，事件触发的目标总是最底层的节点。比如点击一段文字，以为的事件目标节点在 div 上，但实际上触发在<p> <span>等子节点上。

课堂练习

触发事件

下图中，单击网页中的文字会出现不同的提示，效果如图 19-7 所示。

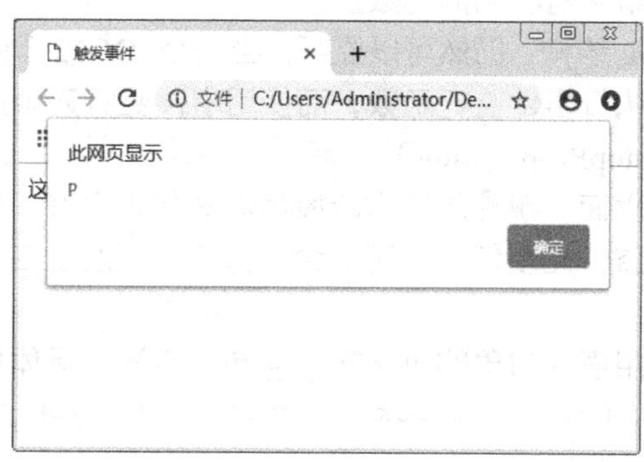

图 19-7

代码如下：

```
<html>
<title>触发事件</title>
<body>
<div>
    <p>这是一段话，这里有个<strong>加粗字体</strong>。</p>
</div>
</body>
</html>
<script type="text/javascript">
    document.addEventListener('click', function(e){
    alert(e.target.tagName);
}, false);
</script>
```

（3）冒泡阶段（Bubbling Phase）

当事件达到目标节点之后，就会沿着原路返回，由于这个过程类似水泡从底部浮到顶部，所以称作冒泡阶段。

在实际使用中，你并不需要把事件监听函数准确绑定到最底层的节点也可以正常工作。比如在上例中，想为这个 <div> 绑定单击时的回调函数，无须为这个 <div> 下面的所有子节点全部绑定单击事件，只需要为 <div> 这一个节点绑定即可。因为发生它子节点的单击事件，都会冒泡上去，发生在 <div> 上面。

（4）为什么不用第三个参数 true

所有介绍事件的文章都会说，在使用 addEventListener 函数来监听事件时，第三个参数设置为 false，这样监听事件时只会监听冒泡阶段发生的事件。

这是因为 IE 浏览器不支持在捕获阶段监听事件，是为了统一而设置的，毕竟 IE 浏览器的份额是不可忽略的。

IE 浏览器在事件这方面与标准还有一些其他的差异，我们会在后面集中介绍。

（5）使用事件代理（Event Delegate）提升性能

因为事件有冒泡机制，所有子节点的事件都会顺着父级节点跑回去，所以我们可以通过监听父级节点来实现监听子节点的功能，这就是事件代理。

使用事件代理主要有两个优势：

- 减少事件绑定，提升性能。之前你需要绑定一堆子节点，而现在你只需要绑定一个父节点即可，减少了绑定事件监听函数的数量。
- 动态变化的 DOM 结构，仍然可以监听。当一个 DOM 动态创建之后，不会带有任何事件监听，除非你重新执行事件监听函数，而使用事件监听无须担忧这个问题。

（6）停止事件冒泡（stopPropagation）

所有的事情都会有对立面，事件的冒泡阶段虽然看起来很好，也会有不适合的场所。比较复杂的应用，由于事件监听比较复杂，可能会希望只监听发生在具体节点的事件。这个时候就需要停止事件冒泡。

停止事件冒泡需要使用事件对象的 stopPropagation 方法，具体代码如下：

```
element.addEventListener('click', function(event) {
    event.stopPropagation();
}, false);
```

在事件监听的回调函数里，会传递一个参数，这就是 Event 对象，在这个对象上调用 stopPropagation 方法即可停止事件冒泡。举个停止事件冒泡的应用实例：JS Bin。

在上面例子中，有一个弹出层，可以在弹出层上做任何操作，例如 click 等。当想关掉这个弹出层，在弹出层外面的任意结构中点击即可关掉。它首先对 document 点进行 click 事件监听，所有的 click 事件，都会让弹出层隐藏掉。同样的，我们在弹出层上面的单击操作也会导致弹出层隐藏。之后我们对弹出层使用停止事件冒泡，掐断了单击事件返回 document 的冒泡路线，这样在弹出层的操作就不会被 document 的事件处理函数监听到。

（7）事件的 Event 对象

当一个事件被触发的时候，会创建一个事件对象（Event Object），这个对象里面包含了一些有用的属性或者方法。事件对象会作为第一个参数，传递给我们的回调函数。我们可以使用下面代码，在浏览器中打印出这个事件对象：

```
<button>打印 Event Object</button>
<script>
var btn = document.getElementsByTagName('button');
btn[0].addEventListener('click', function(event) {
console.log(event);
}, false);
</script>
```

事件对象包括很多有用的信息，比如事件触发时，鼠标在屏幕上的坐标、被触发的 DOM 详细信息以及上图最下面继承过来的停止冒泡方法（stopPropagation）。下面介绍一下比较常用的几个属性和方法：

- type(string)：事件的名称，比如“click”。
- target(node)：事件要触发的目标节点。

- bubbles (boolean)：表明该事件是否是在冒泡阶段触发的。
- preventDefault (function)：这个方法可以禁止一切默认的行为，例如点击 a 标签时，会打开一个新页面，如果为 a 标签监听事件 click 同时调用该方法，则不会打开新页面。
- stopPropagation (function)：停止冒泡，上面有提到，不再赘述。
- stopImmediatePropagation (function)：与 stopPropagation 类似，就是阻止触发其他监听函数。但是与 stopPropagation 不同的是，它更加"强力"，阻止除了目标之外的事件触发，甚至阻止针对同一个目标节点的相同事件。
- cancelable (boolean)：这个属性表明该事件是否可以通过调用 event.preventDefault 方法来禁用默认行为。
- eventPhase (number)：这个属性的数字表示当前事件触发在什么阶段。none：0；捕获：1；目标：2；冒泡：3。
- pageX 和 pageY (number)：这两个属性表示触发事件时，鼠标相对于页面的坐标。
- isTrusted (boolean)：表明该事件是浏览器触发（用户真实操作触发），还是 JavaScript 代码触发的。

（8）jQuery 中的事件

如果你在写文章或者 Demo，为了简单，你当然可以用上面的事件监听函数，以及那些事件对象提供的方法等。但在实际中，有一些方法和属性是有兼容性问题的，所以我们会使用 jQuery 来消除兼容性问题。

下面简单地来说一下 jQuery 中事件的基础操作。

- 绑定事件和事件代理。在 jQuery 中，提供了诸如 click() 这样的语法糖来绑定对应事件，但是这里推荐统一使用 on() 来绑定事件。语法：

```
.on( events [, selector ] [, data ], handler )
```

events 即为事件的名称，可以传递第二个参数来实现事件代理，具体文档.on() 这里不再赘述。

- 处理过兼容性的事件对象（Event Object）。事件对象有些方法等也有兼容性差异，jQuery 将其封装处理，并提供跟标准一致的命名。

如果你想在 jQuery 事件回调函数中访问原来的事件对象，需要使用 event.originalEvent，它指向原生的事件对象。

- 触发事件 trigger 方法。点击某个绑定了 click 事件的节点，自然会触发该节点的 click 事件，从而执行对应回调函数。

trigger 方法可以模拟触发事件，单击另一个节点 elementB，可以使用：

```
$(elementB).on('click', function(){
$(elementA).trigger( "click" );
});
```

来触发 elementA 节点的单击监听回调函数。

19.2.1.3 事件进阶话题

IE 浏览器就是特立独行，它对于事件的操作与标准有一些差异。不过 IE 浏览器现在也开始慢慢努力改造，让浏览器变得更加标准。

（1）IE 下绑定事件

在 IE 下面绑定一个事件监听，在 IE9- 无法使用标准的 addEventListener 函数，而是使用自家的 attachEvent，具体用法：

```
element.attachEvent(<event-name>, <callback>);
```

其中 <event-name> 参数需要注意，它需要为事件名称添加 on 前缀，比如有个事件叫 click，标准事件监听函数监听 click，IE 这里需要监听 onclick。

另外，它没有第三个参数，也就是说它只支持监听在冒泡阶段触发的事件，所以为了统一，在使用标准事件监听函数的时候，第三参数传递 false。

当然，这个方法在 IE9 已经被抛弃，在 IE11 已经被移除了。

（2）IE 中 Event 对象需要注意的地方

IE 中往回调函数中传递的事件对象与标准也有一些差异，需要使用 window.event 来获取事件对象。所以通常会写出下面代码来获取事件对象：

```
event = event || window.event
```

此外还有一些事件属性有差别，比如比较常用的 event.target 属性，IE 中没有，而是使用 event.srcElement 来代替。如果你的回调函数需要处理触发事件的节点，那么需要写：

```
node = event.srcElement || event.target;
```

常见的就是这些，更细节的不再多说。在概念学习中，我们没必要为不标准的东西支付学习成本；在实际应用中，类库已经帮我们封装好这些兼容性问题。可喜的是 IE 浏览器现在也开始不断向标准靠近。

19.2.1.4 事件回调函数的作用域问题

与事件绑定在一起的回调函数作用域会有问题，来看个例子：

```
Events in JavaScript: Removing event listeners
```

回调函数调用的 user.greeting 函数作用域应该是在 user 下的，本期望输出 My name is Bob，结果却输出了 My name is undefined。这是因为事件绑定函数时，该函数会以当前元素为作用域执行。为了证明这一点，我们可以为当前 element 添加属性：

```
element.firstname = 'desheng'
```

再次点击，可以正确弹出 My name is jiangshui。那么我们来解决一下这个问题。

（1）使用匿名函数

我们为回调函数包裹一层匿名函数。

```
Events in JavaScript: Removing event listeners
```

包裹之后，虽然匿名函数的作用域被指向事件触发元素，但执行的内容就像直接调用一样，不会影响其作用域。

（2）使用 bind 方法

使用匿名函数是有缺陷的，每次调用都包裹进匿名函数里面，增加了冗余代码等，此外如果想使用 removeEventListener 解除绑定，还需要再创建一个函数引用。Function 类型提供了 bind 方法，可以为函数绑定作用域，无论函数在哪里调用，都不会改变它的作用域。通过如下语句绑定作用域：

```
user.greeting = user.greeting.bind(user);
```

这样我们就可以直接使用：

```
element.addEventListener('click', user.greeting);
```

19.2.1.5 用 JavaScript 模拟触发内置事件

内置的事件也可以被 JavaScript 模拟触发，比如下面函数模拟触发单击事件：

```
function simulateClick() {
  var event = new MouseEvent('click', {
    'view': window,
```

```
      'bubbles': true,
      'cancelable': true
    });
    var cb = document.getElementById('checkbox');
    var canceled = !cb.dispatchEvent(event);
    if (canceled) {
      // A handler called preventDefault.
      alert("canceled");
    } else {
      // None of the handlers called preventDefault.
      alert("not canceled");
    }
  }
```

可以看这个 Demo 来了解更多。

19.2.1.6 自定义事件

可以自定义事件来实现更灵活的开发，事件用好了可以是一件很强大的工具，基于事件的开发有很多优势（后面介绍）。

与自定义事件相关的函数有 Event、CustomEvent 和 dispatchEvent。

直接自定义事件，使用 Event 构造函数：

```
var event = new Event('build');
// Listen for the event.
elem.addEventListener('build', function (e) { … }, false);
// Dispatch the event.
elem.dispatchEvent(event);
```

CustomEvent 可以创建一个更高度自定义事件，还可以附带一些数据，具体用法如下：

```
var myEvent = new CustomEvent(eventname, options);
```

其中 options 可以是：

```
{
    detail: {
      …
    },
    bubbles: true,
    cancelable: false
}
```

其中 detail 可以存放一些初始化的信息，可以在触发的时候调用。其他属性就是定义该事件是否具有冒泡等功能。

内置的事件会由浏览器根据某些操作进行触发，自定义的事件就需要人工触发。dispatchEvent 函数就是用来触发某个事件：

```
element.dispatchEvent(customEvent);
```

上面代码表示，在 element 上面触发 CustomEvent 这个事件。结合起来用就是：

```
// add an appropriate event listener
obj.addEventListener("cat", function(e) { process(e.detail) });
// create and dispatch the event
var event = new CustomEvent("cat", {"detail":{"hazcheeseburger":true}});
```

```
obj.dispatchEvent(event);
```

使用自定义事件需要注意兼容性问题，而使用 jQuery 就简单多了：

```
// 绑定自定义事件
$(element).on('myCustomEvent', function(){});
// 触发事件
$(element).trigger('myCustomEvent');
```

此外，还可以在触发自定义事件时传递更多参数信息：

```
$( "p" ).on( "myCustomEvent", function( event, myName ) {
  $( this ).text( myName + ", hi there!" );
});
$( "button" ).click(function () {
  $( "p" ).trigger( "myCustomEvent", [ "John" ] );
});
```

19.2.2 事件句柄

很多动态性的程序都定义了事件句柄，当某个事件发生时，Web 浏览器会自动调用相应的事件句柄。由于客户端 JavaScript 的事件是由 HTML 对象引发的，因此事件句柄被定义为这些对象的属性。

例如，要定义在用户点击表单中的复选框时调用事件句柄，只需把处理代码作为复选框的 HTML 标记的属性：

```
<input type="checkbox" name="options"
value="giftwrap" onclick="giftwrap=this.checked;">
```

在这段代码中，onclick 的属性值是一个字符串，其中包含一个或多个 JavaScript 语句。如果其中有多条语句，必须使用分号将每条语句隔开。当指定的事件发生时，字符串的 JavaScript 代码就会被执行。

需要说明的是，HTML 的事件句柄属性并不是定义 JavaScript 事件句柄的唯一方式。也可以在一个<script>标记中使用 JavaScript 代码来为 HTML 元素指定 JavaScript 事件句柄。下面介绍几个最常用的事件句柄属性。

- onclick：所有类似按钮的表单元素和标记<a>及<area>都支持该句柄属性。当用户点击元素时会触发它。如果 onclick 处理程序返回 false，则浏览器不执行任何与按钮和链接相关的默认动作，例如，它不会进行超链接或提交表单。
- onmousedown，onmouseup：这两个事件句柄和 onclick 非常相似，只不过分别在用户按下和释放鼠标按钮时触发。大多数文档元素都支持这两个事件句柄属性。
- onmouseover，onmouseout：分别在鼠标指针移到或移出文档元素时触发。
- onchange：<input> <select>和<textarea>元素支持这个事件句柄。在用户改变了元素显示的值，或移出了元素的焦点时触发。
- onload：这个事件句柄出现在<body>标记上，当文档及其外部内容完全载入时触发。onload 句柄常常用来触发操作文档内容的代码，因为它表示文档已经达到了一个稳定的状态并且修改它是安全的。

19.2.3 事件处理

产生了事件，就要去处理，Javascript 事件处理程序主要有以下 3 种方式：

（1）HTML 事件处理程序

直接在 HTML 代码中添加事件处理程序，如下面这段代码：

```
<input id="btn1" value="按钮" type="button" onclick="showmsg();">
<script>
function showmsg(){
alert("HTML 添加事件处理");
}
</script>
```

从上面的代码中可以看出，事件处理是直接嵌套在元素里头的，这样有一个毛病：就是 html 代码和 js 的耦合性太强，如果哪一天想要改变 js 中 showmsg，那么不但要在 js 中修改，还需要到 html 中修改，一两处的修改我们能接受，但是当代码达到万行级别的时候，修改起来就劳民伤财了，所以这个方式并不推荐使用。

（2）DOM0 级事件处理程序

作用是为指定对象添加事件处理，代码如下所示：

```
<input id="btn2" value="按钮" type="button">
<script>
var btn2= document.getElementById("btn2");
btn2.onclick=function(){
alert("DOM0 级添加事件处理");}
btn.onclick=null;//如果想要删除 btn2 的点击事件，将其置为 null 即可
</script>
```

从上面的代码能看出，相对于 HTML 事件处理程序，DOM0 级事件，html 代码和 js 代码的耦合性已经大大降低。但是，聪明的程序员还是不太满足，期望寻找更简便的处理方式，下面就来说说第三种处理方法。

（3）DOM2 级事件处理程序

DOM2 也是对特定的对象添加事件处理程序，但是主要涉及两个方法，用于处理指定和删除事件处理程序的操作：addEventListener()和 removeEventListener()。

它们都接收三个参数：要处理的事件名、作为事件处理程序的函数和一个布尔值（是否在捕获阶段处理事件）。

对特定的对象添加事件处理程序，代码如下：

```
<input id="btn3" value="按钮" type="button">
<script>
var btn3=document.getElementById("btn3");
btn3.addEventListener("click",showmsg,false);//这里我们把最后一个值置为
false，即不在捕获阶段处理，一般来说冒泡处理在各浏览器中兼容性较好
function showmsg(){
alert("DOM2 级添加事件处理程序");
}
btn3.removeEventListener("click",showmsg,false);//如果想要把这个事件删除，
只需要传入同样的参数即可
</script>
```

这里可以看到，在添加删除事件处理的时候，最后一种方法更直接，也最简便。但是需

要提醒大家注意的是，在删除事件处理的时候，传入的参数一定要跟之前的参数一致，否则删除会失效。

综合实战　制作文字渐变效果

通过本章的学习相信大家已经对 JavaScript 有了基本的了解，本章主要讲述了 JavaScript 的基础知识，包括 JavaScript 的入门基础、基本的语法和事件分析的基础知识。如果想要深入地了解 JavaScript 的知识，这些知识都是基石。所以必须牢牢地掌握本章所讲解的知识，打好基础，下面的内容学习起来才不会感觉吃力。

本章的综合实战为大家准备了一个简单渐变的效果，如图 19-8 所示。

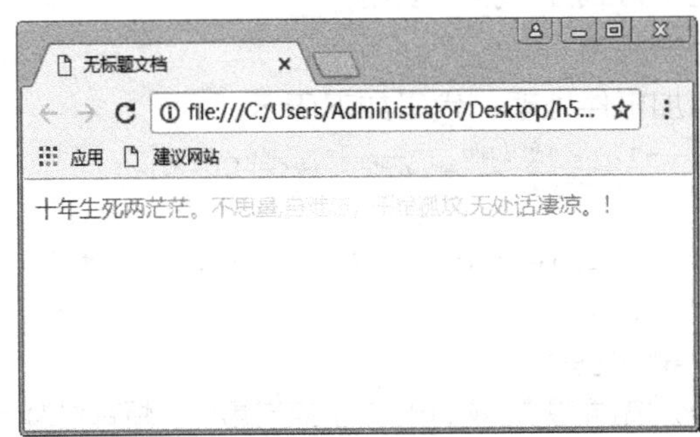

图 19-8

代码如下：

```
<!doctype html>
<html>
<head>
<meta charset="utf-8">
<title>无标题文档</title>
</head>
<body>
 <script language="JavaScript">
<!-- Hide
function MakeArray(n){
   this.length=n;
   for(var i=1; i<=n; i++) this[i]=i-1;
   return this
}
hex=new MakeArray(16);
hex[11]="A"; hex[12]="B"; hex[13]="C"; hex[14]="D"; hex[15]="E"; hex[16]=
"F";
function ToHex(x){
   var high=x/16;
   var s=high+"";
```

```
        s=s.substring(0,2);
        high=parseInt(s,10);
        var left=hex[high+1];
        var low=x-high*16;
        s=low+"";
        s=s.substring(0,2);
        low=parseInt(s,10);
        var right=hex[low+1];
        var string=left+""+right;
        return string;
    }
    function rainbow(text){
        text=text.substring(3,text.length-4);
        color_d1=255;
        mul=color_d1/text.length;
        for(i=0;i < text.length;i++){
            color_d1=255*Math.sin(i/(text.length/3)); "255*Math.sin(i/(text.
length/3))"
            color_h1=ToHex(color_d1);
            color_d2=mul*i;
            color_h2=ToHex(color_d2);
            document.write("<FONT COLOR='#FF"+color_h1+color_h2+"'>"+text.substring
(i,i+1)+'</FONT>');
        }
    }
    // -->
    </script>
    <SCRIPT>
    <!--
        {rainbow("--> 十年生死两茫茫。不思量,自难忘。千里孤坟,无处话凄凉。!<!--");}
    //-->
    </SCRIPT>
    </body>
    </html>
```

课后作业　制作文字各种效果

难度等级 ★★

在网页设计中，文字有很多的特效，为了用户有更好的交互体验，设计师经常给文字或者背景做一些效果，下面的强化练习为大家准备了让文字进行跳动的效果。最终的效果如图19-9 所示。

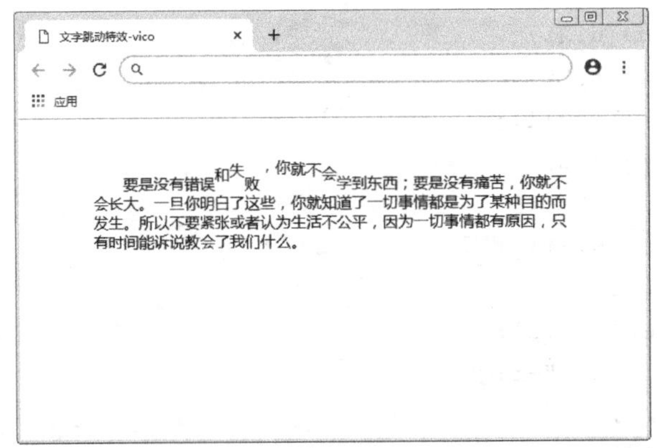

扫一扫，看答案

图 19-9

难度等级 ★★

本章的最后一个课后作业是带大家制作一个点击屏幕显示文字效果，如图 19-10 所示。

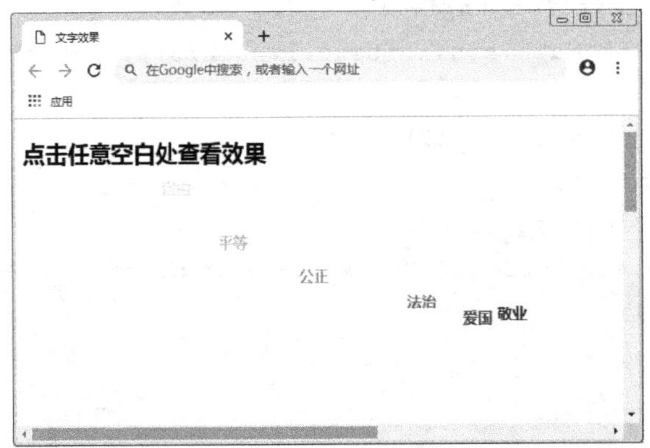

扫一扫，看答案

图 19-10

第20章 JavaScript 事件解析

内容导读

JavaScript 创建动态页面。事件是可以被 JavaScript 侦测到的行为。网页中的每个元素都可以产生某些可以触发 JavaScript 函数或程序的事件。比如，当用户单击按钮或者提交表单数据时，就发生一个鼠标单击（onclick）事件，需要浏览器做出处理，返回给用户一个结果。本章将带领大家了解和学习 JavaScript 事件的分析。

学习目标

学习完本章的知识，你将会了解到如何使用 JavaScript 制作轮播图效果以及一些简单的特效是怎么完成的。

20.1 JavaScript 应用表单

表单是用户与 Web 页面交互最频繁的页面元素之一，目前在互联网中所有页面上都应用到了表单及表单元素，之前的章节中也讲到了表单的详细用法，本节就来讲解一下表单元素该怎样运用 JavaScript 对象。

20.1.1 按钮对象

扫一扫，看视频

目前最常使用的按钮就是提交按钮，在一个表单中，为了防止用户在表单填写完毕之前误点了提交这种情况的发生，通常都是需要验证，最简单的方法就是在单击提交按钮的时候进行必填项检测，并控制按钮的默认行为。

课堂练习

制作点击按钮效果

现在很多网页中的表单或者提交按钮会有单击时候提示效果，如图 20-1 所示。

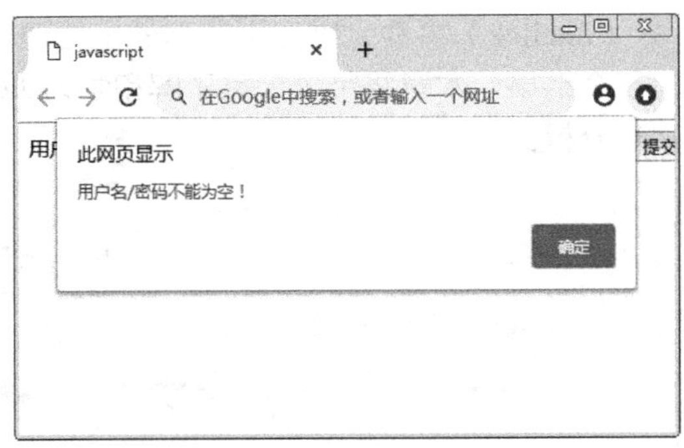

图 20-1

代码如下：

```
<!doctype html>
<html>
<head>
<meta charset="utf-8">
<title>javascript</title>
</head>
<body>
<form id="autoForm" >
    用户名：<input type="text" name="userName" />
    密码：<input type="password" name="userPwd" />
    <input type="submit" value='提交'>
</form>
<script>
    autoForm.elements[autoForm.elements.length-1].onclick = function(e){
```

```
    //检测必填项
    if(autoForm.userName.value == "" || autoForm.userPwd.value == ""){
    alert("用户名/密码不能为空！");
    //阻止默认行为
    if(e)
    e.preventDefault();//标准方式
    else
    event.returnValue = false;//IE 方式
    }
    }
</script>
</body>
</html>
```

图中的显示效果是没有填写用户名和密码出现的提示。

20.1.2 复选框对象

复选框通常用于批量的数据传递或者数据处理，那么该如何运用 JavaScript 来控制这些复选框呢？下面就来讲解这些知识。

制作复选框的全部选择效果

制作全选或者全部取消选择的效果很简单，如图 20-2 所示。

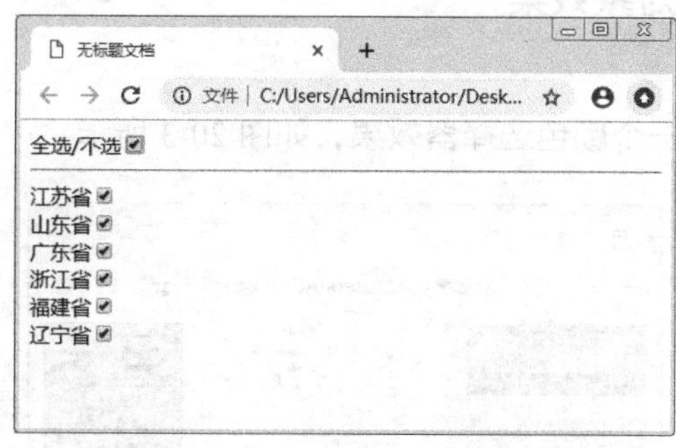

图 20-2

代码如下：

```
<!doctype html>
<html>
<head>
<meta charset="utf-8">
<title>无标题文档</title>
</head>
<body>
<form id="autoForm" >
    全选/不选<input type="checkbox" id="selector"><br/>
```

```
    <hr>
    <label>江苏省<input type="checkbox" ></label><br/>
    <label>山东省<input type="checkbox" ></label><br/>
    <label>广东省<input type="checkbox" ></label><br/>
    <label>浙江省<input type="checkbox" ></label><br/>
    <label>福建省<input type="checkbox" ></label><br/>
    <label>辽宁省<input type="checkbox" ></label><br/>
</form>
<script>
    var selector = document.getElementById('selector');
    selector.onclick = function(){
    for(var i=0;i<autoForm.elements.length;i++){
    autoForm.elements[i].checked = this.checked;
    }
    }
</script>
</body>
</html>
```

20.1.3 列表框对象

列表框在 HTML 中通常表现为下拉列表框，如果想使用列表来改变页面行为可以通过监听列表事件来执行相应的处理。

选择列表框对象效果

下面为大家准备的是一个颜色选择器效果，如图 20-3 所示。

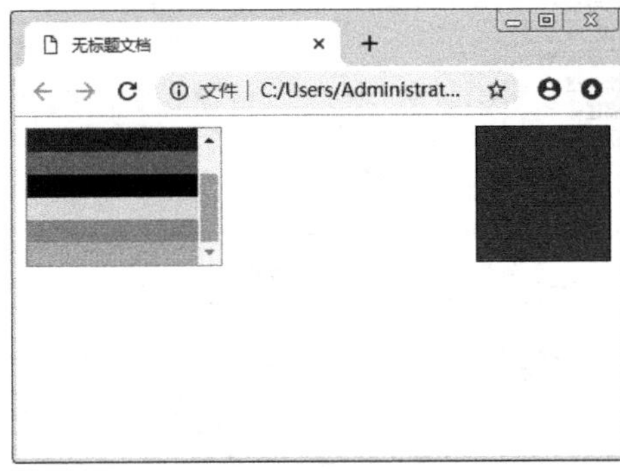

图 20-3

代码如下：

```
<!doctype html>
<html>
<head>
<meta charset="utf-8">
```

```
    <title>无标题文档</title>
    </head>
    <body>
    <style>
    body{
        border:none;
        overflow:hidden;
    }
    select{
        width:150px;
        float:left;
    }
    #block{
        width:100px;
        height:100px;
        border:1px solid #000;
        float:right;
    }
    </style>
        <select id="selector" multiple size=6>
            <option style="background:#000" value="0x000"></option>
            <option style="background:#fff" value="0xfff"></option>
            <option style="background:#f00" value="0xf00"></option>
            <option style="background:#0f0" value="0x0f0"></option>
            <option style="background:#00f" value="0x00f"></option>
            <option style="background:#ff0" value="0xff0"></option>
            <option style="background:#0ff" value="0x0ff"></option>
            <option style="background:#f0f" value="0xf0f"></option>
        </select>
    <div id="block">
    </div>
    <script>
        var baseColor = 0x000;
        var colorSelector = document.getElementById("selector");
        colorSelector.onchange = function(){
        for(var i=0;i<this.options.length;i++){
        if(this.options[i].selected)
        baseColor ^= parseInt(this.options[i].value);
        }
        baseColor = baseColor.toString(16);
        if(baseColor.length == 1)baseColor = "00"+baseColor;
        if(baseColor.length == 2)baseColor = "0"+baseColor;
        document.getElementById('block').style.background = "#"+baseColor;
        }
    </script>
    </body>
    </html>
```

20.2 JavaScript 事件分析

接下来讲解的是 JavaScript 事件的分析，讲解一些网页中经常用到的网页效果，比如鼠标滑过时的效果、轮播图的效果等。

20.2.1 轮播图效果

图片轮播经常在众多网站中看到，各种轮播特效在有限的空间上展示了几倍于空间大小的内容，并且有着良好的视觉效果。其实轮播图的写法有很多，这里举一个比较简单的例子。

课堂练习

详解轮播图

打开网页文档，在<body></body>之间输入以下代码，制作网页的轮播图。

```
<div class="container">
    <div class="wrap" style="left: -600px;">
      <img src="test1.jpg" alt="">
      <img src="test2.jpg" alt="">
      <img src="test3.jpg" alt="">
      <img src="test4.jpg" alt="">
      <img src="test5.jpg" alt="">
      <img src="test3.jpg" alt="">
      <img src="test1.jpg" alt="">
    </div>
    <div class="buttons">
      <span class="on">1</span>
      <span>2</span>
      <span>3</span>
      <span>4</span>
      <span>5</span>
    </div>
    <a href="javascript:;" rel="external nofollow" rel="external nofollow" rel="external nofollow" rel="external nofollow" class="arrow arrow_left"><</a>
    <a href="javascript:;" rel="external nofollow" rel="external nofollow" rel="external nofollow" rel="external nofollow" class="arrow arrow_right">></a>
```

（1）</div>CSS 部分

CSS 样式部分（图片组的处理）跟淡入淡出式就不一样了，淡入淡出只需要显示或者隐藏对应序号的图片就行了，直接通过 display 来设定。左右切换式则是采用图片 li 浮动，父层元素 ul 总宽为总图片宽，并设定为有限 banner 宽度下隐藏超出宽度的部分。然后当想切换到某序号的图片时，则采用其 ul 定位 left 样式设定相应属性值实现。

比如显示第一张图片初始定位 left 为 0px，要想显示第二张图片则需要进行 left:-400px

处理。

示例代码如下所示：

```
<style>
    * {
      margin:0;
      padding:0;
    }
    a{
      text-decoration: none;
    }
    .container {
      position: relative;
      width: 600px;
      height: 400px;
      margin:100px auto 0 auto;
      box-shadow: 0 0 5px green;
      overflow: hidden;
    }
    .container .wrap {
      position: absolute;
      width: 4200px;
      height: 400px;
      z-index: 1;
    }
    .container .wrap img {
      float: left;
      width: 600px;
      height: 400px;
    }
    .container .buttons {
      position: absolute;
      right: 5px;
      bottom:40px;
      width: 150px;
      height: 10px;
      z-index: 2;
    }
    .container .buttons span {
      margin-left: 5px;
      display: inline-block;
      width: 20px;
      height: 20px;
      border-radius: 50%;
      background-color: green;
      text-align: center;
      color:white;
```

```
      cursor: pointer;
    }
    .container .buttons span.on{
      background-color: red;
    }
    .container .arrow {
      position: absolute;
      top: 35%;
      color: green;
      padding:0px 14px;
      border-radius: 50%;
      font-size: 50px;
      z-index: 2;
      display: none;
    }
    .container .arrow_left {
      left: 10px;
    }
    .container .arrow_right {
      right: 10px;
    }
    .container:hover .arrow {
      display: block;
    }
    .container .arrow:hover {
      background-color: rgba(0,0,0,0.2);
    }
  </style>
```

（2）JavaScript 部分

页面基本已经构建好就可以进行 JS 的处理了。

① 全局变量等。

```
  var curIndex = 0, //当前 index
  imgArr = getElementsByClassName("imgList")[0].getElementsByTagName("li"),
//获取图片组
  imgLen = imgArr.length,
  infoArr = getElementsByClassName("infoList")[0].getElementsByTagName("li"),
//获取图片 info 组
  indexArr = getElementsByClassName("indexList")[0].getElementsByTagName("li");
//获取控制 index 组
```

② 自动切换定时器处理。

```
    // 定时器自动变换 2.5 秒每次
  var autoChange = setInterval(function(){
    if(curIndex < imgLen -1){
      curIndex ++;
    }else{
```

```
        curIndex = 0;
      }
      //调用变换处理函数
      changeTo(curIndex);
    },2500);
```

同样的，有一个重置定时器的函数。

```
  //清除定时器时候的重置定时器--封装
   function autoChangeAgain(){
       autoChange = setInterval(function(){
       if(curIndex < imgLen -1){
         curIndex ++;
       }else{
         curIndex = 0;
       }
     //调用变换处理函数
       changeTo(curIndex);
     },2500);
     }
```

③ 因为有一些 class，所以来几个 class 函数的模拟也是需要的。

```
  //通过 class 获取节点
   function getElementsByClassName(className){
     var classArr = [];
     var tags = document.getElementsByTagName('*');
     for(var item in tags){
       if(tags[item].nodeType == 1){
         if(tags[item].getAttribute('class') == className){
           classArr.push(tags[item]);
         }
       }
     }
     return classArr; //返回
   }

   // 判断 obj 是否有此 class
   function hasClass(obj,cls){  //class 位于单词边界
     return obj.className.match(new RegExp('(\\s|^)' + cls + '(\\s|$)'));
    }
    //给 obj 添加 class
   function addClass(obj,cls){
     if(!this.hasClass(obj,cls)){
        obj.className += cls;
     }
   }
   //移除 obj 对应的 class
   function removeClass(obj,cls){
     if(hasClass(obj,cls)){
```

```
    var reg = new RegExp('(\\s|^)' + cls + '(\\s|$)');
      obj.className = obj.className.replace(reg,'');
  }
}
```

④ 要左右切换，就得模拟 jq 的 animate-->left。

思路就是动态地设置 element.style.left 进行定位。因为要有一个渐进的过程，所以加上一点阶段处理。

定位的时候 left 的设置也是有点复杂的，要考虑方向等情况。

```
//图片组相对原始左移 dist px 距离
function goLeft(elem,dist){
if(dist == 400){ //第一次时设置 left 为 0px 或者直接使用内嵌法 style="left:0;"
elem.style.left = "0px";
}
var toLeft; //判断图片移动方向是否为左
dist = dist + parseInt(elem.style.left); //图片组相对当前移动距离
if(dist<0){
toLeft = false;
dist = Math.abs(dist);
}else{
toLeft = true;
}
for(var i=0;i<= dist/20;i++){ //这里设定缓慢移动，10 阶每阶 40px
 (function(_i){
var pos = parseInt(elem.style.left); //获取当前 left
setTimeout(function(){
pos += (toLeft)? -(_i * 20) : (_i * 20); //根据 toLeft 值指定图片组位置改变
//console.log(pos);
elem.style.left = pos + "px";
},_i * 25); //每阶间隔 50 毫秒
})(i);
}
}
```

上面的例子初始了 left 的值为 0px。如果不初始或者把初始的 left 值写在行内 css 样式表里边，就总会报错取不到。所以直接在 js 中初始化或者在 html 中内嵌初始化也可。

⑤ 接下来就是切换的函数实现了，比如要切换到序号为 num 的图片。

```
//左右切换处理函数
function changeTo(num){
//设置 image
var imgList = getElementsByClassName("imgList")[0];
goLeft(imgList,num*400); //左移一定距离
//设置 image 的 info
var curInfo = getElementsByClassName("infoOn")[0];
removeClass(curInfo,"infoOn");
addClass(infoArr[num],"infoOn");
//设置 image 的控制下标 index
```

```
var _curIndex = getElementsByClassName("indexOn")[0];
removeClass(_curIndex,"indexOn");
addClass(indexArr[num],"indexOn");
}
```

⑥ 然后再给左右箭头还有右下角那堆 **index** 绑定事件处理。

```
//给左右箭头和右下角的图片 index 添加事件处理
function addEvent(){
for(var i=0;i<imgLen;i++){
//闭包防止作用域内活动对象 item 的影响
(function(_i){
//鼠标滑过则清除定时器，并作变换处理
indexArr[_i].onmouseover = function(){
clearTimeout(autoChange);
changeTo(_i);
curIndex = _i;
};
//鼠标滑出则重置定时器处理
indexArr[_i].onmouseout = function(){
autoChangeAgain();
};
})(i);
}
//给左箭头 prev 添加上一个事件
var prev = document.getElementById("prev");
prev.onmouseover = function(){
//滑入清除定时器
clearInterval(autoChange);
};
prev.onclick = function(){
//根据 curIndex 进行上一个图片处理
curIndex = (curIndex > 0) ? (--curIndex) : (imgLen - 1);
changeTo(curIndex);
};
prev.onmouseout = function(){
//滑出则重置定时器
autoChangeAgain();
};
//给右箭头 next 添加下一个事件
var next = document.getElementById("next");
next.onmouseover = function(){
clearInterval(autoChange);
};
next.onclick = function(){
curIndex = (curIndex < imgLen - 1) ? (++curIndex) : 0;
changeTo(curIndex);
};
```

```
    next.onmouseout = function(){
    autoChangeAgain();
    };
    }
```

代码的运行效果如图 20-4 所示。

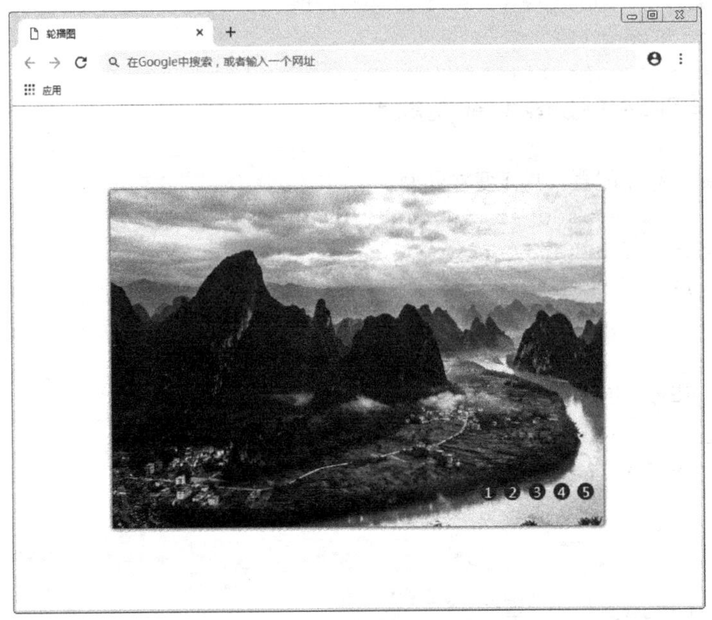

图 20-4

20.2.2 字体闪烁效果

扫一扫，看视频

在网页中，为了更好地吸引用户的注意力，设计者会把重要的信息添加效果，比如闪烁、振动等，下面就来讲解怎样用 JavaScript 设计文字的闪烁效果。

课堂练习 制作字体效果

字体在网页设计中是非常重要的元素，所以字体的效果也需要进行修饰，如图 20-5 所示。

图 20-5

代码如下：

```
<!doctype html>
<html>
 <head>
 <meta charset="gb2312" />
 <title>js 实现文字闪烁特效</title>
 </head>
<script>
 var flag = 0;
 function start(){
 var text = document.getElementById("myDiv");
 if (!flag)
 {
     text.style.color = "red";
     text.style.background = "#0000ff";
     flag = 1;
 }else{
     text.style.color = "";
     text.style.background = "";
     flag = 0;
 }
 setTimeout("start()",500);
 }
</script>
 <body onload="start()">
     <span id="myDiv">JavaScript 的世界是如此精彩！</span>
 </body>
</html>
```

20.2.3 鼠标滑过效果

网页中为了突出某件商品的重要性通常会给商品的图片做效果，最常见的是给图片做出振动的效果，本节来讲解使用 JavaScript 实现图片的振动效果。

课堂练习

制作图片振动效果

在网页中经常遇到当鼠标放在图片上的时候，图片有振动或者翻滚的效果，如图 20-6 所示的效果就是振动。

图 20-6

代码如下：

```
<html>
<head>
<meta http-equiv="Content-Type" content="text/html; charset=gb2312">
<title>鼠标滑过 图片振动效果</title>
<style>
   .shakeimage{
      position:relative
   }
</style>
<script language="JavaScript1.2">
//configure shake degree (where larger # equals greater shake)
var rector=3
///////DONE EDITTING///////////
var stopit=0
var a=1
function init(which){
   stopit=0
   shake=which
   shake.style.left=0
   shake.style.top=0
}
function rattleimage(){
if ((!document.all&&!document.getElementById)||stopit==1)
return
if (a==1){
   shake.style.top=parseInt(shake.style.top)+rector
}
else if (a==2){
   shake.style.left=parseInt(shake.style.left)+rector
}
```

```
    else if (a==3){
        shake.style.top=parseInt(shake.style.top)-rector
    }
    else{
        shake.style.left=parseInt(shake.style.left)-rector
    }
    if (a<4)
        a++
    else
        a=1
        setTimeout("rattleimage()",50)
    }
    function stoprattle(which){
        stopit=1
        which.style.left=0
        which.style.top=0
    }
    </script>
    <body bgcolor="#F7F7F7">
        <p align="center">
        <img src="test3.jpg" class="shakeimage" onMouseover="init(this);
rattleimage()" onMouseout= "stoprattle(this)">
        <br>
        鼠标移动到图片看效果</p>
    </body>
    </html>
```

20.3 JavaScript 制作特效

在设计网页中也会用到时间的特效和窗口的特效，即显示用户在网页中停留的时间、显示当前的日期和窗口自动关闭等，下面讲解的是该怎么设计这些特效。

20.3.1 显示网页停留时间

显示网页停留时间相当于是设计一个计时器，用于显示浏览者在该页面停留了多长时间。

思路是设置三个变量：second,minute,hour。然后让 second 不停地+1，并且利用 setTimeout 实现页面每隔一秒刷新一次，当 second 等于 60 时，minute 开始+1，并且让 second 重新置零。同理当 minute 等于 60 时，hour 开始+1。这样即可实现计时功能。

课堂练习

制作一个计时器

网页中经常看到一个计时器，为了让用户能更好地知道在网页上停留的时间，效果如图 20-7 所示。

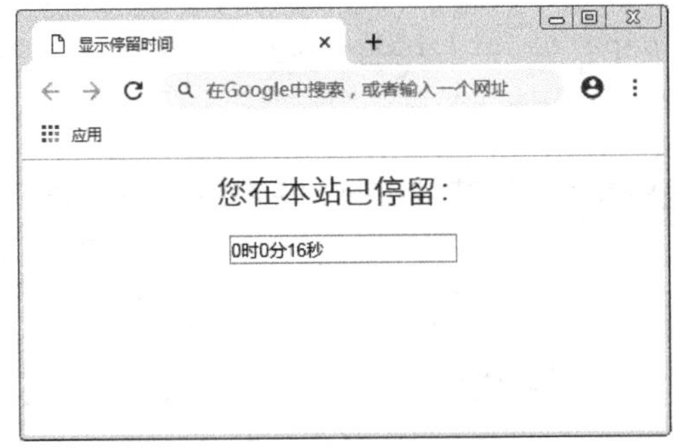

图 20-7

代码如下：

```
<html>
<head>
<meta http-equiv="Content-Type" content="text/html; charset=utf-8">
<title>显示停留时间</title>
</head>
<body>
<form name="form1" method="post" action="">
    <center>
    <p><font size="5" color="#0000FF" face="华文细黑">您在本站已停留：</font>
</p>
    <p>
    <input name="textarea" type="text" value="">
    </p>
    </center>
<script language="javascript">
var second=0;
var minute=0;
var hour=0;
window.setTimeout("interval();",1000);//设置时间一秒刷新一次
function interval()//设置计时器
{
    second++;
if(second==60)
{
    second=0;minute+=1;
}
if(minute==60)
{
    minute=0;hour+=1;
}
    document.form1.textarea.value = hour+"时"+minute+"分"+second+"秒";
//将计时器的数值显示在 form 表单中
    window.setTimeout("interval();",1000); //设置时间一秒刷新一次
```

```
    }
</script>
</form>
</body>
</html>
```

20.3.2 制作定时关闭窗口

扫一扫，看视频

定时关闭的窗口经常出现在网页中的一些广告，可以给这些广告设定定时关闭窗口的时间，示例如下。

课堂练习 制作窗口的自动关闭效果

使用 JavaScript 可以控制窗口的关闭效果，如图 20-8 所示。

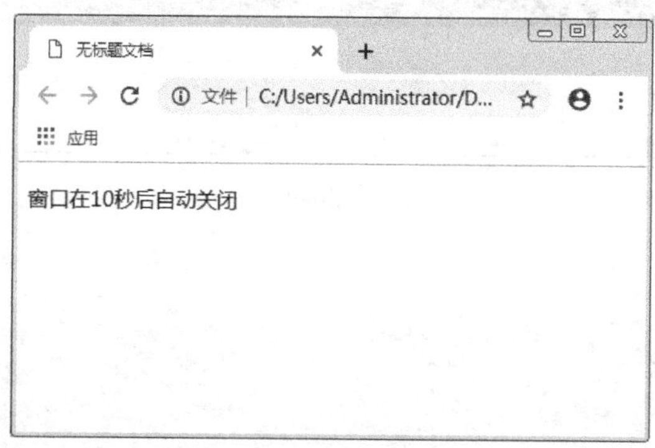

图 20-8

代码如下：

```
<!doctype html>
<html>
<head>
<meta charset="utf-8">
<title>无标题文档</title>
<script type="text/javascript">
    function webpageClose(){
    window.close();
    }
    setTimeout( webpageClose,10000)//10 秒后关闭
</script>
</head>
<body>
    <p>窗口在 10 秒后自动关闭</p>
</body>
</html>
```

综合实战　轮播图的制作

本章主要讲解了 JavaScript 在网页中的实际应用，比如轮播图的效果、闪烁的效果、鼠标滑过的效果、窗口特效和时间特效。当然 JavaScript 不止能做出这些效果。本章所讲的知识都是会经常用到的，如果想做个优秀的设计师，需要掌握这些知识。

本章的综合实战为大家准备的是一个轮播图的效果，如图 20-9 所示。

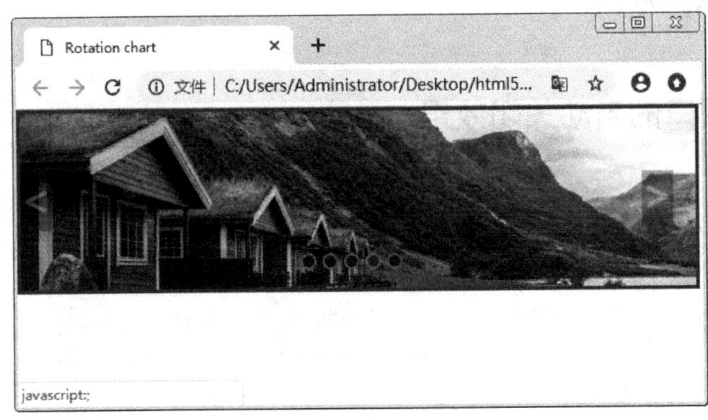

图 20-9

代码如下：

```
<!DOCTYPE html>
<html lang="en">
<head>
    <meta charset="UTF-8">
    <title>Rotation chart</title>
</head>
<style>
*{
padding: 0px;
margin: 0px;
list-style:none;
text-decoration: none;
}
#container{
    height:152px;
    width: 600px;
    position: relative;
    border: 3px solid #465;
    overflow: hidden;
}
#list{
   position: absolute;
```

```
    width: 4200px;
    height: 152px;
    z-index: 1;
    overflow: hidden;
}
#list img{
    float: left;
    width: 600px;
    height: 152px;
}
#buttons{
    position: absolute;

    left: 250px;
    bottom: 20px;
    height: 10px;
    width: 100px;
    z-index: 2;
}
#buttons span{
    float: left;
    margin-right: 5px;
    width: 10px;
    height: 10px;
    border: 1px solid #fff;
    border-radius: 50%;
    background: #333;
    cursor: pointer;
    z-index: 2;
    border: 2px solid #b9beba;
    border-color: hsla(0,0%,100%,.4);
}
}
#prev {
    left: 20px;
    position: absolute;
  }
#next {
    right: 20px;
}
.arrow {
    position: absolute;
    top: 53px;
    z-index: 2;
```

```
    display: none;
    width: 28px;
    height: 48px;
    font-size: 36px;
    font-weight: bold;
    line-height: 39px;
    text-align: center;
    color: hsla(0,0%,100%,.4);
    background-color: rgba(0,0,0,.2);
    cursor: pointer;
}
#container:hover .arrow
{   display: block;        }

#buttons .on {
    background: #f10215;
}
</style>
<body>
    <div class="header">
      <div id="container">
          <div id="list" style="left: -600px;">
              <img src="img1.png" alt="5"  height="152px" />
              <img src="img2.png" alt="1" height="152px" />
              <img src="img3.png" alt="2"  height="152px"/>
              <img src="img4.png" alt="3"  height="152px"/>
              <img src="img1.png" alt="4"  height="152px"/>
              <img src="img2.png" alt="5"  height="152px"/>
              <img src="img3.png" alt="1"  height="152px"/>
        </div>
        <div id="buttons">
            <span index="1" class="on"></span>
            <span index="2"></span>
            <span index="3"></span>
            <span index="4"></span>
            <span index="5"></span>
        </div>
        <a href="javascript:;" id="prev" class="arrow">&lt;</a>
        <a href="javascript:;" id="next" class="arrow">&gt;</a>
      </div>
    </div>
<script>
var prev=document.getElementById("prev");
var next=document.getElementById("next");
```

```
var list=document.getElementById("list");
var buttons=document.getElementById("buttons");
var imgwidth=list.children[0].offsetWidth;
var span=document.getElementById("buttons").getElementsByTagName("span");
var temp=0;
var key=1;
var flag=0;
var lock = true;
var auto="";
next.onclick=function(){ if(lock){animate(1);}
    if(list.offsetLeft<=-3600)
    {list.style.left="-600px";}
     clear();
    if(key>4){key=1;span[key - 1].className = 'on';}
    else{key++;span[key - 1].className = 'on';} }
prev.onclick=function(){ if(lock){animate(-1);
    if(list.offsetLeft>=-600)
    {list.style.left="-3600px";}
    clear();
    if(key<=1)
    {key=5;span[key-1 ].className = 'on';console.log(key);}
    else{key--;span[key - 1].className = 'on';}}}

function animate(step){
    var index=step*600;
    if(index>0){var speed=10;}else{var speed=-10;}
    temp=0;
    lock=false;
    flag=setInterval(function(){
    temp++;
    list.style.left=list.offsetLeft-speed+"px";
    if(temp>59){clearInterval(flag);lock=true;};},10)}
    list.onmouseover=function(){clearInterval(auto);}
    list.onmouseout=function(){auto=setInterval(function(){
    if(lock){animate(1);}
    if(list.offsetLeft<=-3600)
    {list.style.left="-600px";}
    clear();
    if(key>4){key=1;span[key - 1].className = 'on';}
    else{key++;span[key - 1].className = 'on';}},2000);}
    buttons.onmouseover=function(){clearInterval(auto);}
    next.onmouseover=function(){clearInterval(auto);}
    prev.onmouseover=function(){clearInterval(auto);}
    function clear(){for (var i = 0; i < span.length; i++) {
```

```
    if (span[i].className == 'on') {span[i].className = ''}}}
    for (var i = 0; i <span.length; i++) {
                span[i].onclick = function () {
                var clickIndex = parseInt(this.getAttribute('index'));
                var offs = (-1)*600 * clickIndex;
                    list.style.left=offs+"px";
                    key=clickIndex;
                    clear();
                    span[key - 1].className = 'on';
                  }}
   auto=setInterval(function(){
    if(lock){animate(1);}
    if(list.offsetLeft<=-3600)
       {console.log(list.offsetLeft);list.style.left="-600px";}
    clear();
    if(key>4){key=1;span[key - 1].className = 'on';}
    else{key++;span[key - 1].className = 'on';}},2000);
</script>
</body>
</html>
```

课后作业　JavaScript 的实际应用

难度等级 ★★

在设计网页中，为了用户有更好的交互体验，设计师们也是煞费苦心。此课后作业则为大家准备了在用户交互的时候最常用的颜色自定义的设定。

效果如图 20-10 所示。

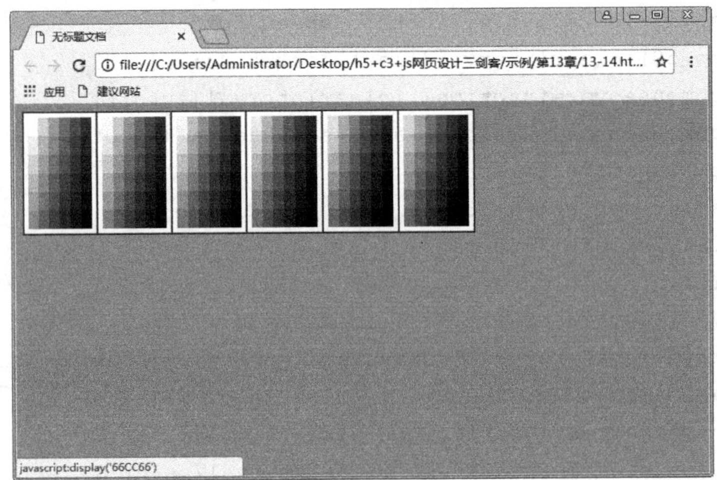

扫一扫，看答案

图 20-10

在上图中，用户可以随时选择自己喜欢的背景色，在点击颜色时，网页的左下方会同步显示颜色值。

难度等级 ★★

模仿 QQ 软件制作一个好友的可折叠效果，如图 20-11 所示。

图 20-11

扫一扫，看答案

第21章 JavaScript网页中常用事件

内容导读

在网页中经常遇到点击页面中的某个元素弹出窗口的情形；浏览某个网页会显示这个网页的浏览人数，还有记录用户在网页中浏览的时间；网页中文字的闪烁以及图片的振动效果等，这一系列的事件都是可以通过JavaScript 来实现的。本章为大家带来的是网页中经常用到的特效的制作方法和过程。

学习完本章的知识，你将学会如何使用 JavaScript 制作一些简单的特效，然后利用这些简单的特效进行拓展应用。

21.1 浏览器事件

HTML 事件是发生在 HTML 元素上的“事情”。当在 HTML 页面中使用 JavaScript 时，JavaScript 能够“应对”这些事件。本节讲解的是浏览器中的事件。

21.1.1 检测浏览器及版本

鉴于浏览器的多样性，想要快速地知道浏览器的版本，我们该如何利用 JavaScript 来测试呢？在此将重点讲解一下。

课堂练习

检查浏览器的版本

检测浏览器的版本很重要，因为很多老旧的浏览器不支持新的样式，检测效果如图 21-1 所示。

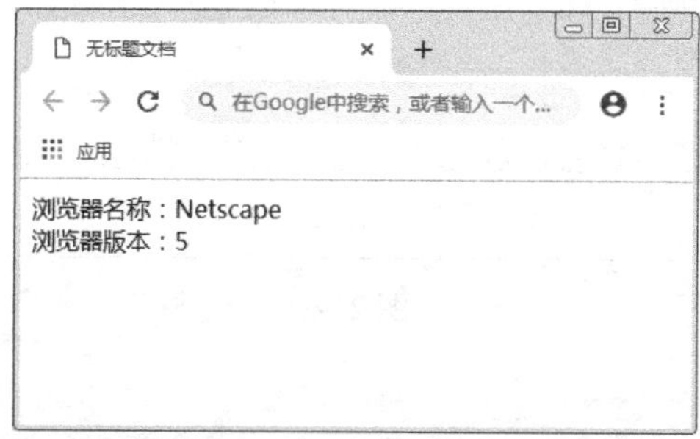

图 21-1

代码如下：

```
<!doctype html>
<html>
<head>
<meta charset="utf-8">
<title>无标题文档</title>
</head>
<body>
<script type="text/javascript">
    var browser=navigator.appName
    var b_version=navigator.appVersion
    var version=parseFloat(b_version)
    document.write("浏览器名称: "+ browser)
    document.write("<br />")
    document.write("浏览器版本: "+ version)
</script>
</body>
</html>
```

从图 21-1 可以看出浏览器的名称及版本。

21.1.2 检测浏览器的更多信息

有时候根据需求，仅仅知道浏览器的名称和版本还是远远不够的，那么怎么样才能知道浏览器的更多信息呢？

检查浏览器的信息

下面的一段代码就是如何检测浏览器的更多信息，效果如图 21-2 所示。

图 21-2

代码如下：

```
<!doctype html>
<html>
<head>
<meta charset="utf-8">
<title>无标题文档</title>
</head>
<body>
<script type="text/javascript">
    document.write("<p>浏览器：")
    document.write(navigator.appName + "</p>")
    document.write("<p>浏览器版本：")
    document.write(navigator.appVersion + "</p>")
    document.write("<p>代码：")
    document.write(navigator.appCodeName + "</p>")
    document.write("<p>平台：")
    document.write(navigator.platform + "</p>")
    document.write("<p>Cookies 启用：")
    document.write(navigator.cookieEnabled + "</p>")
    document.write("<p>浏览器的用户代理报头：")
    document.write(navigator.userAgent + "</p>")
```

```
</script>
</body>
</html>
```

浏览器的更多信息都显示在图 21-2 中。

※ **知识拓展** ※
检测浏览更多的信息后，如果还是不能全面了解浏览器的话，那么就直接检测浏览器的全部信息。

代码如下：

```
<!doctype html>
<html>
<head>
<meta charset="utf-8">
<title>无标题文档</title>
</head>
<body>
<script type="text/javascript">
var x = navigator;
   document.write("CodeName=" + x.appCodeName);
   document.write("<br />");
   document.write("MinorVersion=" + x.appMinorVersion);
   document.write("<br />");
   document.write("Name=" + x.appName);
   document.write("<br />");
   document.write("Version=" + x.appVersion);
   document.write("<br />");
   document.write("CookieEnabled=" + x.cookieEnabled);
   document.write("<br />");
   document.write("CPUClass=" + x.cpuClass);
   document.write("<br />");
   document.write("OnLine=" + x.onLine);
   document.write("<br />");
   document.write("Platform=" + x.platform);
   document.write("<br />");
   document.write("UA=" + x.userAgent);
   document.write("<br />");
   document.write("BrowserLanguage=" + x.browserLanguage);
   document.write("<br />");
   document.write("SystemLanguage=" + x.systemLanguage);
   document.write("<br />");
   document.write("UserLanguage=" + x.userLanguage);
</script>
</body>
</body>
</html>
```

代码的运行效果如图 21-3 所示。

图 21-3

浏览器的全部信息都在图中显示了。

扫一扫，看视频

21.1.3 提醒用户升级浏览器

很多时候，用户自己不会主动地去升级浏览器，也不知道自己的浏览器是否需要升级，那么该怎么测试自己的浏览器的性能呢？

课堂练习

检测浏览器是否是新版本

下面这段代码就能很好地解决这个问题，会提示用户自己的浏览器的老旧情况，如图 21-4 所示。

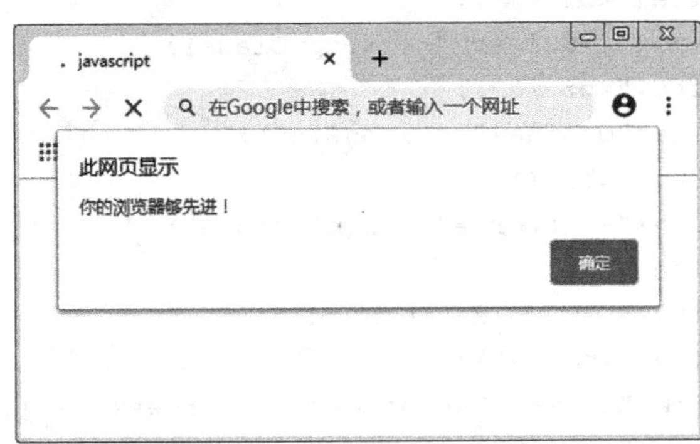

图 21-4

代码如下：

```
<!doctype html>
<html>
<head>
<script type="text/javascript">
```

```
    function detectBrowser()
    {
        var browser=navigator.appName
        var b_version=navigator.appVersion
        var version=parseFloat(b_version)
        if ((browser=="Netscape"||browser=="Microsoft Internet Explorer") &&
(version>=4))
        {alert("你的浏览器够先进！")}
        else
        {alert("你的浏览器弱爆了！")}
    }
    </script>
    </head>
        <body onload="detectBrowser()">
    </body>
    </html>
```

运行代码，弹出图 21-4 中对话框的时候就表示自己的浏览器已经很高级了。

21.1.4 制作欢迎小窗口

现在很多网店为了人性化服务，也为了留住会员用户，设计了一个当客户单击网站的时候会弹出一个欢迎的窗口，该怎么设置呢？

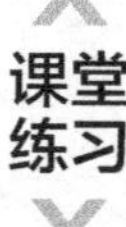

小窗口的制作

下面的一段代码就解决了这个问题，欢迎的窗口效果如图 21-5 所示。

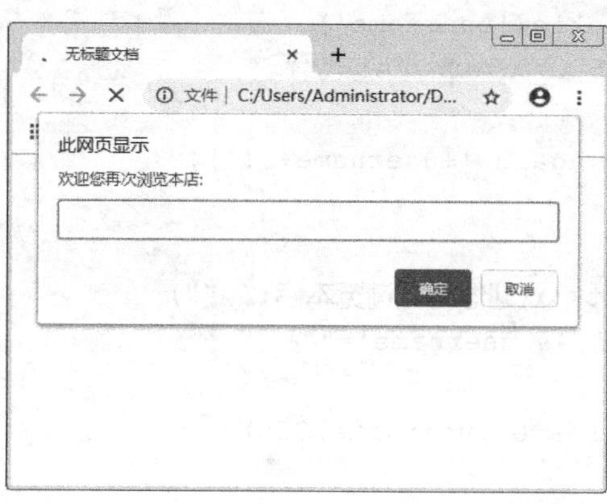

图 21-5

代码如下：

```
<!doctype html>
<html>
<head>
<meta charset="utf-8">
```

```
<title>无标题文档</title>
<script type="text/javascript">
function getCookie(c_name)
{
if (document.cookie.length>0)
{
   c_start=document.cookie.indexOf(c_name + "=")
if (c_start!=-1)
{
   c_start=c_start + c_name.length+1
   c_end=document.cookie.indexOf(";",c_start)
   if (c_end==-1) c_end=document.cookie.length
   return unescape(document.cookie.substring(c_start,c_end))
}
}
return ""
}

function setCookie(c_name,value,expiredays)
{
   var exdate=new Date()
   exdate.setDate(exdate.getDate()+expiredays)
   document.cookie=c_name+ "=" +escape(value)+
   ((expiredays==null) ? "" : "; expires="+exdate.toGMTString())
}

function checkCookie()
{
   username=getCookie('username')
if (username!=null && username!="")
{
   alert('Welcome again '+username+'!')}
else
{
   username=prompt('欢迎您再次浏览本店:',"")
if (username!=null && username!="")
{
   setCookie('username',username,365)
}
}
}
</script>
</head>
<body onLoad="checkCookie()">
</body>
</html>
```

21.1.5 调用网页内不显示的信息

通过单击一个按钮，可以调用一个带参数的函数。该函数会输出这个参数。那么我们该怎么设置呢？里面又会用到什么代码呢？接下来我们就来讲解一下。

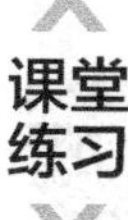

网页内不显示信息的调用

下段就是一个调用函数的代码，显示效果如图 21-6 所示。

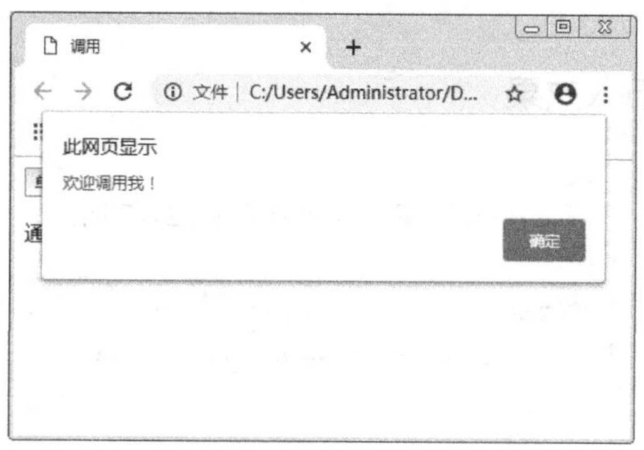

图 21-6

代码如下：

```
<!doctype html>
<html>
<title>调用</title>
<head>
<script type="text/javascript">
function myfunction(txt)
{
    alert(txt)
}
</script>
</head>
<body>
<form>
    <input type="button" onclick="myfunction('欢迎调用我！')" value="单击调用">
</form>
    <p>通过单击这个按钮，可以调用一个带参数的函数。</p>
</body>
</html>
```

单击网页中的按钮就会出现图中的效果。

21.2 网页计时器

在网页中经常出现一些提示性的时间或者浏览的次数显示效果，以便提示用户注意。本节将讲解浏览器中计时器的插入方法。

21.2.1 数字的四舍五入

扫一扫，看视频

在制作网页的时候会遇到数字，且带有小数，那应该怎么设置成整数呢？下面就来详细的解释。

课堂练习

制作四舍五入效果

下段代码就是一个四舍五入的典型案例，效果如图 21-7 所示。

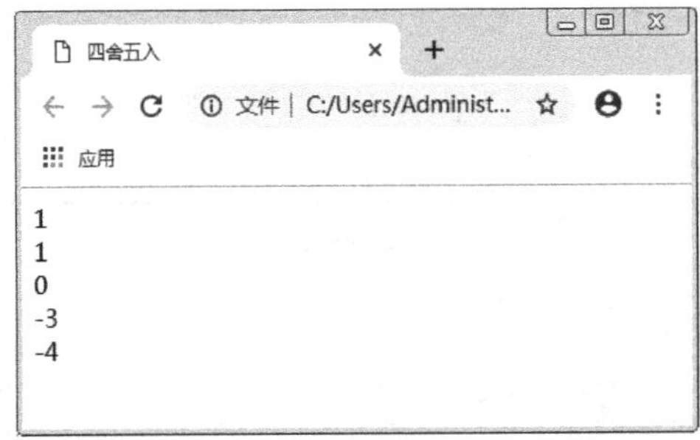

图 21-7

代码如下：

```
<!doctype html>
<html>
<head>
<meta charset="utf-8">
<title>四舍五入</title>
</head>
<body>
<script type="text/javascript">
   document.write(Math.round(0.60) + "<br />")
   document.write(Math.round(0.50) + "<br />")
   document.write(Math.round(0.49) + "<br />")
   document.write(Math.round(-3.40) + "<br />")
   document.write(Math.round(-3.60))
</script>
</body>
</html>
```

21.2.2 制作简单的计时器

在实际应用中很多时候会用到计时器，那么我们该怎么去制作计时器呢？

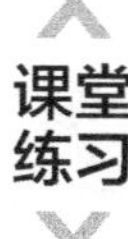
课堂练习

制作有时长的计时器

下段代码就是制作了一个时长 6 秒的计时器，效果如图 21-8 所示。

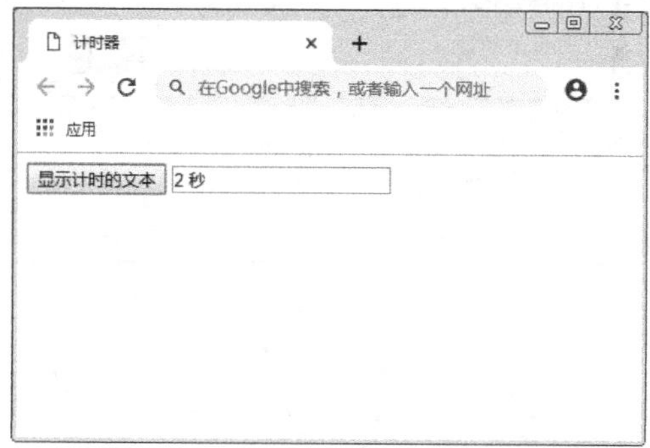

图 21-8

示例代码如下：

```
<html>
<title>计时器</title>
<head>
<script type="text/javascript">
function timedText()
{
   var t1=setTimeout("document.getElementById('txt').value='2 秒'",2000)
   var t2=setTimeout("document.getElementById('txt').value='4 秒'",4000)
   var t3=setTimeout("document.getElementById('txt').value='6 秒'",6000)
}
</script>
</head>
<body>
<form>
   <input type="button" value="显示计时的文本" onClick="timedText()">
   <input type="text" id="txt">
</form>
</body>
</html>
```

单击计时按钮，最多会到读秒到“6”。

21.2.3 制作提示性的计时器

这个计时器经常会用在游戏中，当要关闭游戏的时候会出现提示框。那么我们该怎么去设置呢？

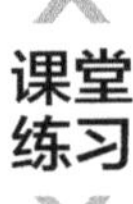

制作提示性的计时器

下段代码就是制作了一个 1 秒钟后会弹出的提示窗口，效果如图 21-9 所示。

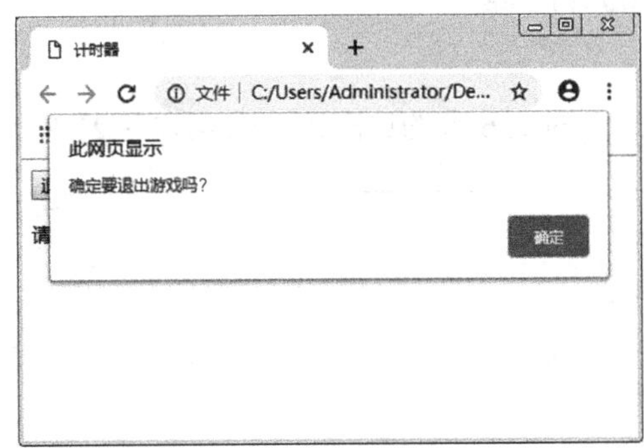

图 21-9

代码如下：

```
<html>
<title>计时器</title>
<head>
<script type="text/javascript">
function timedMsg()
{
    var t=setTimeout("alert('确定要退出游戏吗?')",1000)
}
</script>
</head>
<body>
<form>
    <input type="button" value="退出游戏" onClick = "timedMsg()">
</form>
    <p>请单击上面的按钮。警告框会在 1 秒后显示。</p>
</body>
</html>
```

单击“退出游戏”会在 1 秒钟后弹出图中对话框。

21.2.4 制作带有停止按钮的无限循环计时器

很多时候，带有停止按钮的无限循环计时器应用最为广泛，那么我们该怎么制作这样一个计时器呢？

制作无限循环计时器

下段代码就是制作了可以随时停止的计时器，效果如图 21-10 所示。

图 21-10

代码如下：

```
<html>
<title>计时器</title>
<head>
<script type="text/javascript">
var c=0
var t
function timedCount()
{
   document.getElementById('txt').value=c
   c=c+1
   t=setTimeout("timedCount()",1000)
}
function stopCount()
{
   c=0;
   setTimeout("document.getElementById('txt').value=0",0);
   clearTimeout(t);
}
</script>
</head>
<body>
<form>
   <input type="button" value="开始" onClick="timedCount()">
   <input type="text" id="txt">
   <input type="button" value="停止" onClick="stopCount()">
</form>
</body>
</html>
```

单击图中“开始”按钮就会计时，单击“停止”就会重置。

21.2.5 制作简单的电子时钟

如果想制作一个电子时钟，而且时间是调用设备上的时间，那么我们该怎么设置呢？下面就来详细讲解。

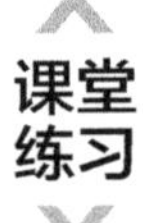

课堂练习 制作电子时钟

下段代码就是制作了可以调用设备时间的电子时钟，效果如图 21-11 所示。

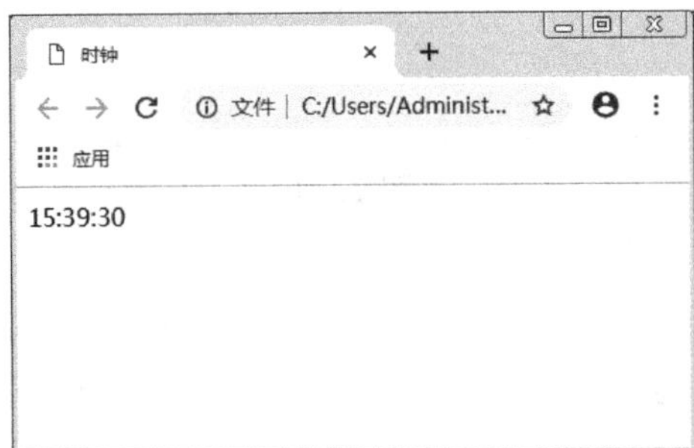

图 21-11

代码如下：

```
<html>
<title>时钟</title>
<head>
<script type="text/javascript">
function startTime()
{
    var today=new Date()
    var h=today.getHours()
    var m=today.getMinutes()
    var s=today.getSeconds()
    // add a zero in front of numbers<10
    m=checkTime(m)
    s=checkTime(s)
    document.getElementById('txt').innerHTML=h+":"+m+":"+s
    t=setTimeout('startTime()',500)
}
function checkTime(i)
{
    if (i<10)
    {i="0" + i}
    return i
}
</script>
</head>
<body onload="startTime()">
    <div id="txt"></div>
</body>
</html>
```

21.3 网页常用效果

相信很多人在浏览网页的时候会遇到很多提示信息或者是一些好的交互效果，这些都是用 JavaScript 来实现的，接下来我们讲解一些网页中的效果。

21.3.1 在网页中捕获错误信息

如果需要利用 onerror 事件，就必须创建一个处理错误的函数。你可以把这个函数叫作 onerror 事件处理器。下面来讲解 onerror 事件的应用。

课堂练习

捕获错误信息

下面的代码展示如何使用 onerror 事件来捕获错误，效果如图 21-12 所示。

图 21-12

示例代码如下：

```
<html>
<title>捕获</title>
<head>
<script type="text/javascript">
onerror=handleErr
var txt=""
function handleErr(msg,url,l)
{
    txt="本页中存在错误。\n\n"
    txt+="错误：" + msg + "\n"
    txt+="URL: " + url + "\n"
    txt+="行：" + l + "\n\n"
    txt+="单击“确定”继续。\n\n"
```

```
        alert(txt)
        return true
    }

    function message()
    {
    adddlert("Welcome guest!")
    }
    </script>
    </head>
    <body>
        <input type="button" value="查看消息" onclick="message()" />
    </body>
    </html>
```

浏览器是否显示标准的错误消息，取决于 onerror 的返回值。如果返回值为 false，则在控制台（JavaScript console）中显示错误消息；反之则不会。

21.3.2 制作文字跑马灯

在制作网页的时候，状态栏会有很多文字，如果全部显示会使网页太单调，那该怎么解决这个问题呢？下面这个方法就能很好地解决这个问题。

文字跑马灯效果

下面的代码会使文字运动起来，效果如图 21-13 所示。

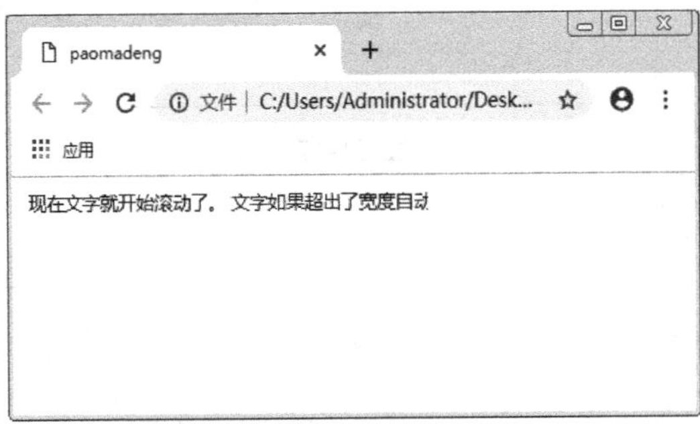

图 21-13

代码如下：

```
<html>
<title>paomadeng</title>
<head>
<style type="text/css">
*{ margin:0; padding:0;}
body{font:12px/1 '微软雅黑';}
```

```
    .wrapper{font-size: 0.85rem; color: #333; padding-top: 0.75rem; margin: 
0 0.75rem; white-space: nowrap; overflow: hidden;width: 300px;}
    .inner{ width:1000px;overflow:hidden;}
    .inner p{ display:inline-block;}
    </style>
    </head>
    <body>
    <div id="wrapper" class="wrapper">
        <div class="inner">
        <p class="txt">文字如果超出了宽度自动向左滚动文字如果超出了宽度自动向左滚动。
现在文字就开始滚动了。</p>
        </div>
    </div>
    <script>
    var wrapper = document.getElementById('wrapper');
    var inner = wrapper.getElementsByTagName('div')[0];
    var p = document.getElementsByTagName('p')[0];
    var p_w = p.offsetWidth;
    var wrapper_w = wrapper.offsetWidth;
    window.onload=function fun(){
    if(wrapper_w > p_w){ return false;}
        inner.innerHTML+=inner.innerHTML;
        setTimeout("fun1()",2000);
    }
    function fun1(){
    if(p_w > wrapper.scrollLeft){
        wrapper.scrollLeft++;
        setTimeout("fun1()",30);
    }
    else{
        setTimeout("fun2()",2000);
    }
    }
    function fun2(){
        wrapper.scrollLeft=0;
        fun1();
    }
    </script>
    </body>
    </html>
```

这样的一个文字跑马灯效果就完成了。

21.3.3 设置网页表格隔行换色

网页有很多的效果，花样也很多，如果想要让网页中表格隔行换色该如何设置呢？

页面扩大效果

下段代码设置了一个链接，点击链接就可以出现标题效果了，如图 21-14 所示。

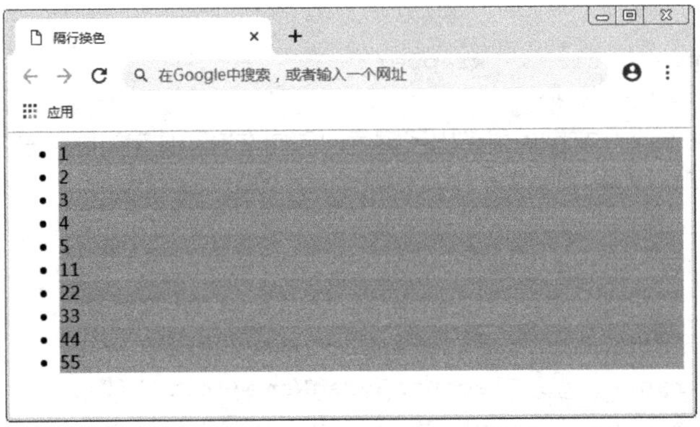

图 21-14

代码如下：

```
<html>
<head>
<title>隔行换色</title>
<style>
.l1{background:#9C9;}
.l2{background:#F9C;}
</style>
<script>
function initUl(){
    var a=document.getElementsByTagName('ul');
    for(var i=0;i<a.length;i++){
        var v=document.getElementsByTagName('li');
        var ii=1;
        for(var j=0;j<v.length;j++){
            if(v[j].parentNode==a[i]){
                if(ii++%2==0){
                    v[j].className="l2";
                }
                else{
                    v[j].className="l1";
                }
            }
        }
    }
}
</script>
```

```
</head>
<body onload="initUl()">
<ul>
    <li>1</li>
    <li>2</li>
    <li>3</li>
    <li>4</li>
    <li>5</li>
    <li>11</li>
    <li>22</li>
    <li>33</li>
    <li>44</li>
    <li>55</li>
</ul>
</body>
</html>
```

21.3.4 制作让用户看到浏览网页的次数

如果想要统计自己浏览某个网页的次数，我们该怎么做呢？下面就来详细地讲解这个应用方法。

课堂练习

浏览次数设置

下段代码设置之后就会知道自己浏览网页的次数了，效果如图 21-15 所示。

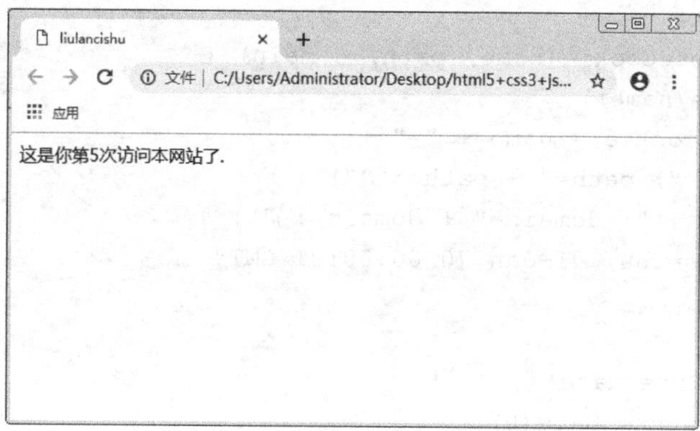

图 21-15

代码如下：

```
<!doctype html>
<html>
<head>
<meta charset="utf-8">
<title>liulancishu</title>
```

```
</head>
<body>
<script language="JavaScript">
var caution = false
function setCookie(name, value, expires, path, domain, secure) {
var curCookie = name + "=" + escape(value) +
((expires) ? "; expires=" + expires.toGMTString() : "") +
((path) ? "; path=" + path : "") +
((domain) ? "; domain=" + domain : "") +
((secure) ? "; secure" : "")
if (!caution || (name + "=" + escape(value)).length <= 4000)
document.cookie = curCookie
else
if (confirm("Cookie exceeds 4KB and will be cut!"))
document.cookie = curCookie
}
function getCookie(name) {
    var prefix = name + "="
    var cookieStartIndex = document.cookie.indexOf(prefix)
if (cookieStartIndex == -1)
    return null
    var cookieEndIndex = document.cookie.indexOf(";", cookieStartIndex +
prefix.length)
if (cookieEndIndex == -1)
    cookieEndIndex = document.cookie.length
    return unescape(document.cookie.substring(cookieStartIndex + prefix.
length, cookieEndIndex))
}
function deleteCookie(name, path, domain) {
if (getCookie(name)) {
    document.cookie = name + "=" +
    ((path) ? "; path=" + path : "") +
    ((domain) ? "; domain=" + domain : "") +
    "; expires=Thu, 01-Jan-70 00:00:01 GMT"
}
}
function fixDate(date) {
    var base = new Date(0)
    var skew = base.getTime()
if (skew > 0)
    date.setTime(date.getTime() - skew)
    }
    var now = new Date()
    fixDate(now)
    now.setTime(now.getTime() + 365 * 24 * 60 * 60 * 1000)
    var visits = getCookie("counter")
```

```
if (!visits)
    visits = 5
    else
    visits = parseInt(visits) + 1
    setCookie("counter", visits, now)
    document.write("这是你第" + visits + "次访问本网站了.")
</script>
</body>
</html>
```

综合实战 制作验证码效果

在网页中我们经常遇到很多的验证码，有手机验证，也有图片验证。本章的综合实战为大家准备的是在网页中制作验证码效果，如图 21-16 所示。

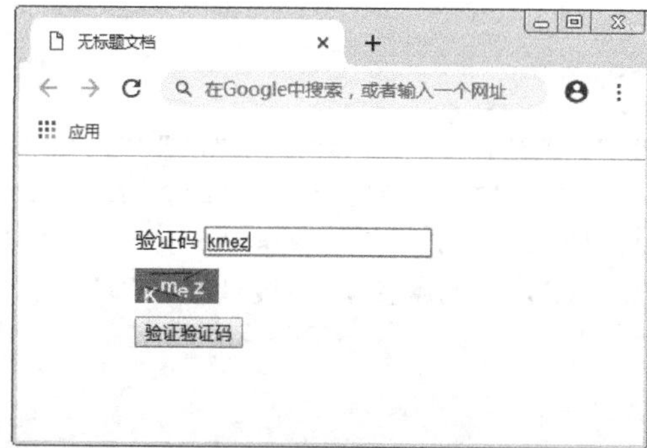

图 21-16

代码如下：

```
<!doctype html>
<html>
<head>
<meta charset="utf-8">
<title>无标题文档</title>
<style>
    .verificationCodeWrap{width: 300px; margin:50px auto;}
    /*验证码*/
    .verificationCode{
        width: 64px;
        height: 100%;
        margin:10px 0;
    }
    canvas{
        width: 100%;
    }
    #code_img {
```

```
            width: 100%;
            cursor: pointer;
            vertical-align: top;
        }
    </style>
    </head>
    <body>
    <div class="verificationCodeWrap">
        <label>验证码</label>
        <input type="text" id="verifital_input" class="mui-input" placeholder=
"请输入验证码">
        <div id="verificationCode" class="verificationCode">
            <canvas width="100" height="40" id="verifyCanvas"></canvas>
            <img id="code_img">
        </div>
        <button id="yanzheng">验证验证码</button>
    </div>
    </body>
    <script>
    var nums = ["1", "2", "3", "4", "5", "6", "7", "8", "9", "0", 'A', 'B',
'C', 'D', 'E', 'F', 'G', 'H', 'I', 'J', 'K', 'L', 'M', 'N', 'O', 'P', 'Q', 'R',
'S', 'T', 'U', 'V', 'W', 'X', 'Y', 'Z', 'a', 'b', 'c', 'd', 'e', 'f', 'g', 'h',
'i', 'j', 'k', 'l', 'm', 'n', 'o', 'p', 'q', 'r', 's', 't', 'u', 'v', 'w', 'x',
'y', 'z'
    ];
    var str = '';
    var verVal = drawCode();
    // 绘制验证码
    function drawCode (str) {
        var canvas = document.getElementById("verifyCanvas"); //获取HTML端画布
        var context = canvas.getContext("2d"); //获取画布2D上下文
        context.fillStyle = "cornflowerblue"; //画布填充色
        context.fillRect(0, 0, canvas.width, canvas.height); //清空画布
        context.fillStyle = "white"; //设置字体颜色
        context.font = "25px Arial"; //设置字体
        var rand = new Array();
        var x = new Array();
        var y = new Array();
        for (var i = 0; i < 4; i++) {
            rand.push(rand[i]);
            rand[i] = nums[Math.floor(Math.random() * nums.length)]
            x[i] = i * 20 + 10;
            y[i] = Math.random() * 20 + 20;
            context.fillText(rand[i], x[i], y[i]);
        }
        str = rand.join('');
```

```
    //画 3 条随机线
    for (var i = 0; i < 3; i++) {
        drawline(canvas, context);
    }

    // 画 30 个随机点
    for (var i = 0; i < 30; i++) {
        drawDot(canvas, context);
    }
    convertCanvasToImage(canvas);
    return str;
}

// 随机线
function drawline (canvas, context) {
    context.moveTo(Math.floor(Math.random() * canvas.width), Math.floor(Math.random() * canvas.height)); //随机线的起点 x 坐标是画布 x 坐标 0 位置，y 坐标是画布高度的随机数
    context.lineTo(Math.floor(Math.random() * canvas.width), Math.floor(Math.random() * canvas.height)); //随机线的终点 x 坐标是画布宽度，y 坐标是画布高度的随机数
    context.lineWidth = 0.5; //随机线宽
    context.strokeStyle = 'rgba(50,50,50,0.3)'; //随机线描边属性
    context.stroke(); //描边，即起点描到终点
}
// 随机点(所谓画点其实就是画 1px 像素的线，方法不再赘述)
function drawDot (canvas, context) {
    var px = Math.floor(Math.random() * canvas.width);
    var py = Math.floor(Math.random() * canvas.height);
    context.moveTo(px, py);
    context.lineTo(px + 1, py + 1);
    context.lineWidth = 0.2;
    context.stroke();
}
// 绘制图片
function convertCanvasToImage (canvas) {
    document.getElementById("verifyCanvas").style.display = "none";
    var image = document.getElementById("code_img");
    image.src = canvas.toDataURL("image/png");
    return image;
}
// 点击图片刷新
document.getElementById('code_img').onclick = function() {
    resetCode();
}
function resetCode () {
```

```
        var verifyCanvas = document.querySelector('#verifyCanvas');
        verifyCanvas.parentNode.removeChild(verifyCanvas);
        var codeImg  = document.querySelector('#code_img');
        var verificationCode =  document.querySelector('#verificationCode');
        var oCanvas = document.createElement('canvas');
        oCanvas.width = 100;
        oCanvas.height = 40;
        oCanvas.id = 'verifyCanvas';
        verificationCode.insertBefore(oCanvas,codeImg);
        verVal = drawCode();
    }
    //验证验证码
    document.getElementById('yanzheng').onclick = function() {
        if(document.getElementById('verifital_input').value === verVal.toUpperCase()
|| document.getElementById('verifital_input').value === verVal.toLowerCase() ||
ocument.getElementById('verifital_input').value === verVal){
            alert('正确')
        }else{
            alert('错误');
        }
    }
    </script>
    </html>
```

课后作业　制作经典特效效果

难度等级 ★

本章的课后作业我们先从一个计算器开始，首先我们利用 JavaScript 制作一个简单的计算器，效果如图 21-17 所示。

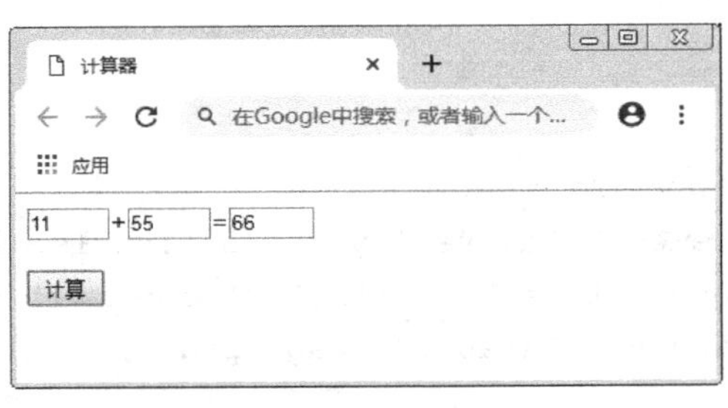

扫一扫，看答案

图 21-17

难度等级 ★★★

本章为大家讲解了如何在网页中添加特效以及一些浏览器中的事件，本章的最后为大家准备了文字的瀑布效果，如图 21-18 所示。

图 21-18

扫一扫，看答案

第22章 JavaScript 操作 DOM

内容导读

DOM 是一项 W3C（World Wide Web Consortium）标准，W3C 文档对象模型（DOM）是中立于平台和语言的接口，它允许程序和脚本动态地访问、更新文档的内容、结构和样式。本章我们需要学习的就是 HTML DOM。

通过本章的学习大家能够了解什么是 HTML DOM，学会文档对象模型以及 DOM 的具体应用方法。

22.1 DOM 简介

通过 HTML DOM，JavaScript 能够访问和改变 HTML 文档的所有元素。当网页被加载时，浏览器会创建页面的文档对象模型。

22.1.1 文档对象模型

文档对象模型（DOM，Document Object Model）是针对 XML 但经过扩展用于 HTML 的应用程序编程接口（API，Application Programming Interface）。DOM 把整个页面映射为一个多层节点结构。HTML 或 XML 页面中的每个组成部分都是某种类型的节点，这些节点又包含着不同类型的数据。

HTML DOM 模型被结构化为对象树，如图 22-1 所示。

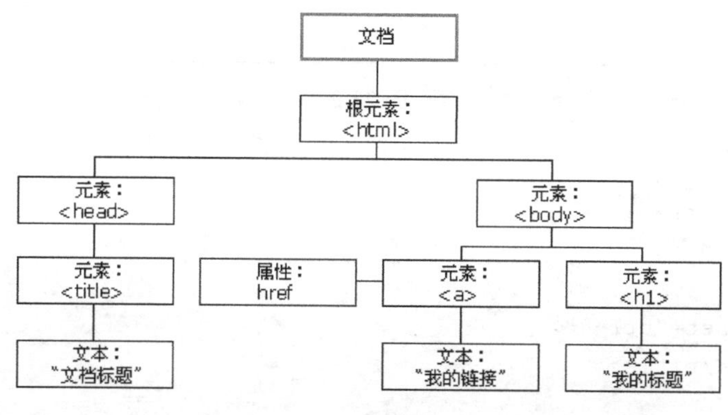

图 22-1

通过这个对象模型，JavaScript 获得创建动态 HTML 的所有力量：

- JavaScript 能改变页面中的所有 HTML 元素；
- JavaScript 能改变页面中的所有 HTML 属性；
- JavaScript 能改变页面中的所有 CSS 样式；
- JavaScript 能删除已有的 HTML 元素和属性；
- JavaScript 能添加新的 HTML 元素和属性；
- JavaScript 能对页面中所有已有的 HTML 事件作出反应；
- JavaScript 能在页面中创建新的 HTML 事件。

22.1.2 HTML DOM 方法

扫一扫，看视频

HTML DOM 能够通过 JavaScript 进行访问（也可以通过其他编程语言）。在 DOM 中，所有 HTML 元素都被定义为对象。编程界面是每个对象的属性和方法。

- 属性是可以获取或设置的值（就比如改变 HTML 元素的内容）。
- 方法是能够完成的动作（比如添加或删除 HTML 元素）。

课堂练习 改变 p 元素的内容

在下面代码中 p 元素中没有文字内容，通过 id="demo"改变其内容，效果如图 22-2 所示。

图 22-2

代码如下：

```
<!doctype html>
<html>
<head>
<meta charset="utf-8">
<title>dom</title>
</head>
<body>
<body>
    <h2>我的第一张网页</h2>
    <p id="demo"></p>
<script>
    document.getElementById("demo").innerHTML = "你好啊, Dom";
</script>
</body>
</html>
```

【知识点拨】

在上面的例子中，getElementById 是方法，而 innerHTML 是属性。

getElementById 方法：

访问 HTML 元素最常用的方法是使用元素的 id。

getElementById 方法使用 id="demo" 来查找元素。

innerHTML 属性：

获取元素内容最简单的方法是使用 innerHTML 属性。innerHTML 属性可用于获取或替换 HTML 元素的内容，也可用于获取或改变任何 HTML 元素，包括 <html> 和 <body>。

22.1.3 HTML DOM 文档

HTML DOM 文档对象是网页中所有其他对象的拥有者。文档对象代表网页，如果访问 HTML 页面中的任何元素，那么总是会从访问 document 对象开始。

下面是一些如何使用 document 对象来访问和操作 HTML 的总结。

查找 HTML 元素如表 22-1 所示。

表 22-1 查找 HTML 元素

方法	描述
document.getElementById(id)	通过元素 id 来查找元素
document.getElementsByTagName(name)	通过标签名来查找元素
document.getElementsByClassName(name)	通过类名查找元素

改变 HTML 元素如表 22-2 所示。

表 22-2 改变 HTML 元素

方法	描述
element.innerHTML = new html content	改变元素的 inner HTML
element.attribute = new value	改变 HTML 元素的属性值
element.setAttribute(attribute, value)	改变 HTML 元素的属性值
element.style.property = new style	改变 HTML 元素的样式

添加和删除元素如表 22-3 所示。

表 22-3 添加和删除元素

方法	描述
document.createElement(element)	创建 HTML 元素
document.removeChild(element)	删除 HTML 元素
document.appendChild(element)	添加 HTML 元素
document.replaceChild(element)	替换 HTML 元素
document.write(text)	写入 HTML 输出流

22.1.4 查找 HTML 元素

通常，想要通过 JavaScript 来操作 HTML，就需要首先找到这些元素。下面介绍几种查找 HTML 元素的方法：

- 通过 id 查找 HTML 元素；
- 通过标签名查找 HTML 元素；
- 通过类名查找 HTML 元素；
- 通过 CSS 选择器查找 HTML 元素；
- 通过 HTML 对象集合查找 HTML 元素。

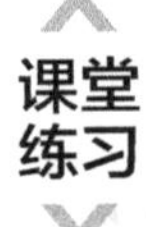

通过 id 查找 HTML 元素

DOM 中查找 HTML 元素最简单的方法是使用元素的 id。效果如图 22-3 所示。

图 22-3

代码如下：

```
<!doctype html>
<html>
<head>
<meta charset="utf-8">
<title>id查找</title>
</head>
<body>
    <h1>通过 id 查找 HTML 元素</h1>
    <p id="intro">你好呀，DOM!</p>
    <p>本例演示 <b>getElementsById</b> 方法。</p>
    <p id="demo"></p>
<script>
var myElement = document.getElementById("intro");
    document.getElementById("demo").innerHTML =
    "来自 intro 段落的文本是：" + myElement.innerHTML;
</script>
</body>
</html>
```

如果元素被找到，此方法会以对象返回该元素（在 myElement 中）。如果未找到元素，myElement 将包含 null。

通过标签名查找 HTML 元素

本例查找 id="main" 的元素，然后查找 "main" 中所有 <p> 元素，效果如图 22-4 所示。

图 22-4

代码如下：

```
<!doctype html>
<html>
<head>
<meta charset="utf-8">
<title>html</title>
</head>
<body>
    <h1>通过标签名查找 HTML 元素</h1>
    <div id="main">
    <p>DOM 很有用。</p>
    <p>本例演示 <b>getElementsByTagName</b> 方法。</p>
    </div>
    <p id="demo"></p>
<script>
    var x = document.getElementById("main");
    var y = x.getElementsByTagName("p");
    document.getElementById("demo").innerHTML =
    '"main"中的第一段（索引 0）是: ' + y[0].innerHTML;
</script>
</body>
</html>
```

课堂练习

通过类名查找 HTML 元素

如果需要找到拥有相同类名的所有 HTML 元素，请使用 getElementsByClassName()，效果如图 22-5 所示。

代码如下：

```
<!doctype html>
<html>
<head>
<meta charset="utf-8">
<title>无标题文档</title>
```

```
</head>
<body>
    <h1>通过类名查找 HTML 元素</h1>
    <p>Hello World!</p>
    <p class="intro">DOM 很有用。</p>
    <p class="intro">本例演示 <b>getElementsByClassName</b> 方法。</p>
    <p id="demo"></p>
<script>
var x = document.getElementsByClassName("intro");
    document.getElementById("demo").innerHTML =
    'class ="intro" 的第一段（索引 0）: ' + x[0].innerHTML;
</script>
</body>
</html>
```

图 22-5

通过选择器查找 HTML 元素

如果要查找匹配指定 CSS 选择器（id、类名、类型、属性、属性值等）的所有 HTML 元素，需要使用 querySelectorAll() 方法，效果如图 22-6 所示。

图 22-6

代码如下：

```
<!doctype html>
<html>
<head>
<meta charset="utf-8">
<title>选择器</title>
</head>
<body>
    <h1>按查询选择器查找 HTML 元素</h1>
    <p>Hello World!</p>
    <p class="intro">DOM 很有用。</p>
    <p class="intro">本例演示 <b>querySelectorAll</b> 方法。</p>
    <p id="demo"></p>
<script>
var x = document.querySelectorAll("p.intro");
    document.getElementById("demo").innerHTML =
    'class ="intro" 的第一段（索引 0）：' + x[0].innerHTML;
</script>
</body>
</html>
```

22.2 DOM 应用

HTML DOM 允许 JavaScript 改变 HTML 元素的内容，JavaScript 能够创建动态 HTML 内容。

22.2.1 改变 HTML 元素样式

如需更改 HTML 元素的样式，请使用下面的语法：

```
document.getElementById(id).style.property = new style
```

HTML DOM 允许在事件发生时执行代码。当“某些事情”在 HTML 元素上发生时，浏览器会生成事件：

- 点击某个元素时；
- 页面加载时；
- 输入字段被更改时。

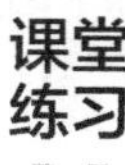

改变字体颜色

本例会在用户点击按钮时，更改 id="id1" 的 HTML 元素的样式，效果如图 22-7 所示。

代码如下：

```
<!doctype html>
<html>
<head>
<meta charset="utf-8">
<title>颜色</title>
```

```
</head>
<body>
<h1 id="id1">我的标题</h1>
<button type="button"
onclick="document.getElementById('id1').style.color = 'red'">
单击我！</button>
</body>
</html>
```

图 22-7

22.2.2 使用 DOM 动画

JavaScript 动画是通过对元素样式进行渐进式变化编程完成的。这种变化通过一个计数器来调用。当计数器间隔很小时，动画看上去就是连贯的。

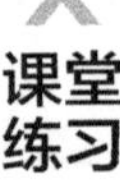

课堂练习　创建动画效果

应该通过 style = "position: relative" 创建容器元素，应该通过 style = "position: absolute" 创建动画元素，效果如图 22-8 所示。

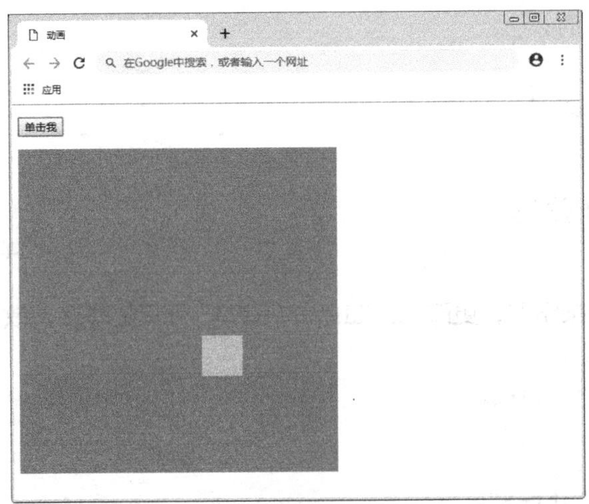

图 22-8

代码如下：

```
<!doctype html>
<html>
<head>
<meta charset="utf-8">
<title>动画</title>
<style>
#container {
  width: 400px;
  height: 400px;
  position: relative;
  background:#9C3;
}
#animate {
  width: 50px;
  height: 50px;
  position: absolute;
  background-color:#FC9;
}
</style>
</head>
<body>
<p><button onclick="myMove()">单击我</button></p>
<div id ="container">
  <div id ="animate"></div>
</div>
<script>
function myMove() {
  var elem = document.getElementById("animate");
  var pos = 0;
  var id = setInterval(frame, 5);
  function frame() {
    if (pos == 350) {
      clearInterval(id);
    } else {
      pos++;
      elem.style.top = pos + "px";
      elem.style.left = pos + "px";
    }
  }
}
</script>
</body>
</html>
```

22.2.3 DOM 事件效果

JavaScript 能够在事件发生时执行，比如当用户点击某个 HTML 元素时。为了在用户点击元素时执行代码，请向 HTML 事件属性添加 JavaScript 代码：

```
onclick=JavaScript
```

课堂练习　点击文本变换文字

在本例中，当用户点击 <h1> 时，会改变其内容，效果如图 22-9、图 22-10 所示。

图 22-9

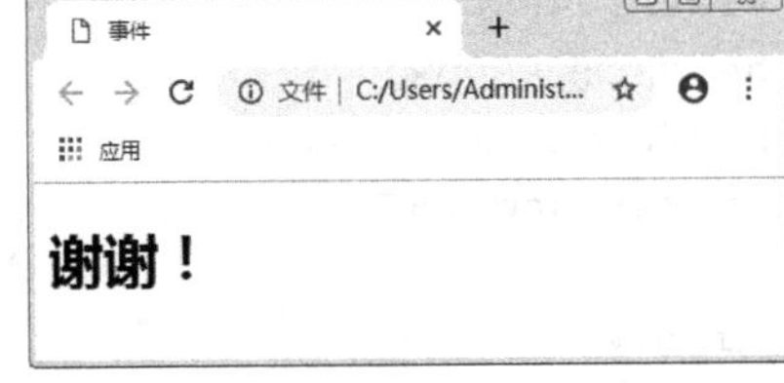

图 22-10

代码如下：

```
<!DOCTYPE html>
<html>
<body>
<h1 onclick="changeText(this)">请点击此文本！</h1>
<script>
function changeText(id) {
  id.innerHTML = "谢谢！";
}
</script>
</body>
</html>
```

22.2.4 DOM 节点

如果需要向 HTML DOM 添加新元素，必须首先创建这个元素（元素节点），然后将其追加到已有元素。

先来看一下下面的一段代码：

```
<div id="div1">
<p id="p1">这是一个段落。</p>
<p id="p2">这是另一个段落。</p>
</div>
<script>
var para = document.createElement("p");
var node = document.createTextNode("这是新文本。");
para.appendChild(node);
var element = document.getElementById("div1");
element.appendChild(para);
</script>
```

代码解释：

这段代码创建了一个新的 <p> 元素：

```
var para = document.createElement("p");
```

如需向 <p> 元素添加文本，则必须首先创建文本节点。这段代码创建了一个文本节点：

```
var node = document.createTextNode("这是一个新段落。");
```

然后需要向 <p> 元素追加这个文本节点：

```
para.appendChild(node);
```

最后需要向已有元素追加这个新元素。

这段代码查找一个已有的元素：

```
var element = document.getElementById("div1");
```

这段代码向这个已有的元素追加新元素：

```
element.appendChild(para);
```

22.2.5 DOM 事件监听器

添加当用户点击按钮时触发的事件监听器的语法如下：

```
document.getElementById("myBtn").addEventListener("click", displayDate);
```

- addEventListener() 方法为指定元素指定事件处理程序。
- addEventListener() 方法为元素附加事件处理程序而不会覆盖已有的事件处理程序。

能够向一个元素添加多个事件处理程序。

能够向一个元素添加多个相同类型的事件处理程序，例如两个“click”事件。

能够向任何 DOM 对象添加事件处理程序而非仅仅 HTML 元素，例如 window 对象。

addEventListener() 方法使我们更容易控制事件如何对冒泡作出反应。

当使用 addEventListener() 方法时，JavaScript 与 HTML 标记是分隔的，已达到更佳的可读性。即使在不控制 HTML 标记时也允许添加事件监听器。

能够通过使用 removeEventListener() 方法轻松地删除事件监听器。

其语法为：

```
element.addEventListener(event, function, useCapture);
```

- 第一个参数是事件的类型（比如“click”或“mousedown”）。
- 第二个参数是当事件发生时我们需要调用的函数。
- 第三个参数是布尔值，指定使用事件冒泡还是事件捕获。此参数是可选的。

请勿对事件使用“on”前缀；请使用“click”代替“onclick”。

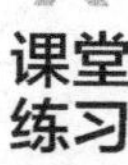

课堂练习 制作弹出窗口

当用户点击某个元素时提示“Hello World!”，效果如图 22-11 所示。

代码如下：

```
<!doctype html>
<html>
<head>
<meta charset="utf-8">
<title>按钮</title>
</head>
<body>
    <h1>JavaScript addEventListener()</h1>
```

```
    <p>此例使用 addEventListener() 方法在用户单击按钮时执行函数。</p>
    <button id="myBtn">试一试</button>
<script>
document.getElementById("myBtn").addEventListener("click", myFunction);
function myFunction() {
  alert ("Hello World!");
}
</script>
</body>
</html>
```

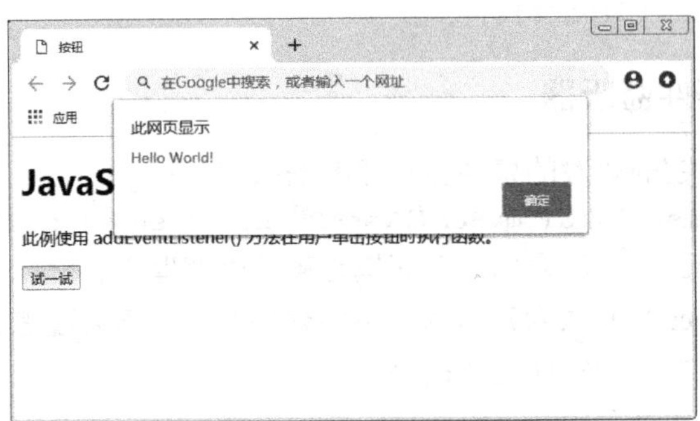

图 22-11

综合实战 制作背景颜色变换效果

本章主要讲解了 JavaScript 的操作 DOM，所谓“师傅领进门，修行靠个人”，课后还请大家多多了解此部分的知识。本章的综合案例为大家准备了一个点击菜单背景随之变化的效果，如图 22-12 所示。

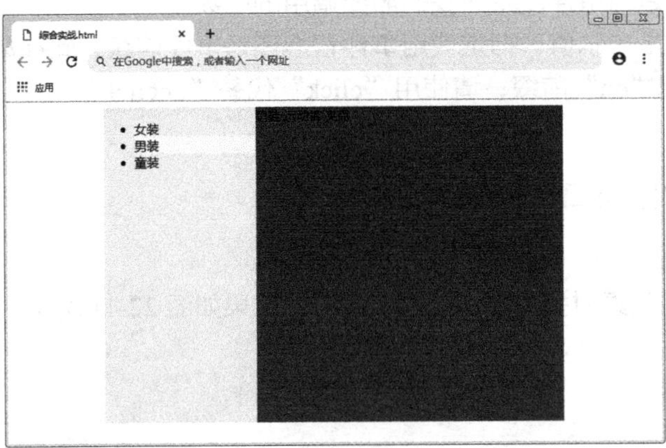

图 22-12

代码如下：

```
<!DOCTYPE html>
<html>
<head>
```

```
<meta http-equiv="Content-Type" content="text/html; charset=utf-8" />
<meta http-equiv="X-UA-Compatible" content="IE=edge,chrome=1">
<title></title>
<link href="" rel="stylesheet">
<style type="text/css">
.tab
{
    width: 600px;
    height: 400px;
    background: #CCC;
    margin: 0 auto;
}
#tab_menu
{
    width: 200px;
    height: 400px;
    float: left;
    background: #efefef;
}
#tab_content
{
    width: 400px;
    height: 400px;
    float: left;
}
#con_one1
{
    background: yellow;
    width: 400px;
    height: 400px;
}

#con_one2
{
    background: green;
    width: 400px;
    height: 400px;
}
#con_one3
{
    background: blue;
    width: 400px;
    height: 400px;
}
```

```
.hover
{
   background: yellow;
}
</style>
<script type="text/javascript">
function setTab(name,carsel,n)            //carsel 为游标，n 为 tab 的数量
{
    for(var i =1;i<=n;i++)
    {
        var oMenu = document.getElementById('one'+i);
        var oContent = document.getElementById('con_'+name+i);
        oMenu.className = i == carsel?"hover":"";
        oContent.style.display = i ==carsel?"block":"none";
    }
}
</script>
</head>
<body>
    <div class="tab">
        <div id="tab_menu">
            <ul>
                <li id="one1" onclick="setTab('one',1,3)">女装</li>
                <li id="one2" onclick="setTab('one',2,3)">男装</li>
                <li id="one3" onclick="setTab('one',3,3)">童装</li>
            </ul>
        </div>
        <div id="tab_content">
            <div id="con_one1">女鞋   卫衣   打底裤</div>
            <div id="con_one2" style="display:none">男鞋  运动裤  夹克</div>
            <div id="con_one3" style="display:none">鞋子  裤子   外套</div>
        </div>
    </div>
</body>
</html>
```

课后作业　模仿网店主图效果

难度等级 ★

本章的第一个课后作业为大家带来的是一个非常实用的效果，就是确认密码时，如果两次密码输入的不一致就会出现提示效果，如图 22-13 所示。

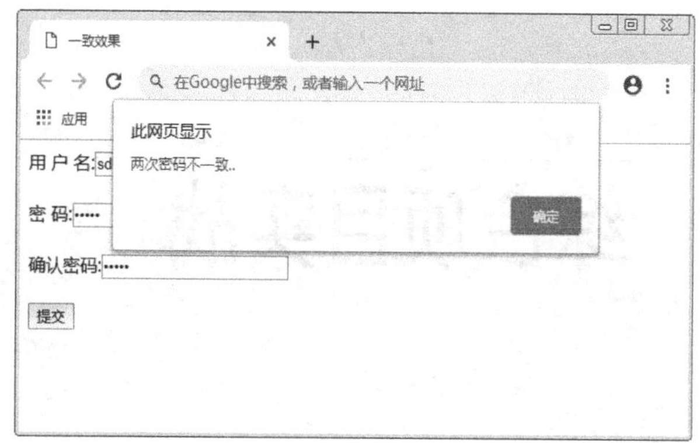

图 22-13

难度等级 ★★★

本章最后的作业为大家带来的是主图放大的效果，相信大家都有逛网店的经历，当鼠标放在主图上的时候，会出现更大和更清晰的图，方便用户观察，效果如图 22-14 所示。

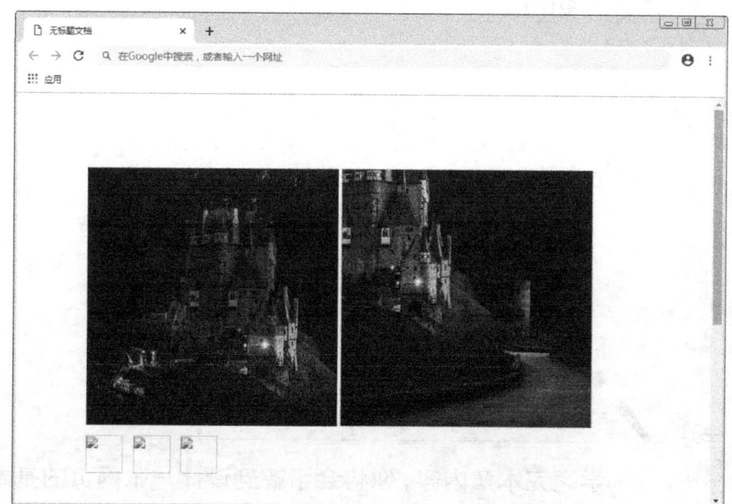

图 22-14

第23章 综合项目实战

内容导读

学习完本书内容，需要把学习的知识应用到实际中，本章就通过一个动静结合的网页来巩固之前学习的知识。

学习目标

学习完本章内容，你将会了解到设计一张网页的基本内容有哪些，怎样美化一张网页内容以及网页特效的制作方法。

23.1 预览网页

静态网页一般没有数据库支持，这样会增加网站的工作量，而且缺乏一定的交互功能，无法承载过多的信息和功能；而动态网页虽然没有这些问题，但是如果大量存在的话就会影响网站的后期优化。所以，企业在建立网站的时候就要令网页“动静结合”，达到一种平衡的状态。

23.1.1 网站首页效果图

接下来需要一个如图 23-1 所示的网页。

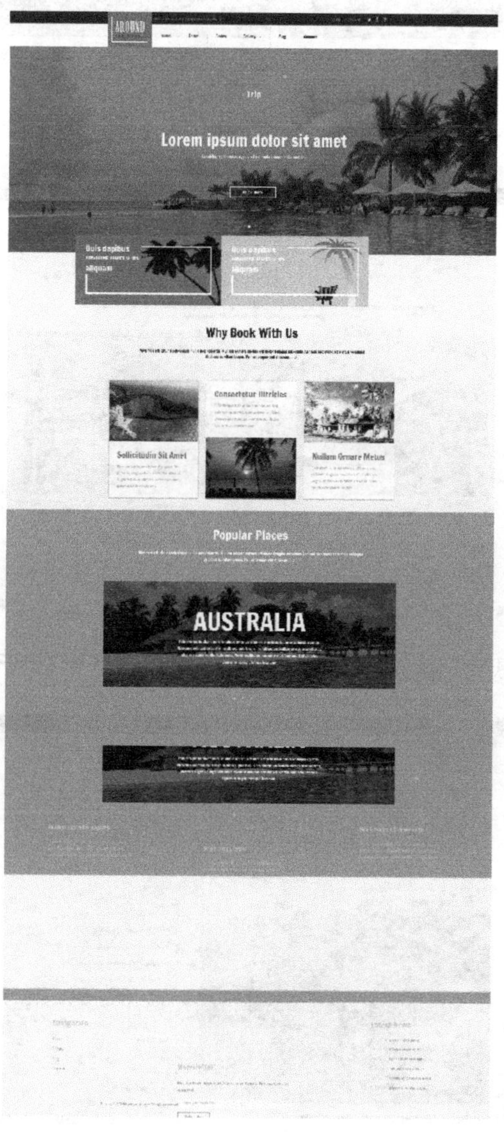

图 23-1

23.1.2 分解各部分内容

企业首页的制作方式如图 23-2 所示，点击上方导航栏可以跳转到相应的页面。

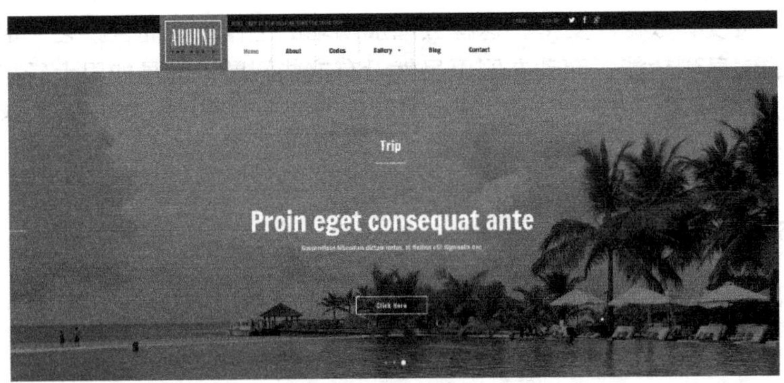

图 23-2

做企业网站的“关于我们”的页面，这里使用一个二级页面用于展示，如图 23-3 所示。

图 23-3

每个网站的主要信息我们都做成了一个二级页面，这样更有利于展示，如图 23-4 所示。

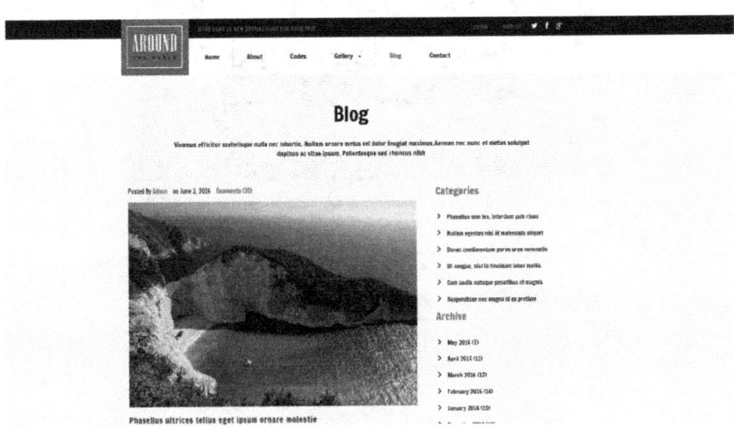

图 23-4

如果浏览者需要联系我们就需要填写一些自己的信息，发送给企业以便企业可以联系到浏览者本人，如图 23-5 所示。

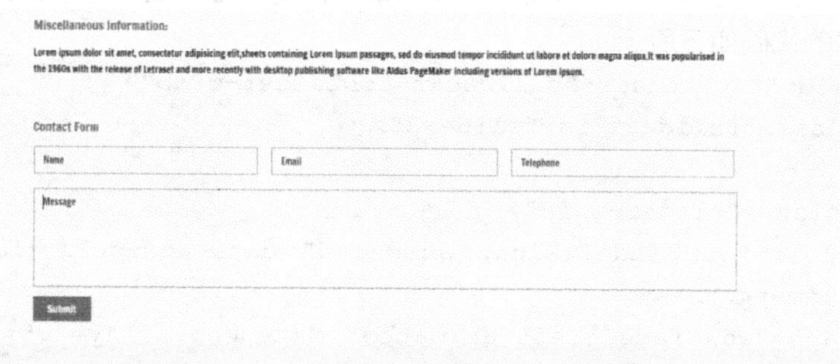

图 23-5

最后是网页的尾部制作，如图 23-6 所示。

图 23-6

网页中添加了许多动态的元素，会让浏览效果更佳，如图 23-7 所示。

图 23-7

23.2 网站首页内容设计

网站的头部内容中，我们摒弃了传统的横栏的导航栏，采用的是侧栏显示的效果，给首页中添加了类似倒计时的设计，使浏览者能够知道浏览网页的时间，同时也添加了能够让浏览者自己选择颜色的设计。

23.2.1 首页头部的制作

通过上节的预览可以看出首页中设计了静态的背景 banner，但是 banner 上的字是可以轮播的，具体的代码如下所示：

```
<div  id="top" class="callbacks_container-wrap">
<ul class="rslides" id="slider3">
<li>
<div class="slider-info">
<h3 class="wow fadeInRight animated" data-wow-delay=".5s">Lorem ipsum dolor sit amet</h3>
<p class="wow fadeInLeft animated" data-wow-delay=".5s">Curabitur eget metus eget erat vehicula semper vitae sed leo</p>
<div class="more-button wow fadeInRight animated" data-wow-delay=".5s">
<a href="single.html">Click Here </a>
</div>
</div>
</li>
<li>
<div class="slider-info">
<h3>Consectetur adipiscing elit</h3>
<p>Quisque nisl risus, egestas in convallis vitae, fringilla cursus magna</p>
<div class="more-button">
<a href="single.html">Read More </a>
</div>
</div>
</li>
<li>
<div class="slider-info">
<h3>Proin eget consequat ante </h3>
<p> Suspendisse bibendum dictum metus, at finibus elit dignissim nec </p>
<div class="more-button">
<a href="single.html">Click Here </a>
</div>
</div>
</li>
</ul>
</div>
</div>
</div>
```

JS 部分的具体代码如下所示：

```
<script src="js/responsiveslides.min.js"></script>
<script>
// You can also use "$(window).load(function() {"
$(function () {
// Slideshow 4
```

```
$("#slider3").responsiveSlides({
auto: true,
pager: true,
nav: true,
speed: 500,
namespace: "callbacks",
before: function () {
$('.events').append("<li>before event fired.</li>");
},
after: function () {
$('.events').append("<li>after event fired.</li>");
}
});
});
</script>
```

此部分的效果如图 23-8 所示。

图 23-8

23.2.2 导航栏的设计

在设计导航栏的时候我们给它添加了鼠标滑动等效果。

代码如下所示：

```
<body>
<!-- header -->
<div class="header">
<div class="top-header">
<div class="container">
<div class="top-header-info">
<div class="top-header-left wow fadeInLeft animated" data-wow-delay=
".5s">
<p>More than 10 new destinations for your trip</p>
</div>
<div class="top-header-right wow fadeInRight animated" data-wow-delay=
".5s">
```

```
<div class="top-header-right-info">
<ul>
<li><a href="login.html">Login</a></li>
<li><a href="signup.html">Sign up</a></li>
</h1></ul>
</div>
<div class="social-icons">
<ul>
<li><a class="twitter" href="#"><i class="fa fa-twitter"></i></a></li>
<li><a class="twitter facebook" href="#"><i class="fa fa-facebook"></i>
</a></li>
<li><a class="twitter google" href="#"><i class="fa fa-google-plus"></i>
</a></li>
</ul>
</div>
<div class="clearfix"> </div>
</div>
<div class="clearfix"> </div>
</div>
</div>
</div>
<div class="bottom-header">
<div class="container">
<div class="logo wow fadeInDown animated" data-wow-delay=".5s">
<h1><a href="index.html"><img src="images/logo.jpg" alt="" /></a></h1>
</div>
<div class="top-nav wow fadeInRight animated" data-wow-delay=".5s">
<nav class="navbar navbar-default">
<div class="container">
<button type="button" class="navbar-toggle collapsed" data-toggle="collapse"
data-target="#bs-example-navbar-collapse-1">Menu
</button>
</div>
<!-- Collect the nav links, forms, and other content for toggling -->
<div class="collapse navbar-collapse" id="bs-example-navbar-collapse-1">
<ul class="nav navbar-nav">
<li><a href="index.html" class="active">Home</a></li>
<li><a href="about.html">About</a></li>
<li><a href="codes.html">Codes</a></li>
<li><a href="#" class="dropdown-toggle hvr-bounce-to-bottom" data-toggle=
"dropdown" role="button" aria-haspopup="true" aria-expanded="false">Gallery
<span class="caret"></span></a>
<ul class="dropdown-menu">
<li><a class="hvr-bounce-to-bottom" href="gallery1.html">Gallery1</a></li>
<li><a class="hvr-bounce-to-bottom" href="gallery2.html">Gallery2</a></li>
</ul>
```

```
</li>
<li><a href="blog.html">Blog</a></li>
<li><a href="contact.html">Contact</a></li>
</ul>
<div class="clearfix"> </div>
</div>
</nav>
</div>
</div>
</div>
</div>
<!-- //header -->
```

下面介绍导航栏的样式代码，部分代码如下所示：

```
.header{
    position:relative;
}
/*-- 向左浮动--*/
.top-header-left{
    float: left;
    width: 50%;
}
/* 设置转换不同元素文本 */
.top-header-left p{
    color: #909090;
    font-size: .7em;
    margin: 0.5em 0 0 16em;
    text-transform: uppercase;
    letter-spacing: 1px;
}
.top-header{
    background: #353535;
    padding: .7em 0;
}
/*  设置浮动 */
.top-header-right{
    float:right;
    width:25%;
}
.top-header-right-info{
    float:left;
}
/* 设置边距 */
.top-header-right-info ul {
    padding:0;
    margin:0;
}
```

```
/* 定位 */
.top-header-right-info ul li{
    display:inline-block;
    margin:0 1em;
}
.top-header-right-info ul li a {
    color: #909090;
    font-size: .7em;
    margin: 0;
    text-transform: uppercase;
    letter-spacing: 1px;
}
/* 文本装饰 */
.top-header-right-info ul li a:hover{
    text-decoration:none;
    color:#2DCB74;
}
.social-icons{
    float:left;
}
.social-icons ul{
    padding:0;
    margin:0;
}
/* 内联对象 */
.social-icons ul li{
    display:inline-block;
}
.social-icons ul li a.twitter{
    color: #FFF;
    font-size: 1em;
    margin: 0 .5em;
}
/* 鼠标滑动变色 */
.social-icons ul li a.twitter:hover{
    color:#55acee;
}
.social-icons ul li a.facebook:hover{
    color:#3b5998;
}
.social-icons ul li a.google:hover{
    color:#dc4e41;
}
.copyrights{text-indent:-9999px;height:0;line-height:0;font-size:0;
overflow:hidden;}
```

```
    .bottom-header {
        background: #FFF;
    }
    .top-nav{
        background:#FFF;
    }
    /* !important 作用是提高指定样式规则的应用优先权  */
    .navbar-default {
        border: none !important;
        background: none !important;
        margin: 0 !important;
        min-height: 0 !important;
        padding: 0 !important;
    }
    /* 设置没有背景色 */
    .navbar-default .navbar-nav > .active > a, .navbar-default .navbar-nav >
.active > a:hover, .navbar-default .navbar-nav > .active > a:focus {
        background: none !important;
    }
    div#bs-example-navbar-collapse-1 {
        padding: 0;
    }
    /* 边距和浮动  */
    .top-nav ul{
        padding: 0;
        margin: 0 0 0 11em;
        float: none;
    }
    .top-nav ul li{
        display: inline-block;
        margin: 0;
        float: left;
    }
    /* 背景色和阴影等效果 */
    .navbar-default .navbar-nav > .open > a, .navbar-default .navbar-nav >
.open > a:hover, .navbar-default .navbar-nav > .open > a:focus {
        background: none !important;
        border-right: solid 1px #EFEFEF;
        box-shadow: 1px 0px 0px 0px rgba(72, 72, 72, 0);
    }
    /* 链接文字的大小阴影等效果 */
    .top-nav ul li a{
        color: #353535 !important;
        font-size: 1em;
        font-family: 'Francois One', sans-serif;
        margin: 0;
```

```
    text-decoration: none;
    padding: 2.1em;
    border-right: solid 1px #EFEFEF;
    box-shadow: 1px 0px 0px 0px rgba(72, 72, 72, 0);
}
.top-nav ul li a:hover{
    color: #2DCB74 !important;
}
.top-nav ul li a.active{
    color: #2DCB74 !important;
}
/* 设置间距 */
.caret {
    margin-left: 14px;
}
ul.dropdown-menu {
    background: #FFF;
    box-shadow: 0 0 0;
    border: none;
    margin: 0;
    top: 6em;
    left: 0;
    min-width: 107px;
}
```

代码的运行效果如图 23-9 所示。

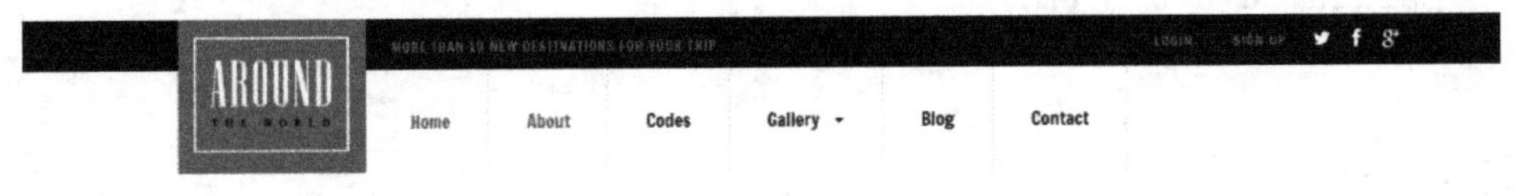

图 23-9

23.3 网页主体部分的制作

制作完网页的头部部分内容之后，接着来设计网页的主体部分，网页的主体部分需要体现我们的优势所在。

23.3.1 制作静态的展示页

此页面中介绍了企业的结构，放了照片，需要让用户了解哪些地方需要游玩，所以制作了静态页面。

具体的代码如下所示：

```
<div class="information">
<div class="container">
<div class="information-heading">
```

```
    <h3 class="wow fadeInDown animated" data-wow-delay=".5s">Why Book With Us
</h3>
    <p class="wow fadeInUp animated" data-wow-delay=".5s">Vivamus efficitur
scelerisque nulla nec lobortis. Nullam ornare metus vel dolor feugiat
maximus.Aenean nec nunc et metus volutpat dapibus ac vitae ipsum. Pellentesque
sed rhoncus nibh</p>
    </div>
    <div class="information-grids">
    <div class="col-md-4 information-grid wow fadeInLeft animated" data-wow-
delay=".5s">
    <div class="information-info">
    <div class="information-grid-img">
    <img src="images/8.jpg" alt="" />
    </div>
    <div class="information-grid-info">
    <h4>Sollicitudin sit amet </h4>
    <p>Duis dapibus lacinia libero at aliquam. Sed pulvinar, magna vitae
consectetur ultricies, augue massa condimentum eros non luctus ipsum lacus
interdum odio.</p>
    </div>
    </div>
    </div>
    <div class="col-md-4 information-grid wow fadeInUp animated" data-wow-
delay=".5s">
    <div class="information-info">
    <div class="information-grid-info">
    <h4>Consectetur ultricies</h4>
    <p>Duis dapibus lacinia libero at aliquam. Sed pulvinar, magna vitae
consectetur ultricies, augue massa condimentum eros non luctus ipsum lacus
interdum odio.</p>
    </div>
    <div class="information-grid-img">
    <img src="images/3.jpg" alt="" />
    </div>
    </div>
    </div>
    <div class="col-md-4 information-grid wow fadeInRight animated" data-wow-
delay=".5s">
    <div class="information-info">
    <div class="information-grid-img">
    <img src="images/7.jpg" alt="" />
    </div>
    <div class="information-grid-info">
    <h4>Nullam ornare metus</h4>
    <p>Duis dapibus lacinia libero at aliquam. Sed pulvinar, magna vitae
consectetur ultricies, augue massa condimentum eros non luctus ipsum lacus
```

```
interdum odio.</p>
    </div>
    </div>
    </div>
    <div class="clearfix"> </div>
    </div>
    </div>
    </div>
```

CSS 部分的代码如下所示：

```
    /* 上右下左的间距 */
    .information{
        padding: 18em 0 4em 0;
    }
    /* 居中显示 */
    .information-heading{
        text-align:center;
    }
    /* 设置字体颜色大小 */
    .information-heading h3,.popular-heading h3{
        color: #202020;
        font-size: 3em;
        font-family: 'Francois One', sans-serif;
        margin: 0;
    }
    .information-heading p,.popular-heading p,.about-heading p,.codes-heading
p,.gallery-heading p,.blog-heading p,.contact-heading p{
        font-size: 1em;
        margin: 2em auto 0;
        width: 80%;
    }
    /* 外边距上右下左的大小 */
    .information-grids {
        margin: 5em 0 0 0;
    }
    /* 图片大小 */
    .information-grid-img img{
        width:100%;
    }
    .information-grid-info {
        padding: 2em;
        background: #FFF;
    }
    .information-grid-info h4,.team-grid h4{
        color: #2DCB74;
        font-size: 2em;
        font-family: 'Francois One', sans-serif;
```

```
        margin: 0;
        text-transform: capitalize;
    }
    .information-grid-info p,.team-grid p{
        font-size: .875em;
        color: #ccc;
        margin: 1em 0 0 0;
        line-height: 1.8em;
    }
    /* 设置阴影大小 */
    .information-info{
        box-shadow: 0 -1px 3px rgba(0,0,0,.12),0 1px 2px rgba(0,0,0,.24);
    }
```

代码的运行效果如图 23-10 所示。

图 23-10

23.3.2 制作轮播展示页面

在订阅的页面中有一个表格的镶嵌，那么该怎么设计这个表格呢？

代码如下所示：

```
    <div class="popular">
    <div class="container">
    <div class="popular-heading information-heading">
    <h3 class="wow fadeInDown animated" data-wow-delay=".5s">Popular Places
</h3>
    <p class="wow fadeInUp animated" data-wow-delay=".5s">Vivamus efficitur
scelerisque nulla nec lobortis. Nullam ornare metus vel dolor feugiat maximus.
Aenean nec nunc et metus volutpat dapibus ac vitae ipsum. Pellentesque sed
rhoncus nibh</p>
    </div>
    <div class="popular-slide">
    <script>
    // You can also use "$(window).load(function() {"
    $(function () {
```

```
// Slideshow 4
$("#slider1").responsiveSlides({
auto: true,
pager: true,
nav: false,
speed: 500,
namespace: "callbacks",
before: function () {
$('.events').append("<li>before event fired.</li>");
},
after: function () {
$('.events').append("<li>after event fired.</li>");
}
});
});
</script>
<div  id="top" class="callbacks_container-wrap">
<ul class="rslides" id="slider1">
<li>
<div class="popular-slide-info wow bounceIn animated" data-wow-delay=
".5s">
<h4>Australia</h4>
<p>Pellentesque habitant morbi tristique senectus et netus et malesuada
fames ac turpis egestas. Maecenas volutpat lacus at enim aliquet, quis iaculis
nisi bibendum. Nullam cursus arcu lobortis, pharetra augue et, dignissim nunc.
Morbi vestibulum tempus orci at faucibus. Sed ultricies dignissim magna
tristique interdum</p>
</div>
</li>
<li>
<div class="popular-slide-info popular-slide1">
<h4>Philippines</h4>
<p>Habitant morbi tristique senectus et netus et malesuada fames ac turpis
egestas. Maecenas volutpat lacus at enim aliquet, quis iaculis nisi bibendum.
Nullam cursus arcu lobortis, pharetra augue et, dignissim nunc. Morbi vestibulum
tempus orci at faucibus. Sed ultricies dignissim magna tristique interdum
Pellentesque</p>
</div>
</li>
<li>
<div class="popular-slide-info popular-slide2">
<h4>Maldives</h4>
<p>Tristique senectus pellentesque habitant morbi et netus et malesuada
fames ac turpis egestas. Maecenas volutpat lacus at enim aliquet, quis iaculis
nisi bibendum. Nullam cursus arcu lobortis, pharetra augue et, dignissim nunc.
Morbi vestibulum tempus orci at faucibus. dignissim magna tristique interdum
Sed ultricies</p>
```

```
    </div>
    </li>
    </ul>
    </div>
    </div>
    <div class="popular-grids">
    <div class="col-md-4 popular-grid wow fadeInLeft animated" data-wow-delay=
".5s">
    <h5>Nullam convallis sagittis</h5>
    <p>Donec malesuada ultricies metus ac vehicula. Nullam convallis sagittis
tellus ut dictum. Proin risus lacus, sollicitudin sit amet ante ac, dapibus
convallis ipsum.</p>
    </div>
    <div class="col-md-4 popular-grid wow fadeInUp animated" data-wow-delay=
".5s">
    <h5>Proin risus lacus</h5>
    <p>Donec malesuada ultricies metus ac vehicula. Nullam convallis sagittis
tellus ut dictum. Proin risus lacus, sollicitudin sit amet ante ac, dapibus
convallis ipsum.</p>
    </div>
    <div class="col-md-4 popular-grid wow fadeInRight animated" data-wow-delay=
".5s">
    <h5>Sollicitudin sit amet ante</h5>
    <p>Donec malesuada ultricies metus ac vehicula. Nullam convallis sagittis
tellus ut dictum. Proin risus lacus, sollicitudin sit amet ante ac, dapibus
convallis ipsum.</p>
    </div>
    <div class="clearfix"> </div>
    </div>
    </div>
    </div>
```

做完这些之后可以看一下效果，如图 23-11 所示。

图 23-11

23.3.3 页尾的制作

最后我们完善下主页面的页尾，页尾主要展示的是一些联系方式等信息。

代码如下所示：

```
<!-- footer -->
<div class="footer">
<div class="container">
<div class="footer-grids">
<div class="col-md-3 footer-nav wow fadeInLeft animated" data-wow-delay=
".5s">
<h4>Navigation</h4>
<ul>
<li><a href="about.html">About</a></li>
<li><a href="gallery1.html">Gallery</a></li>
<li><a href="blog.html">Blog</a></li>
<li><a href="contact.html">Contact</a></li>
</ul>
</div>
<div class="col-md-5 footer-nav wow fadeInUp animated" data-wow-delay=
".5s">
<h4>Newsletter</h4>
<p>Nunc non feugiat quam, vitae placerat ipsum. Cras at felis congue,
volutpat neque eget</p>
<form>
<input type="email" id="mc4wp_email" name="EMAIL" placeholder="Enter your
email here" required>
<input type="submit" value="Subscribe">
</form>
</div>
<div class="col-md-4 footer-nav wow fadeInRight animated" data-wow-delay=
".5s">
<h4>Latest News</h4>
<div class="news-grids">
<div class="news-grid">
<h6>4/5/2019 : <a href="single.html">Cras at felis congue</a></h6>
<h6>4/5/2019 : <a href="single.html">Volutpat neque eget</a></h6>
<h6>5/4/2019 : <a href="single.html">Agittis tellus ut dictum</a></h6>
<h6>5/4/2019 : <a href="single.html">Habitant morbi et netus</a></h6>
<h6>5/4/2019 : <a href="single.html">pellentesque habitant morbi</a></h6>
<h6>4/5/2019 : <a href="single.html">Maecenas volutpat lacus</a></h6>
</div>
</div>
</div>
<div class="clearfix"> </div>
</div>
```

```
<div class="copyright wow fadeInUp animated" data-wow-delay=".5s">
<p>Copyright &copy; 2019.Company.</p>
</div>
</div>
</div>
<!-- //footer -->
```

样式代码如下所示：

```
/* 设置边距 */
.footer{
    padding:4em 0;
}
/* 设置字体大小颜色和边距 */
.footer-nav h4{
    color: #2DCB74 !important;
    font-size: 2em;
    margin: 0 0 1em 0;
    font-family: 'Francois One', sans-serif;
}
.footer-nav ul{
    padding:0;
    margin:0;
}
/* 设置定位和边距 */
.footer-nav ul li{
    display:block;
    margin:1em 0;
}
/* 字体颜色和大小 */
.footer-nav ul li a{
    color: #353535;
    font-size: 1em;
    font-family: 'Francois One', sans-serif;
}
/* 文本装饰属性 */
.footer-nav ul li a:hover{
    color:#2DCB74;
    text-decoration:none;
}
/* 设置字体效果 */
.footer-nav p{
    font-size: .875em;
    color: #353535;
    margin: 0;
    line-height: 1.8em;
}
/* 设置边距 */
```

```
.footer-nav form{
    margin:1em 0 0 0;
}
/* 选择获得焦点的输入字段 */
.footer-nav form input[type="email"]:focus{
    outline: none;//无边框样式
}
/* 设置边框阴影背景色等效果 */
.footer-nav form input[type="email"] {
    background: #fff;
    box-shadow: none !important;
    padding: 10px 23px;
    color: #282828;
    font-size: .875em;
    width: 100% !important;
    font-weight: 400;
    border: 1px solid #ebebeb;
    margin: 0 0 1em 0;
}
/* 设置按钮的一些效果 */
.footer-nav form input[type="submit"] {
    border: solid 2px #353535;
    color: #353535;
    font-size: .875em;
    padding: .5em 2em;
    text-decoration: none;
    letter-spacing: 1px;
    background: none;
}
/* 设置鼠标滑动到按钮的效果 */
.footer-nav form input[type="submit"]:hover {
    color:#2DCB74;
    border: solid 2px #2DCB74;
    transition: 0.5s all;
    -webkit-transition: 0.5s all;
    -o-transition: 0.5s all;
    -moz-transition: 0.5s all;
    -ms-transition: 0.5s all;
}
/* 设置字体大小 */
.news-grid h6{
    color: #DBAC76;
    font-size: .875em;
    margin:0 0 1.5em 0;
}
.news-grid h6 a{
```

```
    color: #353535;
}
/* 设置鼠标滑动 */
.news-grid h6 a:hover{
    color:#2DCB74;
    text-decoration:none;
}
.copyright {
    margin: 1em 0 0 0;
}
.copyright p{
    font-size: .875em;
    color: #353535;
    margin: 0;
}
.copyright p a{
    color: #353535;
}
.copyright p a:hover{
    color: #2DCB74;
    text-decoration:none;
}
```

代码的运行效果如图 23-12 所示。

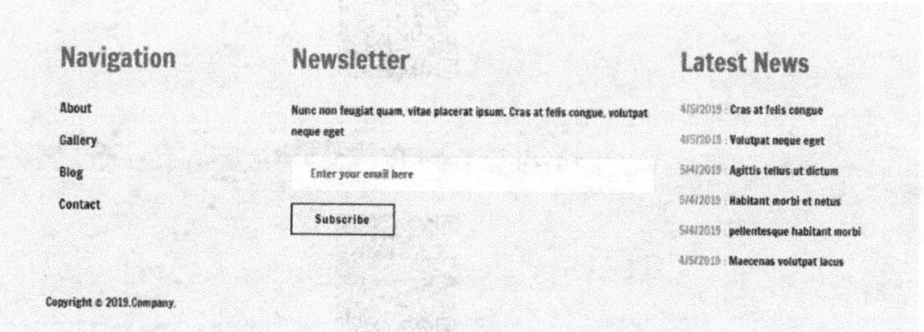

图 23-12

附录　配套学习资源

附录A　HTML页面基本元素速查

附录B　CSS常用属性速查

附录C　JavaScript对象参考手册

附录D　jQuery参考手册

附录E　网页配色基本知识速查

附录F　本书实例源程序及素材